研究生系列教材

# 现代通信理论

主　编　李白萍
副主编　曾召华　张晓莉

西安电子科技大学出版社

# 内 容 简 介

本书着重介绍语音、图像、数据等信号在现代通信系统中传输和处理的基本理论。

全书共 8 章,从通信系统必不可少的基本组成开始,按信号在通信系统中传输和处理的流程编写。内容包括:通信系统的组成及不可或缺的各个部件的基本概念,包含信道及随机过程;信源编码理论;现代传输理论;时分复用与数字复接技术;同步原理;信道编码理论;扩频通信原理以及现代通信系统仿真等。

本书内容丰富,涵盖面广,讲解思路清晰,理论与实际相结合。为使读者更好地理解原理并掌握分析方法,每章都精选了一些习题;同时还给出了现代通信理论中几个典型理论的仿真实验,以引导学生扩展学习空间,熟悉课程应用,提高创新意识。

本书可作为通信与信息系统学科研究生的教材,也可供通信工程、电子信息工程等电子类专业高年级本科生学习参考,还可供通信工程技术人员和科研人员阅读参考。

## 图书在版编目(CIP)数据

现代通信理论/李白萍主编. —西安:西安电子科技大学出版社,2006.10
(2023.7 重印)
ISBN 978 - 7 - 5606 - 1743 - 5

Ⅰ. 现… Ⅱ. 李… Ⅲ. 通信理论-研究生-教材 Ⅳ. TN911

中国版本图书馆 CIP 数据核字(2006)第 114331 号

责任编辑 雷鸿俊 云立实 刘玉芳
出版发行 西安电子科技大学出版社(西安市太白南路 2 号)
电 话 (029)88202421 88201467 邮 编 710071
http://www.xduph.com E-mail:xdupfxb@pub.xaonline.com
经 销 新华书店
印刷单位 广东虎彩云印刷有限公司
版 次 2006 年 10 月第 1 版 2023 年 7 月第 2 次印刷
开 本 787 毫米×1092 毫米 1/16 印 张 23.5
字 数 554 千字
定 价 58.00 元
ISBN 978 - 7 - 5606 - 1743 - 5/TN

XDUP 2035001 - 2

* * * 如有印装问题可调换 * * *

# 前　言

现代通信技术的发展日新月异，给社会发展注入了强劲的动力，为人们的生活、学习和工作提供了极大的便利。

"现代通信理论"是通信与信息系统学科研究生的学位课，它是在本科学习基础上加深的一门理论性和实践性都很强的课程。其涵盖的内容很广，理论分析所得到的重要结论往往与人们的生活常识相吻合，必须将抽象的理论分析和具体的物理概念有机地结合在一起，再辅以一些习题和实验，才能学好这门课程。其先修课程为"通信原理"和"数字信号处理"，教学参考学时数为54。

本书编写过程中的着重点如下：

（1）所选内容力求充分反映现代通信理论所引导的通信技术发展方向和水平。

（2）不仅介绍语音信号在通信系统中传输和处理的基本理论，而且还介绍了现代通信中图像信号、数据信号等传输和处理的基本理论。内容丰富，涵盖面广，加强了理论深度。

（3）从通信系统必不可少的基本组成开始，按信号在通信系统中传输和处理的流程编写，思路清晰，便于学生更好地理解通信系统的基本理论和概念。

（4）给出了现代通信理论中几个典型理论的仿真实验，理论与实际相结合，以引导学生扩展学习空间，熟悉课程应用，提高创新意识。

全书共8章，重点介绍了现代通信所涉及的理论与技术。

第1章为通信系统导论，介绍了通信的基本概念、通信系统的分类与组成以及通信系统的性能指标；同时介绍了通信系统不可或缺的信道部分的基本概念，涉及信源、信宿及不可避免的噪声的随机过程分析；此外，还对通信技术发展进行了回顾和介绍。

第2章为信源编码理论，内容包括波形编码理论，脉冲编码调制（PCM）、差分脉冲编码调制（DPCM）、自适应差分脉冲编码调制（ADPCM）、增量调制（ΔM）等时域波形编码原理与应用，子带编码（SBC）、自适应变换域编码（ATC）等频域波形编码原理与应用，参数编码以及图像压缩编码、数据通信和数据加密编码。

第3章为现代传输理论，内容包括基带传输理论所涉及的数字基带信号码型及其频谱、无码间串扰条件、部分响应技术、现代均衡技术，频带传输理论所涉及的调制与解调原理，二进制、多进制、改进的数字调制系统；简单介绍了正交频分复用的理论知识；最后对数据传输、图像传输和数字信号最佳接收理论进行了详细的介绍。

第4章为时分复用与数字复接技术，内容包括复用的基本概念、时分复用原理与应用以及数字复接原理与技术。

第5章为同步原理，分别介绍了载波同步、位同步、帧同步和网同步等几种同步方式的原理、指标及应用。

第6章为信道编码理论，内容包括差错控制编码的基本原理，线性分组码、循环码、汉明码和BCH码等分组编码方法，以及卷积码、Turbo码和网格编码等编码方法。

第7章为扩频通信的基本原理，内容包括直扩系统和跳频系统的工作原理、抗随机噪声和随机干扰能力、抗多径干扰能力、多址能力，以及扩频码的生成和特性、扩频码的捕捉与跟踪方法等。

第 8 章给出了现代通信理论中几个典型理论的仿真实验，以引导学生扩展知识。

本书由李白萍主编并统稿，曾召华、张晓莉任副主编。其中，李白萍编写了第 1、3、4、5 章以及第 2 章的 2.1～2.4 节，张晓莉编写了第 6 章的 6.1～6.3 节，曾召华编写了第 7 章、第 2 章的 2.5、2.6 节以及第 6 章的 6.4～6.6 节，曾召华、孙翠珍和张鸣合编了第 8 章。西安科技大学的刘少亭教授对本书的编写提供了宝贵的意见。张晓天、郑文彦、孙宁、马康平、闫莹、尚亮等研究生在编写过程中做了大量的工作，阅读了本书的初稿，并提出了参考意见。编者在这里对他们表示诚挚的感谢。

本书得到了西安科技大学研究生部教材基金项目的资助，在此表示感谢。

在编写本书的过程中，作者参考了大量的国内外通信教材、文献资料，并引用了一些经典理论，在此对本书所列文献作者表示衷心的感谢。

鉴于编者水平有限，书中难免有错误和不妥之处，殷切希望广大读者批评指正。

编　者

2006 年 6 月

# 目　　录

# 第1章 通信系统导论

通信是一门古老而又年轻的学科。说它古老,是因为进入人类社会以来就有通信;说它年轻,是因为它至今仍在蓬勃发展,而且展现出无限的前景。当今世界已进入信息时代,通信已渗透到社会的各个领域,通信产品随处可见。通信已成为现代文明的标志之一,它对人们日常生活和社会活动及发展将起到更加重要的作用。

通信按照传统的理解就是信息的传输和交换。克服距离上的障碍,迅速而准确地传递信息,是通信的任务。通信学科就是研究如何有效、可靠地把消息从一地传递到另一地的一门科学。

本章主要介绍通信和通信系统的基本概念,通信系统的分类及组成,通信信道及随机过程,衡量通信系统的主要性能指标,以及数字通信涉及的主要技术等。

## 1.1 通信的基本概念和通信系统的基本模型

通信(communication)是指把消息从一地有效地传递到另一地,即消息传递的全过程。例如把地点 A 的消息传送到地点 B,或者把地点 A 和地点 B 的消息作双向传输。消息的表达形式有语言、文字、图像、数据等。古代的"消息树"、"烽火台"和现代仍使用的"信号灯"等就是利用不同方式传递消息的,都属通信之列。

实现通信的方式很多,目前使用最广泛的是电通信方式,即用电信号携带所要传递的消息,经过各种电信道进行传输,达到通信的目的。这种通信具有迅速、准确、可靠等特点,而且几乎不受时间、地点、空间、距离的限制。如今,自然科学领域涉及"通信"这一术语时,一般指的就是电通信(包括光通信)。

以两个人之间的对话这种最简单的通信方式为例,说明通信系统所包括的最基本的部分。讲话是利用声音来传递消息的一种方式,发话人是消息的来源,称为信源;语音通过空气传到对方,而传递消息的媒质称为信道,信道中一定会不可避免地存在噪声;听话者听到后获得消息,是消息的归宿,称为信宿。这样就完成了消息的传递,也就构成了最简单的通信系统,这个过程如图 1.1 所示。

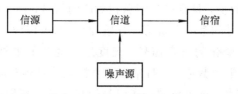

图 1.1 简单通信系统框图

实际上，基本的点对点通信，均是把发送端的消息传递到接收端。因而，这种通信系统可由图 1.2 所示的模型加以概括。图中，信源（也称发端）的作用是把各种可能消息转换成原始电信号。发送设备对原始信号完成某种变换，使原始电信号适合在信道中传输。信道是指信号传输的通道，提供了信源与信宿之间在电气上的联系。在接收端，接收设备的功能与发送设备的相反，它能从来自信道的各种传输信号和噪声中恢复出相应的原始电信号。信宿（也称收端）是将复原的原始电信号转换成相应的消息。图中的噪声源是信道中的噪声以及分散在通信系统其他各处的噪声的集中表示，它不是人们有意加入的设备，而是不可避免的现象。通信系统设计的主要任务就是同噪声做斗争。

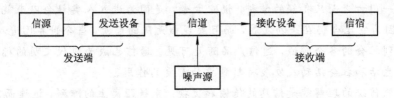

图 1.2　通信系统的基本模型

上述模型概括地反映了通信系统的共性。根据不同问题，研究时将会使用不同形式的、较具体的通信系统模型。现代通信理论的讨论就是围绕通信系统的模型而展开的。

# 1.2　通信系统的分类及基本组成

## 1.2.1　通信系统的分类

随着通信技术的发展，通信的内容和形式越来越丰富，通信的种类层出不穷。常见的分类法有如下几种：

（1）按通信业务不同，通信系统可分为电报、电话、传真、数据传输、可视电话、无线寻呼等。另外，从广义的角度来看，广播、电视、雷达、导航、遥控、遥测等也应列入通信的范畴，因为它们都满足通信的定义。由于广播、电视、雷达、导航等的不断发展，目前它们已从通信中派生出来，形成了独立的学科。

（2）按调制方式不同，通信系统可分为基带传输和频带传输。所谓基带传输，是指信号没有经过调制而直接送到信道中去传输的一种方式；而频带传输是指信号经过调制后再送到信道中传输，收端有相应解调措施的通信系统。

（3）按信号的特征，信道中传送的信号可分为数字信号和模拟信号，因此通信可分为数字通信和模拟通信。凡某一参量（如连续波的振幅、频率、相位，脉冲波的振幅、宽度、位置等）可以取无限多个数值，且直接与消息相对应的信号，称为模拟信号。模拟信号有时也称连续信号，它是指信号的某一参量可以连续变化（即可以取无限多个值），但不一定在时间上也连续。强弱连续变化的语言信号、亮度连续变化的电视图像信号等都是模拟信号。凡某一参量只能取有限个数值，并且常常不直接与消息相对应的信号，称为数字信号。数字信号有时也称离散信号，这个离散是指信号的某参量是离散（不连续）变化的，但不一定在时间上也离散。

（4）按传输媒质不同，通信可分为有线通信和无线通信。有线通信是指传输媒质为明线、电缆、光缆等形式的通信，其特点是媒质能看得见，摸得着。有线通信亦可进一步再分类，如明线通信、电缆通信、光缆通信等。无线通信是指传输消息的媒质为看不见、摸不着（如电磁波)的一种通信形式。无线通信常见的形式有微波通信、短波通信、移动通信、卫星通信、散射通信等。

（5）按工作频段不同，通信通常可分为长波通信、中波通信、短波通信、微波通信等。

（6）通信还有其他一些分类方法，如按信号复用方式可分为 FDM、TDM、CDM 等；按通信网络可分为专线通信和网通信等；按收信者是否运动可分为移动通信和固定通信等；按通信方式可分为单工、单双工、双工通信等。

## 1.2.2　数字通信系统的基本组成

相对于模拟通信系统而言，数字通信系统有如下优点：

（1）抗干扰、抗噪声能力强，无噪声积累。因为在数字通信系统中，传输的信号是数字信号。以二进制为例，信号的取值只有两个，这样发送端传输的和接收端需要接收及判决的电平也只有两个值：0 和 1。若"1"码时取值为 A，"0"码时取值为 0。传输过程中由于信道噪声的影响，必然会使波形失真。在接收端恢复信号时，首先对其进行抽样判决，才能确定是"1"码还是"0"码，并再生"1"、"0"码的波形。因此，只要不影响判决的正确性，即使波形有失真也不会影响再生后的信号波形。而在模拟通信中，当模拟信号叠加上噪声后，即使噪声很小，也很难消除它。

数字通信抗噪声性能好还表现在微波中继通信时，它可以消除噪声积累。这是因为数字信号在每次再生后，只要不发生错码，它仍然像信源中发出的信号一样，没有噪声叠加在上面。因此中继站再多，数字通信仍具有良好的通信质量。而模拟通信中继时，只能增加信号能量(对信号放大)，却不能消除噪声。

（2）便于加密处理，保密性强。数字信号与模拟信号相比，它容易加密和解密。

（3）差错可控。数字信号在传输过程中出现的错误(差错)，可通过纠错编码技术来控制。

（4）利用现代技术，便于对信息进行处理、存储、交换。由于计算机技术、数字存储技术、数字交换技术以及数字处理技术等现代技术飞速发展，许多设备、终端接口均是数字信号，因此极易与数字通信系统相连接。正因为如此，数字通信才得以高速发展。

（5）便于集成化，使通信设备微型化。

但是，数字通信相对于模拟通信系统来说，还有以下两个缺点：

（1）数字信号占用的频带宽。以电话为例，一路数字电话一般要占据约 20～64 kHz 的带宽，而一路模拟电话仅占用约 4 kHz 的带宽。如果系统传输带宽一定的话，模拟电话的频带利用率要高出数字电话 5～15 倍。

（2）对同步要求高，系统设备比较复杂。在数字通信中，要准确地恢复信号，必须要求收端和发端保持严格同步，因此数字通信系统及设备一般都比较复杂，体积较大。

随着数字集成技术的发展，各种中、大规模集成器件的体积不断减小，加上数字压缩技术的不断完善，数字通信设备的体积将会越来越小。随着科学技术的不断发展，数字通信的两个缺点也越来越显得不重要了。

实践表明，数字通信是现代通信的发展方向。下面以数字通信系统为主，介绍通信系统的基本理论。

图 1.3 显示了数字通信系统的功能框图和基本组成部分。信源输出的可以是模拟信号（如音频或视频信号），也可以是数字信号（如电传机的输出）。该信号在时间上是离散的，并且具有有限个输出字符。在数字通信系统中，由信源产生的消息被变换成二进制数字序列，理论上，应当用尽可能少的二进制数字表示信源输出（消息）。换句话说，我们要寻求一种信源输出的有效的表示方法，使其很少产生或不产生冗余。将模拟或数字信源的输出有效地变换成二进制数字序列的处理过程称为信源编码或数据压缩。

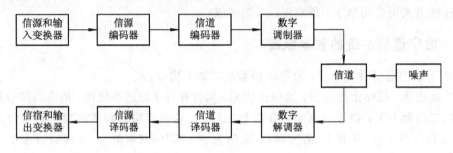

图 1.3　数字通信系统的基本组成

由信源编码器输出的二进制数字序列称为信息序列，它被传送到信道编码器。信道编码器的目的是在二进制信息序列中以受控的方式引入一些冗余，以便于在接收机中用来克服信号在信道中传输时所遭受的噪声和干扰的影响。因此，所增加的冗余是用来提高接收数据的可靠性以及改善接收信号的逼真度的。实际上，信息序列中的冗余有助于接收机译出期望的信息序列。

信道编码器输出的二进制序列送至数字调制器，它是通信信道的接口。因为在实际中遇到的几乎所有的通信信道都能够传输电信号（波形），所以数字调制的主要目的是将二进制信息序列映射成适应在信道中传输的信号波形。数字调制可以是二进制调制，也可以是多进制调制。

通信信道是用来将发送机的信号发送给接收机的物理媒质。在无线传输中，信道可以是大气（自由空间）。另一方面，电话信道通常使用各种各样的物理媒质，包括有线线路、光缆和无线（微波）等。无论用什么物理媒质来传输信息，其基本特点是发送信号随机地受到各种可能机理的恶化，例如由电子器件产生的加性热噪声、人为噪声（如汽车点火噪声）及大气噪声（如在雷雨时的雷鸣）。

在数字通信系统的接收端，数字解调器对受到信道恶化的发送波形进行处理，并将该波还原成一个数字序列，该序列表示发送数据符号的估计值（二进制或 M 元）。这个数字序列被送至信道译码器，它根据信道编码器所用的关于码的知识及接收数据所含的冗余度重构原始的信息序列。

解调器和译码器工作性能好坏的一个度量是译码序列中发生差错的频度。更准确地说，在译码器输出端的平均比特错误概率是解调器、译码器组合性能的一个度量。一般地，错误概率是下列各种因素的函数：码特征、用来在信道上传输信息的波形的类型、发送功率、信道的特征（即噪声的大小、干扰的性质等）以及解调和译码的方法。

当需要模拟输出时，信源译码器从信道译码器接收其输出序列，并根据所采用的信源编码方法的有关知识重构由信源发出的原始信号。由于信道译码的差错以及信源编码器可能引入的失真,在信源译码器输出端的信号只是原始信源输出的一个近似。在原始信号与重构信号之间的信号差或信号差的函数是数字通信系统引入失真的一种度量。

# 1.3 通信信道及信道容量

在通信系统的分析和设计中,特别重要的是信息传输所通过的物理信道的特征。信道的特征一般会影响通信系统基本组成部分的设计。

## 1.3.1 信道定义及分类

信道是通信系统必不可少的组成部分,是以传输媒质为基础的信号的通路。信道可分为狭义信道和广义信道。

狭义信道仅指传输媒质,包括有线(明线、对称电缆、同轴电缆、光缆)和无线(地波传输、短波电离层反射、超短波、微波视距、卫星中继及各种散射信道)两大类。

广义信道除了传输媒质外,还包括有关转换设备,如发送设备、接收设备、馈线与天线、调制器、解调器等。按照广义信道包含的功能,可以划分为调制信道与编码信道,图1.4 所示为其划分范围。

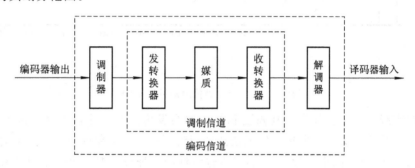

图 1.4  调制信道与编码信道

无论何种广义信道,传输媒质是其主要部分,通信质量的好坏主要取决于传输媒质的特性。

## 1.3.2 通信信道及特征

通信信道在发送机和接收机之间提供了连接。物理信道也许是携带电信号的一对明线;或是在已调光波束上携带信息的光纤;或是水下海洋信道,其中信息以声波形式传输;或是在自由空间,携带信息的信号通过天线在空间辐射传输。可被表征为通信信道的其他媒质是数据存储媒质,例如磁带、磁盘和光盘。

信号通过任何信道传输中的一个共同问题是加性噪声。一般地,加性噪声是由通信系统内部各元器件所引起的,例如电阻和固态器件。有时将这种噪声称为热噪声。其他噪声和干扰源也许是系统外部引起的,例如来自信道上其他用户的干扰。当这样的噪声和干扰与期望信号占有同频带时,可通过对发送信号和接收机中解调器的适当设计来使它们的影响最小。信号在信道上传输时可能会遇到的其他类型损伤有信号衰减、幅度和相位失真、多径失真等。

可以通过增加发送信号功率的方法使噪声的影响减小。然而，设备和其他实际因素限制了发送信号的功率电平。另一个基本的限制是可用的信道带宽。带宽的限制通常是由于媒质以及发送机与接收机中各组成器件的物理限制产生的。这两种限制因素限制了在任何通信信道上能可靠传输的数据量。下面描述几种通信信道的重要特征。

### 1. 有线信道

电话网络扩大了有线线路的应用，如语音信号传输以及数据和视频传输。双绞线和同轴电缆是基本的导向电磁信道，它能提供比较适度的带宽。通常用来连接用户和中心机房的电话线的带宽为几百千赫兹(kHz)，同轴电缆的可用带宽是几兆赫兹(MHz)。图1.5示出了导向电磁信道的频率范围，其中包含波导和光纤。

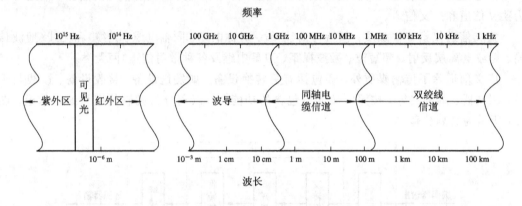

图 1.5 导向电磁信道的频率范围

信号在有线信道上传输时，其幅度和相位都会发生失真，并且还受到加性噪声的恶化。双绞线信道还易受到来自物理邻近信道的串音干扰。由于在有线信道上的通信在日常通信中占有相当大的比例，因此，人们对传输特性的表征以及对信号传输时的幅度和相位失真的减缓方法做了大量研究。实际中可以设计最佳传输信号解调的方法和设计信道均衡器，以补偿信道的幅度和相位失真。

### 2. 光纤信道

光纤提供的信道带宽比同轴电缆信道大几个数量级。在过去的几十年中，已经研发出具有较低信号衰减的光缆，以及用于信号和信号检测的可靠性光子器件。这些技术上的进展促进了光纤信道应用的快速发展，不仅应用在国内通信系统中，也应用于跨大西洋和跨太平洋的通信中。由于光纤信道具有大的可用带宽，因此有可能使电话公司为用户提供宽系列的电话业务，包括语音、数据、传真和视频等。

在光纤通信系统中，发送机或调制器是一个光源器件(发光二极管(LED)或激光器)。通过消息信号改变(调制)光源的强度来发送信息。光通过光纤传播，并沿着传输路径被周期性地放大以补偿信号衰减(在数字传输中，光由中继器检测和再生)。在接收机中，光的强度由光电二极管检测，它的输出电信号的变化直接与照射到光电二极管上的光的功率成正比。光纤信道中的噪声源是光电二极管和电子放大器。

### 3. 无线电磁信道

在无线通信系统中，电磁能是通过作为辐射器的天线耦合到传播媒质上的。天线的物理尺寸和配置主要决定于运行的频率。为了获得有效的电磁能量辐射，天线必须比波长的 1/10 更长。因此，在调幅（AM）频段发射的无线电台，譬如说在其 $f_c=1$ MHz 时（相当于波长 $\lambda=c/f_c=300$ m），要求天线至少为 30 m。

图 1.6 示出了不同频段的电磁频谱。在大气和自由空间中，电磁波传播的模式可以划分为三种类型：地波传播、天波传播和视线传播。在甚低频（VLF）和音频段，其波长超过 10 km，地球和电离层对电磁波传播的作用如同波导。在这些频段，通信信号实际上环绕地球传播。由于这个原因，这些频段主要用于（在世界范围内）提供从海洋到船舶的导航帮助。在此频段中可用的带宽较小（通常是中心频率的 1%～10%），因此通过无线电磁信道传输的信息速率较低，且一般限于数字传输。在这些频段上，最主要的一种噪声是由地球上的雷暴活动产生的，特别是在热带地区。

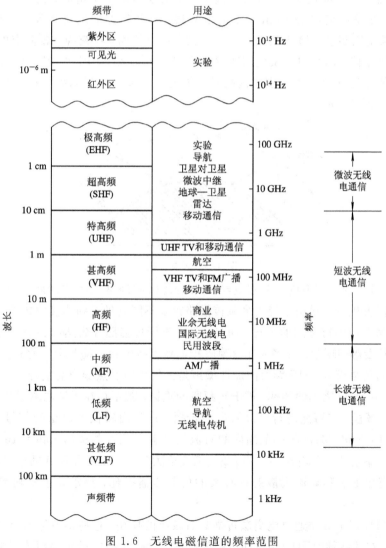

图 1.6 无线电磁信道的频率范围

如图 1.7 所示，地波传播是中频(MF)频段(0.3~3 MHz)的最主要传播模式，是用于 AM 广播和海岸无线电广播的频段。在 AM 广播中，大功率的地波传播范围大都限于 150 km 左右。在 MF 频段中，大气噪声、人为噪声和接收机的电子器件的热噪声是对信号传输的最主要干扰。

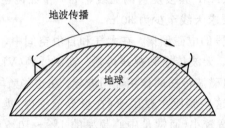

图 1.7　地波传播

如图 1.8 所示，天波传播是电离层对发送信号的反射(弯曲或折射)形成的。电离层由位于地球表面之上高度在 50~400 km 范围内的几层带电粒子组成。在白昼，太阳使较低大气层加热，形成高度在 120 km 以下的电离层。这些较低的层会吸收 2 MHz 以下的频率，因此严重地限制了 AM 无线电广播的天波传播。然而，在夜晚，较低层的电离层中的电子密度急剧下降，而且白天发生的频率吸收现象明显减少，因此，功率强大的 AM 无线电广播电台能够通过天波经 F 层电离层传播很远的距离。F 层电离层位于地球表面之上 140~400 km 范围之内。

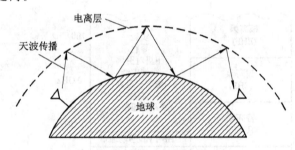

图 1.8　天波传播

在高频(HF)频段范围内，电磁波经由天波传播时经常发生的问题是信号多径传播。信号多径传播发生在发送信号经由多条传播路径以不同的延迟到达接收机的时候，一般会引起数字通信系统中符号间的干扰。而且，经由不同传播路径到达的各信号分量会相互削弱，导致信号衰落的现象。许多人在夜晚收听远地无线电台广播时会对此有体验。在夜晚，天波是主要的传播模式。HF 频段的加性噪声是大气噪声和热噪声的组合。

在大约 30 MHz 之上的频率，即 HF 频段的边缘，就不存在天波电离层传播。然而，在 30~60 MHz 频段，有可能进行电离层散射传播，这是由较低电离层的信号散射引起的。也可利用在 40~300 MHz 频率范围内的对流层散射在几百英里(1 mile=1609.314 m)的距离通信。对流层散射是由在 10 mile 或更低高度大气层中的粒子引起的信号散射造成的。一般地，电离层散射和对流层散射具有大的信号传播损耗，要求发射机功率大和天线比较长。

在 30 MHz 以上频率通过电离层传播具有较小的损耗，这使得卫星和超陆地通信成为可能。因此，在甚高频(VHF)频段和更高的频率，电磁传播的最主要模式是视距传播，对于陆地通信没有什么障碍。由于这个原因，在 VHF 可以达到更宽的覆盖区域。

一般地，视距传播所能覆盖的区域会受到地球曲度的限制。如果发射天线安装在地球表面之上 $h$ 米的高度，并假定没有物理障碍（如高山），那么到无线地平线的距离近似为 $d=\sqrt{15h}$ km。例如，电视天线安装在 300 m 高的塔上，它的覆盖范围大约为 67 km。又如，工作在 1 GHz 以上频率、用来延伸电话和视频传输的微波中继系统一般都将天线安装在高塔上或高的建筑物顶部。

对工作在 VHF 和 UHF 频率范围的通信系统，限制性能的最主要噪声是接收机前端所产生的热噪声和天线接收到的宇宙噪声。在 10 GHz 以上的超高频（SHF）频段，大气层环境在信号传播中担负主要角色。例如，在 10 GHz 时，衰减范围从小雨时的 0.003 dB/km 左右到大雨时的 0.3 dB/km；在 100 GHz 时，衰减范围从小雨时的 0.1 dB/km 左右到大雨时的 6 dB/km 左右。因此，在此频率范围，大雨引起了很大的传播损耗，这会导致业务中断即通信系统完全中断。

在极高频（EHF）频段以上的频率是电磁频谱的红外区和可见光区，它们可用来提供自由空间的视距光通信。到目前为至，这些频段已经用于实验通信系统，例如卫星到卫星的通信链路。

### 4. 水声信道

在过去的几十年中，海洋探险活动不断增多。与这种增多相关的是对传输数据的需求。数据是由位于水下的传感器传送到海洋表面的，从那里可将数据经由卫星转发给数据采集中心。

除极低频率外，电磁波在水下不能长距离传播。低频率的信号传输的延伸受到限制，因为它需要大的且功率强的发送机。电磁波在水下的衰减可以用表面深度来表示，其距离是信号衰减的 $1/e$。对于海水，表面深度 $\delta=250/\sqrt{f}$，其中 $f$ 以 Hz 为单位，$\delta$ 以 m 为单位。例如，在 10 kHz 上，表面深度是 2.5 m。声信号能在几十甚至几百千米的距离上传播。

水声信道可以表征为多径信道，这是由于海洋表面和底部对信号反射的缘故。因为波的运动，信号多径分量的传播延迟是时变的，这就导致了信号的衰落。此外，还存在与频率相关的衰减，它与信号频率的平方成正比。声音速度通常大约为 1500 m/s，实际值将在正常值上下变化，这取决于信号传播的深度。

海洋背景噪声是由虾、鱼和各种哺乳动物引起的。在靠近港口处，除了海洋背景噪声外，还有人为噪声。尽管有这些不利的环境，还是可以设计出有效的且高可靠性的水声通信系统，以长距离地传输数字信号。

### 5. 存储信道

信息存储和恢复系统构成了日常数据处理工作中非常重要的部分。磁带（包括数字的声带和录像带）、用来存储大量计算机数据的磁盘、用作计算机数据存储器的光盘以及只读光盘都是数据存储系统的例子，它们可以表征为通信信道。在磁带、磁盘或光盘上存储数据的过程，等效于在电话或在无线信道上发送数据。回读过程以及在存储系统中恢复所存储的数据的信号处理，等效于在电话和无线通信系统中恢复发送信号。

由电子元器件产生的加性噪声和来自邻近轨道的干扰一般会呈现在存储系统的回读信号中，这正如电话或无线通信系统中的情况。

所能存储的数据一般受到磁盘或磁带尺寸及密度(每平方英寸存储的比特数)的限制，该密度是由写/读电系统和读/写头确定的。例如，在磁盘存储系统中，封装密度可达每平方英寸(1 in＝2.54 cm)$10^9$比特。磁盘或磁带上的数据的读/写速度也受到组成信息存储系统的机械和电子子系统的限制。

数字磁或光存储系统的最重要的组成部分是信道编码和调制。在回读过程中，信号被解调，由信道编码器引入的附加冗余度用于纠正回读信号中的差错。

### 1.3.3 通信信道的数学模型

在通过物理信道传输信息的通信系统设计中，人们发现，建立一个能反映传输媒质最重要特征的数学模型是很方便的。信道的数学模型可用于发送机中的信道编码器和调制器，以及接收机中的解调器和信道译码器的设计。下面简要地描述信道的模型，它们常用来表征实际的物理信道。

#### 1. 加性噪声信道

通信信道最简单的数学模型是加性噪声信道，如图 1.9 所示。在这个模型中。发送信号 $s(t)$ 被加性随机噪声过程 $n(t)$ 恶化。在物理上，加性噪声过程由通信系统接收机中的电子元器件和放大器引起，或者由传输中的干扰引起。

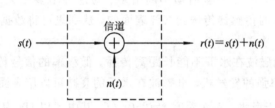

图 1.9　加性噪声信道

如果噪声主要由接收机中的元器件和放大器引起，那么，它可以表征为热噪声。这种模型的噪声统计地表征为高斯噪声过程。因此，该信道的数学模型通常称为加性高斯噪声信道。因为这个信道模型适用于很广的物理通信信道，并且因为它在数学上易于处理，所以是在通信系统分析和设计中所采用的最主要的信道模型。信道的衰减很容易加入到该模型。信号通过信道传输而受到衰减时，接收信号是

$$r(t) = as(t) + n(t) \tag{1.1}$$

式中，$a$ 是衰减因子。

#### 2. 线性滤波器信道

在某些物理信道中，例如有线电话信道，采用滤波器来保证传输信号不超过规定的带宽限制，从而不会引起相互干扰。这样的信道通常在数学上表征为带有加性噪声的线性滤波器，如图 1.10 所示。因此，如果信道输入信号为 $s(t)$，那么信道输出信号是

$$r(t) = s(t) * c(t) + n(t) = \int_{-\infty}^{\infty} c(\tau)s(t-\tau)\mathrm{d}\tau + n(t) \tag{1.2}$$

式中，$c(t)$ 是信道的冲激响应，* 表示卷积。

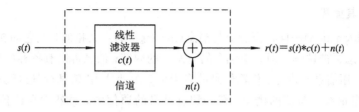

图 1.10　带有加性噪声的线性滤波器信道

**3. 线性时变滤波器信道**

像水声信道和电离层无线电信道这样的物理信道，它们会导致发送信号的时变多径传播，这类物理信道在数学上可以表征为时变线性滤波器。该线性滤波器可以表征为时变信道冲激响应 $c(\tau, t)$，这里 $c(\tau, t)$ 是信道在 $t-\tau$ 时刻加入冲激而在 $t$ 时刻的响应。因此，$\tau$ 表示"历时（经历时间）"变量。带有加性噪声的线性时变滤波器信道如图 1.11 所示。对于输入信号 $s(t)$，信道输出信号为

$$r(t) = s(t) * c(\tau, t) + n(t) = \int_{-\infty}^{\infty} c(\tau, t) s(t-\tau) \mathrm{d}\tau + n(t) \tag{1.3}$$

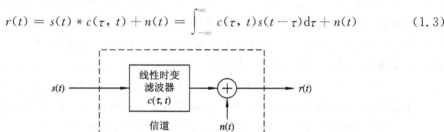

图 1.11　带有加性噪声的时变滤波器信道

用来表征通过物理信道的多径信号传播的模型是式（1.3）的一个特例，这样的物理信道如电离层（在 30 MHz 以下的频率）和移动蜂窝无线电信道。该特例中的时变冲激响应为

$$c(\tau, t) = \sum_{k=1}^{L} a_k(t) \delta(\tau - \tau_k) \tag{1.4}$$

式中，$\{a_k\}$ 表示 $L$ 条多径传播路径上可能的时变衰减因子，$\{\tau_k\}$ 是相应的延迟。如果将式（1.4）代入式（1.3），那么接收信号为

$$r(t) = \sum_{k=1}^{L} a_k(t) s(t-\tau_k) + n(t) \tag{1.5}$$

因此，接收信号由 $L$ 个路径分量组成，其中每一个分量的衰减为 $\{a_k\}$，且延迟为 $\{\tau_k\}$。

上面描述的三种数学模型适当地表征了实际中的绝大多数物理信道。

## 1.3.4　信息量与信道容量

从信息论的观点来看，信道可概括为两大类，即离散信道和连续信道。离散信道就是输入与输出信号的取值都是离散的时间函数；而连续信道是指输入与输出信号的取值都是连续的时间函数。前者是广义信道中的编码信道，信道模型用转移概率来表示；后者则是调制信道，其信道模型用时变线性网络来表示。信道容量就是信道无差错传输信息的最大信息速率，记为 $C$。信息速率是通信系统的性能指标之一，它和信息量有关。因此，在讨论这两种信道的信道容量之前，先要了解一下信息及其度量。

## 1. 信息及其度量

"信息"(information)一词在概念上与消息(message)的意义相似，但它的含义却更具普遍性、抽象性。信息可被理解为消息中包含的有意义的内容；消息可以有各种各样的形式，但消息的内容可统一用信息来表述。传输信息的多少可直观地使用"信息量"进行衡量。

传递的消息都有其量值的概念。在一切有意义的通信中，虽然消息的传递意味着信息的传递，但对接收者而言，某些消息比另外一些消息的传递具有更多的信息。例如，甲方告诉乙方一件极有可能发生的事情"8月1日温度高达42℃"，那么比起告诉乙方一件极不可能发生的事情"8月1日要下雪"来说，前一消息包含的信息显然要比后者少些。因为对乙方(接收者)来说，前一事情很可能发生，不足为奇，而后一事情却极难发生，听后会使人惊奇。这表明消息确实有量值的意义，而且可以看出，对接收者来说，事件愈不可能发生，愈会使人感到意外和惊奇，则信息量就愈大。正如已经指出的，消息是多种多样的，因此，量度消息中所含的信息量值，必须能够用来估计任何消息的信息量，且与消息种类无关。另外，消息中所含信息的多少也应和消息的重要程度无关。

由概率论可知，事件的不确定程度可用事件出现的概率来描述。事件出现(发生)的可能性愈小，则概率愈小；反之，则概率愈大。基于这种认识，我们得到：消息中的信息量与消息发生的概率紧密相关。消息出现的概率愈小，则消息中包含的信息量就愈大，且概率为零时(不可能发生事件)信息量为无穷大，概率为1时(必然事件)信息量为0。

综上所述，可以得出消息中所含信息量与消息出现的概率之间的关系有如下规律：

(1) 消息中所含信息量 $I$ 是消息出现的概率 $P(x)$ 的函数，即

$$I = I[P(x)] \tag{1.6}$$

(2) 消息出现的概率愈小，它所包含的信息量愈大，反之信息量愈小，且

$$P = 1 \text{ 时}, I = 0$$
$$P = 0 \text{ 时}, I = \infty$$

(3) 若干个互相独立事件构成的消息，所含信息量等于各独立事件信息量的和，即

$$I[P_1(x) \cdot P_2(x) \cdots] = I[P_1(x)] + I[P_2(x)] + \cdots$$

可以看出 $I$ 与 $P(x)$ 间应满足以上三点，则它们有如下关系式：

$$I = \log_a \frac{1}{P(x)} = -\log_a P(x) \tag{1.7}$$

信息量 $I$ 的单位与对数的底数 $a$ 有关：当 $a$ 取 2 时，单位为比特(bit)；当 $a$ 取 e 时，单位为奈特(nit)；当 $a$ 取 10 时，单位为哈特(hart)。通常使用的单位为比特。

对于由一连串符号所构成的消息，可根据信息相加性概念计算整个消息的信息量，采用平均信息量的概念。平均信息量是指信源中每个符号所含信息量的统计平均值，因为概率不等，故所含信息量是不同的。

设各符号出现的概率为

$$\begin{bmatrix} x_1, & x_2, & \cdots, & x_n \\ P(x_1), & P(x_2), & \cdots, & P(x_n) \end{bmatrix}$$

且

$$\sum_{i=1}^{n} P(x_i) = 1$$

则每个符号所含平均信息量为

$$H = P(x_1)[-lbP(x_1)] + P(x_2)[-lbP(x_2)] + \cdots + P(x_n)[-lbP(x_n)]$$

$$= \sum_{i=1}^{n} P(x_i)[-lbP(x_i)] \quad (bit/ 符号) \tag{1.8}$$

由于 $H$ 同热力学中的熵形式一样,故通常称之为信源的熵,单位为 bit/符号。可以证明,信源的最大熵发生在信源中每个符号等概独立出现时,此时最大熵为

$$H = lbN \quad (bit/ 符号) \tag{1.9}$$

下面举例说明平均信息量的计算。

【例 1.1】 一信源由 4 个符号 a、b、c、d 组成,它们出现的概率为 3/8、1/4、1/4、1/8,且每个符号的出现都是独立的。试求信源输出为 cabacabdacbdaabcadcbabaadcbabaacd bacaacabadbcadcbaabcacba 时的信息量。

**解** 信源输出的信息序列中,a 出现 23 次,b 出现 14 次,c 出现 13 次,d 出现 7 次,共有 57 个,则

$$出现 a 的信息量为 \quad 23\, lb\frac{57}{23} \approx 30.11 \quad (bit)$$

$$出现 b 的信息量为 \quad 14\, lb\frac{57}{14} \approx 28.36 \quad (bit)$$

$$出现 c 的信息量为 \quad 13\, lb\frac{57}{13} \approx 27.72 \quad (bit)$$

$$出现 d 的信息量为 \quad 7\, lb\frac{57}{7} \approx 21.18 \quad (bit)$$

该信源总的信息量为

$$I = 30.11 + 28.36 + 27.72 + 21.18 = 107.37 \quad (bit)$$

则每一个符号的平均信息量为

$$\bar{I} = \frac{I}{符号总数} = \frac{107.37}{57} \approx 1.88 \quad (bit/ 符号)$$

上面的计算中,我们没有利用每个符号出现的概率来计算,而是用每个符号在 57 个符号中出现的次数(频度)来计算的。

实际上,用平均信息量公式(1.8)直接计算可得

$$H = \frac{3}{8}\, lb\frac{8}{3} + \frac{1}{4} \times 2 \times lb4 + \frac{1}{8}\, lb8 \approx 1.906 \quad (bit/ 符号)$$

总的信息量为

$$I = 57 \times 1.906 = 108.64 \quad (bit)$$

可以看出,本例中两种方法的计算结果是有差异的,原因就是前一种方法中将频度视为概率来计算。当信源中符号出现的数目 $m \to \infty$ 时,则上述两种计算方法结果一样。

**2. 离散信道的信道容量**

设离散信道模型如图 1.12 所示。图 1.12(a)是无噪声信道,$P(x_i)$ 表示发送符号 $x_i$ 的概率,$P(y_i)$ 表示收到符号 $y_i$ 的概率,$P(y_i/x_i)$ 是转移概率,这里 $i=1,2,3,\cdots,n$。由于信道无噪声,所以它的输入与输出一一对应,即 $P(x_i)$ 与 $P(y_i)$ 相同。图 1.12(b)是有噪声信道,$P(x_i)$ 表示发送符号 $x_i$ 的概率,这里 $i=1,2,3,\cdots,n$,$P(y_j)$ 表示收到符号 $y_j$ 的概

率，这里 $j=1,2,3,\cdots,m$，$P(y_j/x_i)$ 或 $P(x_i/y_j)$ 是转移概率。在这种信道中，输入与输出之间不存在一一对应的关系，即当输入一个 $x_1$ 时，则输出可能为 $y_1$，也可能是 $y_2$ 或 $y_m$ 等。可见，输出与输入之间成为随机对应的关系。但它们之间具有一定的统计关联，并且这种随机对应的统计关系就反映在信道的转移（或条件）概率上。因此，可以用信道的转移概率来合理地描述信道干扰和信道的统计特性。

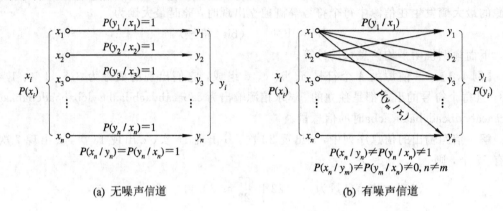

(a) 无噪声信道  (b) 有噪声信道

图 1.12　离散信道模型

在有噪声的信道中，很容易得到发送符号为 $x_i$ 而收到符号为 $y_j$ 时所获得的信息量，即

$$[\text{发送 } x_i \text{ 收到 } y_j \text{ 时所获得的信息量}] = -\operatorname{lb}P(x_i) + \operatorname{lb}P(x_i/y_j) \tag{1.10}$$

式中：$P(x_i)$ 表示未发送符号前 $x_i$ 出现的概率；$P(x_i/y_j)$ 表示收到 $y_j$ 而发送为 $x_i$ 的条件概率。对各 $x_i$ 和 $y_j$ 取统计平均，即对所有发送为 $x_i$ 而收到为 $y_j$ 取平均，则

$$H(x) - H(x/y) = -\sum_{i=1}^{n} P(x_i)\operatorname{lb}P(x_i) - \left[-\sum_{j=1}^{m} P(y_j)\sum_{i=1}^{n} P(x_i/y_j)\operatorname{lb}P(x_i/y_j)\right] \tag{1.11}$$

式中：$H(x)$ 表示发送的每个符号的平均信息量；$H(x/y)$ 表示发送符号在有噪声的信道中传输平均丢失的信息量，或当输出符号已知时输入符号的平均信息量。

为了表明信道传输信息的能力，引用信息传输速率的概念。所谓信息传输速率，是指信道在单位时间内所传输的平均信息量，用 $R$ 表示，即

$$R = H_i(x) - H_i(x/y) \tag{1.12}$$

式中：$H_i(x)$ 表示单位时间内信源发出的平均信息量，或称信源的信息速率；$H_i(x|y)$ 表示单位时间内对发送 $x$ 而收到 $y$ 的条件平均信息量。

设单位时间内传送的符号数为 $r$，则

$$H_i(x) = rH(x) \tag{1.13}$$

$$H_i(x/y) = rH(x/y) \tag{1.14}$$

于是得到

$$R = r[H(x) - H(x/y)] \tag{1.15}$$

该式表示有噪声信道中信息传输速率等于每秒内信源发送的信息量与由信道不确定性而引起丢失的那部分信息量之差。

显然，在无噪声时，信道不存在不确定性，即 $H(x/y)=0$。这时，信道传输信息的速率等于信源的信息速率，即

$$R = rH(x) \tag{1.16}$$

如果噪声很大，$H(x/y) \to H(x)$，则信道传输信息的速率 $R \to 0$。

**【例 1.2】** 二进制离散信道模型如图 1.13 所示。如果信息传输速率是每秒 1000 符号，且符号 0 和 1 出现的概率相等，即 $P(x_1)=P(x_0)=1/2$，在传输中：① 弱干扰引起的差错是，平均每 100 个符号中有一个符号不正确；② 强干扰引起的差错是，无论发送什么符号，其输出端出现符号 0 或 1 的概率都相等。试分别求信道传输信息的速率是多少。

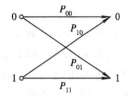

图 1.13 二进制离散信道模型

**解** （1）信源的平均信息量为

$$H(x) = -\left(\frac{1}{2}\,\text{lb}\,\frac{1}{2} + \frac{1}{2}\,\text{lb}\,\frac{1}{2}\right) = 1 \quad (\text{bit}/\text{符号})$$

则信源发送信息的速率为

$$H_i(x) = rH(x) = 1000 \quad (\text{b/s})$$

在弱干扰下，信道输出端收到符号 0 和 1 有相同的条件平均信息量，即

$$H(x/y) = -(0.99\,\text{lb}0.99 + 0.01\,\text{lb}0.01) = 0.081 \quad (\text{bit}/\text{符号})$$

由于信道不可靠性而在单位时间内丢失的信息量为

$$H_i(x/y) = rH(x/y) = 81 \quad (\text{b/s})$$

所以，信道传输信息的速率为

$$R = H_i(x) - H_i(x/y) = 919 \quad (\text{b/s})$$

（2）在强干扰下，无论发送什么符号，其输出端出现符号 0 或 1 的概率都相等，可得条件平均信息量为

$$H(x/y) = -\left(\frac{1}{2}\,\text{lb}\,\frac{1}{2} + \frac{1}{2}\,\text{lb}\,\frac{1}{2}\right) = 1 \quad (\text{bit}/\text{符号})$$

而单位时间内由于信道的不可靠性而引起丢失的信息量为

$$H_i(x/y) = rH(x/y) = 1000 \quad (\text{b/s})$$

所以，信道传输信息的速率为

$$R = H_i(x) - H_i(x/y) = 0$$

由以上定义的信道传输信息的速率 $R$ 可以看出，它与单位时间传送的符号数目 $r$、信源的概率分布以及信道干扰的概率分布有关。一般对于某个给定的信道，干扰的概率分布是给定的，若 $r$ 也一定，则信道传送信息的速率仅与信源的概率分布有关。一个信道的传输能力当然应该以这个信道最大可能的传输信息的速率来度量。

因此，对于一切可能的信源概率分布来说，受到高斯干扰的离散信道的信道容量定义为

$$C = \underbrace{\text{max}R}_{\langle P(x)\rangle} = \text{max}[H_i(x) - H_i(x/y)] = \text{max}[rH(x) - rH(x/y)] \tag{1.17}$$

式中，max 是表示对所有可能的输入概率分布来说的最大值。

### 3. 连续信道的信道容量

假设信道的带宽为 $B$(Hz)，信道输出的信号功率为 $S$(W)，输出加性高斯白噪声功率为 $N$(W)，根据香农(Shannon)信息论可以得出，受到高斯干扰的连续信道的信道容量为

$$C = B \, \mathrm{lb}\left(1 + \frac{S}{N}\right) \quad (\mathrm{b/s}) \tag{1.18}$$

香农公式表明了当信号与作用在信道上的起伏噪声的平均功率给定时，在具有一定频带宽度 $B$ 的信道上，理论上单位时间内可能传输的信息量的极限值。同时，香农公式还是扩展频谱技术的理论基础。由于噪声功率 $N$ 与信道带宽 $B$ 有关，因此，如果噪声单边功率谱密度为 $n_0$，则噪声功率 $N$ 将等于 $n_0 B$。因此，香农公式的另一形式为

$$C = B \, \mathrm{lb}\left(1 + \frac{S}{n_0 B}\right) \quad (\mathrm{b/s}) \tag{1.19}$$

由上式可见，一个连续信道的信道容量受 $B$、$S$、$n_0$ 的限制。只要这三个值确定，则信道容量也就随之确定。由式(1.19)得知：

(1) 若 $n_0 \to 0$ 或 $S \to \infty$，则 $C \to \infty$，意味着信道无噪声或发送功率达到无穷大时，信道容量为无穷大。

(2) 要使信道容量 $C$ 加大，则通过减小 $n_0$ 或增大 $S$ 在理论上是可行的。

(3) 若增大带宽 $B$，则信道容量 $C$ 也增大，但这是有限的，因为 $B \to \infty$ 时，$C \to \dfrac{1.44S}{n_0}$。

(4) 若信道信息速率 $R \leqslant C$，则理论上可实现无差错传输；若 $R > C$，则不可能实现无差错传输。

(5) 实现 $R = C$ 的极限信息速率的通信系统，称为理想通信系统。

香农定理只证明了理想系统的"存在性"，却没有指出这种通信系统的实现方法。因此，理想系统通常只能作为实际系统的理论界限。另外，上述讨论都是在信道噪声为高斯白噪声的前提下进行的，对于其他类型的噪声，香农公式需要加以修正。

**【例 1.3】** 待传输的电视图像由 300 000 个小像元组成，对于一般要求的对比度，每一像元大约取 10 个可辨别的亮度电平。假若所有这些亮度电平等概率出现，每秒发送 30 帧图像，为了满意地重现图像，要求信道中信噪功率比为 1000(即 30 dB)。试计算传输电视图像信号所需的信道带宽。

**解** 先求每个像元所含的平均信息量。因为 10 个亮度电平等概出现(即 $P(x_i) = 1/10$，$i = 1, 2, 3, \cdots, 10$)，所以

$$H(x) = \mathrm{lb} \, \frac{1}{P(x_i)} = \mathrm{lb}10 = 3.32 \quad (\mathrm{bit/ 符号})$$

由于每帧图像有 300 000 个小像元，因此每帧图像的信息量为

$$I = 300\,000 \times 3.32 = 996\,000 \quad (\mathrm{bit})$$

因每秒传送 30 帧图像，故每秒传送的信息速率为

$$R_b = 996\,000 \times 30 = 29.9 \times 10^6 \quad (\mathrm{b/s})$$

因为信道容量 $C \geqslant R_b$，选取 $C = R_b$，据香农公式，$C = B \, \mathrm{lb}(1 + S/N)$，得信道带宽为

$$B = \frac{C}{\mathrm{lb}(1 + S/N)} \approx \frac{29.9 \times 10^6}{\mathrm{lb}1001} = 3.02 \times 10^6 \quad (\mathrm{Hz})$$

# 1.4 随机过程

## 1.4.1 随机过程的基本概念

### 1. 随机过程的一般表述

通信过程是信号和噪声通过通信系统的过程。分析、研究通信系统，总离不开分析信号和噪声，而通信系统中遇到的信号总带有随机性，因此称为随机信号。从统计数学的观点看，随机信号和噪声统称为随机过程。即当事物变化的过程不能用确定函数描述时，则称这个过程为随机过程，记为 $\xi(t)$。随机过程有两个基本特征：

(1) $\xi(t)$ 是时间 $t$ 的函数。

(2) 给定任意一个时刻 $t_1$，$\xi(t_1)$ 的值不确定，是一个随机变量。

### 2. 随机过程的统计特性

随机过程的统计特性用分布函数、概率密度函数或数字特征来描述。

1) 分布函数和概率密度函数

随机过程 $\xi(t)$ 在任意一个时刻 $t_1$ 上的取值是随机变量 $\xi(t_1)$，我们称随机变量 $\xi(t_1)$ 小于或等于某一数值 $x_1$ 的概率

$$F_1(x_1, t_1) = P[\xi(t_1) \leqslant x_1]$$

为随机过程 $\xi(t)$ 的一维分布函数。若存在

$$\frac{\partial F_1(x_1, t_1)}{\partial x_1} = f_1(x_1, t_1)$$

则称 $f_1(x_1, t_1)$ 为 $\xi(t)$ 的一维概率密度函数。

在一般情况下用一维分布函数和一维概率密度函数去描述随机过程的完整统计特性是极不充分的，它们只描述了在各个孤立时刻的统计特性，而没有反映随机过程在各个时刻取值之间的内在联系，通常还需要在足够多的时刻上考虑随机过程的多维分布函数和多维概率密度函数。$n$ 越大，对随机过程统计特性的描述就越充分。

2) 数字特征

随机过程的数字特征有均值、方差及相关函数。均值和方差是描述随机过程在某时刻统计特性的重要数字特征；而相关函数是描述随机过程在两个不同时刻状态之间联系的数字特征。实际中用数字特征描述随机过程的统计特性简单、方便。

均值(数学期望或统计平均)：

$$E[\xi(t)] = a(t) = \int_{-\infty}^{\infty} x f_1(x, t) \, dx$$

方差：

$$D[\xi(t)] = \sigma^2(t) = E\{[\xi(t) - a(t)]^2\} = \int_{-\infty}^{\infty} x^2 f_1(x, t) dx - [a(t)]^2$$

自相关函数：

$$R(t_1, t_2) = E[\xi(t_1)\xi(t_2)] = \int_{-\infty}^{\infty} \int_{-\infty}^{\infty} x_1 x_2 f_2(x_1, x_2; t_1, t_2) dx_1 dx_2$$

### 1.4.2 平稳随机过程

平稳随机过程是在通信系统中占重要地位的一种特殊而又广泛应用的随机过程。

**1. 平稳随机过程的定义**

1）狭义平稳

狭义平稳指随机过程 $\xi(t)$ 的 $n$ 维分布函数或 $n$ 维概率密度函数与时间起点无关。即对于任意 $n$ 和 $\tau$，$\xi(t)$ 的 $n$ 维概率密度函数满足

$$f_n(x_1, x_2, \cdots, x_n; t_1, t_2, \cdots, t_n) = f_n(x_1, x_2, \cdots, x_n; t_1 + \tau, t_2 + \tau, \cdots, t_n + \tau)$$

则称 $\xi(t)$ 是狭义平稳随机过程。由此可见，平稳随机过程的统计特性将不随时间的推移而不同。因此可得出这样的结论：$\xi(t)$ 的一维概率密度函数与时间 $t$ 无关，二维概率密度函数只与时间间隔有关，即

$$f_1(x, t) = f_1(x), \quad f_2(x_1, x_2; t_1, t_2) = f_2(x_1, x_2; \tau)$$

2）广义平稳

若随机过程 $\xi(t)$ 的数学期望及方差与时间 $t$ 无关，且分别为 $a$ 及 $\sigma^2$，其自相关函数只与时间间隔 $\tau$ 有关，即

$$\begin{cases} a(t) = a \\ \sigma^2(t) = \sigma^2 \\ R(t_1, t_1 + \tau) = R(\tau) \end{cases} \tag{1.20}$$

则称 $\xi(t)$ 是广义平稳随机过程。通信系统中遇到的信号和噪声大多可看做平稳随机过程。式(1.20)可作为判断一个随机过程是否平稳的依据。

**2. 平稳随机过程的性质**

1）各态历经性

设 $x(t)$ 是从平稳随机过程 $\xi(t)$ 中任意取得的一个实现，若 $\xi(t)$ 的数字特征可由 $x(t)$ 的时间平均替代，即

$$\begin{cases} a = \bar{a} = \lim_{T \to \infty} \frac{1}{T} \int_{-\frac{T}{2}}^{\frac{T}{2}} x(t) \, \mathrm{d}t \\ \sigma^2 = \overline{\sigma^2} = \lim_{T \to \infty} \frac{1}{T} \int_{-\frac{T}{2}}^{\frac{T}{2}} [x(t) - \bar{a}]^2 \, \mathrm{d}t \\ R(\tau) = \overline{R(\tau)} = \lim_{T \to \infty} \frac{1}{T} \int_{-\frac{T}{2}}^{\frac{T}{2}} x(t) x(t + \tau) \, \mathrm{d}t \end{cases} \tag{1.21}$$

则称平稳随机过程 $\xi(t)$ 具有各态历经性。"各态历经"的意思是说，从随机过程中得到的一个实现，好像经历了随机过程的所有可能状态。因此，可以用一个实现的统计特性来了解整个过程的统计特性，使"统计平均"化为"时间平均"，使计算问题大为简化。

值得注意的是，只有平稳随机过程才可能具有各态历经性。

2）$R(\tau)$ 的性质

平稳随机过程 $\xi(t)$ 的 $R(\tau)$ 可以表述随机过程的几乎所有数字特征，还揭示了随机过程的频谱特性，即

（1）$\xi(t)$ 的平均功率：$\qquad R(0) = E[\xi^2(t)] = S$

（2）$R(\tau)$ 是偶函数：$\qquad R(\tau) = R(-\tau)$

（3）$R(\tau)$ 的上界：$\qquad |R(\tau)| \leqslant R(0)$

（4）$\xi(t)$ 的直流功率：$\qquad R(\infty) = E^2[\xi(t)]$

（5）$\xi(t)$ 的交流功率：$\qquad \sigma^2 = R(0) - R(\infty)$

（6）$R(\tau) \Leftrightarrow P_\xi(\omega)$：$\qquad P_\xi(\omega) = \int_{-\infty}^{\infty} R(\tau) \mathrm{e}^{-\mathrm{j}\omega\tau} \, \mathrm{d}\tau$

$$R(\tau) = \frac{1}{2\pi} \int_{-\infty}^{\infty} P_\xi(\omega) \mathrm{e}^{\mathrm{j}\omega\tau} \, \mathrm{d}\omega$$

特例，当 $\tau = 0$ 时，有

$$R(0) = \frac{1}{2\pi} \int_{-\infty}^{\infty} P_\xi(\omega) \, \mathrm{d}\omega$$

## 1.4.3 高斯过程（正态随机过程）

**1. 定义**

任意 $n$ 维分布服从正态分布的随机过程称为高斯过程，所以高斯过程又称正态随机过程。

**2. 性质**

（1）高斯过程若是广义平稳的，则它也是狭义平稳的。

（2）若高斯过程中的随机变量两两之间互不相关，则它们也是统计独立的。

（3）若干个高斯过程之和组成的随机过程仍是高斯型。

（4）高斯过程经过线性系统后的过程仍是高斯型。

**3. 高斯过程的统计特性**

1）概率密度函数

在任一给定时刻上，高斯过程的随机变量是高斯随机变量，其概率密度函数可表示为

$$f(x) = \frac{1}{\sqrt{2\pi}\sigma} \mathrm{e}^{-\frac{(x-a)^2}{2\sigma^2}}$$

式中，$a$ 和 $\sigma^2$ 是两个常量。$f(x)$ 的曲线有如下特性：

（1）$f(x)$ 对称于 $x = a$ 这条直线。

（2）$\int_{-\infty}^{\infty} f(x)\mathrm{d}x = 1$，且 $\int_{-\infty}^{a} f(x) \, \mathrm{d}x = \int_{a}^{\infty} f(x) \, \mathrm{d}x = \frac{1}{2}$。

（3）$a$ 不变时，$f(x)$ 图形将随着 $\sigma$ 的变化而变高和变窄。

（4）$a = 0$，$\sigma = 1$ 时，$f(x)$ 为标准正态分布的概率密度函数 $f(x) = \frac{1}{\sqrt{2\pi}} \mathrm{e}^{-\frac{x^2}{2}}$。

2）正态分布函数

$$F(x) = \int_{-\infty}^{x} f(z) \, \mathrm{d}z = \int_{-\infty}^{x} \frac{1}{\sqrt{2\pi}\,\sigma} \exp\left[-\frac{(z-a)^2}{2\sigma^2}\right] \mathrm{d}z$$

这个积分不易计算，常引入误差函数来表述。

误差函数定义：$\qquad \mathrm{erf}(x) = \frac{2}{\sqrt{\pi}} \int_{0}^{x} \mathrm{e}^{-z^2} \, \mathrm{d}z$

互补误差函数定义：

$$\text{erfc}(x) = 1 - \text{erf}(x) = \frac{2}{\sqrt{\pi}} \int_x^\infty e^{-z^2} \, dz$$

则

$$F(x) = \begin{cases} \dfrac{1}{2} + \dfrac{1}{2}\left[\text{erf} \dfrac{x-a}{\sqrt{2}\sigma}\right] & x \geqslant a \\[3mm] 1 - \dfrac{1}{2}\left[\text{erfc} \dfrac{x-a}{\sqrt{2}\sigma}\right] & x < a \end{cases}$$

在分析通信系统的抗噪声性能时，常用误差函数表示 $F(x)$。

### 1.4.4 窄带随机过程

**1. 定义和表示式**

窄带随机过程是指其频带宽度 $\Delta f$ 远远小于其中心频率 $f_c$ 的过程。用示波器观察其波形，是一个频率近似为 $f_c$，包络 $a_\xi(t)$ 和相位 $\phi_\xi(t)$ 随机缓变的正弦波。

窄带随机过程 $\xi(t)$ 的一般表示式为

$$\xi(t) = a_\xi(t) \cos[\omega_c t + \phi_\xi(t)], \quad a_\xi(t) \geqslant 0$$

其等价式为

$$\xi(t) = \xi_c(t) \cos\omega_c t - \xi_s(t) \sin\omega_c t$$

式中：

$$\xi_c(t) = a_\xi(t) \cos\phi_\xi(t) \quad \text{同相分量}$$
$$\xi_s(t) = a_\xi(t) \sin\phi_\xi(t) \quad \text{正交分量}$$

**2. 统计特性**

$\xi(t)$ 的统计特性可由 $a_\xi(t)$、$\phi_\xi(t)$ 或 $\xi_c(t)$、$\xi_s(t)$ 的统计特性确定。反之，由 $\xi(t)$ 的统计特性可确定 $a_\xi(t)$、$\phi_\xi(t)$ 或 $\xi_c(t)$、$\xi_s(t)$ 的统计特性。下面给出两个重要结论。

(1) 一个均值为零、方差为 $\sigma_\xi^2$ 的窄带平稳高斯过程 $\xi(t)$，它的同相分量 $\xi_c(t)$ 和正交分量 $\xi_s(t)$ 同样是平稳高斯过程，且均值都为零，方差也相同。另外，在同一时刻上得到的 $\xi_c(t)$ 和 $\xi_s(t)$ 是统计独立的。即

$$\begin{cases} E[\xi(t)] = E[\xi_c(t)] = E[\xi_s(t)] = 0 \\ \sigma_\xi^2 = \sigma_{\xi_c}^2 = \sigma_{\xi_s}^2 \\ R_{\xi_c \xi_s}(0) = R_{\xi_s \xi_c}(0) = 0 \end{cases} \tag{1.22}$$

(2) 一个均值为零、方差为 $\sigma_\xi^2$ 的窄带平稳高斯过程 $\xi(t)$，其包络 $a_\xi(t)$ 的一维分布是瑞利分布，相位 $\phi_\xi(t)$ 的一维分布是均匀分布，且就一维分布而言，$a_\xi(t)$ 与 $\phi_\xi(t)$ 是统计独立的。即

$$\begin{cases} f(a_\xi) = \dfrac{a_\xi}{\sigma_\xi^2} \exp\left[-\dfrac{a_\xi^2}{2\sigma_\xi^2}\right] & a_\xi \geqslant 0 \\[3mm] f(\phi_\xi) = \dfrac{1}{2\pi} & 0 \leqslant \phi_\xi \leqslant 2\pi \\[3mm] f(a_\xi, \phi_\xi) = f(a_\xi) f(\phi_\xi) \end{cases} \tag{1.23}$$

### 3. 白噪声

凡是功率谱密度在整个频域内都是均匀分布的噪声，称为白噪声，它是理想的宽带过程。白噪声的功率谱密度为 $P_\xi(\omega)=n_0/2$，由于 $R(\tau)\Leftrightarrow P_\xi(\omega)$，则白噪声的自相关函数为

$$R(\tau) = \frac{n_0}{2}\delta(\tau)$$

可见，白噪声只有在 $\tau=0$ 时才相关，它在任意两个时刻上的随机变量都是不相关的。以后所讨论的热噪声和散粒噪声都视为白噪声。

### 4. 带限白噪声

白噪声被限制在 $(-f_0, f_0)$ 内，则这样的白噪声被称为带限白噪声。

$$P_\xi(\omega) = \begin{cases} \dfrac{n_0}{2}, & |f| \leqslant f_0 \\ 0, & \text{其他} \end{cases}$$

自相关函数为

$$R(\tau) = \int_{-f_0}^{f_0} \frac{n_0}{2}\, \mathrm{e}^{\mathrm{j}2\pi f\tau}\, \mathrm{d}f = n_0 f_0 \frac{\sin 2\pi f_0 \tau}{2\pi f_0 \tau}$$

当 $\tau = \dfrac{k}{2f_0}(k=1, 2, 3, \cdots)$ 时，$R(\tau)=0$，得到的随机变量才不相关。

### 1.4.5  随机过程通过线性系统

设线性系统传输函数为 $H(\omega)$，冲激响应为 $h(t)$，输入 $\xi_i(t)$ 是随机过程，则得出的输出过程 $\xi_o(t)$ 情况如下：

（1）若线性系统的输入 $\xi_i(t)$ 是平稳随机过程，则输出 $\xi_o(t)$ 也是平稳随机过程，即

$$E[\xi_o(t)] = E[\xi_i(t)]H(0)$$
$$R_0(t_1, t_1+\tau) = R_0(\tau)$$

可见，输出 $\xi_o(t)$ 的均值与 $t$ 无关，自相关函数只与间隔 $\tau$ 有关，与起点 $t_1$ 无关。

（2）系统的输出功率谱密度 $P_{\xi_o}(\omega)$ 为

$$P_{\xi_o}(\omega) = |H(\omega)|^2 P_{\xi_i}(\omega)$$

（3）高斯过程经过线性变换后的过程仍为高斯型。

# 1.5  通信系统的主要性能指标

衡量、比较和评价一个通信系统的好坏，必然要涉及系统的主要性能指标，否则就无法衡量通信系统的好坏与优劣。通信系统的主要性能指标也称为主要质量指标，它们是从整个系统上综合提出或规定的。

一般通信系统的性能指标归纳起来有以下几个方面：

（1）有效性。指通信系统传输消息的"速率"问题，即快慢问题。

（2）可靠性。指通信系统传输消息的"质量"问题，即好坏问题。

（3）适应性。指通信系统使用时的环境条件。

（4）经济性。指系统的成本问题。

（5）保密性。指系统对所传信号采取的加密措施，这点对军用系统显得更加重要。

（6）标准性。指系统的接口、各种结构及协议是否合乎国家、国际标准。

（7）维修性。指系统是否维修方便。

（8）工艺性。指通信系统的各种工艺要求。

对于一个通信系统，从研究消息的传输来说，有效性和可靠性将是主要的两个指标，这也是通信技术讨论的重点。

通信系统的有效性和可靠性是一对矛盾。一般情况下，要增加系统的有效性，就得降低可靠性，反之亦然。在实际中，常常依据实际系统要求采取相对统一的办法，即在满足一定可靠性的指标下，尽量提高消息的传输速率，即有效性；或者，在维持一定有效性的条件下，尽可能提高系统的可靠性。

对于模拟通信来说，系统的有效性和可靠性具体可用系统的有效带宽和输出信噪比（或均方误差）来衡量。模拟系统的有效传输带宽 $B_w$ 越大，系统同时传输的话路数也就越多，有效性就越好。

对于数字通信系统而言，系统的有效性和可靠性具体可用传输速率和误码率来衡量。

## 1.5.1　有效性指标

数字通信系统的有效性具体可用传输速率来衡量，传输速率越高，则系统的有效性越好。通常可从以下三个不同的角度来定义传输速率。

**1. 码元传输速率**

码元传输速率通常又可称为码元速率、数码率、传码率、码率、信号速率或波形速率等，用符号 $R_B$ 来表示。码元速率是指单位时间（每秒）内传输码元的数目，单位为波特（Baud），常用符号 B 来表示。例如，某系统在 2 秒内共传送 4800 个码元，则系统的传码率为 2400 B。

数字信号一般有二进制与多进制之分，但码元速率 $R_B$ 与信号的进制数无关，只与码元宽度 $T_B$ 有关：

$$R_B = \frac{1}{T_B} \tag{1.24}$$

**2. 信息传输速率**

信息传输速率简称信息速率，又可称为传信率、比特率等。信息传输速率用符号 $R_b$ 表示。$R_b$ 是指单位时间（每秒）内传送的信息量，单位为比特/秒（b/s），简记为 b/s 或 bps。例如，若某信源在 1 秒内传送 1200 个符号，且每一个符号的平均信息量为 1 bit，则该信源的 $R_b = 1200$ b/s 或 1200 bps。

因为信息量与信号进制数 $N$ 有关，因此，$R_b$ 也与 $N$ 有关。

**3. $R_b$ 与 $R_B$ 之间的互换**

在二进制中，码元速率 $R_{B2}$ 同信息速率 $R_{b2}$ 的关系在数值上相等，但单位不同。

在多进制中，$R_{BN}$ 与 $R_{bN}$ 之间数值不同，单位亦不同。它们之间在数值上有如下关系式：

$$R_{bN} = R_{BN} \, lbN \tag{1.25}$$

**4. 频带利用率**

在比较不同通信系统的效率时，只看它们的传输速率是不够的，还应看在这样的传输速率下所占信道的频带宽度。由于传输速率越高，所占用的信道频带越宽，因此，能够真正体现出信息的传输效率的指标应该是频带利用率，即单位频带内的传输速率：

$$\eta = \frac{R_B}{B} \quad (\text{Baud/Hz}) \tag{1.26}$$

对二进制传输可表示为

$$\eta = \frac{R_b}{B} \quad ((\text{b/s})/\text{Hz}) \tag{1.27}$$

### 1.5.2　可靠性指标

衡量数字通信系统可靠性的指标，具体可用信号在传输过程中出错的概率来表述，即用差错率来衡量。差错率越大，表明系统可靠性愈差。差错率通常有以下两种表示方法。

**1. 码元差错率 $P_e$**

码元差错率 $P_e$ 简称误码率，它是指接收错误的码元数在传送总码元数中所占的比例，更确切地说，误码率就是码元在传输系统中被传错的概率。用表达式可表示成

$$P_e = \frac{\text{单位时间内接收的错误码元数}}{\text{单位时间内系统传输的总码元数}} \tag{1.28}$$

**2. 信息差错率 $P_b$**

信息差错率 $P_b$ 简称误信率或误比特率，它是指接收错误的信息量在传送信息总量中所占的比例，或者说，它是码元的信息量在传输系统中被丢失的概率。用表达式可表示成

$$P_b = \frac{\text{单位时间内接收的错误比特数}}{\text{单位时间内系统传输的总比特数}} \tag{1.29}$$

# 1.6　现代通信技术发展概况

## 1.6.1　通信发展简史

电通信的历史并不长，从 19 世纪开始，至今不到 170 年的时间。通信技术的发展速度很快，特别是上世纪 50 年代以后发展更为迅速。通信发展简史介绍如下：

1838 年，摩尔斯发明有线电报，标志着电通信的开始，通信距离只有 70 km。

1869 年，马克斯韦尔提出电磁辐射方程。

1876 年，贝尔发明电话，被称为现代电通信的开端，第一个人工交换局只有 21 个用户。

1896 年，马可尼发明无线电报，开创了无线电通信发展的道路。

1906 年，发明真空电子管，迅速提高了无线通信及有线通信的水平。

1918 年，调幅无线电广播、超外差接收机问世。

1925 年，开始采用三路明线载波电话、多路通信。

1936 年，调频无线电广播开播。

1937 年，形成脉冲编码调制原理。

1938 年，电视广播开播。

1940~1945 年，"二战"刺激了雷达和微波通信系统的发展。

1948 年，发明晶体管；香农提出了信息论，通信统计理论开始建立。

1950 年，时分多路通信应用于电话。

1956 年，敷设了越洋电缆。

1957 年，发射第一颗人造卫星。

1958 年，发射第一颗通信卫星。

1960 年，发明激光。

1961 年，发明集成电路。

1962 年，发射第一颗同步通信卫星，脉冲编码调制通信进入实用阶段。

1960~1970 年，彩色电视问世；阿波罗宇宙飞船登月；数字传输的理论和技术得到了迅速发展；出现了高速数字电子计算机。

1970~1980 年，大规模集成电路、商用卫星通信、程控数字交换机、光纤通信系统、微处理机等迅速发展。

20 世纪 80 年代以来，超大规模集成电路发展起来；长波长光纤通信系统广泛应用；除了传统的电话网、电报网以外，各种先进的通信网蓬勃发展，如移动通信网、综合业务数字网、公用数据网、智能网、宽带交换网等。先进的通信网络使通信不断朝着综合化、宽带化、自动化和智能化的方向发展。

由上述可以看出通信技术由模拟到数字的发展过程。最早出现的电报是一种最简单的数字通信，随着真空管的出现，模拟通信得到了发展。此后由于脉冲编码原理和信息论的提出以及晶体管和集成电路的发明，数字通信进入全盛时期。数字通信是目前和今后通信技术的发展方向。为人类提供方便快捷的服务，是通信技术追求的目标。

## 1.6.2 数字通信技术

由图 1.3 所示的数字通信系统的组成可以看出，数字通信涉及的理论与技术很多，其中主要有信源编码理论及终端技术、基带传输理论及基带传输技术、调制解调理论及频带传输技术、同步理论及同步技术、信道编码理论及差错控制编码技术等。

**1. 数字终端技术**

数字终端技术包括发端、收端对信号进行处理过程中所涉及的技术，包括模拟信号数字化问题中的信源编码/译码理论、数据压缩处理(即语音压缩编码技术)、多路复用、数字复接技术等。

**2. 数字基带传输技术**

数字基带传输涉及一系列技术问题，如信号传输码型、码间串扰问题、实现无码间串扰传输的理想条件及减少码间串扰的部分响应技术和现代均衡技术。

**3. 现代调制/解调技术**

数字调制/解调技术是将输入的数字信号(基带数字信号)变换为适合于信道传输的频带信号。常见的基本数字调制方式有振幅键控(ASK)、频移键控(FSK)、绝对相移键控

（PSK）、相对（差分）相移键控（DPSK）等四种。本书除讨论上述基本调制/解调方式外，还将讨论一些其他类型的调制方式。

### 4. 数字同步技术

同步是数字通信系统的基本组成部分。数字通信离不开同步，同步系统性能的好坏，直接影响着通信系统性能的优劣。所谓同步，就是要使系统的收、发两端在时间上保持步调一致。同步的主要内容有载波同步、位同步、帧同步以及网同步。

### 5. 差错控制编码技术

差错控制编码/译码属信道编码范畴。信道编码理论主要研究检错、纠错码概念及基本实现方法。编码器是根据输入的信息码元产生相应的监督码元来实现对差错进行控制的，而译码器主要是进行检错与纠错的。其具体内容主要有纠错码的基本概念、分组码的组成以及循环码与卷积码的基本概念。本书将重点介绍基本技术和基本概念，最后简介一些新的纠错编码/译码技术。

在数字通信系统中，除以上几个主要方面外，还有其他一些原理和技术问题，如扩频通信原理、保密编码/译码技术、最佳接收技术、信号处理技术、数字交换技术等。

# 习　　题

1.1　模拟信号和数字信号的区别是什么？

1.2　请画出数字通信系统的基本原理方框图，并说明各个环节的作用。

1.3　某离散信源输出 $X_1$、$X_2$、…、$X_8$ 八个不同符号，符号速率为 2400 B，每个符号出现的概率分别为

$$P(X_1) = P(X_2) = \frac{1}{16}, \quad P(X_3) = \frac{1}{8}, \quad P(X_4) = \frac{1}{4}$$

其余符号等概率出现。

（1）求该信源的平均信息速率；

（2）求传送 1 小时的信息量；

（3）求传送 1 小时可能达到的最大信息量。

1.4　设一信源的输出由 256 个不同符号组成，其中 32 个出现的概率为 1/64，其余 224 个出现的概率为 1/448。信源每秒发出 2400 个符号，且每个符号彼此独立。试计算该信源发送信息的平均信息速率及最大可能的信息速率。

1.5　已知非对称二进制信道，输入符号的概率场为

$$\begin{bmatrix} x_1, & x_2 \\ P_1, & P_2 \end{bmatrix} = \begin{bmatrix} 0, & 1 \\ \dfrac{1}{4}, & \dfrac{3}{4} \end{bmatrix}$$

信道转移概率矩阵为

$$\begin{bmatrix} P(0/0) & P(1/0) \\ P(0/1) & P(1/1) \end{bmatrix} = \begin{bmatrix} 0.8 & 0.2 \\ 0.1 & 0.9 \end{bmatrix}$$

试求：

（1）输出符号集 $Y$ 的平均信息量 $H(Y)$；

（2）条件熵 $H(X|Y)$ 与 $H(Y|X)$；

（3）平均互信息量 $I(X,Y)$。

1.6 已知二进制对称信道 BSC 中，误比特率为 $P_e$，求输入符号为 1 时，输出的互信息量 $I(X,Y)$，并绘出 $P_e$ 为 0.1、0.2、0.3、0.4、0.5 的情况下，互信息量 $I(X,Y)$ 随 $P_e$ 的变化曲线。若输入信道的符号速率 $R=1000$ 符号/s，求信道容量 $C$。

1.7 已知二进制对称信道 BSC 中，符号 $x_0=0$ 出现的概率为 $P_0$，符号 $x_1=1$ 出现的概率为 $P_1(P_1=1-P_0)$，信道传输误比特率为 $P_e$。求证：信道输入与输出之间的平均互信息量为

$$I(X,Y)=H(Y)-H(Y|X)$$

其中：

$$H(Y)=z\,\mathrm{lb}\left(\frac{1}{z}\right)+(1-z)\,\mathrm{lb}\left(\frac{1}{1-z}\right)$$

$$z=P_0P_e+(1-P_0)(1-P_e)$$

$$H(Y|X)=P_e\,\mathrm{lb}\left(\frac{1}{P_e}\right)+(1-P_e)\,\mathrm{lb}\left(\frac{1}{1-P_e}\right)$$

1.8 求证题 1.5 中，信道容量

$$C=1-H(X)$$

并证明 $P_1=P_2=1/2$ 时，互信息量 $I(X,Y)$ 取最大值。

1.9 设连续随机变量 $x$ 的峰值有限，$-M<x<M$。试证：

（1）若

$$f_x(x)=\begin{cases}\dfrac{1}{2M} & -M\leqslant x\leqslant M \\ 0 & |x|>M\end{cases}$$

则相对熵 $H(X)=\displaystyle\int_{-\infty}^{\infty}f_x(x)\,\mathrm{lb}\left[\frac{1}{f_x(x)}\right]\mathrm{d}x$ 取最大值。

（2）最大相对熵 $H_{max}(X)=\mathrm{lb}2M$。

1.10 随机变量 $Y$ 定义为 $Y=\displaystyle\sum_{i=1}^{n}X_i$，式中 $X_i(i=1,2,\cdots,n)$ 为统计独立的随机变量，且

$$X_i=\begin{cases}1 & \text{概率 } p \\ 0 & \text{概率 } 1-p\end{cases}$$

（1）试求 $Y$ 的特征函数；

（2）由特征函数，试求矩阵 $E(Y)$ 和 $E(Y^2)$。

1.11 假设随机过程 $x(t)$ 和 $y(t)$ 既独自平稳也联合平稳。

（1）试求 $z(t)=x(t)+y(t)$ 的自相关函数。

（2）当 $x(t)$ 和 $y(t)$ 不相关时，试求 $z(t)$ 的自相关函数。

（3）当 $x(t)$ 和 $y(t)$ 不相关且有零均值时，试求 $z(t)$ 的自相关函数。

1.12 黑白电视图像每幅含有 $3\times10^5$ 个像素，每个像素有 16 个等概出现的亮度等

级，要求每秒传输 30 帧图像。若信道输出 $S/N=30$，计算传输该黑白电视图像所要求信道的最小带宽。

1.13 参考下式

$$\begin{bmatrix} P(Y=0) \\ P(Y=1) \end{bmatrix} = \begin{bmatrix} P(Y=0 \mid X=0) & P(Y=0 \mid X=1) \\ P(Y=1 \mid X=0) & P(Y=1 \mid X=1) \end{bmatrix} \begin{bmatrix} P(X=0) \\ P(X=1) \end{bmatrix}$$

考虑具有以下不同概率值的通信系统：

$$P(Y=0 \mid X=0) = 0.7 \quad P(Y=0 \mid X=1) = 0.1$$
$$P(Y=1 \mid X=0) = 0.3 \quad P(Y=1 \mid X=1) = 0.9$$
$$P(X=0) = 0.4 \quad\quad P(X=1) = 0.6$$

(1) 求信道输出端的概率 $P(Y=0)$ 和 $P(Y=1)$。

(2) 已知接收到 1 时，求发送 1 的概率。

(3) 已知接收到 1 时，求发送 0 的概率。

1.14 在强干扰环境下，某电台在 5 min 内共接收到正确的信息量为 355 Mb，假定系统信息速率为 1200 kb/s。

(1) 试问系统误信率 $P_b$ 是多少？

(2) 若具体指出系统所传数字信号为四进制信号，$P_b$ 值是否改变？为什么？

(3) 若假定信号为四进制信号，系统传输速率为 1200 kb/s，则 $P_b$ 是多少？

1.15 均匀分布随机变量 $X$ 的 PDF（联合概率密度函数）为

$$P(x) = \begin{cases} a^{-1}, & 0 \leqslant x \leqslant a \\ 0, & \text{其他} \end{cases}$$

在下列 3 种情况下求 $X$ 的差熵 $H(X)$

(1) $a=1$；

(2) $a=4$；

(3) $a=1/4$。

从所得结果说明：$H(X)$ 不是一个绝对的量度，而仅是随机度的相对量度。

1.16 利用式 $I(x_i; y_j)=I(x_i)-I(x_i/y_j)$ 证明：

(1) $I(x_i; y_j)=I(y_j)-I(y_j/x_i)$；

(2) $I(x_i; y_j)=I(x_i)+I(y_j)-I(x_i y_j)$，这里 $I(x_i y_j)=-\lg P(x_i, y_j)$。

1.17 证明：

(1) $I(X_3; X_2 \mid X_1)=H(X_3 \mid X_1)-H(X_3 \mid X_1 X_2)$；

(2) $H(X_3 \mid X_1) \geqslant H(X_3 \mid X_1 X_2)$。

1.18 设 $z(t)=X_1 \cos\omega_0 t - X_2 \sin\omega_0 t$ 是一随机过程，若 $X_1$ 和 $X_2$ 是彼此独立且具有均值为 0、方差为 $\sigma^2$ 的正态随机变量，试求：

(1) $E[z(t)]$，$E[z^2(t)]$；

(2) $z(t)$ 的一维概率密度函数 $f(z)$；

(3) $R(t_1, t_2)$ 与 $B(t_1, t_2)$。

# 第 2 章   信源编码理论

设计通信系统的目的是把信源产生的信息送到目的地。信源可以有各种不同的形式，例如在无线广播中，信源一般是一个声音源(语音或音乐)；在电视广播中，信源是输出活动图像的视频信号源。这些信源输出的都是模拟信号，所以称为模拟信源。相反，计算机和存储设备，如磁盘或光盘，产生的是离散输出信号(通常是二进制或 ASCII 字符)，因此称之为离散信源。

数字通信系统只传输数字形式的信息，所以，无论信源是模拟的还是离散的，必须将信源的输出转换成能用数字方式传输的形式。将信源输出转换为数字形式的过程通常由信源编码器实现，它的输出是一串二进制数字序列。

本章将从分析信源数学模型入手介绍编码理论，并从时域和频域两方面讨论具体的波形编码原理及实例，讨论参数编码原理及实例。同时，还将介绍图像压缩编码和数据加密编码的原理与技术。

## 2.1   波形编码理论

### 2.1.1   信源的数学模型

任何信源的输出都是随机的，也就是说，信源输出是用统计方法来定性的；否则，如果信源输出已确知，就没有必要传输了。本节将分别以离散和模拟信源的数学模型为前提讨论这两种信源。

最简单的离散信源是由有限字符集的字符组成的序列。例如，一个二进制信源发出100101110形式的二进制字符串，它的字符集仅包含两个字符$\{0, 1\}$。更一般地讲，若字符集含有 $L$ 个可能的字符，如$\{x_1, x_2, \cdots, x_L\}$，则信源发出的是该字符集里的字符串。

为了构造离散信源的数学模型，假定字符集$\{x_1, x_2, \cdots, x_L\}$的每个字符都有给定的发生概率 $P_k$，即

$$P_k = P(X = x_k), \quad 1 \leqslant k \leqslant L$$

这里
$$\sum_{k=1}^{L} P_k = 1$$

下面讨论离散信源的两种数学模型。

(1) 离散无记忆信源(DMS)。假设信源的输出序列是统计独立的，即当前的输出字符与所有过去和将来的输出字符统计无关。凡信源输出序列各字符间满足统计独立条件，则称其为无记忆的，这样的信源称为离散无记忆信源(DMS)。

（2）平稳离散信源。假如离散信源的输出是统计相关的，可基于统计上的平稳来构造数学模型。根据平稳的定义，如果长度为 $n$ 的两个序列 $a_1$，$a_2$，$\cdots$，$a_n$ 和 $a_{1+m}$，$a_{2+m}$，$\cdots$，$a_{n+m}$ 的联合概率在所有 $n \geqslant 1$ 和所有移序 $m$ 的情况下均相等，那么该离散信源是平稳的。换言之，信源输出的任何两个随意长度的序列的联合概率不随时间起点位置的移动而变化。

模拟信源具有输出波形 $x(t)$，它是随机过程 $X(t)$ 的一个样本函数。假设 $X(t)$ 是一个平稳随机过程，其自相关函数为 $R_{xx}(\tau)$，功率谱密度是 $P_{xx}(f)$。当 $X(t)$ 是带限的随机过程，即 $|f| \geqslant f_m$ 时满足条件 $P_{xx}(f)=0$，可以用抽样定理来表示 $X(t)$：

$$X(t) = \sum_{-\infty}^{\infty} X\left(\frac{n}{2f_m}\right) \frac{\sin\left[2\pi f_m\left(t - \frac{n}{2f_m}\right)\right]}{2\pi f_m\left(t - \frac{n}{2f_m}\right)} \tag{2.1}$$

这里，$X(n/2f_m)$ 表示以每秒 $f_s = 2f_m$ 个样值的奈奎斯特速率对过程 $X(t)$ 抽样。这样，利用抽样定理可把模拟信源的输出转换成等效的离散时间信源。于是对于所有 $m \geqslant 1$，都可用联合概率密度函数 $p(x_1, x_2, \cdots, x_m)$ 从统计角度描述信源输出的特性，此处 $X_n = X(n/2f_m)$，$1 \leqslant n \leqslant m$，$X_n$ 是与 $X(t)$ 抽样对应的随机变量。

我们注意到，由平稳信源得到的每个输出抽样值 $X(n/2f_m)$ 通常是模拟量，可以把各个采样值量化成一组离散的幅度，而这种量化处理必然导致精度损失。

## 2.1.2　离散信源编码

前面我们介绍了离散随机变量 $X$ 所含信息量的度量方法。当 $X$ 是一个离散信源的输出时，信源熵 $H(X)$ 代表信源发出的平均信息量。本节将讨论信源输出的编码方法，即用二进制数字序列来表示信源输出的方法。有一种衡量信源编码效率的办法是把表示信源每一个输出字符所用的平均二进制数字的个数与信源熵 $H(X)$ 比较。初看起来，有限字符集离散信源的编码相对来说是一个简单问题，然而，只有当信源无记忆时才是这样，即由信源发出的前后符号间统计独立，每个符号可以单独编码。这种离散无记忆信源(DMS)是能够想到的最简单的物理信源模型，但极少有实际信源是与此理想数学模型相符的。例如，从一台打印英语课文的机器里发出的前后字符被认为是统计相关的；另一方面，如果从机器里送出的是用 Fortran 语言编写的程序，那么输出符号序列之间的相关性要小得多。但不管是什么情况，都可以证明：对字符组编码总是比对单个字符编码效率高。如果使字符组足够长，则信源中的每个输出字符所用的二进制数字的平均个数可无限地趋近于信源熵。

**1. 离散无记忆信源的编码**

假设有一个 DMS，每 $\tau_s$ 秒产生一个字符或符号，每个符号选自有限字符集 $x_i(i=1, 2, \cdots, L)$，各符号发生的概率分别是 $P(x_i)(i=1, 2, \cdots, L)$。以"bit/信源符号"为单位，该 DMS 的熵是

$$H(X) = -\sum_{i=1}^{L} P(x_i) \, \mathrm{lb} P(x_i) \leqslant \mathrm{lb} L \tag{2.2}$$

当各符号等概时，上式的等号成立。每信源符号的平均比特数是 $H(X)$，以 b/s 为单位计算的信源速率是 $H(X)/\tau_s$。

1) 固定长度码字

首先讨论一个分组编码的方案，为每个符号制定惟一的 $R$ 位二进制数字串与之对应。

因为每个符号有 $L$ 个可能的取值，当 $L$ 是 2 的幂次时，每个符号为了能惟一编码所需要的二进制位数应是

$$R = \mathrm{lb}L \tag{2.3}$$

当 $L$ 不是 2 的幂次时，应有

$$R = [\mathrm{lb}L] + 1 \tag{2.4}$$

式中，$[x]$ 表示小于 $x$ 的最大整数（取整）。在上述情况下，每个符号的码率为 $R$（以比特为单位），并且由于 $H(X) \leqslant \mathrm{lb}L$，可知 $R \geqslant H(X)$。

DMS 的编码效率定义为 $H(X)/R$ 之比。我们看到，当 $L$ 是 2 的幂次且信源符号等概时，$R = H(X)$ 成立，这时每个符号 $R$ 比特的固定长度码达到了 100% 的效率。但当 $L$ 不是 2 的幂次而信源符号依然等概时，$R$ 与 $H(X)$ 的差别至多是每符号 1 比特。当 $\mathrm{lb}L \gg 1$ 时，这种编码方式的效率仍然较高。另一方面，当 $L$ 很小时，可以一次对 $J$ 个符号的序列编码，这样的固定长度码能提高效率。为了实现要求的编码，需要 $L^J$ 个不同的码字。若采用二进制数字序列，$N$ 长的序列可表示 $2^N$ 个可能的码字，所以 $N$ 的选择必须满足条件

$$N \geqslant J\,\mathrm{lb}L$$

因此，满足要求的 $N$ 的最小整数值是

$$N = [J\,\mathrm{lb}L] + 1 \tag{2.5}$$

于是，每信源符号的平均比特数是 $N/J = R$，与上述逐符号编码相比，（由取整造成的）效率降低约可减小一个因子 $1/J$。如果以 $JH(X)/N$ 的比值来度量编码效率，那么当 $J$ 足够大时，编码效率可任意地趋近于 1。

上述编码方法并没有引起失真，因为从信源符号或符号组编成的码字是惟一的，这种类型的编码称为是无噪的。

下面，我们试图降低码率 $R$，在编码过程中放宽"惟一性"这个条件，例如假设在 $L^J$ 种符号取值中只有一部分是一一对应编码的。说得更具体些，选择 $2^N - 1$ 种最有可能的 $J$ 符号组，让它们一一对应编码，而剩余的 $L^J - (2^N - 1)$ 种 $J$ 符号组统统编成余下的码字。采用这种处理方式后，每当遇到低概率符号组编成那个码字时，就会导致译码失败或译码差错概率（失真），可以用 $P_e$ 代表这个差错概率。对于这种分组的编码方法，香农于 1948 年提出了以下信源编码定理。

2）信源编码定理 I

若 $X$ 是有限熵离散无记忆信源的字符集，由信源发出的 $J$ 个字符组成的分组编成长度为 $N$ 的二进制码字。对于任何 $\varepsilon > 0$，都可使分组译码的差错概率 $P_e$ 任意小，只要

$$R \equiv \frac{N}{J} \geqslant H(X) + \varepsilon \tag{2.6}$$

以及 $J$ 足够大。反之，如果

$$R \leqslant H(X) - \varepsilon \tag{2.7}$$

那么当 $J$ 足够大时，$P_e$ 可以任意地趋近于 1。

从上述结论可看到，想要以任意小的译码差错概率对 DMS 信源的输出编码，每个符号的平均比特数是以信源熵为下边界的。另一方面，如果 $R < H(X)$，则当 $J$ 任意增大时，译码差错概率趋于 100%。

3）变长码字

当信源符号不等概时，更有效的办法是采用变长码字，应用实例为莫尔斯码。在莫尔斯码中，发生频率较高的字母被指定到一个短的码字，而发生频率较低的字母被指定给长的码字。遵循这条思路，总可以根据信源符号的不同发生概率来选择码字。问题是要推导出一种方法，使得能给信源符号选择和指定码字。这种类型的编码称为熵编码。

举例来说，假定有一个 DMS 信源，其输出符号为 $a_1$，$a_2$，$a_3$，$a_4$，相应的概率是 $P(a_1)=1/2$，$P(a_2)=1/4$，$P(a_3)=P(a_4)=1/8$，编码情况如表 2.1 所示。码 I 是一个有致命缺陷的变长码。为了看清这个缺陷，假设编码后的序列是 001001…，显然，对应于 00 的第 1 个字符是 $a_2$；但下面 4 个比特是混淆的（非惟一可译），它们可以译成 $a_4a_3$，也可以译成 $a_1a_2a_1$。或许，下一比特的到来可以消除这种不确定性，但是这种译码延迟是很不希望的。应该考虑的是那些立即可译的码，就是说不存在任何译码延迟。

表 2.1 中的码 II 是立即可译且惟一可译的码。这种码的码字用图形表示比较方便，把它当作树图上的终端节点，如图 2.1 所示。我们看到，数字 0 在前 3 个码字中表示每个码字的结尾，这个特点以及最长的码字不超过 3 位二进制数字，使得这种码立即可译。注意，在这种码里，没有一个字字是另一个码字的前缀。一般来说，前缀条件是指对于一个长度为 $k$ 的给定码字 $C_k=(b_1，b_2，\cdots，b_k)$，不存在另一个长度 $l<k(1\leqslant l\leqslant k-1)$，包含码元素 $(b_1，b_2，\cdots，b_l)$ 的码字。另一方面，也没有一个长度 $l<k$ 的码字等于另一个长度 $k>l$ 的码字的前 $l$ 个二进制数字。这种性质使得该码立即可译。

表 2.1  变 长 码

| 字符 | $P(a_k)$ | 码 I | 码 II | 码 III |
|---|---|---|---|---|
| $a_1$ | 1/2 | 1 | 0 | 0 |
| $a_2$ | 1/4 | 00 | 10 | 01 |
| $a_3$ | 1/8 | 01 | 110 | 011 |
| $a_4$ | 1/8 | 10 | 111 | 111 |

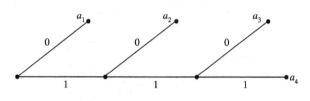

图 2.1  表 2.1 中码 II 的码树

表 2.1 中的码 III 具有图 2.2 所示的树结构。在这种情况下，码是惟一可译的，但非立即可译的。显然，这种码并不满足前缀条件。

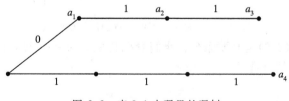

图 2.2  表 2.1 中码 III 的码树

我们的主要目标是要找到一种用来构建惟一可译变长码的系统的方法，这种码在每信源符号所需的平均比特数最少，从这个角度看它是高效的。这里，信源符号的平均比特数定义为

$$\bar{R} = \sum_{k=1}^{L} n_k P(a_k) \qquad (2.8)$$

满足前缀条件的码存在的条件由克拉夫特(Kraft)不等式给出。

4) 克拉夫特(Kraft)不等式

一个满足前缀条件且码字长度 $n_1 \leqslant n_2 \leqslant \cdots \leqslant n_L$ 的二进制存在的充分和必要条件是

$$\sum_{k=1}^{L} 2^{-n_k} \leqslant 1 \qquad (2.9)$$

第一步，我们证明式(2.9)是满足前缀条件的码存在的充分条件。要构成这样的码，首先做一个 $n = n_L$ 级的全二进制树，它有 $2^n$ 个终端节点，从第 $k-1$ 级的每一节点导出 $k$ ($1 \leqslant k \leqslant n$)级的两个节点。如果选择第 $n_1$ 级的任意一个节点作为第一个码字 $C_1$，这一选择消除了 $2^{n-n_1}$ 个终端节点(或 $2^n$ 的 $1/2^{n_1}$)。从剩余的 $n_2$ 级节点中再选择一个作为第二个码字 $C_2$，这次选择又消除了 $2^{n-n_2}$ 个终端节点(或 $2^n$ 个终端节点中的 $1/2^{n_2}$)。这个过程延续下去，直到最后一个码字指定给终端节点 $n = n_L$。由于在 $j < L$ 级的节点处消除的终端节点比例是

$$\sum_{k=1}^{j} 2^{-n_k} < \sum_{k=1}^{L} 2^{-n_k} \leqslant 1$$

总有一个 $k > j$ 级的节点可以指定给下一个码字。这样，可构成一个码树，它是嵌在 $2^n$ 个节点的全树里的，如图 2.3 所示。图中的树有 16 个终端节点，信源输出由 5 个字符组成，分别是 $n_1 = 1$，$n_2 = 2$，$n_3 = 3$ 和 $n_4 = n_5 = 4$。

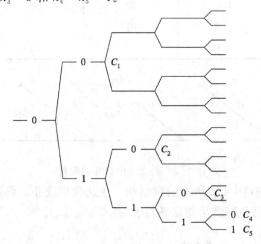

图 2.3　嵌在全树里的二进制码树的结构

第二步，证明式(2.9)是必要条件。我们看码树的第 $n = n_L$ 级，在这一级上从总数 $2^n$ 中消除的终端节点的数目是

$$\sum_{k=1}^{L} 2^{n-n_k} \leqslant 2^n$$

因此

$$\sum_{k=1}^{L} 2^{-n_k} \leqslant 1$$

这样就完成了式(2.9)必要性的证明。

克拉夫特不等式可以用来证明(无噪)信源的编码定理,该定理适用于满足前缀条件的编码。

5) 信源编码定理 II

若 $X$ 是有限熵 $H(X)$ 离散无记忆信源的字符集,与输出字符 $x_k(1 \leqslant k \leqslant L)$ 对应的发生概率是 $p_k(1 \leqslant k \leqslant L)$,那么有可能构成一个平均长度为 $\bar{R}$ 且满足前缀条件的码,该码满足下列不等式:

$$H(X) \leqslant \bar{R} < H(X) + 1 \qquad (2.10)$$

为了确定式(2.10)的下限,注意到对于长度为 $n_k(1 \leqslant k \leqslant L)$ 的码字,$H(X) - \bar{R}$ 的差可以表示为

$$H(X) - \bar{R} = \sum_{k=1}^{L} p_k \, \mathrm{lb} \, \frac{1}{p_k} - \sum_{k=1}^{L} p_k n_k = \sum_{k=1}^{L} p_k \, \mathrm{lb} \, \frac{2^{-n_k}}{p_k} \qquad (2.11)$$

在式(2.11)中利用不等式 $\ln x \leqslant x - 1$,可得

$$H(X) - \bar{R} \leqslant (\mathrm{lb} \, \mathrm{e}) \sum_{k=1}^{L} p_k \left( \frac{2^{-n_k}}{p_k} - 1 \right) \leqslant (\mathrm{lb} \, \mathrm{e}) \sum_{k=1}^{L} (2^{-n_k} - 1) \leqslant 0 \qquad (2.12)$$

式中,后面一个不等式来自克拉夫特不等式。当且仅当 $p_k = 2^{-n_k} (1 \leqslant k \leqslant L)$ 时,上式中的等号成立。

在 $n_k(1 \leqslant k \leqslant L)$ 是整数的约束条件下选择 $\{n_k\}$,使得满足 $2^{-n_k} \leqslant p_k < 2^{-n_k+1}$ 就能确定式(2.10)的上边界。若将 $p_k \geqslant 2^{-n_k}$ 的项在 $(1 \leqslant k \leqslant L)$ 区间相加,可得到克拉夫特不等式。对于该不等式,一定存在一个满足前缀条件的码。另一方面,如果取 $p_k < 2^{-n_k+1}$ 的对数,可得

$$\lg p_k < -n_k + 1$$

等效于

$$n_k < 1 - \lg p_k \qquad (2.13)$$

如果将式(2.13)两边乘以 $p_k$,并在 $1 \leqslant k \leqslant L$ 范围内将各式相加,可得到所要求的式(2.10)的上边界。

自此我们认为,满足前缀条件的变长码对于任何信源符号不等概的 DMS 信源来说都是一种高效的信源编码。下面将介绍构造这种码的一种算法。

6) 霍夫曼(Huffman)编码算法

霍夫曼在 1952 年研究出了一种基于信源符号概率 $P(x_i)(i=1, 2, \cdots, L)$ 的变长码编码算法。这种算法在下述意义上是最优的:在码字满足前缀条件的情况下,用来表示信源符号的平均二进制数字的数目最小。正如上面定义过的,满足该条件的接收序列可被惟一且即时地译码。下面举例说明这种算法。

【例 2.1】 考虑一个有 7 种可能符号 $x_1, x_2, \cdots, x_7$ 的 DMS 信源,各种符号的发生概率如图 2.4 所示。按照概率递减的顺序将各符号排序,即 $P(x_1) > P(x_2) > \cdots > P(x_7)$。从最小概率的两个符号 $x_6$、$x_7$ 开始编码,这两个码字捆绑在一起。如图 2.4 所示,上分支指定为 0 而下分支指定为 1,这两个分支的概率在两分支的汇合处相加而得到 0.01 的概率。

这时有信源符号 $x_1$，$x_2$，$\cdots$，$x_5$，以及一个新符号，比如称做 $x_6'$，它是由 $x_6$ 和 $x_7$ 结合而成的。下一步是将集合 $x_1$，$x_2$，$x_3$，$x_4$，$x_5$，$x_6'$ 中最小概率的两个符号即 $x_5$ 和 $x_6'$ 捆绑在一起，结合后的概率是 0.05。由 $x_5$ 来的分支指定为 0，$x_6'$ 来的分支指定为 1。这个过程持续下去，直到把可能的信源符号用完，结果得到一棵码树，其分支包含要求的码字。码字是从树的最右节点开始数到左边的，最终得出的码字列于图 2.4。对于这种码，每个符号所需的平均二进制数的个数是 $\bar{R}=2.21$ bit/符号，信源的熵是 2.11 bit/符号。

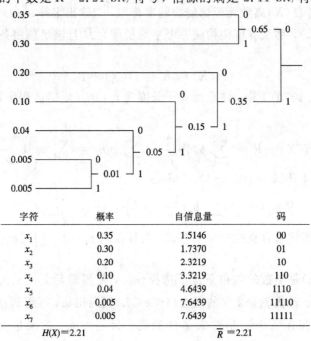

| 字符 | 概率 | 自信息量 | 码 |
|------|------|----------|-----|
| $x_1$ | 0.35 | 1.5146 | 00 |
| $x_2$ | 0.30 | 1.7370 | 01 |
| $x_3$ | 0.20 | 2.3219 | 10 |
| $x_4$ | 0.10 | 3.3219 | 110 |
| $x_5$ | 0.04 | 4.6439 | 1110 |
| $x_6$ | 0.005 | 7.6439 | 11110 |
| $x_7$ | 0.005 | 7.6439 | 11111 |

$$H(X)=2.21 \qquad \bar{R}=2.21$$

图 2.4　DMS 信源变长信源编码

通过观察可知，该码未必是惟一的。例如在编码过程的倒数第二步，我们把 $x_1$ 和 $x_3'$ 结合在一起，因为这些符号是等概的。换一种方法，也可将 $x_2$ 和 $x_3'$ 结合在一起，如果这样，所得的码如图 2.5 所示。这种码每信源符号所需的平均二进制数字的数目也是 2.21，因此同样有效。另外，将上分支指定为 0，将下（低概率）分支指定为 1 也是随意的，完全可以把 0 和 1 反过来，同样可获得满足前缀条件的高效码。

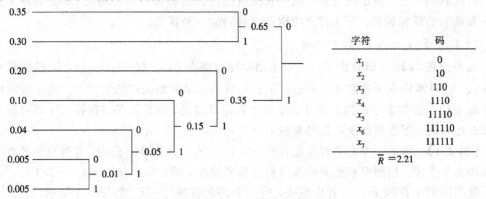

| 字符 | 码 |
|------|-----|
| $x_1$ | 0 |
| $x_2$ | 10 |
| $x_3$ | 110 |
| $x_4$ | 1110 |
| $x_5$ | 11110 |
| $x_6$ | 111110 |
| $x_7$ | 111111 |

$$\bar{R}=2.21$$

图 2.5　对例 2.1 中的 DMS 信源的另一种编码方法

**【例 2.2】** 确定图 2.6 所示 DMS 信源输出的霍夫曼码。这个信源的熵是 $H(X)=$ 2.63 bit/符号，霍夫曼码的平均长度是 $\overline{R}=2.70$ bit/符号，因此，它的效率是 0.97。

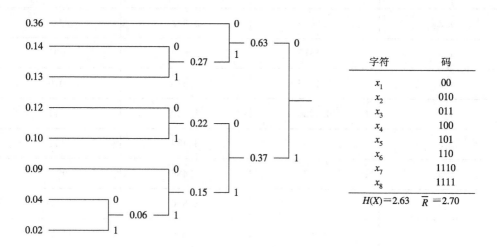

| 字符 | 码 |
|------|------|
| $x_1$ | 00 |
| $x_2$ | 010 |
| $x_3$ | 011 |
| $x_4$ | 100 |
| $x_5$ | 101 |
| $x_6$ | 110 |
| $x_7$ | 1110 |
| $x_8$ | 1111 |
| $H(X)=2.63$ | $\overline{R}=2.70$ |

图 2.6　例 2.2 的霍夫曼码

上例描述的变长(霍夫曼)编码算法生成了一个前缀码，其 $\overline{R}$ 满足式(2.10)。然而，如果不是逐符号编码，而是一次对 $J$ 个符号的分组进行编码，将使编码效率更高。在这种情况下，式(2.10)表示的信源编码定理Ⅱ的边界将为

$$JH(X)\leqslant \overline{R}_J < JH(X)+1 \tag{2.14}$$

来自 DMS 信源 $J$ 个符号分组的熵是 $JH(X)$，$\overline{R}_J$ 是每个 $J$ 符号组的平均比特数。如果把式(2.14)两边同除以 $J$，可得

$$H(X)\leqslant \frac{\overline{R}_J}{J} < H(X)+\frac{1}{J} \tag{2.15}$$

式中，$\overline{R}_J/J\equiv\overline{R}$ 是每信源符号的平均比特数。这样，如果 $J$ 选得足够大，$\overline{R}$ 就能以要求的程度趋近于 $H(X)$。

**【例 2.3】** 某 DMS 信源的输出符号有 $x_1$，$x_2$，$x_3$ 三种，对应的发生概率分别是 0.45，0.35 和 0.2。该信源的熵是 $H(X)=1.518$ bit/符号，其霍夫曼码(表 2.2 给出)要求 $\overline{R}=1.55$，效率为 97.9%。如果改用霍夫曼算法将符号成对地编码，可得到表 2.3 所示的码。符号成对输出时的信源熵是 $2H(X)=3.036$ bit/符号对，也就是编码效率可提高到 $2H(X)/\overline{R}_2=0.990$，即达到 99.0%。

表 2.2　例 2.3 的霍夫曼码

| 符　号 | 概　率 | 自信息量 | 码　字 |
|--------|--------|----------|--------|
| $x_1$ | 0.45 | 1.156 | 1 |
| $x_2$ | 0.35 | 1.520 | 00 |
| $x_3$ | 0.20 | 2.330 | 01 |
| $H(X)=1.518$ bit/符号，$\overline{R}=1.55$ bit/符号，效率为 97.9% | | | |

### 表 2.3 符号对编码的霍夫曼码

| 符 号 | 概 率 | 自信息量 | 码 字 |
|---|---|---|---|
| $x_1 x_1$ | 0.2025 | 2.312 | 10 |
| $x_1 x_2$ | 0.1575 | 2.676 | 001 |
| $x_2 x_1$ | 0.1575 | 2.676 | 010 |
| $x_2 x_2$ | 0.1225 | 3.039 | 011 |
| $x_1 x_3$ | 0.09 | 3.486 | 111 |
| $x_3 x_1$ | 0.09 | 3.486 | 0000 |
| $x_2 x_3$ | 0.07 | 3.850 | 0001 |
| $x_3 x_2$ | 0.07 | 3.850 | 1100 |
| $x_3 x_3$ | 0.04 | 4.660 | 1101 |

$2H(X)=3.036$ bit/符号对，$\bar{R}_2=3.0675$ bit/符号对，$\bar{R}_2/2=1.534$ bit/符号对，效率为 99.0%

总之，在逐个符号上利用霍夫曼算法的变长码可对 DMS 信源有效编码。如果每次对一个 $J$ 符号组编码，编码效率可以进一步提高。这样，信源熵为 $H(X)$ 的 DMS 的输出可以编成变长码，每信源符号的平均比特数能任意地接近 $H(X)$。

**2. 平稳离散信源**

平稳离散信源的输出符号序列是统计相关的，在此仅讨论统计平稳的信源。

我们来计算平稳信源发出的符号序列的熵。随机变量分组 $X_1 X_2 \cdots X_k$ 的熵是

$$H(X_1 X_2 \cdots X_k) = \sum_{i=1}^{k} H(X_i \mid X_1 X_2 \cdots X_{i-1}) \qquad (2.16)$$

式中 $H(X_i \mid X_1 X_2 \cdots X_{i-1})$ 是前 $i-1$ 个符号给定后，发自信源的第 $i$ 个符号的条件熵。$k$ 符号中每个符号的熵定义为

$$H_k(X) = \frac{1}{k} H(X_1 X_2 \cdots X_k) \qquad (2.17)$$

将平均信源的信息量定义为式(2.17)中当 $k \rightarrow \infty$ 时的每符号的熵，即

$$H_\infty(X) = \lim_{k \to \infty} H_k(X) = \lim_{k \to \infty} \frac{1}{k} H(X_1 X_2 \cdots X_k) \qquad (2.18)$$

极限存在性的证明在后面介绍。

换一种方法，也可把信源每字符的熵定义为 $k$ 趋于无穷时条件熵 $H(X_k \mid X_1 X_2 \cdots X_{k-1})$ 的极限。这个极限也是存在的，等于式(2.18)的极限，即

$$H_\infty(X) = \lim_{k \to \infty} H(X_k \mid X_1 X_2 \cdots X_{k-1}) \qquad (2.19)$$

下面证明这个结果，按照 1968 年加拉杰(Gallager)提出的方法来推导。首先证明当 $k \geqslant 2$ 时存在下列关系：

$$H(X_k \mid X_1 X_2 \cdots X_{k-1}) \leqslant H(X_{k-1} \mid X_1 X_2 \cdots X_{k-2}) \qquad (2.20)$$

根据前面的结论，给随机变量加上条件不会增加熵，有

$$H(X_k \mid X_1 X_2 \cdots X_{k-1}) \leqslant H(X_k \mid X_2 X_3 \cdots X_{k-1}) \tag{2.21}$$

因信源是平稳的，因此

$$H(X_k \mid X_2 X_3 \cdots X_{k-1}) = H(X_{k-1} \mid X_1 X_2 \cdots X_{k-2}) \tag{2.22}$$

由此可得式(2.20)。这个结论证明了 $H(X_k \mid X_1 X_2 \cdots X_{k-1})$ 不随 $k$ 而增大。

其次，由式(2.16)和式(2.17)，可得

$$H_k(X) \geqslant H(X_k \mid X_1 X_2 \cdots X_{k-1}) \tag{2.23}$$

第三，把 $H_k(X)$ 的定义写成

$$H_k(X) = \frac{1}{k} \big[ H(X_1 X_2 \cdots X_{k-1}) + H(X_k \mid X_1 \cdots X_{k-1}) \big]$$

$$= \frac{1}{k} \big[ (k-1) H_{k-1}(X) + H(X_k \mid X_1 \cdots X_{k-1}) \big]$$

$$\leqslant \frac{k-1}{k} H_{k-1}(X) + \frac{1}{k} H_k(X)$$

上式可简化为

$$H_k(X) \leqslant H_{k-1}(X) \tag{2.24}$$

因此，序列 $H_k(X)$ 不随 $k$ 增大。

由于 $H_k(X)$ 和条件熵 $H(X_k \mid X_1 X_2 \cdots X_{k-1})$ 都是非负的，且都不随 $k$ 增大，则它们的极限必然存在。求极限可利用式(2.16)和式(2.17)，把 $H_{k+j}(X)$ 表示为

$$H_{k+j}(X) = \frac{1}{k+j} H(X_1 X_2 \cdots X_{k-1})$$

$$+ \frac{1}{k+j} \big[ H(X_k \mid X_1 \cdots X_{k-1}) + H(X_{k+1} \mid X_1 \cdots X_k)$$

$$+ \cdots + H(X_{k+j} \mid X_1 \cdots X_{k+j-1}) \big]$$

因此条件熵是非增的，方括号里的第一项起着确定其余项的上边界的作用。因此

$$H_{k+j}(X) \leqslant \frac{1}{k+j} H(X_1 X_2 \cdots X_{k-1}) + \frac{j+1}{k+j} H(X_k \mid X_1 X_2 \cdots X_{k-1}) \tag{2.25}$$

对于一个固定的 $k$，当 $j \to \infty$ 时式(2.25)的极限为

$$H_\infty(X) \leqslant H(X_k \mid X_1 X_2 \cdots X_{k-1}) \tag{2.26}$$

式(2.26)对于所有的 $k$ 都成立，因此当 $k \to \infty$ 时也成立。于是有

$$H_\infty(X) \leqslant \lim_{k \to \infty} H(X_k \mid X_1 X_2 \cdots X_{k-1}) \tag{2.27}$$

另一方面，由式(2.23)可得

$$H_\infty(X) \geqslant \lim_{k \to \infty} H(X_k \mid X_1 X_2 \cdots X_{k-1}) \tag{2.28}$$

这样，式(2.19)必然成立。

现在假设有一个平稳离散信源，它发出 $J$ 个字符，每字符的熵为 $H_J(X)$。用满足前缀条件的变长霍夫曼码对 $J$ 字符序列编码，所用的是前一节介绍的方法。所得码的每 $J$ 符号分组的平均比特数满足条件

$$H(X_1 \cdots X_J) \leqslant \overline{R}_J \leqslant H(X_1 \cdots X_J) + 1 \tag{2.29}$$

将式(2.29)各项同除以 $J$，得每信源符号平均比特数 $\overline{R} = \overline{R}_J / J$ 的边界如下：

$$H_J(X) \leqslant \bar{R} \leqslant H_J(X) + \frac{1}{J} \tag{2.30}$$

通过增加分组长度 $J$，能够任意趋近 $H_J(X)$。在 $J \to \infty$ 时的极限处，$\bar{R}$ 满足

$$H_\infty(X) \leqslant \bar{R} \leqslant H_\infty(X) + \varepsilon \tag{2.31}$$

式中，$\varepsilon = \frac{1}{J} \to 0$。像这样把大长度符号块编成码字，可以实现平稳信源的高效编码。但是要强调的是，霍夫曼码的设计需要事先知道 $J$ 符号组的联合 PDF(概率密度函数)。

### 3. Lempel‑Ziv(L‑Z)算法

霍夫曼编码算法能产生最优信源编码，使码字满足前缀条件且平均分组长度最小。为了给 DMS 信源设计霍夫曼码，需要知道所有信源符号的发生概率。在有记忆离散信源的情况下，必须知道长度为 $n \geqslant 2$ 的分组的联合概率。然而在实践中，信源输出的统计特性往往是不知道的。从原理上说，只要观察到信源发出的一个长长的信息序列，就有可能估计出离散信源的概率。除非是估算与各信源输出符号发生频率相对应的边际概率，一般在涉及联合概率的计算时，复杂度非常高。结果，霍夫曼编码算法在许多真实的有记忆信源中往往不能实现。

与霍夫曼编码算法不同，L‑Z 信源编码算法设计成与信源的统计特性无关。因此，L‑Z 编码算法属于通用信源编码算法范畴，是一种可变的定长算法，其编码方法如下所述。

在 L‑Z 算法中，离散信源的输出序列分解成长度可变的分组，称为码段(phrases)。每当信源输出字符组在最后位置加上一个字符后与前面的已有码段都不相同时，即把它作为一种新的码段引入。这些码段列入一个位置字典，用来记载已有码段的位置。在对一个新的码段编码时，只要指出字典中现有码段的位置，把新字符附在后面就行了。

举一个例子，考虑一个二进制序列：

1010110100100111010100001100111010110000011011

按上述方式分解序列可得以下码段：

1,0,10,11,01,00,100,111,010,1000,011,001,110,101,10001,1011

我们看到，序列中的每一个码段是前面某一码段加上一个新的信源输出字符。为了对这些码段编码，可构造一个如表 2.4 所示的字典。字典位置按顺序编号，从 1 开始往下数，本例一直排到 16，它代表上述序列中的码段数。与各个位置对应的不同码段也列入表中。码字是由前码段的字典位置(二进制形式)决定的，这里所说的前码段是指前几位完全相同，只有最后一位不同的码段。然后，把新的输出字符附在前码段字典位置的后面。最初位置 0000 用于原先没出现过的码段。

信源解码器在通信系统的接收端构造一个完全相同的表，对接收序列作相应的解码。

值得注意的是，表 2.4 将 44 位信源比特编码成 16 个码字，每码字 5 比特，总共是 80 位码字比特。所以，这种算法没有提供任何数据压缩。然而，本例效率低下的原因是因为所考虑的序列非常短。随着序列长度的增加，L‑Z 编码算法的效率越来越高，实现了信源输出序列的压缩。

表 2.4  L–Z算法的字典

| 编　号 | 字典位置 | 字典内容 | 码　字 |
|---|---|---|---|
| 1 | 0001 | 1 | 00001 |
| 2 | 0010 | 0 | 00000 |
| 3 | 0011 | 10 | 00010 |
| 4 | 0100 | 11 | 00011 |
| 5 | 0101 | 01 | 00101 |
| 6 | 0110 | 00 | 00100 |
| 7 | 0111 | 100 | 00110 |
| 8 | 1000 | 111 | 01001 |
| 9 | 1001 | 010 | 01010 |
| 10 | 1010 | 1000 | 01110 |
| 11 | 1011 | 011 | 01011 |
| 12 | 1100 | 001 | 01101 |
| 13 | 1101 | 110 | 01000 |
| 14 | 1110 | 101 | 00111 |
| 15 | 1111 | 10001 | 10101 |
| 16 | | 1011 | 11101 |

　　如何选择表中的总长度呢？一般而言，无论表有多大，它总是要溢出的。为了解决溢出问题，信源的编码器和解码器必须达成一致。将无用的码段从各自的字典中删去，在它们留下的位置上换上新的码段。

　　L–Z算法已被广泛应用于计算机文件的压缩。UNIX操作系统中的"compress"、"uncompress"以及 MS–DOS 操作系统中的许多算法就是这种算法不同方式的实现。

## 2.1.3　模拟信源编码

　　前面已提到，模拟信源发出的消息波形 $x(t)$ 是随机过程 $X(t)$ 的一个样本函数。当 $X(t)$ 是带限平稳随机过程时，采样定理允许用一个以奈奎斯特速率抽取的、均匀的抽样序列来表示 $X(t)$。

　　利用采样定理，模拟信源的输出可转化成一个等效的离散时间抽样序列，然后对样值幅度进行量化和编码。一种简单的编码方法是用一串二进制数字序列来代表一个离散幅度电平，这样，如果有 $L$ 个电平，当 $L$ 是 2 的幂次时，每个样值需用 $R=\text{lb}L$ 比特表示，当 $L$ 不是 2 的幂次时，每个样值需用 $R=[\text{lb}L]+1$ 比特表示。另一方面，如果输出电平不等概而各电平概率已知，可以用霍夫曼编码（也叫熵编码）来提高编码效率。

　　信号样值幅度量化带来了数据的压缩，但同时引入了某些波形失真或信号保真度的损失。本节将介绍如何使失真最小化，给出的许多结论可直接应用于时间离散、幅度连续、无记忆的高斯信源。

## 1. 率失真函数

下面首先讨论信号量化，分析当信源样值被量化成固定比特数时引入的失真。所谓"失真"，是指用某种尺度衡量的实际信源样值$\{x_k\}$与量化后的对应值$\{\tilde{x}_k\}$之差，可用$d\{x_k, \tilde{x}_k\}$表示。例如，最常用的失真量度是平方误差失真，定义为

$$d\{x_k, \tilde{x}_k\} = (x_k - \tilde{x}_k)^2 \tag{2.32}$$

它在 PCM（脉冲编码调制）中被用来分析量化误差特性，也可以用一个通用的表达式表示各种失真量度：

$$d\{x_k, \tilde{x}_k\} = |x_k - \tilde{x}_k|^p \tag{2.33}$$

这里，$p$是正整数，一般取$p=2$，易于数学处理。

如果每个样值的失真是$d\{x_k, \tilde{x}_k\}$，那么由$n$个样值组成的序列$X_n$与$n$个量化值组成的序列$\tilde{X}_n$之间的失真等于$n$个信源输出样值失真的平均，即

$$d(X_n, \tilde{X}_n) = \frac{1}{n} \sum_{k=1}^{n} d(x_k, \tilde{x}_k) \tag{2.34}$$

信源输出的是随机过程，$X_n$的$n$个样值是随机变量，因此$d\{X_n, \tilde{X}_n\}$也是随机变量，把它的期望值定义为失真$D$，即

$$D = E[d(X_n, \tilde{X}_n)] = \frac{1}{n} \sum_{k=1}^{n} E[d(x_k, \tilde{x}_k)] = E[d(x, \tilde{x})] \tag{2.35}$$

式中的最后一步是在假设信源输出是平稳过程的前提下推得的。

假设有一个无记忆信道，其连续幅值输出$X$的 PDF 是$p(x)$，量化后的幅值符号集是$\tilde{X}$，每符号的失真度是$d(x, \tilde{x})$，这里$x \in X$及$\tilde{x} \in \tilde{X}$。那么，为了以小于等于$D$的失真度表示无记忆信源的输出$X$，每信源符号需要的最低比特率称为率失真函数$R(D)$（ratedistortion function），它定义为

$$R(D) = \min_{p(\tilde{x}|x);\, E[[d(X, \tilde{X})]] \leqslant D} I(X, \tilde{X}) \tag{2.36}$$

式中，$I(X, \tilde{X})$是$X$和$\tilde{X}$之间的平均互信息。一般地，当$D$增大时$R(D)$减小；或相反，当$D$减小时$R(D)$增大。

适合连续幅度无记忆信源的常用模型之一是高斯信源模型。对于这种模型，香农提出了以下关于率失真函数的基本定理。

**定理 2.1**（无记忆高斯信源的率失真函数）：如果用每符号的均方误差来度量失真（单符号失真量度），想要表示一个时间离散、幅度连续、无记忆高斯信源的输出所需的最低信息速率应是

$$R_b(D) = \begin{cases} \dfrac{1}{2}\, \mathrm{lb}\left(\dfrac{\sigma_x^2}{D}\right), & 0 \leqslant D \leqslant \sigma_x^2 \\ 0, & D > \sigma_x^2 \end{cases} \tag{2.37}$$

式中，$\sigma_x^2$是高斯信源输出的方差。

值得注意的是，式(2.37)提示：当失真$D \geqslant \sigma_x^2$，或更具体一点$D = \sigma_x^2$时，率失真函数为零，此时从输出信号中不可能恢复想要传递的信源信息。在$D > \sigma_x^2$的情况下，可用一个统计独立、零均值、方差为$D - \sigma_x^2$的高斯噪声抽样序列重构信源信号。$R_b(D)$曲线如图 2.7 所示。

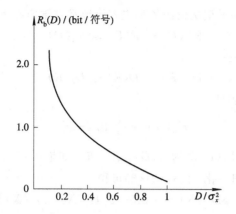

图 2.7　连续幅度无记忆高斯信源的率失真函数

信源的率失真函数 $R(D)$ 与信息论中的以下基本信源编码定理有关。

**定理 2.2**（限失真的信源编码）：对于任意给定的失真 $D$，一定存在一种最小速率 $R(D)$ bit/符号（抽样）的编码方式，能把信源输出编成符合这一条件的码字——该码能以任意接近 $D$ 的平均失真恢复信源输出。

显然，信源的率失真函数表示，失真大小给定时，信源速率的下边界随即确定。

回到式（2.37）所示的无记忆高斯信源的率失真函数。如果把 $D$ 和 $R$ 的函数依赖关系反过来，可以用 $R$ 表达 $D$：

$$D_b(R) = 2^{-2R} \sigma_x^2 \tag{2.38}$$

这个函数叫做离散时间高斯无记忆高斯信源的失真-率函数（distortion - rate function）。

如果用 dB 表示式（2.38）的失真，可得

$$10 \lg D_b(R) = -6R + 10 \lg \sigma_x^2 \tag{2.39}$$

注意，均方误差减小了 6 dB/bit。

对于无记忆非高斯信源，其率失真函数还没有一个明确的结论。但是，对于任何一个时间离散、幅度连续的无记忆信源，都已有实用的率失真函数的上、下边界。定理 2.3 给出了其中一种上边界。

**定理 2.3**（$R(D)$ 的上边界）：对于零均值、有限方差 $\sigma_x^2$（用均方差失真量度）、幅度连续的无记忆信源，其率失真函数的上边界为

$$R(D) \leqslant R_b(D) = \frac{1}{2} \text{lb} \frac{\sigma_x^2}{D} \quad (0 \leqslant D \leqslant \sigma_x^2) \tag{2.40}$$

该定理说明：在指定均方误差值时，与其他所有各类信源相比，高斯信源需要的速率最大。因此，任何一个零均值有限方差 $\sigma_x^2$、幅度连续的无记忆信源都满足条件 $R(D) \leqslant R_b(D)$。同样，该信源的失真-率函数满足条件：

$$D(R) \leqslant D_b(R) = 2^{-2R} \sigma_x^2 \tag{2.41}$$

率失真函数的下边界也存在，叫做均方误差量度下的香农下边界，由下式确定：

$$R^*(D) = H(X) - \frac{1}{2} \text{lb} \, 2\pi e D \tag{2.42}$$

式中，$H(X)$ 是连续幅度无记忆信源的差熵。与式（2.42）对应的失真-率函数是

$$D^*(R) = \frac{1}{2\pi e} 2^{-2[R - H(X)]} \tag{2.43}$$

因此，任何一个幅度连续的无记忆信源的率失真函数都被限定在下列上下边界之内：

$$R^*(D) \leqslant R(D) \leqslant R_b(D) \qquad (2.44)$$

相应的失真-率函数被限定在

$$D^*(R) \leqslant D(R) \leqslant D_b(R) \qquad (2.45)$$

无记忆高斯信源的差熵是

$$H_b(X) = \frac{1}{2} \operatorname{lb} 2\pi e \sigma_x^2 \qquad (2.46)$$

于是，式(2.42)的下边界 $R^*(D)$ 降为 $R(D)$。进一步，如果用 dB 表示 $D^*(R)$，令 $\sigma_x^2 = 1$ 或将 $D^*(R)$ 除以 $\sigma_x^2$ 而使其归一化，由式(2.43)可得

$$10 \lg D^*(R) = -6R - 6[H_b(X) - H(X)] \qquad (2.47)$$

或等效于

$$10 \lg \frac{D_b(R)}{D^*(R)} = 6[H_b(X) - H(X)] = 6[R_b(D) - R^*(D)] \quad (\text{dB}) \qquad (2.48)$$

关系式(2.47)和(2.48)使我们能对失真的下限和高斯信源时失真的上限做比较。注意，$D^*(R)$ 也是每比特减小 6 dB，差熵 $H(X)$ 的上边界是 $H_b(X)$。

表 2.5 列出了 4 种 PDF，它们是信源常用的几种信号分布模型。表中列出了差熵、速率差(单位：bit/抽样)和失真上、下限之间的差值。我们注意到，表中的伽玛(gamma)分布的 PDF 与高斯分布的 PDF 的偏差最大，拉普拉斯(Laplacian)分布的 PDF 与高斯分布的 PDF 偏差最小，而均匀分布的 PDF 居中。这些结果为失真和速率的上下边界的差值提供了某种基准。

### 表 2.5  4 种常用 PDF 信号模型的差熵和率失真的比较

| PDF | $p(x)$ | $H(X)$ | $R_b(D) - R^*(D)$ /(bit/抽样) | $D_b(R) - D^*(R)$ /dB |
|---|---|---|---|---|
| 高斯 | $\dfrac{1}{\sqrt{2\pi}\sigma_x} e^{-x^2/2\sigma_x^2}$ | $\dfrac{1}{2} \operatorname{lb}(2\pi e \sigma_x^2)$ | 0 | 0 |
| 均匀 | $\dfrac{1}{2\sqrt{3}\sigma_x} \; |x| \leqslant \sqrt{3}\sigma_x$ | $\dfrac{1}{2} \operatorname{lb}(12\sigma_x^2)$ | 0.255 | 1.53 |
| 拉普拉斯 | $\dfrac{1}{\sqrt{2}\sigma_x} e^{\sqrt{2}|x|/\sigma_x}$ | $\dfrac{1}{2} \operatorname{lb}(2e^2\sigma_x^2)$ | 0.104 | 0.62 |
| 伽玛 | $\dfrac{\sqrt{3}}{\sqrt{8\pi\sigma_x|x|}} e^{\sqrt{3}|x|/2\sigma_x}$ | $\dfrac{1}{2} \operatorname{lb} \dfrac{4\pi e^{0.423}\sigma_x^2}{3}$ | 0.709 | 4.25 |

再讨论一个带限的高斯信源，其谱密度是

$$\Phi(f) = \begin{cases} \dfrac{\sigma_x^2}{2W}, & |f| \leqslant W \\ 0, & |f| > W \end{cases} \qquad (2.49)$$

当以奈奎斯特速率对信源输出抽样时，样值是不相关的。由于信源是高斯的，这些样

值又是统计独立的，所以相应的离散时间高斯信源是无记忆的。每个抽样的率失真函数由式(2.37)给出。于是，带限高斯白噪声信源的率失真函数可用 b/s 为单位表示为

$$R_b(D) = W \text{ lb} \frac{\sigma_x^2}{D}, \quad 0 \leqslant D \leqslant \sigma_x^2 \tag{2.50}$$

对应的失真-率函数是

$$D_b(R) = 2^{-R/W} \sigma_x^2 \tag{2.51}$$

如用 dB 表示，并除以 $\sigma_x^2$ 使它归一化，上式变为

$$\frac{10 \lg D_b(R)}{\sigma_x^2} = -\frac{3R}{W} \tag{2.52}$$

### 2. 标量量化

在信源编码中，若知输入到量化器的信号幅度的 PDF，就可以使量化器最优化。假如量化器输入序列 $\{x_n\}$ 的 PDF 是 $p(x)$，要求的量化电平数是 $L = 2^R$，设计一个最优的标量量化器，使某个量化误差函数 $q = \tilde{x} - x$ 最小。这里，$\tilde{x}$ 是 $x$ 量化后的值。为了详细说明，用 $f(\tilde{x} - x)$ 代表所要求的误差函数。于是，由于信号幅度量化导致的失真为

$$D = \int_{-\infty}^{\infty} f(\tilde{x} - x) p(x) \mathrm{d}x \tag{2.53}$$

最优量化器一般指这样一种量化器，它能优化选择输出电平和每个输出电平对应的输入范围，从而使 $D$ 达到最优。劳埃德和马克斯研究了这种优化问题，所得出的最优量化器称为劳埃德-马克斯量化器。

对于均匀量化器，输出电平标定为 $\tilde{x}_k = (2k-1)\Delta/2$，对应的输入信号幅度范围是 $(k-1)\Delta \leqslant x \leqslant k\Delta$，这里的 $\Delta$ 是步长。当均匀量化器对称且电平数是偶数时，式(2.53)的平均失真可以表示为

$$D = 2 \sum_{k=1}^{\frac{L}{2}-1} \int_{(k-1)\Delta}^{k\Delta} f\left[\frac{1}{2}(2k-1)\Delta - x\right] p(x) \, \mathrm{d}x + 2 \int_{(\frac{L}{2}-1)\Delta}^{\infty} f\left[\frac{1}{2}(L-1)\Delta - x\right] p(x) \, \mathrm{d}x \tag{2.54}$$

在这种情况下，$D$ 的最小化是针对步长参数 $\Delta$ 进行的。$D$ 对 $\Delta$ 求导，得

$$\sum_{k=1}^{L/2-1} (2k-1) \int_{(k-1)\Delta}^{k\Delta} f\left[\frac{1}{2}(2k-1)\Delta - x\right] p(x) \mathrm{d}x$$

$$+ (L-1) \int_{(\frac{L}{2}-1)\Delta}^{\infty} f'\left[\frac{1}{2}(L-1)\Delta - x\right] p(x) \mathrm{d}x = 0 \tag{2.55}$$

式中，$f'(x)$ 代表 $f(x)$ 的导数。

选择好差错准则函数 $f(x)$ 后。对于任何给定联合概率密度函数 $p(x)$，在数字计算机上都可以求出最优步长的数值解。对于均方误差准则，即 $f(x) = x^2$，1960 年马克斯算出了最优步长 $\Delta_{\text{opt}}$ 以及当 $p(x)$ 是均值为零且方差为 1 的高斯分布时的最小均方误差。部分结果列于表 2.6。我们看到，电平数每增加 1 倍，最小均方误差失真 $\Delta_{\text{min}}$ 可减小 5 dB 多。所以，对高斯分布的信号幅度以最优步长 $\Delta_{\text{opt}}$ 均匀量化时，每增加一个量化比特，就可减小 5 dB 多的量化失真。

表 2.6  高斯随机变量均匀量化时的最优步长

| 输出电平数 | 最优步长 | 最小 MSE 的 $D_{\min}$ | $10 \lg D_{\min}/\mathrm{dB}$ |
|---|---|---|---|
| 2 | 1.596 | 0.3634 | $-4.4$ |
| 4 | 0.9957 | 0.1188 | $-9.25$ |
| 8 | 0.5860 | 0.03744 | $-14.27$ |
| 16 | 0.3352 | 0.01154 | $-19.38$ |
| 32 | 0.1881 | 0.00349 | $-24.57$ |

如果去掉均匀量化的限制，失真还可以进一步减小。在这种情况下，当输入信号幅度处于 $x_{k-1} \leqslant x \leqslant x_k$ 范围时，可令输出电平为 $\tilde{x} = \tilde{x}_k$。对于 $L$ 电平的量化器，两个边缘点是 $x_0 = -\infty$ 和 $x_L = \infty$，这时的失真是

$$D = \sum_{k=1}^{L} \int_{x_{k-1}}^{x_k} f(\tilde{x}_k - x) p(x) \, \mathrm{d}x \tag{2.56}$$

选择最优的 $\{x_k\}$ 和 $\{\tilde{x}_k\}$ 就可使 $D$ 最小化。

将 $D$ 分别对 $\{x_k\}$ 和 $\{\tilde{x}_k\}$ 求导，就可以得到失真最小化的必要条件。这样最小化的结果可得到一对方程：

$$f(\tilde{x}_k - x_k) = f(\tilde{x}_{k+1} - x_k), \qquad k = 1, 2, \cdots, L-1 \tag{2.57}$$

$$\int_{x_{k-1}}^{x_k} f'(\tilde{x}_k - x) p(x) \, \mathrm{d}x = 0, \qquad k = 1, 2, \cdots, L-1 \tag{2.58}$$

作为特例，再次考虑失真的均方值最小化问题。在这种情况下，$f(x) = x^2$，于是式 (2.57) 变为

$$x_k = \frac{\tilde{x}_k + \tilde{x}_{k+1}}{2}, \qquad k = 1, 2, \cdots, L-1 \tag{2.59}$$

它是 $\tilde{x}_k$ 和 $\tilde{x}_{k+1}$ 的中点。用以确定 $\{\tilde{x}_k\}$ 的对应方程是

$$\int_{x_{k-1}}^{x_k} (\tilde{x}_k - x) p(x) \, \mathrm{d}x = 0, \qquad k = 1, 2, \cdots, L-1 \tag{2.60}$$

这样，$\tilde{x}_k$ 正是 $p(x)$ 在 $x_{k-1}$ 和 $x_k$ 之间面积的重心。对于任何给定的 $p(x)$ 都可求得方程的数值解。

表 2.7 和表 2.8 是对均值为零且方差为 1 的高斯分布的信号幅度进行 4 电平和 8 电平量化时的最优化结果。表 2.9 对高斯分布信号幅度在非均匀量化和均匀量化两种情况下的最小均方失真进行了对比。从表中的结果可以看到，两类量化器的性能差别在 $R$ 较小时相对较小（$R \leqslant 3$ 时小于 0.5 dB），而当 $R$ 增大时差值增大。例如，当 $R=5$ 时，非均匀量化优于均匀量化约 1.5 dB。

表 2.7　离斯随机变量最优的 4 电平量化

| 电平 $k$ | $x_k$ | $\tilde{x}_k$ |
|---|---|---|
| 1 | $-0.9816$ | $-1.510$ |
| 2 | $0.0$ | $-0.4528$ |
| 3 | $0.9816$ | $0.4528$ |
| 4 | $\infty$ | $1.510$ |
| $D_{\min}=0.1175$ | | |
| $10\lg D_{\min}=-9.3\text{ dB}$ | | |

表 2.8　高斯随机变量最优的 8 电平量化

| 电平 $k$ | $x_k$ | $\tilde{x}_k$ |
|---|---|---|
| 1 | $-1.748$ | $-2.152$ |
| 2 | $-1.050$ | $-1.344$ |
| 3 | $-0.5006$ | $-0.7560$ |
| 4 | $0$ | $-0.2451$ |
| 5 | $0.5006$ | $0.2451$ |
| 6 | $1.050$ | $0.7560$ |
| 7 | $1.748$ | $1.344$ |
| 8 | $\infty$ | $2.152$ |
| $D_{\min}=0.03454$ | | |
| $10\lg D_{\min}=-14.62\text{ dB}$ | | |

表 2.9　用于高斯随机变量的最佳均匀和非均匀量化器的比较

| $R/(\text{bit/抽样})$ | $10\lg D_{\min}$ | |
|---|---|---|
| | 均匀/dB | 非均匀/dB |
| 1 | $-4.4$ | $-4.4$ |
| 2 | $-9.25$ | $-9.30$ |
| 3 | $-14.27$ | $-14.62$ |
| 4 | $-19.38$ | $-20.22$ |
| 5 | $-24.57$ | $-26.02$ |
| 6 | $-29.83$ | $-31.89$ |
| 7 | $-35.13$ | $37.81$ |

　　把最小失真当作每信源抽样(字符)比特速率 $R=\text{lb}L$ 的函数，画出均匀和非均匀两种情况下的关系图能说明一些问题，这些曲线如图 2.8 所示。失真 $D$ 对比特速率 $R$ 的函数依赖关系可以用 $D(R)$，即失真－率函数来表示。我们知道，最优非均匀量化器的失真－率函数落在最优均匀量化器失真-率函数的下方。

　　由于任何一种量化器都把连续幅度的信源简化成离散幅度信源，因此可以把离散幅度当作字符来处理，比如认为这些字符是 $\tilde{X}=\{\tilde{x}_k,1\leqslant k\leqslant L\}$，对应的概率是 $\{p_k\}$。如果信号幅度是统计独立的，则离散信源是无记忆的，其熵为

$$H(\tilde{x}) = -\sum_{k=1}^{L} p_k \, \text{lb} \, p_k \qquad (2.61)$$

例如,对高斯分布的信号幅度进行最优 4 电平非均匀量化,则靠外的上下两个电平的概率是 $p_1 = p_4 = 0.1635$,靠里的中间两个电平的概率是 $p_2 = p_3 = 0.3365$,该离散信源的熵是 $H(\tilde{x}) = 1.911$ bit/符号。因此,如对输出符号块实行熵编码(霍夫曼编码),能获得 $-9.30$ dB 的最小失真,其速率是 $1.911$ bit/符号而不是 2 bit/符号。表 2.10 列出了非均匀量化器的熵值。这些值画在图 2.8 中,标有"熵编码"的字样。

表 2.10　用于高斯随机变量的最优非均匀量化器的输出熵值

| $\bar{R}$/(bit/抽样) | 熵/(bit/符号) | 失真 $10 \, \text{lg} D_{\min}$ |
|---|---|---|
| 1 | 1.0 | $-4.4$ |
| 2 | 1.911 | $-9.30$ |
| 3 | 2.825 | $-14.62$ |
| 4 | 3.765 | $-20.22$ |
| 5 | 4.730 | $-26.02$ |

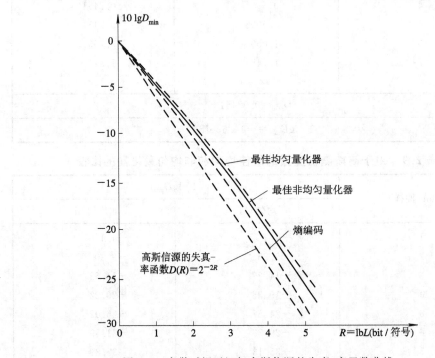

图 2.8　离散时间无记忆高斯信源的失真-率函数曲线

从以上讨论可得到以下结论:当一个连续信源的 PDF 已知时,量化器可以最优化。$L = 2^R$ 电平的最优量化器的最小失真是 $D(R)$,这里 $R = \text{lb} L$ bit/抽样。这样,只要用 $R$ 比特表示每一个量化后的样值,就可达到 $D(R)$ 的失真。但是,还可能存在更有效的编码方法。量化后的离散信源输出特性是由一组概率 $\{p_k\}$ 决定的,用它可以给信源输出设计有效的变长码(熵编码)。对于离散时间、连续幅度、PDF 特性给定的信源,为衡量任何一种编码方法的效率,可与失真-率函数比较,或等效地与率失真函数比较。

若将最优非均匀量化器的性能与失真-率函数比较,我们发现,在 $-26$ dB 失真处,熵编码比由式(2.39)给出的最小速率高 0.41 bit/抽样，如对每一个符号块进行编码，则要比最小速率高 0.68 bit/抽样。同时，高斯信源的最优均匀量化器与非均匀量化器的失真-率函数在 $R$ 较大时，其下降斜率渐近地趋于每比特$-6$ dB。

### 3. 矢量量化

前面我们讨论了在逐个抽样量化的基础上，连续幅度信源输出信号的量化问题，即标量量化问题，现在将考虑一组信号样值或一组信号参数的联合量化问题，这种类型的量化叫做块量化，或者叫矢量量化，它广泛地应用于数字蜂窝系统的语音编码中。

率失真理论的一个基本结论是：用矢量量化代替标量量化可以获得更好的性能。即使对无记忆的连续幅度信源也是如此。而且，如果信号样值或信号参数是统计相关的，通过联合量化样值组或参数组，可以找出其相关性，从而获得比标量量化更高的效率(更低的比特率)。

矢量量化问题可用公式表示如下：假设有一个 $n$ 维矢量 $\boldsymbol{X}=[x_1 \quad x_2 \quad \cdots \quad x_n]$，其每个分量是实的连续的幅值 $\{x_k, 1 \leqslant k \leqslant n\}$，它们的联合概率密度函数是 $p(x_1, x_2, \cdots, x_n)$。矢量 $\boldsymbol{X}$ 被量化成另一个分量为 $\{\tilde{x}_k, 1 \leqslant k \leqslant n\}$ 的矢量 $\tilde{\boldsymbol{X}}$。用符号 $Q(\cdot)$ 代表量化，有

$$\tilde{\boldsymbol{X}} = Q(\boldsymbol{X}) \tag{2.62}$$

式中，$\tilde{\boldsymbol{X}}$ 是输入矢量 $\boldsymbol{X}$ 时矢量量化器的输出。

本质上，数据组的矢量量化可以看成是一个模式识别问题，是在某个保真准则(例如均方失真)下以某种最优的方式将数据组分成有限数目的类，或称"胞元(cells)"。作为一个例子，考虑两维矢量 $\boldsymbol{X}=[x_1 \quad x_2]$ 的量化问题。把两维空间划分成如图 2.9 所示的六角形胞元 $\{C_k\}$，这些胞元是随意选取的，落在胞元 $\{C_k\}$ 中的所有输入矢量都被量化成矢量 $\tilde{\boldsymbol{X}}_k$，它位于图 2.9 中六角形的中央，共有 $L=37$ 个矢量，在两维空间分割出的 37 个胞元里，每胞元一个。把这组可能的输出矢量表示为 $\{\tilde{\boldsymbol{X}}, 1 \leqslant k \leqslant L\}$。

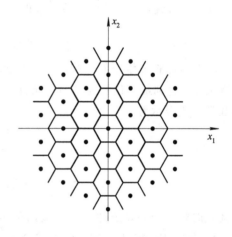

图 2.9　在两维空间量化

一般地，当 $n$ 维矢量 $\boldsymbol{X}$ 量化为 $n$ 维矢量 $\tilde{\boldsymbol{X}}_k$ 时，会引入一个量化误差或失真 $d(\boldsymbol{X}, \tilde{\boldsymbol{X}}_k)$。这一组输入矢量 $\boldsymbol{X}$ 的平均失真是

$$\begin{aligned} D &= \sum_{k=1}^{L} P(\boldsymbol{X} \in C_k) E[d(\boldsymbol{X}, \tilde{\boldsymbol{X}}_k) \mid \boldsymbol{X} \in C_k] \\ &= \sum_{k=1}^{L} P(\boldsymbol{X} \in C_k) \int_{\boldsymbol{X} \in C_k} d(\boldsymbol{X}, \tilde{\boldsymbol{X}}_k) p(\boldsymbol{X}) \mathrm{d}\boldsymbol{X} \end{aligned} \tag{2.63}$$

式中 $P(\boldsymbol{X} \in C_k)$ 表示矢量 $\boldsymbol{X}$ 落在胞元 $C_k$ 里的概率，$p(\boldsymbol{X})$ 是 $n$ 个随机变量的联合概率密度函数。与标量量化的情况一样，在 $p(\boldsymbol{X})$ 给定时，可通过胞元 $\{C_k, 1 \leqslant k \leqslant L\}$ 的选择使 $D$ 最小化。

一个被普遍采用的失真量度是均方误差，它的定义是

$$d_2(\boldsymbol{X}, \widetilde{\boldsymbol{X}}) = \frac{1}{n}(\boldsymbol{X} - \widetilde{\boldsymbol{X}})'(\boldsymbol{X} - \widetilde{\boldsymbol{X}}) = \frac{1}{n}\sum_{k=1}^{n}(x_k - \widetilde{x}_k)^2 \tag{2.64}$$

或者更一般化，采用加权的均方误差

$$d_{2W}(\boldsymbol{X}, \widetilde{\boldsymbol{X}}) = (\boldsymbol{X} - \widetilde{\boldsymbol{X}})'\boldsymbol{W}(\boldsymbol{X} - \widetilde{\boldsymbol{X}}) \tag{2.65}$$

式中，$\boldsymbol{W}$ 是正定的加权矩阵。$\boldsymbol{W}$ 选择为输入数据矢量 $\boldsymbol{X}$ 的协方差矩阵的逆阵。

有时也可采用另一种失真度量，定义为

$$d_p(\boldsymbol{X}, \widetilde{\boldsymbol{X}}) = \frac{1}{n}\sum_{k=1}^{n}|x_k - \widetilde{x}_k|^p \tag{2.66}$$

$p=1$ 的特例也常用来代替 $p=2$ 的特例。

矢量量化不仅局限于对信源波形的一组信号样值的量化，也可以用来量化一组参数。例如在线性预测编码（LPC），从信号中提取的参数是预测系数，它们是数据信源的全极点滤波器模型的系数。这些参数可以看成是一个组，可运用某种适当的失真量度把它作为一个组去量化。在语音编码的情况下，加权的平方误差作为失真量度较合适，该方法选择被观察数据的归一化自相关矩阵 $\boldsymbol{\varPhi}$ 作为加权矩阵 $\boldsymbol{W}$。

在语音处理中。另一种可当作矢量来量化并发送给接收机的参数是一组反射系数 $\{a_{ii}, 1 \leqslant i \leqslant m\}$。然而在语音线性预测编码的矢量量化中，有时采用另一套参数，它由对数面积比 $\{r_k\}$ 组成，可借助反射系数求得。其定义是

$$r_k = \lg \frac{1 + a_{kk}}{1 - a_{kk}}, \quad 1 \leqslant k \leqslant m \tag{2.67}$$

现在考虑将 $n$ 维空间分割成 $L$ 个胞元 $\{C_k, 1 \leqslant k \leqslant L\}$ 的方法，以使 $L$ 级量化器的平均失真最小。达到最优化要满足两个条件。其一是最优量化器应采用选择最邻近点的原则，用数学方式表示为

$$Q(\boldsymbol{X}) = \widetilde{\boldsymbol{X}}_k$$

当且仅当

$$d(\boldsymbol{X}, \widetilde{\boldsymbol{X}}_k) \leqslant d(\boldsymbol{X}, \widetilde{\boldsymbol{X}}_j), \quad k \neq j, 1 \leqslant j \leqslant L \tag{2.68}$$

最优化的第二个必要条件是每个输出矢量 $\widetilde{\boldsymbol{X}}_k$ 必须使胞元 $C_k$ 中的平均失真最小化。换言之，$\widetilde{\boldsymbol{X}}_k$ 是 $C_k$ 中的矢量，它能使下式最小：

$$D_k = E[d(\boldsymbol{X}, \widetilde{\boldsymbol{X}}) \mid \boldsymbol{X} \in C_k] = \int_{\boldsymbol{X} \in C_k} d(\boldsymbol{X}, \widetilde{\boldsymbol{X}})p(\boldsymbol{X})\,\mathrm{d}\boldsymbol{X} \tag{2.69}$$

使 $D_k$ 最小化的矢量 $\widetilde{\boldsymbol{X}}_k$ 叫做胞元的质心。于是，当 $p(\boldsymbol{X})$ 已知后，就可以运用这些优化条件将 $n$ 维空间分割成胞元 $\{C_k, 1 \leqslant k \leqslant L\}$。显然，这两个条件使最优标量的量化问题扩展为最优矢量量化问题。可以预料，在联合 PDF 较大的区域里，码矢量较靠近；在 $p(\boldsymbol{X})$ 较小的区域里，码矢量分离得较远。

可以使用最优标量量化器的失真作为矢量量化失真的上边界。它适用于上面所述的矢量的每一个元素。另一方面，最优矢量量化能达到的最好性能已由率失真函数给出，或等效地由失真-率函数给出。

上面介绍的失真-率函数在矢量量化环境下可采用如下定义：假如用 $n$ 个连续的抽样值 $\{x_m\}$ 构成一个 $n$ 维矢量 $\boldsymbol{X}$，将矢量 $\boldsymbol{X}$ 量化成 $\widetilde{\boldsymbol{X}} = Q(\boldsymbol{X})$ 的形式，这里 $\widetilde{\boldsymbol{X}}$ 是属于集合

$\{\widetilde{\boldsymbol{X}}_k, 1 \leqslant k \leqslant L\}$ 的一个矢量。如前所述,用 $\widetilde{\boldsymbol{X}}$ 代替 $\boldsymbol{X}$ 所产生的平均失真 $D$ 等于 $E[d(\boldsymbol{X}, \widetilde{\boldsymbol{X}})]$,这里 $d(\boldsymbol{X}, \widetilde{\boldsymbol{X}})$ 指每维的失真,即

$$d_p(\boldsymbol{X}, \widetilde{\boldsymbol{X}}) = \frac{1}{n} \sum_{k=1}^{n} (x_k - \widetilde{x}_k)^2$$

矢量集 $\{\widetilde{\boldsymbol{X}}_k, 1 \leqslant k \leqslant L\}$ 可以以下列平均比特速率传输:

$$R = \frac{H(\widetilde{x})}{n} \quad (\text{bit}/\text{抽样}) \tag{2.70}$$

式中,$H(\widetilde{X})$ 为矢量化后信源输出的熵,定义为

$$H(\widetilde{X}) = -\sum_{i=1}^{L} p(\widetilde{X}_i) \operatorname{lb} p(\widetilde{X}_i) \tag{2.71}$$

对于一个给定的平均速率 $R$,可得到的最小失真 $D_n(R)$ 是

$$D_n(R) = \lim_{Q(X)} E[d(\boldsymbol{X}, \widetilde{\boldsymbol{X}})] \tag{2.72}$$

这里,$R \geqslant H(\widetilde{X})/n$,式(2.72)的最小值是从所有可能的 $Q(\boldsymbol{X})$ 映射取得的。当维数 $n$ 趋于无穷大时,可得极限

$$D(R) = \lim_{n \to \infty} D_n(R) \tag{2.73}$$

这里 $D(R)$ 是前节介绍的失真-率函数。从推导中可清楚地看到:随着矢量维数 $n$ 的增大,最小失真可以任意地接近失真-率函数。

上述推导是以假设数据矢量的联合概率密度函数 $p(\boldsymbol{X})$ 已知为前提得到的。在实践中,数据的联合概率密度函数 $p(\boldsymbol{X})$ 可能并不知道。在这种情况下,要设法从一组训练矢量 $\boldsymbol{X}(m)$ 试着选取量化输出矢量。具体地说,假如一组 $M$ 个训练矢量已经给定。$M$ 比 $L$ 大得多($M \gg L$),可把一种称为 $K$ 均值算法(这里 $K = L$)的迭代簇聚算法运用于这组训练矢量。这种算法依靠迭代把 $M$ 个训练矢量分割成 $L$ 簇,使最优化的两个必要条件都能满足。

$K$ 均值算法描述如下:

步骤 1  初始化,设置迭代次数 $i = 0$。选择一组输出矢量 $\widetilde{\boldsymbol{X}}_k, 1 \leqslant k \leqslant L$。

步骤 2  根据下列准则,将训练矢量 $\{\boldsymbol{X}(m), 1 \leqslant m \leqslant M\}$ 归类合并成簇 $\{C_k\}$。

最邻近点准则:若对于任何 $k \neq j$,均有 $d(\boldsymbol{X}, \widetilde{\boldsymbol{X}}_k(i)) \leqslant d(\boldsymbol{X}, \widetilde{\boldsymbol{X}}_j(i))$,则 $\boldsymbol{X} \in C_k(i)$。

步骤 3  令 $i = i + 1$,按下式重新计算落在每一簇的训练矢量的质心 $\widetilde{\boldsymbol{X}}_k(i)$:

$$\widetilde{\boldsymbol{X}}_k(i) = \frac{1}{M_k} \sum_{\boldsymbol{X} \in C_k} \boldsymbol{X}(m), \quad 1 \leqslant k \leqslant L$$

重新计算输出矢量,并计算本次(第 $i$ 次)迭代所得结果的失真 $D(i)$。

步骤 4  如果两次迭代所得平均失真之差 $D(i-1) - D(i)$ 相对而言足够小,迭代停止;否则,转到步骤 2。

上述 $K$ 均值算法收敛于局部最优。若以不同的初始输出矢量组 $\{\widetilde{\boldsymbol{X}}_k(0)\}$ 为开端,每组都执行上述 $K$ 均值算法的优化过程,就有可能找到全局最优。然而这种搜寻过程的计算量负担很大,使选择的初始值点组数限于很少的几个。

一旦选定了称为码本的输出矢量组 $\{\widetilde{\boldsymbol{X}}_k, 1 \leqslant k \leqslant L\}$,每一个信号矢量 $\boldsymbol{X}(m)$ 就都量化成其中之一,使得以所用的失真量度衡量时,信号矢量与该点最近。如果一一计算 $\boldsymbol{X}(m)$ 到 $L$ 个可能的输出矢量 $\{\widetilde{\boldsymbol{X}}_k\}$ 的距离,这个过程就是所谓的全搜索。设计算每一个距离需 $n$ 次乘、加运算,则每一个输入矢量全搜索所需的乘加运算量为

$$C = nL \tag{2.74}$$

如果把 $L$ 选成是 2 的幂次，$\text{lb}L$ 就是每一个矢量所需的比特数。如果用 $R$ 表示每抽样（$X(m)$ 每分量或每维）的比特率，有 $nR = \text{lb}L$，因此计算量是

$$C = n2^{nR} \tag{2.75}$$

注意，运算量随维数和每维的比特数 $R$ 上升。

采用次优的算法可降低与全搜索相关的计算量。一个特别简单的办法是根据二进树搜索构造一个码本。二进树搜索用分级簇聚的方法分割 $n$ 维空间，使搜索的运算量降低到正比于 $\text{lb}L$。这种方法先用 $K$ 均值（$K=2$）算法将 $n$ 维试验矢量分成两个区域，这样我们就得到了两个区域以及它们的重心，比如 $\widetilde{X}_1$ 和 $\widetilde{X}_2$。下一步，采用 $K=2$ 的 $K$ 均值算法将落入第一个区域的点再分成两个区域，我们又得到两个重心，比如 $\widetilde{X}_{11}$ 和 $\widetilde{X}_{12}$。在第二个区域也这样做，得到另两个重心 $\widetilde{X}_{21}$ 和 $\widetilde{X}_{22}$。于是一个 $n$ 维区域被分成了 4 个区域，每个区域都有相应的重心。重复这样的过程，直到将 $n$ 维空间划分成 $L = 2^{nR}$ 个区域，此处 $R$ 是每码矢的比特数。对应的码矢可以被看成是二进树的终节点，如图 2.10 所示。

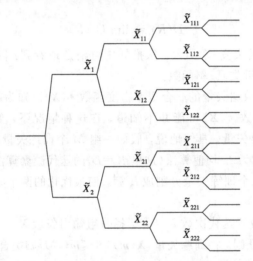

图 2.10　用于二进搜索矢量量化的均匀树

给定一个信号矢量 $X(m)$ 后，将 $X(m)$ 与重心 $\widetilde{X}_1$ 和 $\widetilde{X}_2$ 作比较而开始搜索算法。如果 $d(X(m), \widetilde{X}_1) < d(X(m), \widetilde{X}_2)$，我们就删除从 $\widetilde{X}_2$ 起的那半棵树。接着，我们计算差值 $d(X(m), \widetilde{X}_{11})$ 和 $d(X(m), \widetilde{X}_{12})$。如果 $d(X(m), \widetilde{X}_{11}) < d(X(m), \widetilde{X}_{12})$，我们就删除从 $\widetilde{X}_{12}$ 起的那半边树，而继续沿 $\widetilde{X}_{11}$ 做二进树搜索。当到达终节点后，搜索终止。

二进树搜索的计算量是

$$C = 2n\,\text{lb}L = 2n^2 R$$

与全搜索中运算量成指数关系上升相比，这种方法的运算量与 $R$（每维的比特率）成线性关系。虽然运算量大大减少，然而存储（重心）矢量所需的内存需从 $nL$ 增加到 $2nL$，因为我们现在除存储终节点矢量外，还必须存储中间节点矢量。

二进树搜索算法产生的是一棵“均匀树”。一般而言，这种方法所得码字与用全搜索方法所得码字相比具有较大的误差，从这个意义上说，这种方法产生的码本是次优的。如果能打破均匀树的限制，就有可能提高性能。特别地，如果能在过程的每一步把具有最大总

误差的试验矢量簇划分开来，就能获得误差较小的码本。这样，我们第一步先把 $n$ 维空间分成两个区域；第二步，选出具有较大误差的矢量簇（区域）并把它分割开，于是有了 3 个矢量簇；第三步，从中再挑出最大误差的簇将它分开，于是成了 4 个簇；如此重复进行，最终的结果是获得了一棵非均匀码树，如图 2.11 所示。图中取 $L=7$。注意，这里 $L$ 可以不是 2 的幂次。

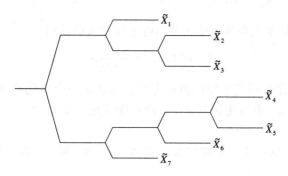

图 2.11  用于二进搜索矢量量化的非均匀树

【例 2.4】  令 $x_1$ 和 $x_2$ 是两个随机变量，具有均匀的联合概率密度函数：

$$p(x_1, x_2) \equiv P(\boldsymbol{X}) = \begin{cases} \dfrac{1}{ab}, & \boldsymbol{X} \in C \\ 0, & \text{其他} \end{cases} \tag{2.76}$$

式中 $C$ 是一个矩形区域，如图 2.12 所示。注意，该矩形相对于水平轴旋转了 45°。另外，边缘密度 $p(x_1)$ 和 $p(x_2)$ 示于图 2.12。

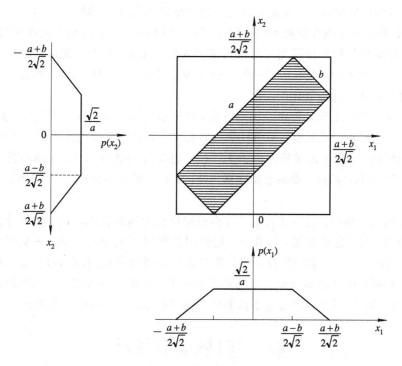

图 2.12  均匀联合概率密度函数

如果采用均匀的间隔长度 $\Delta$ 分别量化 $x_1$ 和 $x_2$，需要的电平数是

$$L_1 = L_2 = \frac{a+b}{\sqrt{2}\Delta} \tag{2.77}$$

因此，对矢量 $\boldsymbol{X} = [x_1 \quad x_2]$ 编码所需的比特数是

$$R_x = R_1 + R_2 = \mathrm{lb}L_1 + \mathrm{lb}L_2 = \mathrm{lb}\frac{(a+b)^2}{2\Delta^2} \tag{2.78}$$

这样，每个分量的标量量化相当于采用全部电平数的矢量量化：

$$L_x = L_1 L_2 = \frac{(a+b)^2}{2\Delta^2} \tag{2.79}$$

由此看到，这种途径相当于用许多正方形胞元顶盖一个能包围矩形区域的大正方形，这里的每个胞元代表 $L_x$ 个量化区域之一。由于除 $\boldsymbol{X} \in C$ 外 $P(\boldsymbol{X}) = 0$，所以这种编码很浪费，导致比特率增加。

如果用面积为 $\Delta^2$ 的小正方形仅仅覆盖 $P(\boldsymbol{X}) \neq 0$ 的区域，所需要的总电平数应是矩形面积除以 $\Delta^2$，即

$$L_x^{'} = \frac{ab}{\Delta^2} \tag{2.80}$$

因此，标量量化和矢量量化比特率之差是

$$R_x - R_x^{'} = \mathrm{lb}\frac{(a+b)^2}{2ab^2} \tag{2.81}$$

若 $a = 4b$，比特率之差是

$$R_x - R_x^{'} = 1.64 \text{ bit/矢量}$$

这样，在失真相同的情况下，矢量量化比标量量化好 0.82 bit/抽样。

旋转 $45°$ 进行一次线性变换可以去除 $x_1$ 和 $x_2$ 的相关性，使这两个随机变量统计独立。这样一来，标量量化和矢量量化可取得同等的效率。虽然线性变换能够去除构成矢量的各随机变量之间的相关性，但它不是一般都能导致统计独立的随机变量。所以，矢量量化的性能总是等于或优于标量量化的性能。

矢量量化已经应用于几种语音编码方法，既有波形编码又有基于模型的编码，这部分内容将在下一节讨论。采用模型基方法，比如 LPC，矢量量化使得速率低于 1000 b/s 的语音编码成为可能。如果采用波形编码方法，有可能获得速率为 16 kb/s 的高质量的语音编码，相当于 $R=2$ bit/抽样。如果增加计算复杂度，有可能获得速率为 $R=1$ bit/抽样的高质量波形编码。

在过去的几十年中，已经开发出了许多模拟信源的编码技术，其中大部分已应用于语音和图像编码。为了方便起见，可进一步把模拟信源编码划分为三类。一类叫时域波形编码，在这类编码中，信源编码器设计成用数字表示信源波形的时域特性；第二种信源编码叫频域波形编码，信号波形分解成不同频谱的子带，在各子带内或对时间波形或对频率特征编码后再传输；第三类编码是基于信源数学模型的编码，叫做模型基编码。

## 2.2 时域波形编码

模拟信源有多种可用来表达信号的时域特性的编码技术，下面介绍最常用的几种。

### 2.2.1 脉冲编码调制(PCM)

令 $x(t)$ 表示信源发出的样本函数，$x_n$ 表示以抽样率 $f_s \geqslant 2f_m$ 采得的样值，这里 $f_m$ 是 $x(t)$ 频谱中的最高频率。在 PCM 中，每个信号样值量化成 $2^R$ 个幅度电平之一，$R$ 是样值量化后的二进制位数。于是，信源速率可表示成 $Rf_s$(单位为 b/s)。

量化过程的数学模型为

$$\tilde{x}_n = x_n + q_n \tag{2.82}$$

式中：$\tilde{x}_n$ 表示 $x_n$ 的量化值；$q_n$ 代表量化误差，可把它当作加性噪声对待。假设采用一个具有图 2.13 所示输入-输出特性的均匀量化器，其量化噪声从统计特性上看具有均匀分布的联合概率密度函数。

$$p(q) = \frac{1}{\Delta} \quad \left( -\frac{\Delta}{2} \leqslant q \leqslant \frac{\Delta}{2} \right) \tag{2.83}$$

这里，量化步长 $\Delta = 2^{-R}$。量化误差的均方值是

$$E(q^2) = \frac{\Delta^2}{12} = \frac{2^{-2R}}{12} \tag{2.84}$$

如用分贝表示，噪声均方值是

$$\frac{10 \lg \Delta^2}{12} = 10 \lg \frac{2^{-2R}}{12} = -6R - 10.8 \text{ dB} \tag{2.85}$$

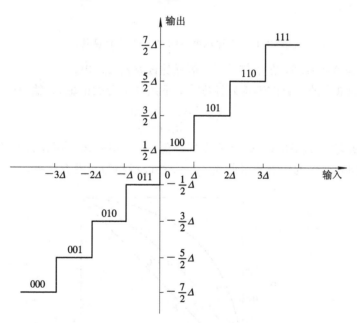

图 2.13 均匀量化器的输入-输出特性

我们看到，量化噪声随量化器所用的比特数，以每比特 6 dB 的斜率下降。举例来说，7 比特的量化器导致 $-52.8$ dB 的量化噪声。

许多信源信号，比如语音波形，小幅度信号的发生概率大于大幅度信号。然而在均匀量化器的整个信号动态范围内，各电平具有相等的间隔大小，量化误差一样，这样对于小信号不利。更好的方法是采用非均匀量化器。要获得非均匀量化特性，通常是先让信号通

过一个非线性设备对幅度进行压缩，再送入后面的均匀量化器。例如，一个对数压缩器具有如下形式的输入-输出幅度特性：

$$y = \begin{cases} \dfrac{Ax}{1+\ln Ax}, & 0 \leqslant x \leqslant \dfrac{1}{A} \\[3mm] \dfrac{1+\ln Ax}{1+\ln A}, & \dfrac{1}{A} \leqslant x \leqslant 1 \end{cases} \tag{2.86}$$

式中：$x$ 是输入的幅值；$y$ 是输出的幅值；$A$ 是用来选择压缩特性的参数。图 2.14 给出了几种不同 $A$ 值下的压缩关系曲线，$A=1$ 的曲线相当于没有压缩。

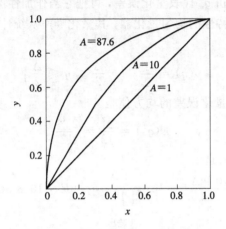

图 2.14　A 律压缩器的输入-输出幅度特性

取 $A$ 的值为 $A=87.6$，在小信号时，信噪比改善约 24 dB。

在美国和加拿大的语音波形编码标准中，采用如下形式的输入-输出幅度特性：

$$|y| = \frac{\lg(1+\mu\,|\,x\,|)}{\lg(1+\mu)} \tag{2.87}$$

式中：$|x| \leqslant 1$ 是输入的幅值；$|y|$ 是输出的幅值；$\mu$ 是用来选择压缩特性的参数。图 2.15 给出了几种不同 $\mu$ 值下的压缩关系曲线，$\mu=0$ 的曲线相当于没有压缩。

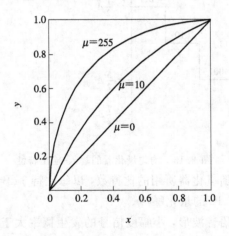

图 2.15　$\mu$ 律压缩器的输入-输出幅度特性

取 $\mu$ 的值为 $\mu=255$。这个值与均匀量化器相比，量化噪声功率减小约 24 dB。结果，一个 $\mu=255$ 的对数压缩器接一个 7 比特的量化器后，产生的量化噪声功率约为 $-77$ dB，而接 7 比特均匀量化器后产生的量化噪声功率为 $-53$ dB。

从量化值恢复原信号值时，采用与对数相反的关系来扩张信号幅度。压缩器-扩张器的组合称做压扩器。

## 2.2.2　差分脉冲编码调制(DPCM)

在 PCM 中，每个波形样值都独立编码，与其他样值无关。然而，大多数以奈奎斯特或更高速率抽样的信源信号在相邻样值间表现出很强的相关性。换言之，相邻样值间幅度的平均变化相对较小。因此，利用样值间的这种冗余度的编码方案将导致较低比特率的信源输出。

一种比较简单的解决办法是对相邻样值的差值而不是对样值本身编码。由于样值的差比样值本身小，因此可以用较少的比特数表示差值。基于这种思路的一个好办法是根据前面的 $p$ 个样值预测当前的样值，即令 $x_n$ 代表当前的信源样值，用 $\tilde{x}_n$ 代表 $x_n$ 的预测值，$\tilde{x}_n$ 定义为

$$\tilde{x}_n = \sum_{i=1}^{p} a_i x_{n-i} \tag{2.88}$$

这里的 $\tilde{x}_n$ 其实是过去 $p$ 个样值的加权线性组合，$\{a_i\}$ 是预测器系数。$\{a_i\}$ 应选择得能使 $\tilde{x}_n$ 和 $x_n$ 在某种误差准则下最小化。

从数学上和实践上讲都比较方便的一种误差函数是均方误差(MSE)。以 MSE 作为预测器的性能指数，选择 $\{a_i\}$ 使下列目标函数最小化：

$$\mathscr{E}_p = E(e_n^2) = E\left[\left(x_n - \sum_{i=1}^{p} a_i x_{n-i}\right)^2\right]$$

$$= E(x_n^2) - 2\sum_{i=1}^{p} a_i E(x_n x_{n-i}) + \sum_{i=1}^{p}\sum_{j=1}^{p} a_i a_j E(x_{n-i} x_{n-j}) \tag{2.89}$$

假设信源输出是(广义)平稳的，可将式(2.89)表示为

$$\mathscr{E}_p = \phi(0) - 2\sum_{i=1}^{p} a_i \phi(i) + \sum_{i=1}^{p}\sum_{j=1}^{p} a_i a_j \phi(i-j) \tag{2.90}$$

式中，$\phi(m)$ 是抽样信号序列 $x_n$ 的自相关函数。与最小化 $\mathscr{E}_p$ 对应的预测系数 $\{a_i\}$ 导致一组线性方程

$$\sum_{i=1}^{p} a_i \phi(i-j) = \phi(j), \quad j = 1, 2, \cdots, p \tag{2.91}$$

于是预测器系数值可求。如果事先不知道自相关函数 $\phi(m)$，可以通过样值 $\{x_n\}$ 利用下列关系式来估算：

$$\phi(n) = \frac{1}{N}\sum_{i=1}^{N-n} x_i x_{i+n}, \quad n = 0, 1, 2, \cdots, p \tag{2.92}$$

将估值 $\hat{\phi}(n)$ 代入式(2.91)即可解出系数 $\{a_i\}$。注意，将 $\hat{\phi}(n)$ 代入式(2.91)，式(2.92)中的归一化因子 $1/N$ 应删去。式(2.92)仅是实践中常用的一种估算方法。

式(2.91)中求预测系数用的线性方程称做正态方程，也叫尤勒-沃克(Yule-Walker)方

程。由莱文森和杜宾提出的一种算法能有效地求解这个方程。

描述了预测器系数的确定方法后，下面考虑一个实际的 DPCM 系统框图，见图 2.16 (a)。在这种结构中，预测器置于围绕量化器的反馈环里。预测器的输入记做 $\tilde{x}_n$，代表经量化处理后的信号抽样 $x_n$ 的修正值。预测器的输出是

$$\hat{\tilde{x}}_n = \sum_{i=1}^{p} a_i \tilde{x}_{n-i} \tag{2.93}$$

差值

$$e_n = x_n - \hat{\tilde{x}}_n \tag{2.94}$$

作为量化器输入，$\tilde{e}_n$ 代表量化器输出。量化后的每个预测误差 $\tilde{e}_n$ 值编码成二进制数字序列，通过信道传送到目的地。该误差 $\tilde{e}_n$ 同时被加到本地预测值 $\hat{\tilde{x}}_n$ 而得到 $\tilde{x}_n$ 值。

在接收端装有与发送端相同的预测器，它的输出 $\hat{\tilde{x}}_n$ 与 $\tilde{e}_n$ 相加产生 $\tilde{x}_n$。信号 $\tilde{x}_n$ 既是所要求的预测器激励信号，也是所要求的输出序列，该序列经滤波后即可恢复所要求的信号 $\tilde{x}(t)$，如图 2.16(b)所示。

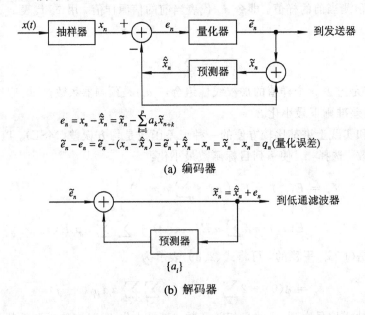

$$e_n = x_n - \hat{\tilde{x}}_n = \tilde{x}_n - \sum_{k=1}^{p} a_k \tilde{x}_{n+k}$$

$$\tilde{e}_n - e_n = \tilde{e}_n - (x_n - \hat{\tilde{x}}_n) = \tilde{e}_n + \hat{\tilde{x}}_n - x_n = \tilde{x}_n - x_n = q_n (量化误差)$$

**(a) 编码器**

$$\tilde{x}_n = \hat{\tilde{x}}_n + e_n$$

**(b) 解码器**

图 2.16 DPCM 编码器和解码器

围绕上述量化器采用的反馈环能确保 $\tilde{x}_n$ 的误差就是量化误差 $q_n = \tilde{e}_n - e_n$，保证在解码器执行时不存在以前的量化误差的累积，即

$$q_n = \tilde{e}_n - e_n = \tilde{e}_n - (x_n - \hat{\tilde{x}}_n) = \tilde{x}_n - x_n \tag{2.95}$$

这里 $\tilde{x}_n = x_n + q_n$。这意味着量化后的样值 $\tilde{x}_n$ 与输入 $x_n$ 相差一个量化误差 $q_n$，它与所用预测器无关。所以，量化误差不积累。

在图 2.16 所示的 DPCM 系统中，信号抽样的估值 $x_n$ 或预测值 $\hat{\tilde{x}}_n$ 是从一组过去的值 $\tilde{x}_{n-k}(k=1, 2, \cdots, p)$ 的线性组合中得出的，如式(2.93)。通过对量化误差的这组过去值线性滤波，可以改善估值的质量。具体地说，估值 $\hat{\tilde{x}}_n$ 可以表达为

$$\hat{\tilde{x}}_n = \sum_{i=1}^{p} a_i \tilde{x}_{n-i} + \sum_{i=1}^{m} b_i \tilde{e}_{n-i} \qquad (2.96)$$

式中，$\{b_i\}$ 是用来对量化误差序列 $\tilde{e}_n$ 进行滤波的滤波器系数。在发送器和接收机解码器里所用的编码器的框图如图 2.17 所示。两组系数 $\{a_i\}$ 和 $\{b_i\}$ 的选择应使误差 $e_n = x_n - \hat{\tilde{x}}_n$ 的某种函数（如均方误差函数）最小化。

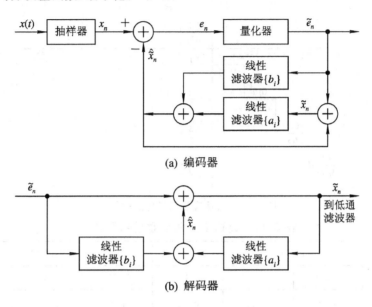

图 2.17　对误差序列增加线性滤波后改进的 DPCM

## 2.2.3　自适应差分脉冲编码调制（ADPCM）

许多实际信源具有准平稳属性，准平稳的特点是信源输出方差和自相关函数随时间缓慢变化。然而，PCM 和 DPCM 编码器是以信源输出的平稳性为基础设计的，如能使它们适应信源缓慢的时变统计特性，就可以改善编码器的效率和性能。

无论是 PCM 还是 DPCM，工作在准平稳输入信号下的均匀量化器，其量化误差 $q_n$ 将具有时变的方差（量化噪声功率）。减小量化噪声动态范围的一种改进方法是采用自适应量化器。尽管有很多方法可使量化器具有自适应性，但相对比较简单的方法是使用一种均匀量化器，它能根据过去一组信号样值的方差来改变量化步长的大小。例如，从输入序列 $\{x_n\}$ 可以计算出 $x_n$ 方差的短时估值，以此估值为依据可调整步长。步长调整算法最简单的形式是仅根据前面的一个样值来调整，1974 年贾扬特将这种算法成功地运用于语音信号的编码当中。图 2.18 给出了这样一个 3 比特量化器，该量化器根据下述递推公式不断地调整步长：

$$\Delta_{n+1} = \Delta_n M(n) \qquad (2.97)$$

式中：$M(n)$ 是一个因子，它的值取决于样值 $x_n$ 在量化器中的电平；$\Delta_n$ 是量化器在处理 $x_n$ 时所用的步长。对于语音编码而言，最佳的乘积因子取值已给出。这些值列于表 2.11，用于 2，3，4 比特的自适应量化。

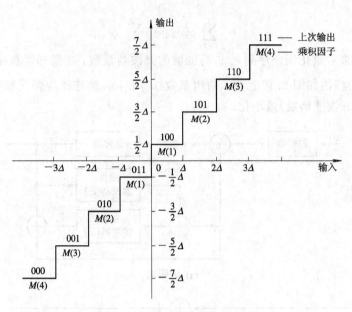

图 2.18　自适应步长量化器的例子

表 2.11　自适应步长调整的乘积因子

| | PCM | | | DPCM | | |
|---|---|---|---|---|---|---|
| | 2 | 3 | 4 | 2 | 3 | 4 |
| $M(1)$ | 0.60 | 0.85 | 0.80 | 0.80 | 0.90 | 0.90 |
| $M(2)$ | 2.20 | 1.00 | 0.80 | 1.60 | 0.90 | 0.90 |
| $M(3)$ | | 1.00 | 0.80 | | 1.25 | 0.90 |
| $M(4)$ | | 1.50 | 0.80 | | 1.70 | 0.90 |
| $M(5)$ | | | 1.20 | | | 1.20 |
| $M(6)$ | | | 1.60 | | | 1.60 |
| $M(7)$ | | | 2.00 | | | 2.00 |
| $M(8)$ | | | 2.40 | | | 2.40 |

当信源输出准平稳时,DPCM 的预测器可做成自适应的。预测器系数可以周期地改变,从而反映信源信号统计特性的变化。式(2.91)给出的线性方程仍然可用,只是用 $x_n$ 自相关函数的短时估值代替总体相关函数。这样,确定的预测系数可与量化噪声 $\tilde{e}_n$ 一起发送给接收器,它装有同样的预测器,不足的是预测系数的传输将导致信道上较高的比特速率。作为部分回报,由于自适应预测使误差 $e_n$ 的动态范围减小,量化器可用较少的比特数(较少电平数)来处理,以取得较低的数据速率。

另外,还可以令接收端的预测器从 $\tilde{e}_n$ 和 $\tilde{x}_n$ 中自己计算预测系数,这里

$$\tilde{x}_n = \tilde{e}_n + \sum_{i=1}^{p} a_i \tilde{x}_{n-i} \tag{2.98}$$

如果忽略量化噪声,那么 $\tilde{x}_n$ 等于 $x_n$。因此,$\tilde{x}_n$ 可用来在接收端估算自相关函数 $\phi(n)$,计算结果可替代式(2.91)中的 $\phi(n)$ 来求解预测系数。只要量化足够好,$\tilde{x}_n$ 和 $x_n$ 相差非常小。因此,从 $\tilde{x}_n$ 中获得的估值 $\phi(n)$ 通常可以用来决定预测系数。采用这种方式后,自适应预测器可使信源数据速率降低。

如果不采用上述以数据块为基础的处理方法来计算预测系数$\{a_i\}$，也可使用梯度类方法，以逐个抽样为基础调整预测系数，从形式上看类似于自适应梯度均衡算法。还可以采用其他梯度类算法来调节图 2.17 所示 DPCM 系统的滤波器系数$\{a_i\}$和$\{b_i\}$。

### 2.2.4 增量调制($\triangle M$)

增量调制可以看成是 DPCM 的一种简化形式。在这种方式下，采用 2 电平(1 比特)量化器，配以固定的一阶预测器。DM 编/解码器的方框图如图 2.19(a)所示。我们注意到

$$\hat{\tilde{x}}_n = \tilde{x}_{n-1} = \hat{\tilde{x}}_{n-1} + \tilde{e}_{n-1} \tag{2.99}$$

由于

$$q_n = \tilde{e}_n - e_n = \tilde{e}_n - (x_n - \hat{\tilde{x}}_n)$$

可得

$$\hat{\tilde{x}}_n = x_{n-1} + q_{n-1}$$

这样，$x_n$ 的(预测值正是前一个抽样值 $x_{n-1}$ 加上量化误差 $q_{n-1}$ 后的修正值。同时，式(2.99)的差分方程实质上代表一个对输入 $\tilde{e}_n$ 的积分器。因此，这种单步预测器等效的实现方法是采用一个累加器，令其输入信号为量化误差信号 $\tilde{e}_n$。一般地，这个量化误差信号可用某个值来标定，比如说步长 $\Delta_1$，这种等效的实现方法如图 2.19(b)所示。实际上，图 2.19(b)所示的编码器产生一个近似于线性阶梯函数的波形 $x(t)$。为了得到相对较好的近似，波形 $x(t)$ 的变化相对于抽样速率而言必须比较慢，这意味着抽样速率必须几倍(至少 5 倍)于奈奎斯特速率。

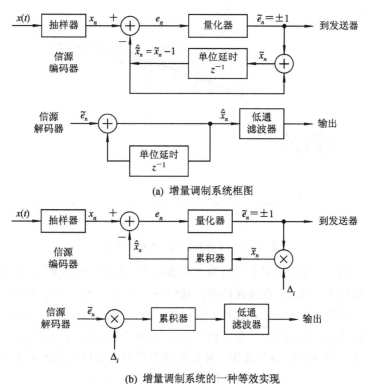

(a) 增量调制系统框图

(b) 增量调制系统的一种等效实现

图 2.19　增量调制系统及等效实现

对于任何给定的抽样速率，DM 编码器的性能受到两类失真的限制，如图 2.20 所示，一种称为斜率过载失真，它是由于所用的步长太小，跟不上波形中的斜率陡峭部分的变化速度而造成的；第二类失真叫颗粒失真，是由于所用的步长太大，在波形中的斜率较小部分产生的。在选择步长 $\Delta_1$ 时，使两类失真最小化的要求是相互矛盾的，解决办法之一是选择 $\Delta_1$ 使得两种失真的均方值之和最小。

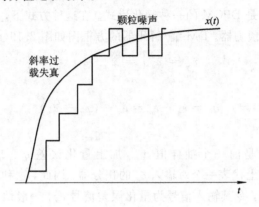

图 2.20 斜率过载失真和颗粒失真

即使 $\Delta_1$ 被优化而使斜率过载失真和颗粒失真两者总的均方值达到最小，DM 编码器的性能可能仍然不满意。另有一种解决办法是采用可变步长，使其适应信源信号的短时特性，也就是说，当波形具有陡峭斜率时使步长增大，当波形斜率相对较小时使步长减小，如图 2.21 所示。

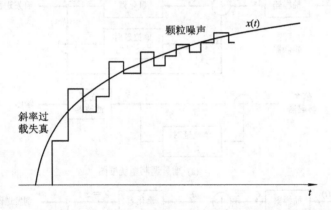

图 2.21 增量调制编码中的可变步长

在迭代中，有许多方法可用来自适应地调整步长。量化误差序列 $\tilde{e}_n$ 可以为被编码波形的斜率特性提供很好的提示。在接连的两次迭代中，如果量化误差 $\tilde{e}_n$ 改变了符号，说明这部分波形的斜率相对较小；反之，如果波形斜率陡峭，则很可能连续一串误差值 $\tilde{e}_n$ 有相同的符号。从上述可知，根据 $\tilde{e}_n$ 的前后值可以得出增大或减小步长的某些算法。贾扬特（1970 年）推导了一种相对简单的规则，可根据如下关系式自适应地改变步长：

$$\Delta_n = \Delta_{n-1} K^{\tilde{e}_n \tilde{e}_{n-1}}, \quad n = 1, 2, \cdots$$

式中 $K \leqslant 1$ 是一个常数，应选择它使得整个失真最小化。与这种自适应算法对应的 DM 编/解码器的框图如图 2.22 所示。

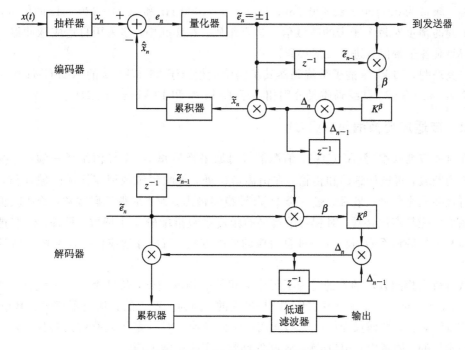

图 2.22  具有自适应步长的增量调制系统

PCM、DPCM、自适应 DPCM 和 DM 均属信源编码技术，它们都力图可靠地表示信源输出的波形。

# 2.3  频域波形编码

频域波形编码是通过滤波把信源输出信号分割成若干频带或子带(subband)，分别对子带信号编码。在每个子带中，既可以对子带的时域波形编码，也可以对与子带时域波形对应的频域表达式进行编码。

## 2.3.1  子带编码(SBC)

在语音和图像信号的子带编码(SBC)中，信号被分解为几个子带，然后分别对各子带的时域波形编码。例如在语音编码中，低频端的子带含有语音的大部分能量谱，而且人耳对低频子带的量化噪声更敏感。因此，低频端子带的信号需用较多比特数，而高频端子带的信号仅用较少比特数。

SBC 性能与滤波器的设计联系紧密，实用中，一般采取正交镜像滤波器(QMF)，因为该滤波器具有完美的信号重构特性，能产生无混叠的响应。在子带编码中，可使用 QMF 将子带再次两分频为更小的子带，这样可形成 8 子带的滤波器。为了降低抽样速率，每个 QMF 滤波器的输出频带需减半。例如，假设语音信号带宽为 3200 Hz，第一对 QMF 把频谱划分成低频带(0～1600 Hz)和高频带(1600～3200 Hz)，低频子带又被另一对 QMF 分割成低(0～800 Hz)和高(800～1600 Hz)两个子带，接着又有一对 QMF 作第三次分割，把 800 Hz 带宽分成低(0～400 Hz)和高(400～800 Hz)两个子带。这样，共采用 3 对 QMF，

就获得了频带为 $0\sim400$ Hz、$400\sim800$ Hz、$800\sim1600$ Hz 和 $1600\sim3200$ Hz 的信号，可以采用不同的精度对每个子带的时域信号进行编码。在实践中，多采用自适应脉冲编码调制（APCM）对各子带信号进行波形编码。

研究表明，16 kb/s 的子带编码器其编码质量相当于 26.5 kb/s 的 ADPCM；9.6 kb/s 和 7.2 kb/s 的 SBC，其编码质量分别相当于 19 kb/s 和 18 kb/s 的 ADM。

### 2.3.2　自适应变换编码(ATC)

在自适应变换编码（ATC）中，信源信号时域采样后每 $N_f$ 个样值组成一帧，每帧数据被变换到频域，再进行编码和传输。在信源解码处，每帧频域数据变换成时域样值，各帧样值再合并成全信号，最后通过一个 D/A 转换器输出。为了取得编码效益，给比较重要的频谱系数指配较多比特数，对相对不重要的频谱系数指配较少比特数。另外，若在把总比特数指配给各频谱系数时设计一种自适应的分配方法，就能够适应信源信号统计特性可能的变化。

从时域变换到频域的目的是为了得到去相关的频域抽样。从这个意义上说，卡亨南·洛厄夫（Karhunen - Loeve）变换（KLT）是最优的，因为它产生的频谱值不相关，但是 KLT 一般难以计算。离散傅氏变换（DFT）和离散余弦变换（DCT）是行之有效的替代方法，尽管它们是次优的。两者中，ACT 具有较好的性能，实践中常采用。

在使用 ATC 的语音编码中，可能得到速率为 9600 b/s 通信质量的语音。

# 2.4　参　数　编　码

### 2.4.1　语音产生过程的物理模型

根据对发音器官的构造和声音产生的机理的分析，可以得到图 2.23 所示的语音产生的机械、电路模型以及激励的功率谱和滤波器的频率响应特性。

整个发音过程可分为两个步骤来建立模型。第一步为激励。由横膈膜压迫肺部产生气流，通过声带振动产生周期性的有声音或由湍流产生无声音。因此，功率源包括横膈膜和肺部气室的作用，可由直流电源或交直流变换器模拟。激励部分包括气管、咽喉、声带的作用，可用周期性信号源、噪声源及转换开关模拟。第二步为响应。由舌、唇、齿等口部器官来控制口、鼻腔构成的时变有损谐振器，产生不同的频率响应，可由线性时变滤波器来模拟。激励信号有声音的为离散频谱，无声音的频谱则为均匀的白噪声频谱。时变滤波器的频率响应为有多个谐振峰的曲线。该模型是进行语音编码的基础。

由语音产生过程的物理模型可以看出，决定语音的特征参数有：基音、共振峰频率和强度，以及清音（声带不振动）/浊音（声带振动）判决。发端只需传送这些特征值到收端，收端即可根据这些参数合成语音信号，而不需传送整个语音信号波形。由于传送这些特征参数所需比特数大大低于传送波形抽样值的比特数，编码的比特率可以大大降低，从而大大压缩编码速率。当然，由于采用低码率编码，只传送了主要特征参数，只能保持语音的可懂度，而失去了自然度，即是以牺牲一定音质为代价的。所以，我们只能在保持一定音质的前提下，尽可能降低数码率。

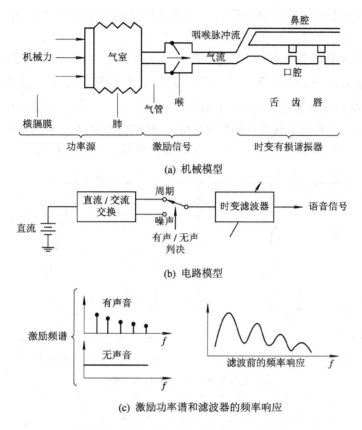

(a) 机械模型

(b) 电路模型

(c) 激励功率谱和滤波器的频率响应

图 2.23 语音产生过程的机械和电路模型

## 2.4.2 线性预测编码(LPC)

线性预测分析法可以十分精确地估计语音参数,而且计算速度快,获得了广泛的应用。线性预测是指一个语音抽样值可用该样值以前若干语音抽样值的线性组合来逼近。如果使二者差值的平方和达到最小,则可以决定惟一的一组预测器的加权参数。图 2.24 为语音产生模型的简化方框图。

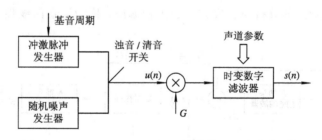

图 2.24 语音产生模型简化框图

浊音由周期性脉冲串激励产生,清音由随机噪声激励产生,在运行中由浊音/清音判别来转换开关。由输入的声道参数控制时变数字滤波器的频率响应。这一简化模型的参数有:浊音的基音周期,清/浊音分类,增益参数 G 和数字滤波器的加权系数 $\{a_k\}$。这些参数只随时间缓慢变化。

图 2.25(a)为线性预测器(开关位置 1)或倒转滤波器(开关位置 2);图 2.25(b)为合成滤波器方框图。其工作过程如下:

预测器在发端根据过去输出的抽样值($S_{n-m}$, $S_{n-m+1}$, …, $S_{n-1}$),经乘上加权系数($h_m$, $h_{m-1}$, …, $h_1$),再线性求和,得到现在输入值 $S_n$ 的预测值 $\hat{S}_n$。然后按照二者差值 $\varepsilon_n = S_n - \hat{S}_n$ 的最小方差算出预测器的加权数($h_m$, $h_{m-1}$, …, $h_1$),使 $\hat{S}_n$ 和 $S_n$ 的误差的平方最小。合成滤波器的作用根据收到的误差值 $\varepsilon_n$ 和加权系数($h_m$, $h_{m-1}$, …, $h_1$)以及恢复的过去的输入值($S_{n-m}$, $S_{n-m+1}$, …, $S_{n-1}$),合成输出发端的输入值 $S_n$。

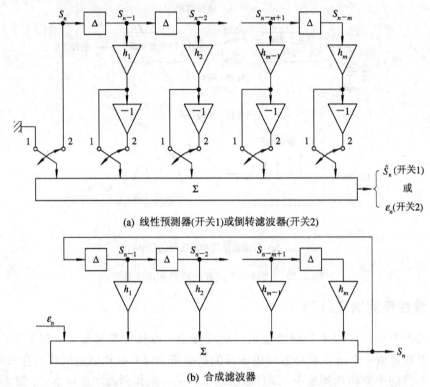

(a) 线性预测器(开关1)或倒转滤波器(开关2)

(b) 合成滤波器

图 2.25  线性预测器

应用上述线性预测的分析与合成方法的语音编码,称为语音的线性预测编码(LPC)。其原理图见图 2.26。

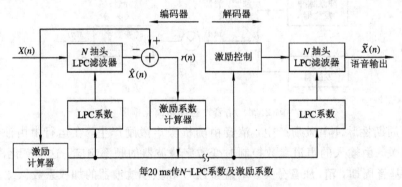

图 2.26  线性预测编/解码原理框图

图中，当 $N$ 个抽头的 LPC 滤波系数由系数计算器用优化算法周期性地计算得出时，预测结果很好，发端不需要传预测误差到收端，此时只需将滤波器的系数和清/浊音判断信号送到收端。因此 LPC 只传送高质量的经典自适应算法的信息数据，从而实现了低码率的语音编码。其基本原理为：输入语音抽样值 $X(n)$ 经 $N$ 抽头的 LPC 滤波器的线性组合得到其估计值 $\hat{X}(n)$。两者相减得出误差信号 $r_n$，并用系数计算器不断根据误差平方值最小准则来修正 LPC 滤波器系数，以使 $r_n$ 最小。另外，$X(n)$ 经激励计算器计算，用其进行清/浊音判决。编码器每隔 20 ms 传送一次 $N$ 抽头滤波系数和激励判决参数。解码器用收到的系数控制 $N$ 抽头 LPC 滤波器的系数，并用激励判决参数去控制清/浊音判决，从而合成出输出语音 $\hat{X}(n)$。由于信道上只传送少数参数，大大降低了数码率，但却付出了使恢复的 $\hat{X}(n)$ 失去了 $X(n)$ 原来的自然度的代价。

### 2.4.3 长期预测的规则码激励(RPE－LTP)的 LPC 编/解码器

上述 LPC 编/解码能够在保证一定可懂度的情况下使数码率降低到 2.4～4.8 kb/s。但也存在一些缺点，如损失了语音的自然度，减少了搞干扰的能力，谱包络的估值可产生很大的失真。产生这些缺点的原因主要是 LPC 未将发端的余数(误差)信号送到收端。因而改善 LPC 的主要方法是从改善激励入手。常用的改善措施有两种：

(1) 采用较复杂的激励模型代替简单的清/浊音判决模型。

(2) 利用一部分余数信息。

以上两种改善措施都能提高自然度，但不可避免地要增加一定的数码率。下面着重介绍第一类改善措施。

图 2.27 为几种不同的激励语音合成模型的简化方框图。图 2.27(a)为一般的 LPC 声码器；图 2.27(b)为多脉冲激励线性预测编码(MP－LPC)，它使用一个数目有限、幅度和位置可以调整的脉冲序列作为激励源；图 2.27(c)为码激励线性预测编码(CELP)，它使用一个波形的码矢量作为激励源。

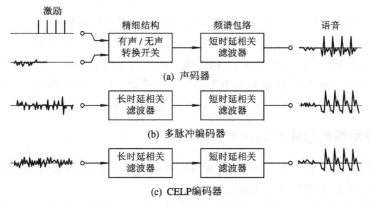

图 2.27　不同激励语音合成模型简化框图

图 2.27(b)、(c)所示的两种方法的共同特点是都避免了清/浊音判决及基音提取。图中的相关滤波器即合成滤波器，长时延相关滤波器用来产生浊音的音调结构，而短时延相关滤波器用来恢复语音的短时频谱包络。由于这两种方法都是在发端引入了合成语音装

置，用合成来引导分析，故又称为合成/分析法。MP－LPC 和 CELP 都是根据合成语音与输入语音的误差经听觉加权后最小准则来确定的，虽然激励信号的引入要增加传输的数码率，但可显著提高合成语音的质量。

图 2.28(a)为合成/分析编码器原理方框图。图 2.28(b)为多脉冲激励的 LPC 编码器 (MP－LPC)所产生的一定位置和幅度的脉冲序列，由它来激励声道。声道由长时延及短时延相关滤波器来模拟，从而合成语音。合成语音与输入的原始语音比较输出误差信号。此客观误差信号经主观感觉加权后按均方误差最小准则去搜索、比较及确定脉冲序列的位置和幅度，并将这些参数和两个合成滤波器的参数一起编码后送到收端，收端根据这些参数合成误差最小的语音。MP－LPC 可在 10 ms 内用 8 个脉冲，最终用 9.6～16 kb/s 的数码率获得较高质量的合成语音。由于这种方法需要逐个确定脉冲的幅度和位置，致使运算量大。为减少运算量可采用图 2.28(c)所示的规则脉冲序列的 LPC 编码(RPE－LTP)，脉冲序列各脉冲相对位置不变，只有幅度可变化，计算量要小很多。此时在 5 ms 内用 10 个脉冲即可。对于每帧语音信号分别用不同起始位置的脉冲序列激励语音合成模型，并用不同的 $k$ 值表示得到合成语音。然后求出不同 $k$ 值下激励脉冲幅值，以使各 $k$ 值下感知加权误差最小的 $k$ 值所对应的脉冲序列作为激励信号。RPE－LTP 线性预测编码在 9.6 kb/s 数码率上，$k=4$ 时可获得较高质量的语音。

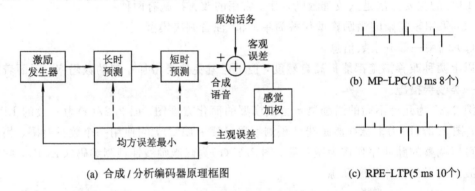

(a) 合成/分析编码器原理框图　　　(c) RPE-LTP(5 ms 10个)

图 2.28　几种合成/分析编码器原理框图及产生的脉冲序列

目前，GSM 系统就是采用 RPE－LTP 的线性预测编码方式。它在 13 kb/s 码上可得到相当好的语音编码质量，主观评分为 3.8。同时抗误码性能也较好，在不加任何纠错措施的情况下，对于 $10^{-3}$ 误码，编/解码质量基本不下降。加纠错后，总比特率为 22.8 kb/s、误码率为 $10^{-1}$ 的情况下，语音质量下降不多。它采用了分帧处理，编/解码延时约为 30 ms。

### 2.4.4　码激励线性预测编码(CELP)

在图 2.27(c)中改善 LPC 的一种方案为码本激励线性预测编码(CELP)，它对余量的处理方法不同，采用矢量量化的方法。

图 2.29 为 CELP 的基本原理方框图。与图 2.28 所示原理方框图相比较，除激励部分不同外，其他部分都是一样的。在激励部分以 $N$ 个样值为一组，构成一个 $N$ 维矢量，用一个码字代表，若干个码字组成一定尺寸的码本，收发端设置同样的码本。发端用合成/分析法选择失真最小的码字，即由各码字所代表的样值序列依次激励声道滤波器产生合成语音，再与原始语音比较，确定失真最小的码字。发端将此码字在码本中的序号送

至收端。收端根据收到的序号选出同样的码字，并产生失真最小的语音输出。由于它只传送码字序号而不传送样值序列本身，因而可以大大压缩数据率。这就是 CELP 可以进行低码率编码的基本原理。

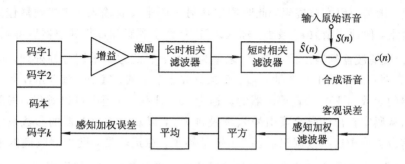

图 2.29　CELP 基本原理框图

图 2.30 为 CELP 编/解码器的方框图。编码器基本的分析过程为，在码本中根据某些主观的差错判据去搜寻最佳码字(矢量)$C_k$。每个矢量用增益因子 $g_k$ 按比例增减。然后经长期预测滤波器及 LPC 滤波器合成预测语音 $\hat{S}_n$。输入语音 $S_n$ 与 $\hat{S}_n$ 之差为余数信号 $\varepsilon_n$。它经过感知加权滤波器(PWE)，采用全搜索过程使 $\varepsilon_n$ 能量最小，找出最佳的码字。码本中码字索引号 $k$、增益因子 $g_k$ 及滤波器参数经信道送到接收端的解码器。在解码器中根据收到所传来的这些信息，再合成出原始的语音。从图中不难看出，解码器的结构实际上就是编码器的下半部分(即合成部分)，其作用原理也完全相同。

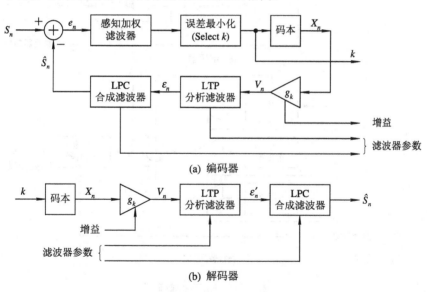

(a) 编码器

(b) 解码器

图 2.30　CELP 编/解码器

## 2.4.5　矢量和激励线性预测编码(VSELP)

VSELP 是 CELP 中的一种，也称为美国 IS-54 标准的 VSELP。它采用的码本为事先确定好的结构，从而避免了全搜索过程，大大缩短了寻找最佳码字的时间。图 2.31 为

VSELP 编/解码器的方框图。在编码器中，长时预测器(LTP)的延迟 $l$ 由 LTP 滤波器过去的输出和目前的输入语音来决定，采用了闭环的方法。这一编码器用了两个码本，各有其自己的增益 $g$。长时预测延迟首先被决定，此时假定从两个码本中都没有输入。一旦建立起预测延迟，则第一码本被搜索，此时假定从另一码本没有输入。在找到最佳码字后，另一码本才搜索，使预测余数 $\varepsilon_n$ 最小。输入语音 $S_n$ 经主观感知加权滤波器后得到 $P_n$。$P_n$ 与加权 LPC 合成滤波器的输出预测值 $\hat{P}_n$ 之差为余数 $\varepsilon_n$。此方案采用分帧处理，每 20 ms 为一帧，8 kHz 抽样率，共 160 个抽样值。每帧分成 4 个子帧，每个子帧 5 ms，含 40 个样点。短期预测器的阶数为 10。语音编码器的数据为 7950 b/s。从图中可以看出，编码器送到信道的数据为从码本找出的码字索引号 $i$、$h$ 及延迟 $l$，以及合成滤波器的参数及增益 $g_i$、$g_h$ 和 $g_l$。在信道上传送这些数据只需要 8 b/s 就够了。在接收端，则根据收到的上述数据合成语音 $\hat{S}_n$ 输出。同理，解码器的结构与编码器的下半部分相同，其作用原理完全一样。

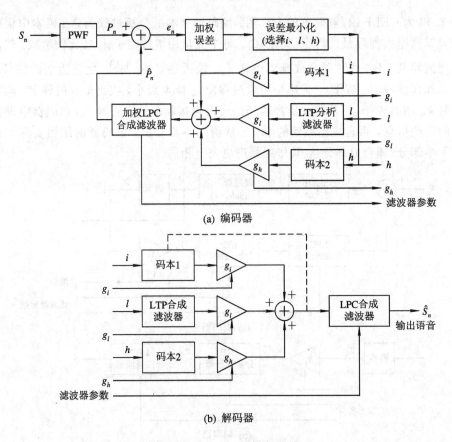

图 2.31 VSELP 编/解码器

美国 IS-54 选用的 VSELP 编码方案由于采用了矢量和激励以及将码本矢量分解成基矢量叠加的方法，不仅使运算量下降，而且使抗误码性能得到了提高。该方案在 $10^{-2}$ 误码的条件下，仍能保持很好的语音质量。8 kb/s 数码率时基本上与 13 b/s 时的 RPE-LTP 的质量相同。如加信道编码，总码率为 13 kb/s。由于 VSELP 也采用 20 ms 为一帧的分帧处理办法，编码延迟及其他因素产生的总延迟比 GSM 略大。

# 2.5　图像压缩编码

数字图像通信系统和语音信号通信系统的组成框图类似，由于图像信号具有相关性强的特点，信源编码器的作用是去除这种相关性以压缩图像信号的频带，以及降低信号传输的数码率，同时实现模拟信号数字化。为了实现有效的图像通信，除研究人眼的视觉特性外，研究图像信号本身的特性更为重要。

## 2.5.1　图像信号的分析

图像信号的频谱特性从频域上反映信号的特性，利用这些特性可以实现对图像的压缩和处理，同时又是分析图像信号数字化的基础。实际存在的人或景物图像都是模拟图像，它们在空间和亮度分布上都是连续的，因此研究二维傅里叶变换可以为图像分析提供途径。

### 1. 二维傅里叶变换

二维傅里叶变换的定义如下：

设 $f(x, y)$ 是两个独立变量 $x, y$ 的函数，且

$$\int_{-\infty}^{\infty} \int_{-\infty}^{\infty} | f(x, y) | \, dx \, dy < \infty \tag{2.100}$$

则定义积分

$$F(u, v) = \int_{-\infty}^{\infty} \int_{-\infty}^{\infty} f(x, y) \exp\{- j2\pi(ux + vy)\} \, dx \, dy \tag{2.101}$$

为 $f(x, y)$ 的傅里叶变换，并定义

$$f(x, y) = \mathscr{F}^{-1}[F(u, v)] = \int_{-\infty}^{\infty} \int_{-\infty}^{\infty} F(u, v) \exp\{j2\pi(ux + vy)\} \, du \, dv \tag{2.102}$$

为 $F(u, v)$ 的反变换。

### 2. 二维抽样定理

为了将图像信号顺序地在线路上传输，就要把该图像在水平方向的某些等间隔线上的值顺序地依次取出并传输，称此过程为扫描，如图 2.32(a)所示。

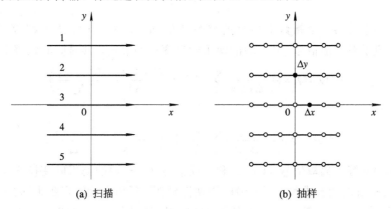

(a) 扫描　　　　　　　　　　(b) 抽样

图 2.32　扫描与抽样

常用的扫描方式有逐行扫描和隔行扫描两种。在隔行扫描当中，先依次扫描第 1，3，5，…条水平线上的值。经扫描后的信号是一维连续信号。在每条水平线上，我们只等间隔地抽取图像信号的值，并只传输这些抽样值，称此过程为抽样，如图 2.32(b)所示。

如果原来的连续图像信号用 $f_a(x,y)$ 表示，经抽样后的离散信号可用下式表示：

$$f(m,n) = f_a(m\Delta x, n\Delta y) \tag{2.103}$$

式中，$\Delta x$ 和 $\Delta y$ 已在图 2.32(b)中示出，它们分别是在水平方向和垂直方向的抽样间隔；$m$，$n$ 为整数。

二维抽样定理描述了如何由离散信号 $f(m,n)$ 准确地将 $f_a(x,y)$ 恢复出来。应用二维傅里叶变换，由于 $f(m,n)=f_a(m\Delta x, n\Delta y)$，因此由式(2.102)可得

$$f(m,n) = \int_{-\infty}^{\infty} \int_{-\infty}^{\infty} F_a(u,v) \exp\{j2\pi um\Delta x + j2\pi vn\Delta y)\} \, du \, dv \tag{2.104}$$

下面，我们将设法将式(2.104)变成对离散信号 $f(m,n)$ 的傅里叶反变换的形式，以便得到对应于 $f(m,n)$ 的频谱。先做如下代换，令 $Q_1=u\Delta x$，$Q_2=v\Delta y$，式(2.104)变为

$$f(m,n) = \int_{-\infty}^{\infty} \int_{-\infty}^{\infty} \frac{1}{\Delta x \Delta y} F_a\left(\frac{Q_1}{\Delta x}, \frac{Q_2}{\Delta y}\right) \exp\{j2\pi Q_1 \Delta x + j2\pi Q_2 \Delta y)\} \, dQ_1 \, dQ_2$$

$$\tag{2.105}$$

在整个 $(Q_1, Q_2)$ 平面上的双重积分可以拆开由无穷多个积分之和来表示，其中的每个积分是在面积为 1 的方形域上进行。令 $SQ(k_1, k_2)$ 表示 $(-\frac{1}{2}+k_1 \leqslant Q_1 \leqslant \frac{1}{2}+k_1$，$-\frac{1}{2}+k_2 \leqslant Q_2 \leqslant \frac{1}{2}+k_2)$ 的一个方形域，那么可将式(2.105)写成

$$f(m,n) = \sum_{k_1} \sum_{k_2} \iint_{SQ(k_1,k_2)} \frac{1}{\Delta x \Delta y} F_a\left(\frac{Q_1}{\Delta x}, \frac{Q_2}{\Delta y}\right) \exp\{j2\pi Q_1 \Delta x + j2\pi Q_2 \Delta y)\} \, dQ_1 \, dQ_2$$

将 $Q_1$ 用 $Q_1-k_1$ 代替，将 $Q_2$ 用 $Q_2-k_2$ 代替，就可以消去上式中受 $k_1$ 和 $k_2$ 的影响，于是可得

$$f(m,n) = \int_{-\frac{1}{2}}^{\frac{1}{2}} \int_{-\frac{1}{2}}^{\frac{1}{2}} \left[\frac{1}{\Delta x \Delta y} \sum_{k_1} \sum_{k_2} F_a\left(\frac{Q_1-k_1}{\Delta x}, \frac{Q_2-k_2}{\Delta y}\right)\right]$$

$$\cdot \exp\{j2\pi Q_1 m + j2\pi Q_2 n\} \exp\{-j2\pi k_1 m - j2\pi k_2 n\} \, dQ_1 \, dQ_2 \tag{2.106}$$

式(2.106)中的第二个指数对所有的整数变量 $m$、$n$、$k_1$ 和 $k_2$ 来说都等于 1，因此式(2.106)就变成了对离散信号 $f(m,n)$ 的傅里叶反变换的形式，其对应的频谱函数为

$$F(Q_1, Q_2) = \frac{1}{\Delta x \Delta y} \sum_{k_1} \sum_{k_2} F_a\left(\frac{Q_1-k_1}{\Delta x}, \frac{Q_2-k_2}{\Delta y}\right) \tag{2.107}$$

或写成

$$F(Q_1, Q_2) = \frac{1}{\Delta x \Delta y} \sum_{k_1} \sum_{k_2} F_a\left(u-\frac{k_1}{\Delta x}, v-\frac{k_2}{\Delta y}\right) \tag{2.108}$$

式(2.108)回答了离散信号 $f(m,n)$ 和连续信号 $f_a(x,y)$ 的傅里叶变换之间有什么关系的问题。该式的右端能看成是 $F_a(u,v)$ 的周期性延拓，延拓后就能得到 $F(u\Delta x, v\Delta y)$。

当连续信号 $f_a(x,y)$ 是一空间频率受限的带限信号时，可将式(2.108)进一步简化。如果抽样间隔 $\Delta x$ 和 $\Delta y$ 取得足够小，使得下式满足

$$F_a(u,v) = 0 \qquad 当 \mid u \mid \geqslant \frac{1}{2\Delta x}, \ \mid v \mid \geqslant \frac{1}{2\Delta y} \tag{2.109}$$

以获得该带限信号,那么,式(2.108)可简化为

$$F(u\Delta x, \ v\Delta y) = \frac{1}{\Delta x \Delta y} F_a(u,v) \qquad 当 \mid u \mid \geqslant \frac{1}{2\Delta x}, \ \mid v \mid \geqslant \frac{1}{2\Delta y} \tag{2.110}$$

而在上述频域之外的区域,$F(u\Delta x, \ v\Delta y)$ 的值是上述值的周期性重复值。式(2.110)就是二维抽样定理的表达式。

### 3. 图像量化

经过抽样的图像,只是在空间上离散的像素阵列,而每一个像素的亮度值还是一个连续量,必须把它转化为有限个离散值,并对此有限个离散值用不同的码字来代替才能成为数字图像,进而由数字图像通信设备或由数字计算机进行处理运算。我们称这一转化过程为量化。将像素的连续亮度值等间隔分层量化的方式称为均匀量化,而将不等间隔分层量化的方式称为非均匀量化。

#### 1) 标量量化

最简单的量化方法是均匀量化。均匀量化的基本概念我们已在通信原理基础中学过,对于图像信号,将每个像素的幅度与一组判决电平作比较,如果该幅度落在两个判决电平之间,那么就将该幅度用某一固定电平来表示。通常将这一固定电平取为该幅度所在区间的两端判决电平的中间值,然后将表示该幅度的固定电平值用一数字码字表示。

在这种均匀量化方法中,相邻判决电平间的差值是相等的。只要输入图像的幅度 $f$ 落在两个判决电平 $d_k$ 和 $d_{k+1}$ 之间,其量化器的输出都是某一固定值 $\hat{f}_k$,所产生的量化误差为 $f - \hat{f}_k$。显然,如果事先固定判决电平和量化器输出电平,对于不同的图像输入信号,其量化误差是不同的。因此,人们研究使量化误差最小的量化方法,称为最佳量化。在这种方法中,相邻判决电平间的差值和相邻量化值间的差值都是不相等的。

最佳量化器的设计方法通常有两种。一种是客观的计算方法,它根据量化误差的均方值为最小的原则,计算出判决电平和量化器输出的电平值;另一种是主观准则设计法,它根据人眼的视觉特性设计量化器。下面分别对这两种量化器进行分析。

(1) 最小均方误差量化器。

设 $f$ 和 $\hat{f}$ 分别代表输入图像的亮度和对该亮度的量化值,$p(f)$ 为输入图像亮度的概率密度函数,$f$ 的取值范围在 $a_L \sim a_M$ 之间,于是有

$$\int_{a_L}^{a_M} p(f)\mathrm{d}f = 1 \tag{2.111}$$

分层的示意图如图 2.33 所示。量化的总层数设为 $J$,其中的 $d_k(k=0, 1, \cdots, J)$ 为判决电平,当 $d_k \leqslant f \leqslant d_{k+1}$ 时,量化值为 $\hat{f}_k$。量化误差为 $f - \hat{f}_k$,我们按均方误差最小来定义最佳量化,也就是使 $\varepsilon$ 最小,即

$$\varepsilon = E\{(f-\hat{f})^2\} = \int_{a_L}^{a_M} (f-\hat{f})^2 p(f) \ \mathrm{d}f$$

$$= \sum_{k=0}^{J-1} \int_{d_k}^{d_{k+1}} (f-\hat{f}_k)^2 p(f) \ \mathrm{d}f \tag{2.112}$$

式中的符号 $E\{\ \}$ 表示对括号内的随机变量取数学期望。

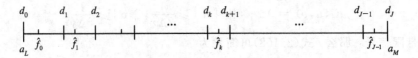

图 2.33　量化的分层示意图

在一般的应用场合下，量化分层数 $J$ 较大，式(2.112)中的 $p(f)$ 在各量化分层内可视为常数，求最佳量化时的 $d_k$ 和 $\hat{f}_k$ 可直接对式(2.112)求极值，即令

$$\frac{\partial \varepsilon}{\partial d_k} = 0, \quad \frac{\partial \varepsilon}{\partial \hat{f}_k} = 0$$

可推得

$$d_k = \frac{1}{2}(\hat{f}_k + \hat{f}_{k+1}), \quad k = 0, 1, \cdots, J \tag{2.113}$$

$$\hat{f}_k = \frac{\int_{d_k}^{d_{k+1}} f p(f) \, \mathrm{d}f}{\int_{d_k}^{d_{k+1}} p(f) \, \mathrm{d}f} = \frac{f \text{ 在}[d_k, d_{k+1}]\text{上的数学期望}}{f \text{ 在}[d_k, d_{k+1}]\text{上的概率}} \tag{2.114}$$

由式(2.113)和式(2.114)可以看出，第 $k$ 点的判决电平 $d_k$ 等于两相邻判决电平之"重心"。当给定 $p(f)$ 及 $f$ 的限定范围 $a_L$ 和 $a_M$ 后，可以用递归方法解方程(2.113)和(2.114)，从而求出 $\hat{f}_k$ 和 $d_k$。

如果判决电平和量化值按式(2.113)和式(2.114)选择，那么代入式(2.112)，可得量化误差为

$$\varepsilon_{\min} = \sum_{k=0}^{J-1} \left[ \int_{d_k}^{d_{k+1}} f^2 p(f) \, \mathrm{d}f - \hat{f}_k^2 \int_{d_k}^{d_{k+1}} p(f) \, \mathrm{d}f \right] \tag{2.115}$$

可以将它写成更简明的形式

$$\varepsilon_{\min} = E\{f^2\} - \sum_{k=0}^{J-1} \hat{f}_k^2 p, \quad d_k \leqslant f \leqslant d_{k+1} \tag{2.116}$$

这种量化方法是由(Max)提出的，因此又称 Max 量化方法。

（2）主观准则量化器。

最小均方误差量化器的设计是比较复杂的，而且计算中所用的输入图像信号亮度的概率密度函数也难以得到。我们在讨论视觉特性时知道，人眼具有视觉掩盖效应。当图像边缘相邻两侧的亮度值相差较大，也就是边缘高度较高时，即使有较大亮度值的干扰，这种干扰也不会被察觉出来。也就是说，边缘高度越高，可见度阈值越大。量化器的合理设计是在保证量化器输出图像的失真尽量小的条件下，使量化分离层总数足够少。既然最终判定图像失真多少的是人眼的视觉，那么就有可能利用视觉掩盖效应设计量化器，以减少量化分层总数。

在常用的差值脉冲编码调制(DPCM)量化器中，量化器是对相邻像素间亮度值的差值进行量化。在最简单的情况下，它对当前像素与前一像素的亮度差值进行量化，当图像中边缘高度越高时，该差值的绝对值就越大。显然，差值(绝对值)的大小就代表了边缘高度值的大小。如果对较大的那些差值量化，使分层较稀些，就会减少量化分层的总数，但也会由于这时量化误差较大而引起较大的干扰。由视觉特性可知，只要这时的干扰值低于可

见度阈值，人眼就觉察不出量化误差对图像质量的影响。根据上述原理所设计出来的主观准则量化器能保证较高的图像质量，又可使量化分层总数足够少。对一幅分辨率为 $256 \times 256$、信号带宽为 1 MHz 的黑白图像，采用上述主观准则量化器进行实验表明，量化分层总数只需 27 个，而觉察不出量化误差。

为了叙述这种量化器的设计方法，我们给出一条由实际测量所得的典型的可见度阈值曲线，如图 2.34 所示。图中的横坐标是边缘高度，也就是相邻两像素的亮度值之差，所得的像素差可见度阈值随边缘高度值增加而增加。

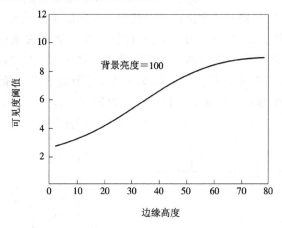

图 2.34　可见度阈值曲线

知道了可见度阈值曲线后，所设计的量化器应该使量化误差在任何边缘高度（对简单 DPCM 就是相邻像素的亮度差值，即预测误差情况下）都限制在低于该阈值。使量化器满足这一限制的算法可用图 2.35 来说明。若取量化值的数目为偶数，即量化值的分布对称于 0 而不包括 0，那么，预测误差为 0 的 $x$ 值就是一个判决电平。由 $x=0$ 所对应可见度阈值曲线上的点出发画一条 $-45°$ 的斜线，这条斜线与横坐标的交点就是第一个量化值。由该点出发，再画一条 $+45°$ 的斜线，该斜线与可见度阈值曲线相交，交点所对应的横坐标值就是另一个判决电平。以此类推，直至最后一条 $+45°$ 斜线超过预测误差 $x$ 的范围为止。由此图可以看出，预测误差较大时，量化误差可能会较大，但总可以保证量化误差小于可见度阈值，而且所需的量化分层总数是最少的。若取量化值的数目为奇数，用类似的方法也可设计，只是此时把第一个量化值取为 0，然后从该点出发画一条 $+45°$ 的斜线，该斜线与可见度阈值线相交，其对应的横坐标值就是第一个判决电平值。

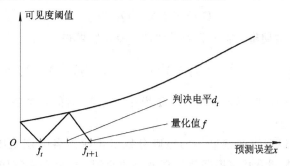

图 2.35　量化值数目为偶数时主观准则量化器的设计

2) 矢量量化

矢量量化(VQ)是把图像亮度序列的每 $K$ 个样点合成一组，形成 $K$ 维空间的一个矢量，然后再对此矢量进行量化。

例如，图 2.36(a)中的输入亮度序列 $X=\{x_n\}$，取 $K=2$，每两个像素形成一个矢量，这样就得到 $n/2$ 个二维矢量 $X_1$，$X_2$，…，$X_{n/2}$。矢量量化就是先集体量化 $X_1$，然后量化 $X_2$ 等。如果记此二维矢量为 $(f_1, f_2)$，再记 $N=n/2$，那么这 $N$ 个矢量总是属于由 $(f_1, f_2)$ 组成的二维欧氏空间，用符号来表示即为 $X \subset R^2$。矢量量化就是把 $R^2$（即平面）划分成 $J$ 块 $(S_1, S_2, …, S_j)$，然后从每一块中选出一个代表，共选出 $J$ 个代表，这样就构成了一个 $J$ 级二维矢量量化器。图 2.36(b)示出 $J=5$ 的情况，5 个代表的矢量分别用 $Y_1$，$Y_2$，$Y_3$，$Y_4$ 和 $Y_5$ 表示。我们可以用一定的误差测量方法来分别计算 $Y_i(i=1, 2, …, 5)$ 代替某一输入矢量 $X_j(j=1, 2, …, 5)$ 所引起的误差，有最小误差时所对应的矢量 $Y_i$ 就是 $X_j$ 的量化矢量。所有的 $N$ 个量化矢量构成的集合，我们称之为码书。图 2.36(b)所示矢量量化器的码书就是 $C=(Y_1, Y_2, Y_3, Y_4, Y_5)$，码书中的矢量 $Y_i$ 称为码字。

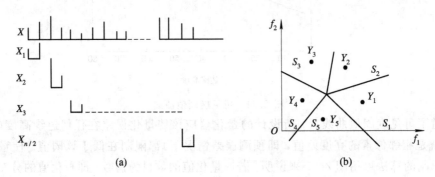

图 2.36 矢量量化示意图

由上面的例子可以推广到更一般的情况。矢量量化把一个 $K$ 维模拟矢量 $X_j \in R^K$ 映射为另一个 $K$ 维矢量 $Y_i(Y_i \in R^K, i=1, 2, …, J)$。用式子表示为

$$Q(X_j) = Y_i \qquad j = 1, 2, …, N; \quad i = 1, 2, …, J \qquad (2.117)$$

称 $X_j$ 为输入矢量，$Y_i$ 为码字或码矢，$Q$ 为量化函数。所有 $X_j$ 的集合 $X$ 称为信源空间，而所有 $Y_i$ 的集合 $Y$ 称为输出空间或码书。

矢量量化器的性能可用某种误差测量方法进行测量。这里用均方误差测量，即

$$D = E \| X - Q(X) \|^2 \qquad (2.118)$$

式中，符号 $E$ 表示数学期望，$\| \cdot \|$ 表示范数。展开后可得

$$D = \frac{1}{N}[(X_1 - Y_1)^2 + (X_2 - Y_2)^2 + … + (X_N - Y_N)^2] = \frac{1}{N}\sum_{i=1}^{N} \bar{e}_i^2 \qquad (2.119)$$

式中，$X_i$ 为第 $i$ 个被抽样的输入矢量，$Y_i$ 是当输入为 $X_i$ 时的某个输出码字，$\bar{e}_i^2$ 表示对第 $i$ 个输入矢量的均方误差。

在标量量化中，根据使误差最小的原则分别求出决定各分层范围的判决电平和量化值。与此类似，在矢量量化中，根据使失真最小的原则，要分别决定如何对 $R^K$ 进行划分以得到合适的 $J$ 个分块，以及如何从这 $J$ 个分块中选出它们各自合适的代表 $Y_i$。这是两个超

出本书范围的问题，读者可参看介绍矢量量化的有关文献。

最后我们看一下矢量量化情况下的输出比特率。因为共有 $J$ 个输出码字，只需 $\mathrm{lb}J$ 个比特，输入矢量为 $N$ 个，那么每个抽样的输入矢量所需的比特率为

$$B = \frac{1}{N} \mathrm{lb}J \tag{2.120}$$

通常 $N$ 都大于 $J$。在满足一定的失真条件下选定了量化级 $J$ 后，由式(2.120)可以看出，矢量量化可以减少所需的比特率。是不是当 $N \to \infty$，就能使 $B \to 0$ 呢？这是不可能的。一般来说，此时 $J$ 也要增加而趋于无穷，否则式(2.119)中的某些 $\bar{e}_i^2$ 要变得很大而超过 $D$ 的限度。当 $N \to \infty$ 时，最小比特率 $R$ 趋于一个由失真量 $D$ 所决定的极限值 $R$。

## 2.5.2 图像压缩编码

### 1. 信息保持编码

对于一个编/译码系统，人们总是希望在经过编/译码以后能恢复出"逼真"的原图像。用信息论的术语来说，希望在编/译码过程中不丢失图像信息量，或者说保持原图像信息的熵值。因此，信息保持编码又叫熵保持编码，简称熵编码。显然，这是对离散化了的图像的一种无失真编码。对于某些类型图像，如遥感图像、文件图像（包括签名）的传真图像以及军事情报地图等，无失真编码是有实用意义的。

#### 1) 等长编码

所谓编码，就是将不同的消息用不同的码字来代表，有时我们称此工作为从消息集到码字集的一种映射。比如邮政明码电报将"北京"（消息）用"0554 0079"（码字）来代表。但在实际传输时，0，1，2，…，9 这 10 个数字又用二进制代码表示。比如实用中的五单位电传码如下：

| 0 | 1 | 2 | 3 | 4 | 5 | 6 | 7 | 8 | 9 |
|---|---|---|---|---|---|---|---|---|---|
| 01101 | 01011 | 11001 | 10110 | 11010 | 00111 | 10101 | 11100 | 01110 | 10011 |

这里，数字 0，1，2，…，9 变成了"消息"，而用不同次序的 0 和 1 排列组成了不同的码字。我们称组成码字的符号个数为码长，所以明码电报的码长为 4，而电传码的码长为 5。对于一个消息集合中的不同消息，若采用相同长度的不同码字来表示，就叫做等长编码。上述例子都是等长编码。

由上述例子可见，用作码字的符号可以任意选定，个数也可以根据需要而定。若取 $M$ 个不同字符组成码字，则称为 $M$ 元编码或叫 $M$ 进制。最常见的是取两个字符 0 与 1 来组成码字，则称做二元编码或叫二进制编码。此时，每一个符号代表 1 bit（比特）信息量，因此五单位二进制编码有时也称做 5 比特编码。

在图像编码中常用的等长二进制代码为自然二进制码与格雷（Gray）码。

自然二进制码就是普通的二进制数码。给出一个自然二进制码 $(a_n, a_{n-1}, \cdots, a_1)$，其中 $a_i \in (0,1)$，则其所对应的十进制数为

$$A = a_n 2^{n-1} + a_{n-1} 2^{n-2} + \cdots + a_1 2^0 \tag{2.121}$$

比如某一个像素的码字表示为 101101，它代表的亮度为 $2^5+2^3+2^2+2^0=45$。

格雷码又叫反射二进制码，它的特点是码字间依次只有一位不同，用编码术语即码距为 1。它可以由自然二进制码演变产生。其法则为：保留自然码最高位作为格雷码的最高位，而其余各位都由自然码相邻两位模二相加（用符号 $\oplus$ 表示）而产生。

设自然码为 $a_n$，$a_{n-1}$，$\cdots$，$a_1$，则相应的格雷码为

$$g_n = a_n,\ g_{n-1} = a_n \oplus a_{n-1},\ \cdots,\ g_1 = a_2 \oplus a_1$$

它代表的十进制数为

$$A_1 = g_n(2^n-1) \pm g_{n-1}(2^{n-1}-1) \pm \cdots \pm g_1(2^1-1) \qquad (2.122)$$

其中，$\pm$ 号的取法为：对不为零的 $g_i$，由高位开始依次取 +、−、+、−、$\cdots$。

例如，上面的自然二进制码 101101，按规则改为相应的格雷码便有 $g_6=1$，$g_5=1\oplus0=1$，$g_4=0\oplus1=1$，$g_3=1\oplus1=0$，$g_2=1\oplus0=1$，$g_1=0\oplus1=1$，即 111011。式（2.122）所代表的十进制数为

$$(2^6-1) - (2^5-1) + (2^4-1) - (2^2-1) + (2^1-1) = 45$$

这正好与自然二进制码对应的十进制数相一致。

由上例可知，由格雷码计算十进制数，没有自然二进制码的计算。但格雷码有一个特点：任意相邻的两个十进制数，其格雷码码距为 1，即只有一位不同。这个特点使它在代码形成时产生误差的可能性最小。因此，在图像视频信号 A/D 变换中常常先形成格雷码，处理时再转换成自然码。如十进制数 7 与 8，相应的格雷码分别为 0100 与 1100，只有最高位改变了。但其自然码却为 0111 与 1000，其四位都不同。在实现时不可能同时变换，如低位先变，则就可能出现 0110、0100、0000 这几种中间代码。尽管它们只有一种过渡状态，但有时会造成代码输出错误，有时会产生不良的"毛刺"干扰，这是我们不希望有的。

2）不等长编码

对于离散的图像信号（表现为一个符号或一组符号），也可采用不同长度的码字来表示，这就叫做不等长（或变长）编码方法。

采用不等长编码可以提高效率，即对相同的信息量所需的平均编码长度可以短一些。设图像信息用 $k$ 个符号 $a_1$，$a_2$，$\cdots$，$a_k$ 来表示（比如说有 $k$ 种灰度等级），它们在整个图像中出现的概率分别为 $P(a_1)$，$P(a_2)$，$\cdots$，$P(a_k)$。编码时对出现概率大的符号用短码，对出现概率小的用长码。当这些信息符号互不相干时，其平均码长为

$$\bar{l} = \sum_{i=1}^{k} P(a_i)L_i \qquad (2.123)$$

式中，$L_i$ 代表对 $a_i$ 的编码长度，$\bar{l}$ 比等长编码所需的码字长度短。

但是，不等长编码与译码都比较复杂。在编码时要预先知道各种信息符号出现的概率。在译码时，首先要求能对接收到的一串码字作出正确且惟一的划分，这叫惟一可译性；其次，还要求做到实时译码，即译码延迟要小；此外，还要解决输入/输出速率匹配等问题。

（1）惟一可译码存在的问题。

**定理 2.4**（Kraft 不等式）：长度为 $l_1$，$l_2$，$\cdots$，$l_k$ 的 $M$ 进制惟一可译码存在的充分必要条件是

$$\sum_{i=1}^{k} M^{-l_i} \leqslant 1 \qquad\qquad (2.124)$$

应该强调的是，式(2.124)只是给出惟一可译码存在的条件，并不能确定某一种编码是否惟一可译。比如 $k=4$，也就是说被编的信源符号有 4 种，如果设计一个二进制编码方案，其长度分别为 $l_1=1$，$l_2=2$，$l_3=2$，$l_4=3$，由式(2.124)可知

$$\frac{1}{2} + \frac{1}{4} + \frac{1}{4} + \frac{1}{8} = 1.125 > 1$$

那么，这样的编码方案是不可能实现惟一可译编码的。若把 $l_3$ 也改为 3 位，则由式(2.124)便可断言一定存在有一种编码是惟一可译的。但对某一种具体的码字来说，不一定是惟一可译的。如 {0,10,101,111} 便不是惟一可译的。比如，对码序列 1011110…，可译成 10,111,10,…，也可译成 101,111,0,…。但对码字集合 {0,10,110,111} 便是惟一可译的了，用这 4 个码字组成任意序列都不会出现如上所述的多种译法。

现在自然地会产生两个问题：如何来确定码字长度 $l_1$，$l_2$，$l_3$，…，又如何在确定了 $l_i$ 以后找出惟一可译码呢？信息论以如下定理形式回答第一个问题。

**定理 2.5**(不等长编码定理)：对信源输出序列进行 $M$ 进制不等长编码，设信源熵为 $H(X)$，则平均每个消息符号的编码长度 $\overline{L}$ 为

$$\frac{H(X)}{\text{lb} M} + 1 > \overline{L} \geqslant \frac{H(X)}{\text{lb} M} \qquad\qquad (2.125)$$

特别当 $M=2$ 时，有

$$H(X) + 1 > \overline{L} \geqslant H(X) \quad \text{bit} \qquad\qquad (2.126)$$

此时的 $\overline{L}$ 又叫编码速率，有时叫比特率。对于 $M$ 进制的不等长编码的编码速率定义为

$$R \triangleq \overline{L} \, \text{lb} M \qquad\qquad (2.127)$$

因此，定理可改述为：若 $H(X) < R < H(X) + \varepsilon$，就存在惟一可译的不等长码；若 $R < H(X)$，则不存在惟一可译的不等长码。其中 $\varepsilon > 0$ 为一个小的数。有了平均码长，就可进行码长设计。

**例 2.5** 设信源为图像亮度，只粗略地分为四级，以 $a_1$、$a_2$、$a_3$、$a_4$ 表示，统计结果发现它们的概率分别为 $1/2$、$1/4$、$1/8$、$1/8$，则

$$H(X) = \frac{1}{2} \, \text{lb} 2 + \frac{1}{4} \, \text{lb} 4 + \frac{1}{8} \, \text{lb} 8 + \frac{1}{8} \, \text{lb} 8 = 1.75 \, \text{bit}$$

由此可知，为使编码为惟一可译，就要求平均码长不小于 1.75 bit，故码长的一种设计为：$l_1=1$，$l_2=2$，$l_3=l_4=3$。可以验证其 Kraft 不等式是满足的。但如何作出具体编码呢？这就是码的构成问题。

(2) 惟一可译码的构造。

惟一可译码的基本要求是对码字序列作出惟一正确的分割。基于这个要求就可以设计出各种码型。比如，让各码字之间用逗号分开，代码 0,01,011,0111 就是这样的一组码，其中 0 就起逗号的作用。显然，这种编码方法需要较多的比特数。下面着重介绍一种叫做异字头码或非续长码的构造。

若所用码字集合中任何一个码字都不是另一个码字的字头，或换一种说法，任何一个码字都不是由另一个码字加上几个码位所构成，则这样的码字集合叫做非续长码或异字头码。

由上述定义可知，在接收过程中，只要传输无误，就可以从接收到的第一个数字开始考察，若有一段数据符合某一码字，就"立即"作出译码判决，然后继续往下考察直到全部码字译出为止。显然，由于异字头条件保证了这样译出的码字是惟一的，而且译码是具有"即时性"的，因此没有译码迟延。

异字头码可通过如图 2.37 所示的树图构成。图的顶部起始点称为树根，若采用 $M$ 进制编码，则从树根出发引出 $M$ 条分支，每条分支的端点叫节点。从每一个节点出发又可引出 $M$ 条分支……，如此可构成一棵码树。从根开始依次称各层节点为 0 级，1 级，2 级，……，$r$ 级节点。前面我们已经讨论过惟一可译码的码长分配问题。若有一个码字长为 $l$，则可指定某一个 $l$ 级节点（$l$ 级节点共有 $l \times m$ 个）为端节点，该节点就不再延伸，而从树根开始到端节点的分支标号序列便为 $l$ 长的 $M$ 进制码。如果共有 $k$ 个消息按 $l_1$，$l_2$，…，$l_k$ 长度编码，则只要在码树上指定 $k$ 个相应级数的端节点，就可以得到 $k$ 个异字头码。图 2.37 表示的就是前面讨论过的四个异字头码，长度分别为 $l_1 = 1$，$l_2 = 2$，$l_3 = l_4 = 3$，相应的码字分别为 0，11，100，101。

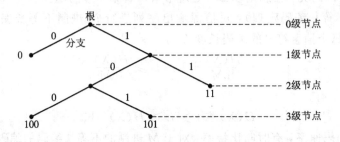

图 2.37  码树结构

异字头码不仅无译码延迟，构造简单，而且可以证明长度为 $l_1$，$l_2$，…，$l_k$ 的 $M$ 进制异字头码存在的充分必要条件也是 Kraft 不等式，即式（2.124）成立。于是可得出结论：任一惟一可译码总可用各相应码字长度一样的异字头码代替，也就是说，异字头码虽只是惟一可译码的一种，但它具有代表性与普遍意义，在信息保持编码中被广泛应用。

3）最佳不等长编码

Huffman 于 1952 年提出了一种编码方法，得到的是异字头码且平均长度最短，故被称做最佳码，一般称做 Huffman 码。下面介绍一个定理，从定理可引出编码方法。

**定理 2.6**：在变字长编码中，如果码字长度严格按照所对应符号出现的概率大小顺序排列，则平均码字长度一定小于其他任何符号顺序排列方式，编码是最佳的。

4）准可变字长码

目前，由于计算机软件功能的加强，Huffman 码已经有了许多实际应用，特别是在传真数据编码中，它已成为一种国际标准码。虽然 Huffman 码是最佳编码方法，但其编译码器毕竟比较复杂，因而成本也较高。通常在电视编码中采用一种性能稍差，但实现起来却容易得多的次最佳方法，这种方法只采用两种字长的码字：对出现概率低的一些符号用长码字，对出现概率高的一些符号用短码字，并从短码集合中留下一个码字来作为长码的字头，以保证异字头的特性。这样的码字又叫做准可变字长码。

表 2.12 是 3/6 bit 二字长码的例子。

表 2.12  3/6 bit 二字长码

| 源字符 | 编 码 | 源字符 | 编 码 |
|---|---|---|---|
| $a_1$ | 000 | $a_8$ | 111111 |
| $a_2$ | 001 | $a_9$ | 111000 |
| $a_3$ | 010 | $a_{10}$ | 111001 |
| $a_4$ | 011 | $a_{11}$ | 111010 |
| $a_5$ | 100 | $a_{12}$ | 111011 |
| $a_6$ | 101 | $a_{13}$ | 111100 |
| $a_7$ | 110 | $a_{14}$ | 111101 |
| | | $a_{15}$ | 111110 |

该例中，假设 $a_1 \sim a_7$ 的出现概率为 0.90，$a_8 \sim a_{15}$ 的出现概率为 0.10。这样，$a_1 \sim a_7$ 需用 3 bit 编码，留出一个码字 111 作为长码 $a_8 \sim a_{15}$ 编码的字头，而形成了 6 bit 码字并保证了全部码字为异字头码。这样，译码器识别出 111，便按 6 bit 码字译码。根据假设条件可算出平均字长 $\overline{L} = 3.3$ bit，而采用等长编码则需 4 bit。故当信源符号集（如图像像素的亮度集合、预测误差集合等）中各符号出现的概率可明确地分成高概率类与低概率类时，采用这种方法是可以得到较好的效果的，而硬件实现要比 Huffman 方法容易得多。

应该指出的是，次最佳编码方案往往是根据被编码的信源符号集的具体特性提出来的，这里介绍的也仅仅是一个例子。当我们接触到某一具体信源的熵保持编码时，需要综合考虑当时的技术发展条件、成本与性能等因素，采取某种比较合适的方案。

### 2.5.3  图像的变换编码

函数变换的数学工具，是对同一事物的不同域内的描写方法。就大家所熟知的傅里叶变换来说，就是将一个函数从时域描写变为频域描写。这种变换会使函数的某些特性变得明显，从而使问题处理变得简化。举一个极端的例子，对于一个单一频率正弦波，若在时域抽样，根据抽样定理，必须用 2 倍带宽的频率抽样。但在频域中讨论，若不考虑相位谱，谱线只有一条，处理起来就要简单得多。造成这个特例的条件是傅里叶变换的特性与信号特性相吻合。对于图像信号来说，实际上大概也不存在有如此明显而确定的一个函数表达式，同时也很难找到完全适配的一种变换方法，我们采用包括傅里叶变换在内的函数正交变换方法对图像进行变换。如果所选用的正交矢量空间的基矢量与图像本身的主要特征很接近，则变换域内的图像信号，其相关性将明显下降，能量相对集中，就能使图像信号的数码率得到较大的压缩。

#### 1. 正交变换与子图像的关系

正交变换也是线性变换。由线性代数的知识可知，它是保持欧几里德长度不变的一个空间旋转变换。信号经过正交变换为何可以得到数据压缩的效果呢？

一个信号若由 $n$ 个样点组成，即在一维空间内有 $n$ 个值，但也可以看作是 $n$ 维空间的一个点（或一个 $n$ 维矢量）。这只是对一个信号的不同描述方法而已。

一个图像信号，可以看做一维抽样。但一般都以二维抽样来表示，并以各像素的亮度

$f(i,j)$ 构成一个矩阵。在进行图像编码与处理的时候，常常以相邻几个像素（一般取 $n \times n$ 方块）构成子图像来处理。子图像的取法最好根据图像的固有结构，使每个子图像亮度变化甚小或有某种变化规律。这样每个子图像可以看成由 $n \times n$ 或 $m \times n (m \neq n)$ 个像素构成，同样。也可以看做是 $n \times n$ 或 $m \times n$ 维空间的一个点。为了形象地表示，设每个子图像由 $1 \times 2$ 个像素即由相邻两个像素构成，于是每个子图像由二维空间中的一个点来表示。设每个像素分为 8 个亮度级，图 2.38(a)中，分别以 $x_1$ 轴与 $x_2$ 轴来表示相邻两个像素的亮度等级。若图像的结构特点是相邻两个像素亮度几乎不变或相差甚小，则代表各子图像的二维坐标点将集中在 45°斜线附近（图中阴影区）。为了对这些点的位置编码，就要对两个差不多大小的坐标值分别进行编码。

现在若对图像进行正交变换，从几何上相当于作一个 45°角的旋转，变成 $y_1$、$y_2$ 坐标系，如图 2.38(b)所示。

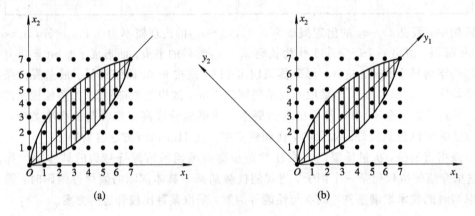

图 2.38　统计相关性与坐标轴的关系

经过坐标旋转变换以后，我们发现代表子图像的点的坐标 $y_1$ 与 $y_2$ 之间的相关性要比 $x_1$ 与 $x_2$ 之间的相关性统计上减弱。统计相关与统计独立的概念是：如果一个随机变量值增加（或减少），另一个也统计地增加（或减少），则称这两个随机变量统计相关；否则，称统计独立。

我们还发现，经线性变换后子图像的方差总和保持不变，即 $\sigma_{y1}^2 + \sigma_{y2}^2 = \sigma_{x1}^2 + \sigma_{x2}^2$。但在坐标轴上的分配却不相同了。变换前，$\sigma_{x1}^2$ 与 $\sigma_{x2}^2$ 几乎是相等的，但变换以后却有 $\sigma_{y1}^2 \gg \sigma_{y2}^2$，这意味着子图像的能量向 $y_1$ 轴相对地集中了，这就为数据压缩编码创造了条件。

以上的例子虽是一个特例，但其也能够告诉我们，采用与子图像结构特性相适配的正交变换，可以得到较好的数据压缩效果。几种图像压缩编码中常用的变换有 K-L 变换、Walsh-Hadamard 变换、DCT 变换等，它们有不同的结构特点可供选择使用，下面介绍其中一种。

**2. 离散余弦变换（DCT）**

傅里叶变换的理论与算法，在数字信号处理等课程中都有详尽的讨论。前面章节对二维傅里叶变换进行了讨论。毫无疑问，DFT 与 FFT 都是频谱分析中有效的数学工具。但由于 DFT 存在有复数域运算与运算量大的弱点，常常使实时处理发生困难，在寻求快速算法的同时，构造了一种实数域变换——离散余弦变换，简称 DCT。由于 DCT 变换矩阵的基向量很近似于 Toeplitz 矩阵的特征向量，而 Toeplitz 矩阵又体现了人类语言及图像信号的相关特性。因此，DCT 常常被认为是对语言与图像信号进行变换的准最佳变换，其变换特性接近 K-L 变换。

如果以 $\{X(m)\}$ 表示 $N$ 个其值有限的实数或复数信号序列的集合，$m=0,1,\cdots,N-1$，则离散的有限傅里叶变换为

$$Y(k)=\frac{1}{\sqrt{N}}\sum_{m=0}^{N-1}X(m)\exp\left(-\frac{2\pi\mathrm{j}km}{N}\right),\quad k=0,1,2,\cdots,N-1 \quad (2.128)$$

当 $k=0$ 时，$Y(0)$ 为实数，$Y(0)=\frac{1}{\sqrt{N}}\sum_{m=0}^{N-1}X(m)$；当 $k$ 为其他值时，为了实现实数域运算，可作如下改造：设想将信号以中心对称增加一倍，从 $N$ 个扩展为 $2N$ 个，即做如图 2.39 所示的安排。但对式(2.128)来说，由于 0 点的偏移，相位需作修改，除了 $N$ 改为 $2N$ 外，还要加上 $0^+$ 与 $0^-$ 的相位，它们分别应为 $\left(\frac{2k\pi}{2N}\right)\left(0\pm\frac{1}{2}\right)=\frac{k\pi}{2N}$ 和 $\frac{-k\pi}{2N}$。因此，式(2.128)应改写为

$$Y(0)=\frac{1}{\sqrt{N}}\sum_{m=0}^{N-1}X(m) \quad (2.129a)$$

$$Y(k)=\frac{1}{\sqrt{2N}}\left\{\sum_{m=-(N-1)}^{0^-}X(m)\exp\left[-\mathrm{j}\frac{k\pi}{2N}(2m+1)\right]\right.$$

$$\left.+\sum_{m=0^+}^{N-1}X(m)\exp\left[-\mathrm{j}\frac{k\pi}{2N}(2m+1)\right]\right\} \quad (2.129b)$$

由于信号的安排为 $X(i)=X(-i)$，并且 $\sin(-\alpha)=-\sin\alpha$，故式(2.129b)展开相加之后，所有 $\mathrm{j}\sin\alpha$ 项都抵消，从而可将式(2.129)化简为

$$Y(0)=\frac{1}{\sqrt{N}}\sum_{m=0}^{N-1}X(m) \quad (2.130a)$$

$$Y(k)=2\,\mathrm{Re}\left[\frac{1}{\sqrt{2N}}\sum_{m=0}^{N-1}X(m)\mathrm{e}^{-\mathrm{j}\frac{(2m+1)}{2N}k\pi}\right]$$

$$=\sqrt{\frac{2}{N}}\sum_{m=0}^{N-1}X(m)\cos\left[\frac{(2m+1)k\pi}{2N}\right],\quad k=1,2,\cdots,N-1 \quad (2.130b)$$

这就是离散余弦变换的公式。

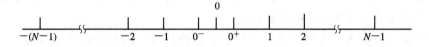

图 2.39 数据扩展示意

我们已习惯用矩阵形式来表示变换关系，为此，展开式(2.130)：

$$Y(0)=\frac{1}{\sqrt{N}}\left[X(0)+X(1)+\cdots+X(N-1)\right]$$

$$Y(1)=\sqrt{\frac{2}{N}}\left[X(0)\cos\frac{\pi}{2N}+\cdots+X(N-1)\cos\frac{2N-1}{2N}\pi\right]$$

……

— 81 —

$$Y(N-1) = \sqrt{\frac{2}{N}} \Big[ X(0) \cos \frac{N-1}{2N}\pi + X(1) \cos \frac{N-1}{2N}3\pi$$
$$+ \cdots + X(N-1)\cos \frac{2N-1}{2N}(N-1)\pi \Big]$$

或写成矩阵与矢量相乘的形式:

$$\boldsymbol{Y} = \boldsymbol{T}_c(n)\boldsymbol{X} \qquad (2.131)$$

式中,$N=2^n$,而 $\boldsymbol{T}_c$ 如下式:

$$\boldsymbol{T}_c(n) = \begin{bmatrix} \frac{1}{\sqrt{N}} & (\;1 & 1 & 1 & \cdots & 1\;) \\ \sqrt{\frac{2}{N}} & \left(\cos \frac{\pi}{2N} & \cos \frac{3\pi}{2N} & \cos \frac{5\pi}{2N} & \cdots & \cos \frac{2N-1}{2N}\pi\right) \\ \sqrt{\frac{2}{N}} & \left(\cos \frac{\pi}{2N} & \cos \frac{6\pi}{2N} & \cos \frac{10\pi}{2N} & \cdots & \cos \frac{2N-1}{2N}2\pi\right) \\ \cdots & & & & \cdots \\ \sqrt{\frac{2}{N}} & \left(\cos \frac{N-1}{2N}\pi & \cos \frac{N-1}{2N}3\pi & \cos \frac{N-1}{2N}5\pi & \cdots & \cos \frac{N-1}{2N}(N-1)\pi\right) \end{bmatrix}$$

$$(2.132)$$

这是一个归一化的正交向量矩阵,行向量构成基本向量,它非常接近 Toeplitz 矩阵的特征向量。因此,DCT 变换矩阵显示出接近 Toeplitz 矩阵的 K-L 变换特性,而 Toeplitz 矩阵往往又具有人类语言、图像等信号的协方差矩阵的特点。从这个意义上来说,DCT 在有确定的变换矩阵(而不像 K-L 变换矩阵随信号而变化)的正交变换中,可以说是一种比较好的变换。

### 2.5.4 图像压缩的标准

图像是人们获取信息的主要形式之一,研究表明,对于人类而言,来自外界的信息,60%通过视觉获得。然而图像的数据量巨大,占用频带很宽。如假定数字电视的分辨率为 768×576 个像素,每像素的灰度用 8 比特量化,每秒 25 帧,再加上彩色,它的数据率将达 100 Mb/s,这对于传输和存储都是沉重的负担,因此一般必须进行图像压缩。信息网络化对传送图像提出了多样化要求,数字电视、视频会议、可视电话、网络娱乐等需求不断涌现;移动通信、无线接入也在探求无线信道图像传送的良策。因此,作为信源编码重要方面的图像压缩编码已成为当前的研究热点。

图像压缩的依据在于两个方面。一是基于图像信号在结构和统计上存在大量的冗余度,去除这种冗余度就可以达到数据压缩的目的、结构上图像信号的冗余度表现为很强的空间(帧内)和时间(帧间)相关性。统计上图像信号的冗余度表现为被编码信号概率分布的不均匀性。我们知道,在预测编码时,传输的是预测误差信号,而此误差信号是当前像素样值与其预测值之差。因为图像相邻像素间、相邻行间、相邻帧间存在极强的相关性,所以上述预测误差值很小。实际上,预测误差大都集中在 0 值附近,误差越大,其出现的概率密度越低,将形成所谓的拉普拉斯分布。由哈夫曼编码可知,对于这种概率密度分布的预测误差信号,采用哈夫曼编码可以大大地压缩数据率。二是基于人眼的视觉特性。人眼的视觉系统并不完美，有一定的缺陷，对某些失真较不敏感，察觉不到图像的某些细微变化，这些细节就构成视觉冗余，舍弃那些冗余，不会影响人眼的主观感受，也不会影响图像的质量。一般，人眼对屏幕中心区的失真较敏感，对屏幕四周的失真不敏感，这时就可通过对四周粗糙量化来压缩数据。因此，要充分降低图像信号的编码数据率，就要使编码方案与人眼的视觉特性相匹配。

我们在追求对图像数据高度压缩的同时，也希望获得良好的重建图像质量，对数据压缩的效果可通过以下四方面评判：① 压缩效率，或称压缩比，是压缩前后编码速率的比值；② 压缩质量，指恢复图像的质量；③ 编/解码算法的复杂度；④ 针对实时系统的编/解码延时。

图像压缩编码所采用的主要技术措施有：

（1）利用离散余弦变换（DCT），去除各像素点数据在空间域的相关性。

（2）通过帧间预测差分编码，去除活动图像的时域相关性。

（3）采用熵编码技术，使编码与信源的概率模型相匹配。

（4）利用人眼的视觉特性，进行自适应量化编码，如运动补偿等；通过缓冲存储器实现变长码输入与定长码输出之间的匹配。

这些技术措施或者说图像压缩编码应用的原理集中体现在图像压缩编码的国际标准之中，这些国际标准如表 2.13 所示。下面对其中的两种图像压缩标准作简要介绍。

**表 2.13　图像压缩编码国际标准**

| 标准名称 | 编码技术 | 发布时间 | 应用范围 |
|---|---|---|---|
| JBIG | | | 二值图像 |
| JPEG | DCT/哈夫曼编码 | 1991 年 | 连续色调多值图像 |
| H.261 | DPCM/DCT/运动补偿 | 1990 年 | 可视电话、会议电视 |
| MPEG-1 | DPCM/DCT/运动补偿 | 1992 年 | 视频图像存储 CD-ROM |
| MPEG-2 | DPCM/DCT/运动补偿 | 1994 年 | 常规电视、广播电视、高清晰度电视 |
| H.263 | DPCM/DCT/运动补偿/哈夫曼编码/算术编码 | 1996 年 | 极低速率图像编码 |
| MPEG-4 | DPCM/DCT/运动补偿/小波编码/形状编码 | 1998 年 | 多媒体业务编码 |

**1. JPEG 标准**

JPEG（Joint Photographic Experts Group）是由 ISO 和 CCITT 共同组成的"联合图像专家组"的英文缩写。它是针对静止图像制定的压缩编码标准，电视图像序列的帧内图像压缩编码也常用 JPEG 标准，其压缩比约为 20～30。

JPEG 引入了一个十分通用的图像模型，能够描述绝大多数格式的二维图像。它首先将图像分解成三基色信号（R，G，B）或亮度与色差信号（Y，U，V）。将源图像分解成各分量后，进一步将各分量细分成 8×8 像素块的数据单元。在基准模式中，一个分量一个分量地处理这些数据单元，并根据产生的顺序逐行传送给离散余弦变换做进一步处理，然后进行游程编码和哈夫曼编码。

JPEG 标准分为两类，即无失真压缩和有失真压缩。无失真压缩主要采用 DPCM 和哈夫曼编码，数码相机多采用此标准。有失真压缩主要应用离散余弦变换和熵编码技术，其优点是压缩比高，且能保持较好的质量，一般应用于传输系统中。

**2. MPEG 标准**

MPEG(Moving Picture Experts Group)是"运动图像专家组"的英文缩写。它成立于 1988 年，由 CCITT、ISO 和 IEC 共同发起成立，先后发布了 MPEG - 1、MPEG - 2 和 MPEG - 4 等标准，MPEG - 7 也正在酝酿中。MPEG 是为运动图像制定的标准，用于 VCD、DVD 及数字电视等视频存储与播放中。它包含视频编码和音频编码两部分，在视频与音频之间还需要同步。MPEG - 1 是针对数字存储媒质中视频、音频信息的压缩而提出的，可以应用于 CD - ROM、数字录音带、计算机硬盘和可擦写光盘等，比特率不超过 1.5 Mb/s，传输信道可以是 ISDN 和 LAN。MPEG - 2 也是为数字视听信号提出的，它允许数据率达 100 Mb/s，支持隔行扫描视频格式和 HDTV。MPEG - 2 最主要的应用是通过卫星、电缆和地面频道进行视频和音频数字传输。随着网络、有线/无线通信系统的快速发展，交互式计算机及交互式电视的推广，对多媒体数据压缩技术有了更高的要求，于是 MPEG - 4 应运而生。MPEG - 4 的主要特点是基于对象的高效压缩编码方法，具有灵活的交互功能，基于内容分级扩展(空域分级、时域分级)，码率范围较宽(5 kb/s～10 Mb/s)。MPEG - 4 自提出就受到了业界的广泛关注。它支持多种媒体应用(主要侧重于对多媒体信息内容的访问)，可根据应用要求不同来现场配置解码器；其编码系统是开放的，可以随时加入新的有效的算法模块。

# 2.6　数据通信和数据加密编码

## 2.6.1　数据通信

数据通信是在两点或多点间以二进制形式进行信息交流的过程。它依靠通信协议，利用数据通信技术，在两个功能单元之间传输信息。数据通信是计算机技术与通信技术相结合的产物，包括利用计算机进行数据处理以及利用通信设备和线路进行数据传输两个方面。

和电话通信相比较，数据通信有如下特点：

(1) 数据终端发出的信号是离散数字信号，可在电话网中传输，也可在机器之间传输。

(2) 较电话通信设备复杂，必须有通信协议。

(3) 传输速率高，要求接续和传输响应时间快。

(4) 传输系统质量高，要求误码率在 $10^{-10}$～$10^{-8}$。

(5) 数据通信是人－机或机－机间的通信，计算机参与通信是一个重要特征。

数据通信技术是发展最快的技术之一。通过使用专门为实现数据处理和数据压缩而开发的半导体，大量的多媒体应用系统的发展使数据通信转而面向语音、数据和视频信息的传输。

如今，你可以面对麦克风讲话，然后使你的语音数字化和分组化，并通过因特网传输，而不需要超出你的因特网服务提供商每月固定账单之外的额外开销。在遍布美国和欧洲的特定地点，当通信公司对其新设备进行现场试验时，可以从电话公司点播录像节目，并通过有线电视运营部门访问因特网。因此，作为在终端设备和计算机之间传送数据的数据通信应用已经发展成为传送语音、数据和视频的机制。

尽管已经出现了通过分组网将语音、视频和数据传输集成在一起的变化，但这种变化并不是没有问题的。其中一个仍有待解决的关键问题是所谓"服务质量"（QoS）问题，也即如何使信息在端到端的传输中实现最小的时延并建立连续不断的数据流。分组网传输的服务质量仍处于发展阶段，还需要几年时间才能使通过分组网传输的呼叫实现连续的高质量。

数据通信一般应用于商业领域，并且正越来越多地被应用于家庭。不论是从中央计算机向附近的电子出纳设备传输银行账号信息、选择按次数付费的有线电视节目，还是从计算机电子公告板向家用计算机下载电视游戏，数据通信正逐渐成为我们日常生活的组成部分。

**1. 数据通信系统**

一个数据通信系统可以简单地用 3 个术语概括：发送器（信源）、传输路径（信道，有时被称为线路）和接收器（信宿）。不过，在两状态通信系统中，信源和信宿可以互换角色；也就是说，设备的同一部分可以同时发送和接收数据。

因此，很容易理解在站点 A 和站点 B 之间的数据通信系统是由 7 部分数据电路组成的，如图 2.40 所示，其中包括如下部件：

（1）位于站点 A 处的数据终端设备（DTE）；

（2）位于站点 A 处、在 DTE 和数据电路终接设备即数据通信设备（DCE）之间的接口；

（3）位于站点 A 处的 DCE；

（4）在站点 A 和站点 B 之间的传输信道；

（5）位于站点 B 处的 DCE；

（6）位于站点 B 处、在 DCE 和 DTE 之间的接口；

（7）位于站点 B 处的 DTE。

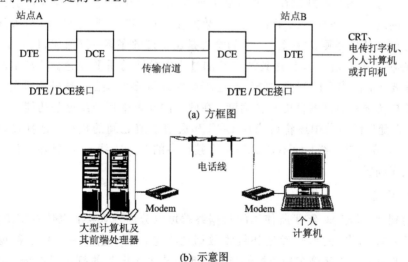

(a) 方框图

(b) 示意图

图 2.40 典型的 7 部分数据电路

在 7 部分数据电路中，DTE 可以是终端设备或计算机部件，DCE 可以是调制解调器（使用模拟信道）或数据业务单元(DSU)（使用数字信道）。

数据通信系统中的各种硬件和软件的功能现在可以更清楚地描述了。DTE 可以是系统中的信源、信宿或同时作为信源和信宿。它利用 DCE 和数据传输信道发送和/或接收数据。不要误解"数据终端设备"，它实际上可以是 CRT 或电传打字机，但也可以是个人计算机、打印机、大型计算机的前端处理器，或是任何能够发送或接收数据的设备。数据通信系统的全部目的就是在站点 A 和站点 B 之间传送有价值的信息；信息可以被 DTE 直接利用，也可以由 DTE 处理并显示供操作人员利用。

### 2. 信息的形式与内容

DCE 和传输信道完成将数据从站点 A 转移到站点 B 的功能。一般而言，它们既不知道也不关心所传输的信息的内容，其内容既可以是股票市场的报价单，也可以是视频游戏的显示内容。

这使我们注意到数据通信中非常重要的一点：所传输的信息的形式和内容之间的差别。例如，信息的形式可以是用电报编码表示的英文文本，而其内容则可能是通知你刚刚中了 500 万元人民币大奖。显然，数据通信的普通用户更关心信息的内容而并不关心通信过程的结构，只要信息能被正确地接收即可。

数据通信系统本身只考虑在站点 A 和站点 B 之间如何正确地传输信息，系统并不对信息的内容执行任何操作。这意味着当提到被传输的信息的"正确性"时，其含义仅仅是指接收到的信息与被发送出的信息具有相同的形式。

### 3. DTE - DCE 接口

上面已经多次提到了 DTE - DCE 接口，这是一个很专门的问题。接口包括 DCE 内部的输入/输出电路和 DTE 以及将它们连接起来的连接器和电缆。在大多数系统中，这一接口符合 RS - 232 标准，该标准由美国的电子工业协会(EIA)发布（RS - 232 以及其他标准的 DTE - DCE 接口将在第 4 章"异步调制解调器和接口"中讨论）。RS - 232 接口以及其他使用 RS - 232 接口的某些规范在一些重要方面与其不同的串行接口是到目前为止在数据通信中最常用的接口。RS - 232 标准定义了数据在 DTE 和 DCE 之间，并且最终在站点 A 和站点 B 之间传递的规则。"串行"一词的意思是比特按顺序逐一通过接口。

DTE 在将数据从站点 A 传送到站点 B 的过程中扮演着重要角色。其基本的输入和输出能力是重要的，而当今的智能电子终端已能够实现许多复杂的、软件驱动的功能，其目的是保证数据传输有更高的性能和精确度。在此后的几章中将介绍这些功能。

此外，在随后的章节中还将讨论在 DCE 和通信信道之间的接口。这种接口非常简单（或者是 2 线，或者是 4 线，而不是 RS - 232 接口中的 2～24 线），而且在电信号穿过接口时不存在顺序问题。

### 4. 终端设备

从早期到 20 世纪 80 年代所使用的数据终端可以分为两大类：电传打字机和 CRT 终端。电传打字机是以电的形式发送和接收数据的机电设备，它有一个用于数据输入的键盘，通过在纸张上打印字符实现数据的显示，纸张被送入设备的打印机部分，而打印头在纸的每一行上机械地移动。

1）电传打字机

设计用于替代摩尔斯电报机的设备被称为电传打字机。实际上它是一种使用 5 比特字符编码的特殊电报机。电传打字机使用启－停式异步传输，这也是串行接口数据通信中使用最广泛的方法。这是最简单的技术，但也是效率最低的方法。电传打字机标准的、最佳的应用是与计算机进行交互。信息的输出总是从计算机到电传打字机，并不需要响应或查询。

2）CRT 终端

阴极射线管(CRT)终端也被称为视频显示终端(VDT)，它是人和计算机之间最常见的接口。CRT 终端最初是用于替代电传打字机的。它的诞生(1965 年)为数据通信环境带来了一场革命，因为此前电传打字机是惟一的接口设备。起初，CRT 的价格较高，但通过在单片硅片上布线从而将许多逻辑功能组合在一起的集成电路的出现以及随之而来的大规模集成使 CRT 的价格逐步下降。随后，微处理器替代了大部分集成电路并带动价格降得更低。结果是计算机业余爱好者甚至也能负担得起高质量、高性能和相对低成本的 CRT 终端。

3）个人计算机和终端

个人计算机应用的增长使得许多单位采用它作为标准的终端设备。20 世纪 80 年代，一些单位包括几家航空公司购买了数万台 IBM PC 及其兼容个人计算机用于其在线预定系统。其他单位使用个人计算机完成终端仿真和本地处理功能，并使个人计算机和传统的终端共存。还有一些单位通过安装相应的适配卡并将适配卡与网络电缆相连，从而将个人计算机与局域网连接在一起。这种连接方式使个人计算机可以用作局域网上的工作站终端设备。不论如何应用，个人计算机都可以提供传统终端无法提供的终端功能。

**5. 数据压缩**

在网络中传输的数据经常有很多重复的字符、字符串或其他符号，为提高传输效率，应进行压缩。例如，金融数据常常包含有一长串"0"。另外就是数字化的多媒体信息，尤其是数字视频、音频信号的数据量特别庞大，如果不对其进行有效的压缩就难以在实际中应用。因此，数据压缩技术已成为当今数据通信、广播、存储和多媒体娱乐中的一项关键技术。

1）数据压缩的基本概念

所谓数据压缩，就是削减表示信息的符号的数量，即通过一些方法将数据转换为更加有效、需要更少存储量的格式，以减少传输的字节数。数据压缩的目的是：能较快地传输各种信号，如传真信号和 Modem 通信信号等；在现有的通信干线并行开通更多的多媒体业务，如各种通信增值业务；另外，它可以压缩数据的存储容量，如 CDROM、VCD 和 DVD 等；对于多媒体移动通信系统，可以降低发信机的功率。因此，数据压缩在通信时间、传输带宽、存储空间甚至发射能量等方面都会起很大作用。

2）数据压缩的方法

对于数据压缩技术而言，最基本的要求就是要尽量降低表示信息的符号数量，同时仍保持一定的信号质量。数据压缩的方法很多，但本质上不外乎两类：无损压缩和有损压缩。

（1）无损压缩。无损压缩就是经过压缩编码后，不能丢失任何信息。无损压缩常常用于磁盘文件、数据通信和气象卫星云图等场合，因为这些场合不允许在压缩过程中有丝毫的损失。下面是在无损压缩中使用的一些技术。

① 游程压缩。当数据中包含有重复的符号串（如比特、字符等）时，这个串可以用一个特殊的标记所代替，接着是重复的符号，再后面是出现的次数。例如，在图 2.41 中，符号♯是标记，而重复的符号跟在标记后面。在重复的符号之后，出现的次数（或长度）通过一个两位数字来表示，这种方法适用于音频信号和视频信号的压缩。

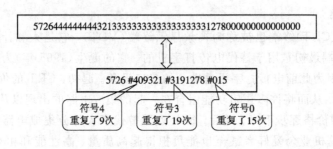

图 2.41 游程压缩

② 统计压缩。统计压缩使用短编码表示常用的符号，使用长编码表示不常用的符号。通过这种压缩编码方法，总的数据长度可以显著地减少。统计压缩有三种常用的编码系统，分别是莫尔斯(Morse)电码、哈夫曼(Huffman)编码和 Lempel - Ziv 编码。

Morse 电码使用可变长度的标记(—)和空白(·)的组合对数据编码。它使用单符号编码表示最常用的字符，五符号编码表示最不常用的字符。

Huffman 编码使用可变长度的编码(由"0"和"1"所组成的串)来对符号进行编码。

Lempel - Ziv 编码先查找重复的串或词，然后将它们保存在变量中，这个串的每次出现都由这个变量的指针所替代。例如单词"the"、"and"，甚至一些如"- in"、"- tion"的串都会重复很多次，这些单词或串都可以分别存储在变量中，使用一个指针（或地址）指向它们，一个指针只需要一定的比特位，但是一个单词可能需要几十个比特位。

③ 相对压缩。相对压缩也称为差分压缩，这种方法在发送视频数据时非常有用。电视每秒发送 30 帧"0"和"1"编码，通常在相邻的帧之间只有很少的差别。因此，在发送这些视频数据时仅仅需要发送两帧间的差异，而不必完全发送第二帧。这些小差异可以被编码成小的比特流，在第一帧发送之后，再发送出去。

（2）有损压缩。若解码后的信息不必和原始信息完全一样，只要非常接近就可以了，则可以使用一种有损压缩的方法来实现。例如，在视频压缩中，若图像没有明显的不连续性，在转换为数学表达式之后，大多数信息将被包含在开头几项之中，只要发送这些项就可以重新生成具有足够精度的帧。

## 2.6.2 传统加密技术

### 1. 加密和解密

错误检测与纠正有助于预防人们获取不正确的信息。另一个潜在的危险问题是信息的非法或未授权的接收。这些情形包括正常的发送方和接收方，再加上截获并不是发向他或她的信息的第三方接收者，如图 2.42 所示。最糟糕的是在犯罪团伙利用截获的信息进行勒索、欺骗或破坏国家安全之前，发送方和接收方都未能意识到未授权接收者的存在。显然，如果想通过某些媒质发送敏感信息，我们希望能获得一些秘密保险。

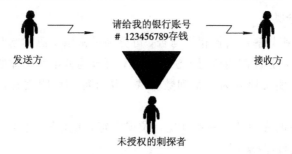

图 2.42　发送不安全的信息

要防止对通过微波和卫星广播的信息的未授权接收是根本不可能的。便携式碟形卫星天线几乎可随处放置，并从卫星接收信息。即使是电缆系统也易受攻击，它们经常从地下室、暗橱和街道下面穿过，找到一个孤点并接入电缆是不困难的。

因此，人们一直在努力探究使信息对未授权接收者不可读的方法。该思想是即使他们接收到了传输的信息，也不可能知道它的内容。将信息变成不同的、不可读的形式叫做加密（Encryption）。授权接收者必须能理解该信息，所以他必须能够将加密后的信息还原成它原来的形式，我们把这叫做解密（Decryption）。也可使用术语明文（Plaintext）和密文（Ciphertext），将原信息叫做明文，加密后的信息叫做密文。

图 2.43 说明了该过程。发送方使用一个密钥（通常是一些字符或数字常量）将明文（P）变成密文（C）。用符号表示成 $C = E_K(P)$，其中，$E$ 为加密算法，$K$ 为密钥。若有未授权者获取了 $C$，它的不可读形式使得它毫无用处。最后，接收方接收到 $C$，并将它解密成原来的形式。用符号表示成 $P = D_{K'}(C)$，其中，$D$ 为解密算法，$K'$ 为密钥。一般地讲，$P = D_{K'}(E_K(P))$。在很多情况下，也有 $K = K'$。

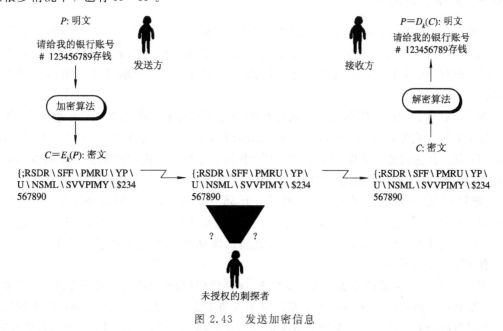

图 2.43　发送加密信息

密码学由密码编码学和密码分析学组成，编码学主要研究设计密码，分析学主要研究破译密码。

**2. 密码体制的分类**

（1）根据加密密钥与解密密钥相同与否，可分为单密钥密码体制和双密钥密码体制。

（2）根据对明文划分及密钥使用方法的不同，可分为分组密码体制和序列密码体制。

① 分组密码：将明文划分为一系列数据块，并对每一块明文都使用同一个密码进行加/解密。

② 序列密码：将明文划分为一系列比特位或字符，并对每一比特或字符明文使用密钥序列中的对应比特进行加/解密。

**3. 典型加密算法**

（1）置换密码。不改变明文中的字符特征，只对其进行重新排列及交换位置，我们称它为置换密码。

例如，将明文 computability 加密后变为如下 4×4 矩阵：

| 行/列 | 1 | 2 | 3 | 4 |
|-------|---|---|---|---|
| 1 | c | o | m | p |
| 2 | u | t | a | b |
| 3 | i | l | i | t |
| 4 | y |   |   |   |

若按列顺序读出，则得密文 cuiyotlmaipbt，从而增加了破译难度。

（2）替代密码。首先构造一个或多个密文字母表，然后用明文字母表中的字母代替明文表中的字母，这样字母位置不变，但本身却改变了，我们称它为替代密码。

## 2.6.3 数据加密标准

到目前为止，我们讨论的加密方法并不十分复杂。事实上，当使用短密钥时，它们甚至不是很好，因为密文可能包含很多帮助未授权者破解密码的线索。但使用更长的密钥时，密文则变得更为隐秘。极端情形下，密码几乎不可破解。问题是长密钥的实现更为困难。

有另一种保持短的密钥而使用复杂过程加密数据的途径。由 IBM 于 20 世纪 70 年代初开发的数据加密标准（Data Encryption Standard，DES）就是其中之一。它于 1977 年被美国政府采用，作为商业和非保密信息的（加密）标准。这种广泛使用的加密方法的逻辑被植入硬件（VLSI 芯片）而使它速度更快。

DES 将信息分成 64 比特的块，并使用一个 56 比特的密钥。它对每个块使用一种复杂的变位组合（比特位重新排列）、替换（将一个比特组替换成另一个）、异或运算和其他一些过程，最后生成 64 比特的加密数据。这 64 比特的块总共经过 19 个相继的步骤，上一步的输出作为下一步的输入。

图 2.44 显示了主要的步骤。第一步对 64 比特数据和 56 比特密钥进行变位。接下来的16 步（图中标为加密）包括很多操作，我们将予以简短说明。除使用源于原密钥的不同密钥外，每一步都相同，只是上一步的输出应是下一步的输入。倒数第二步（图中标为交换）是

将前 32 比特与后 32 比特交换。最后一步是另一个变位，事实上，这是第一步变位的逆过程。结果是得到了 64 比特的加密数据。

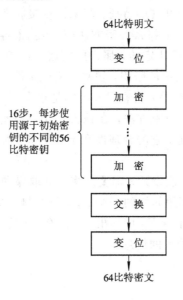

图 2.44　DES 步骤

无疑，本算法是复杂的，因为它包含很多循环步骤。另一方面，当 DES 算法完成后，一个 64 比特串被另一个 64 比特串代替，使得它必然是个替换密码——虽然我们承认替换规则很奇怪。

DES 的标准化一直有争议。一个论点是 DES 尽管很复杂，它还是不够安全。确实，在 IBM 研究人员开始研究该问题时，他们使用的是 128 比特的密钥。但是，在美国国家安全局(National Security Agency，NSA)的要求下，密钥减为 56 比特。而且，将密钥减为 56 比特的原因一直未予公布。那么，使用 56 比特密钥与 128 比特密钥有什么区别呢？

区别在于一个未授权接收者会怎样试图破解密码。DES 设计成解密算法与加密算法使用相同的密钥和相反的步骤。一个未授权接收者可简单地通过试验每一种密钥而破解密码。当然，有 $2^{56} \approx 7 \times 10^{16}$ 种可能的密钥值，这个过程是很费时的。另一方面，更快的处理器和大规模并行处理系统的发展使得计算机比以前的计算速度快得多。因此，这个数字并不像以前那样巨大，在某种意义上说，它是很小的。

争议的另一个因素是，有些人觉得 DES 算法中替换的合理性从来就没完全解释清楚。他们的担心在替换中可能有些东西会损坏密文的完整性。这些因素使得人们怀疑 NSA 对它自己也破解不了的密码感到不安。

### 2.6.4　公开密钥密码体制

公开密钥密码体制的基本思想是，将密钥分成加密密钥和解密密钥，加密时用加密密钥，解密时用解密密钥，仅对解密密钥保密，将加密密钥公开。

公开密钥密码体制应满足以下条件：

(1) 解密算法和加密算法互逆。

（2）加密算法和解密算法及加密密钥和解密密钥的产生容易计算。

（3）由公开的加密密钥去求保密的解密密钥是不可能的。

以前的加密方法都有一个共同的特征：若未授权接收者截获了密文，并且由于某些原因知道了加密算法和密钥（$E_K$），那么解密方法（$D_{K'}$）就很容易确定。例如，若凯撒密码的密文是由明文的 ASCII 码加 $K$ 决定的，那么解密就是简单地将密文的 ASCII 码减 $K$。类似地，若我们知道 Vigenère 密码的密钥，解密密文就是件简单的事情了。

若知道 $E_K$，则解密就很容易，这看起来当然是很合理的，但事实并非如此。1976 年，Diffie 和 Hellman 提出了一种加密方法，在该方法中，即使加密算法和密钥都是已知的，解密算法和密钥也不容易确定。它的合理性在于即使未授权者知道加密算法和密钥，这对其破解密文也并无帮助。

该方法还有另一个优势。假设某人需要从多处获取保密信息（见图 2.45），与其每处都使用不同的加密方法，不如都用同样的一个 $E_K$。只有接收方知道解密方法 $D_{K'}$。事实上，可以使 $E_K$ 公开。既然 $D_{K'}$ 不能从 $E_K$ 中导出，就没有什么危险。尽管使用相同的加密方法，不同的发送方也不能解密其他人的信息。

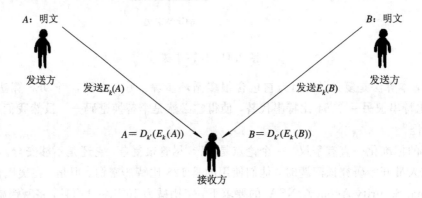

图 2.45　多个发送方使用相同的加密方法

这样的系统就叫公开密钥加密系统（Public Key Cryptosystem）。典型的应用包括银行从很多客户中接收敏感的财经请求或部队指挥中心从不同处接收报告。它也用于网络软件，如 Novell Netware 4.0。

### 1. RSA 算法

RSA 算法（以该算法的开发者 Rivest、Shamir 和 Adleman 命名）使用模运算和大数分解。即使 $E_K$ 是已知的，该算法的密文也易于生成而难于破解。算法的部分理论基于数学中的数论，特别是著名的费马定理和欧拉定理。

为描述该算法如何工作，我们考虑仅包含大写字母的信息。事实上，该方法可推广到更大的字符集。下列步骤描述了 RSA 加密算法，并包含一个说明这些步骤的例子。

（1）为字母制定一个简单的编码，例如 1～26 分别对应于 A～Z。

（2）选择 $n$，$n$ 为两个大的素数 $p$ 和 $q$ 的乘积。（除自身和 1 外，素数无因子。）实际中，大的素数包括 200 或更多的位数。然而为节省空间和精力，我们使用 $n = p \times q = 11 \times 7 = 77$。

（3）找出一个数字 $K$，$K$ 与 $(p-1) \times (q-1)$ 互为素数。若两数除 1 外无公因子，则互为素数。本例中，我们选择 $K=7$，与 $(p-1)\times(q-1)=10\times6=60$ 互为素数。数字 $k$ 就是加密密钥。

（4）将信息分成很多部分。一般地讲，为避免重复，每部分都包含很多字母。不过，在本例中，每部分只包含一个字母。若信息是"HELLO"，则为 H、E、L、L 和 O。

（5）对每部分，将所有字母的二进制编码串接起来，并将比特串解释为整数。本例每部分只有一个字母，所以，整数为 8、5、12、12 和 15（最初与字母对应的数字）。

（6）将每个数字增大到它的 $K$ 次方而加密，并进行模 $n$ 运算。本例要求做如下运算：$8^7 \bmod 77$，$5^7 \bmod 77$，$12^7 \bmod 77$，$12^7 \bmod 77$，$15^7 \bmod 77$。结果就是加密信息。这里，计算结果分别为 57、47、12、12 和 71。注意这里两个 12 表示重复字母，这是每部分只有一个字母的结果。若每部分包含多个字母，类似的重复就可避免。

接收方接收到加密信息 57、47、12、12 和 71 后，他又是怎样解密的呢？下列步骤沿用上述加密算法显示了解密算法。

（1）找出一个数字 $K'$，使 $K\times K'-1=0 \bmod (p-1)\times(q-1)$。这意味着 $K\times K'-1$ 可被 $(p-1)\times(q-1)$ 整除。$K'$ 的值就是解密密钥。本例中，$(p-1)\times(q-1)=60$，而 $K'=43$ 即可。也就是说，$7\times43-1=300$ 可被 60 整除。

（2）将从上述加密算法第（6）步中得到的加密数字增大到它的 $K'$ 次方，并进行模 $n$ 运算，结果就是上述第（5）步中的数字。本例要求做如下运算：$57^{43} \bmod 77$，$47^{43} \bmod 77$，$12^{43} \bmod 77$，$12^{43} \bmod 77$，$71^{43} \bmod 77$。结果为原来的数字：8、5、12、12 和 15。然后使用前面的表示法，$E_K(x)=x^K \bmod n$ 和 $D_{K'}(y)=y^{K'} \bmod n$，所以有 $D_{K'}(E_K(x))=(x^K)^{K'}$。只要 $K$ 和 $K'$ 按所述选择，则 $(x^K)^{K'} \bmod n$ 结果为 $x$。对此的验证要再次依赖于数论。

加密和解密算法惊人地简单。两者都涉及到指数和模运算。但有个潜在的问题：怎样计算像 $71^{43}$ 这种数字的准确的模值？该数字大约为 $10^{79}$，与实际应用的数字相比是很小的。这看起来当然是个令人生畏的计算。然而，我们仅对模运算感兴趣，所以可以取一些捷径，以使任何计算器都能进行该运算。

**2. 数字签名**

公开密钥加密系统另一个有趣的应用是验证。例如，当从银行取款时，通常必须填一个表格并签字。签字可验证身份。后来声称从未取款，银行就可以出示有签字的表格。当然，你也可以声称签字是伪造的，并指控银行。若官司打到法庭，银行就可以请一位笔迹专家，他可以验证签字是你的，结果你就会败诉。

但是，考虑一个稍微不同的场合。你通过电子方式给瑞士银行发一个请求，将一大笔款项从你的账户转到你朋友的账户。若你后来声称从未发送这个请求，而你朋友已携款前往国外，银行该如何应付呢？此时没有可供笔迹专家分析的文件签名。银行可能会说，发送请求时必须输入一个密码，而只有你知道密码。当然，银行的计算机也在某处存有密码，用于验证你输入的密码。你可能会声称，某人从银行的记录获取了密码，所以，错在银行未提供适当的保护。

有没有一种方法，让银行证明错不在它并证明发送请求的是你？图 2.46 显示了一般的问题。某人发送一条消息，收到响应，然后声称他从未发送过消息。接收方能证明该声明是假的吗？

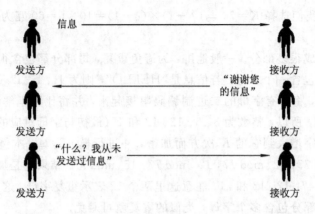

图 2.46 发送方否认发送信息

对发送方身份的验证叫做鉴别（Authentication）。一种鉴别的方法是使用数字签名（Digital Signature）。它实质上是用一种只有发送方知道的方式加密信息。更具体地说，它使用一个只有发送方知道的加密密钥。它与密码类似，只是密码也存储于接收方的文件以备校验。只有发送方掌握加密密钥。发送方可能声称有人盗窃了密钥，但是既然接收方没有密钥记录，错不在接收方。最终得发送方自己负责。

图 2.47 说明了怎样发送一个包含数字签名的加密信息。它使用两对公开密钥的加密/解密方法。将它们标为 $(E_K, D_{K'})$、$(E_j, D_{j'})$，这里公开密钥是 $K$ 和 $j$，而私人密钥是 $K'$（仅发送方知道）和 $j'$（仅接收方知道）。而且密钥对有如下性质：

$$E_K(D_{K'}(P)) = D_{K'}(E_K(P)) = P$$

以及

$$E_j(D_{j'}(P)) = D_{j'}(E_j(P)) = P$$

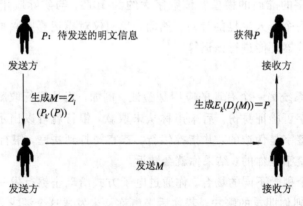

图 2.47 用数字签名发送信息

我们已经说过，先加密再解密得到原信息，但要求反之亦成立，即先解密再加密也可得到原信息。假设发送方要发送一条加密信息并验证他自己。若 $P$ 为明文，发送方计算 $E_j(D_{j'}(P))$ 并发送。接收方将 $D_{j'}$ 用于该信息。因为 $D_{j'}$ 和 $E_j$ 是逆运算，所以结果为 $D_{K'}(P)$。在发送方否认发送该信息时，接收方将 $D_{K'}(P)$ 存储起来。然后接收方给出 $E_K(D_{K'}(P)) = P$，信息就接收到了。

现在，假设发送方否认发送信息。为鉴别发送方的身份，接收方将 $D_{K'}(P)$ 和 $P$ 都提供给仲裁者(必须判定谁在撒谎)。仲裁者将 $E_K$(公开密钥加密方法)用于 $D_{K'}(P)$ 而得到 $P$。这说明信息 $P$ 是从 $D_{K'}(P)$ 中导出的。而且,因为 $D_{K'}(P)$ 使用不能从 $E_K$ 中导出的私人密钥来确定,因此,仲裁者就可判定 $D_{K'}(P)$ 只能由知道私人密钥 $K'$ 的某个人构建。由于发送方是惟一知道私人密钥 $K'$ 的人,所以发送方就被指控有罪。

# 习　　题

2.1　某信源输出字符集的各字符的输出概率分别为{0.05,0.1,0.15,0.17,0.18,0.22,0.13},设计一个以 0,1,2 为符号的三进制霍夫曼码,所得码字的平均码长是多少?将所得结果与信源熵的平均码长比较。(为了使这种比较有意义,在用对数计算熵时,采用什么为基?)

2.2　某 DMS 信源的字符集由 8 个字符 $x_i(i=1,2,\cdots,8)$ 组成,其对应的概率分别是 0.25,0.2,0.15,0.12,0.10,0.08,0.05 和 0.05。利用霍夫曼编码方法编一个三进制码(用符号 0,1,2 表示)作为信源输出。

2.3　已知模拟信号抽样值的概率密度 $p(x)$ 如题 2.23 图所示,量化器是四电平的均匀量化器。求输入信号与量化噪声功率比 SNR。

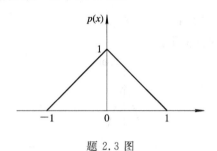

题 2.3 图

2.4　某语音信号 $m(t)$ 按 PCM 传输,设 $m(t)$ 的频率范围为 $0\sim4$ kHz,取值范围为 $-3.2\sim3.2$ V,对其进行均匀量化,且量化间隔为 $\Delta=0.006\ 25$ V。

(1) 若对信号 $m(t)$ 按奈奎斯特速率进行抽样,试求下列情况下的码元传输速率。

① 量化器输出信号按二进制编码输出;

② 量化器输出信号按四进制编码传输。

(2) 试确定上述两种情况下,传输系统所需的最小带宽。

(3) 若信号 $m(t)$ 在取值范围内具有均匀分布,试确定量化器输出的信噪比。

2.5　在脉冲编码调制系统中,若采用 13 折线 A 律编码。设最小的量化间隔为一个单位,已知抽样脉冲值为 $-278$ 单位。

(1) 试求出此时编码器输出的 PCM 码组和量化误差(段内码采用自然二进制码);

(2) 写出该 7 位码(不包括极性码)的均匀量化 11 位码;

(3) 若段内码改用折叠二进码,问 PCM 码组应为多少?

2.6　ΔM 系统原理方框图如题 2.6 图所示,其中输入信号 $m(t)=A\cos\omega_m t$,抽样速率为 $f_s$,量化台阶为 $\sigma$。

(1) 试求 ΔM 系统的最大跟踪斜率 $K$。

（2）若要使系统不出现过载现象并能正常编码，输入信号 $m(t)$ 的幅度范围应如何？

（3）本地译码器采用理想积分器，若系统输出信号 $c'(n)$ 为 1，1，$-1$，$-1$，$-1$，$-1$，1，1，试画出本地译码器输出信号 $m'(t)$ 的波形（设初始电平为零）。

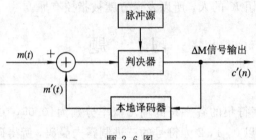

题 2.6 图

2.7　在语音子带编码方案中，把 0～3200 Hz 的语音原始频带分割成 4 个子带，对 4 个子带信号分别进行抽样与编码。4 个子带的频带分别为：第 1 子带 0～800 Hz，第 2 子带 800～1600 Hz，第 3 子带 1600～2400 Hz，第 4 子带 2400～3200 Hz。求每个子带的抽样频率 $f_{s1}$，$f_{s2}$，$f_{s3}$，$f_{s4}$。

2.8　已知信号 $f(t)$ 为一低通信号，抽样脉冲序列 $C(t)$ 是极性交替的矩形脉冲，其脉宽为 $\tau$，如题 2.8 图所示，由 $C(t)$ 对 $f(t)$ 进行平顶抽样，得到抽样信号 $S_\tau(t)$，求：

（1）$S_\tau(t)$ 的频谱；

（2）无失真恢复 $f(t)$ 的条件；

（3）$S_\tau(t)$ 中恢复 $f(t)$ 的方框图。

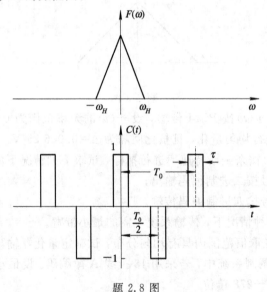

题 2.8 图

2.9　已知正弦信号 $y=A\sin\theta$。求证：当 $\theta$ 在 $(-\pi, \pi)$ 中均匀随机分布时，$y$ 的概率密度函数 $p(y)=\dfrac{1}{\pi}\cdot\dfrac{1}{\sqrt{A^2-y^2}}$。

2.10　正弦信号输入时，若信号幅度不超过 A 律压缩特性的直线段，求信噪比 SNR 的表示式。

2.11　若 13 折线 A 律编码器的过载电平 $U=5$ V，输入抽样脉冲幅度为 $-0.9375$ V。

设最小量化间隔为 2 个单位，最大量化器的分层电平为 4096 个单位。

（1）求输入编码器的码组，并计算量化误差；

（2）求对应该码组的线性码（带极性的 13 位码）。

2.12 已知输入信号概率密度在 $(-x_{max}, x_{max})$ 范围内是均匀分布的，均匀量化器电平 $L=2^R$，量化器过载电平 $x_{OL}$ 定义为 $x_{OL}=2^{R-1}\Delta$，其中 $\Delta$ 是量化间隔。求证：

（1）$\sigma_x^2 = \dfrac{x_{max}^2}{3}$；

（2）若 $x_{max} \leqslant x_{OL}$，则 $\sigma_q^2 = \dfrac{x_{OL}^2}{3L^2}$；

（3）若 $x_{max} > x_{OL}$，则 $\sigma_q^2 = \dfrac{x_{OL}^2}{3L^2}\left(\dfrac{x_{OL}}{x_{max}}\right)\left[1 + L^2\left(\dfrac{x_{max}}{x_{OL}}-1\right)^3\right]$。

（4）设 $L=16$，画出 $SNR = 10\lg\dfrac{\sigma_x^2}{\sigma_q^2}$ 与 $\dfrac{x_{max}}{x_{OL}}$ 的关系图。

2.13 已知量化器输出为 $d_q(k)$，则第 $k$ 时刻量化器输入信号估值 $\widehat{\sigma_d^2}(k)$ 可由 $(k-1)$，$(k-2)$，$\cdots$，$(k-\infty)$ 的 $d_q^2(k-i)$ 的指数加权和来求出。若 $0 < a_l < 1$，试证明：

$$\widehat{\sigma_d^2}(k) = a_l\widehat{\sigma_d^2}(k-1) + (1-a_l)d_q^2(k-1)$$

2.14 已知一阶预测 DPCM 系统中 $\alpha_1 = 0.85$，均匀量化器 $L=16$，量化间隔调整因子 $M$ 如题表 2.14 所示。最小量阶 $\Delta_{min}=0.01$，最大量阶 $\Delta_{max}=0.1$，输入信号为 $f=800$ Hz 的正弦信号，即 $S(k)=\sin(0.2\pi k)$。假定 $\Delta(0)=0.01$，试列表求出一个周期内 $\Delta(k)$ 的值及 $S_r(k)$。

**题表 2.14 $L=16$ 时 DPCM 量化器的 $M$ 值**

| $\lvert I(k)\rvert$ 值 | 1 | 2 | 3 | 4 | 5 | 6 | 7 | 8 |
| --- | --- | --- | --- | --- | --- | --- | --- | --- |
| $M(\lvert I(k)\rvert)$ | 0.9 | 0.9 | 0.9 | 0.9 | 1.2 | 1.6 | 2.0 | 2.40 |

2.15 在题 2.15 图所示的 $\Delta-\Sigma$ 调制系统中，输入信号 $f(t)$ 经过积分网络后，在进行 $\Delta M$ 编码，该网络与 $\Delta M$ 中积分网络 $H_1(\omega)$ 是相同的。在接收端积分器后再加一个微分网络 $H(\omega)=1/H_1(\omega)$，以恢复信号原始频谱。求该 $\Delta-\Sigma$ 调制系统的信噪比公式。

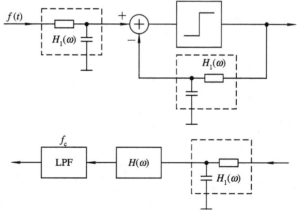

题 2.15 图

2.16 采用 13 折线 A 律编码，设最小量化间隔为 1 个量化单位，已知抽样值为 $-95$ 个量化单位。

(1) 试求此时编码器输出码组，并计算编码器的量化误差及译码器输出信号的量化误差；

(2) 写出对应于该 7 位码（不包括极性码）的均匀量化 11 位码和 12 位码。

2.17 若 A 律 13 折线编码器的过载电平为 $U_{max}=5$ V，输入抽样脉冲幅度为 $-0.9375$ V。设最小量化间隔为 2 个单位，最大量化器的分层电平为 4096 个单位。求编码器的输出码组，并计算译码器输出信号的量化误差。

2.18 一幅图像输入的亮度值为均匀分布，对它进行最佳量化。

(1) 求判决电平和输出量化值的表示式；

(2) 证明此时的 $\varepsilon_{min}=\dfrac{1}{12J^2}(a_M-a_L)^2$；

（提示：在均匀量化时，可设 $P(f)=\dfrac{1}{a_M-a_L}$）

2.19 设某图片只需作 7 个亮度等级编码，统计概率分别为 0.2，0.19，0.18，0.17，0.15，0.10，0.01。若作二进制不等长编码，其平均码长至少为多少？试作一次具体比特分配与编码，计算此时的平均码长，并与 Huffman 编码结果进行比较。

# 第 3 章　现代传输理论

通信的根本任务是远距离传递信息，因而如何准确地传输数字信息是数字通信的一个重要组成部分。原始数字信号，如计算机输出的二进制序列，各种文字、数字、图像的二进制代码，电传机输出的代码，PCM 方式和 ΔM 方式输出的代码等都是数字基带信号，它的特点是信号频谱的带宽基本上是零到某一频率。用来传输这类信号的通信系统，称为数字基带传输系统。数字基带信号经过调制器调制，变成数字频带信号再进行传输，收端通过解调器解调，把包括调制和解调过程的传输系统称为数字频带传输系统。

目前在远程通信系统中广泛使用的是数字调制系统，但对于数字基带系统的研究仍是非常有意义的。原因是：① 在利用对称电缆等有线信道构成的近距离数据通信系统中仍广泛采用数字基带传输方式；② 除数字调制解调技术外，在数字调制系统中需要研究的基本问题与数字基带系统是相同的，如码间串扰、时域均衡、频带利用率、眼图、同步、最佳化、抗噪性能、扰码等；③ 如果把调制与解调过程看做是广义信道的一部分，则目前用得最多的线性数字调制系统都可以等效为数字基带系统，数字基带系统的许多研究结论都可以直接应用于线性数字调制系统。

鉴于上述原因，本章将从数字基带传输入手，分析数字信号的基带传输原理和涉及的主要技术，然后介绍频带传输原理、数据传输和图像传输，最后简单介绍传输系统中的最佳接收理论。

## 3.1　基带传输理论

### 3.1.1　数字基带传输

#### 1. 数字基带系统的组成原理

数字基带系统的原理框图如图 3.1 所示，信息传输过程如图 3.2 所示。

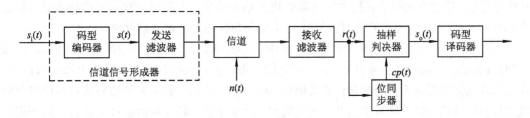

图 3.1　数字基带系统的原理框图

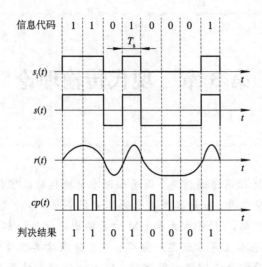

图 3.2　信息传输过程

图 3.1 中，码型编码器的输入信号 $s_i(t)$ 可以来自数字信源，也可以来自信源编码器、加密器、信道编码器或时分复用器等，它是由"1"码和"0"码组成的数据流。在每个码元内，这个信号都是脉冲宽度等于码元宽度 $T_s$ 的矩形脉冲（"1"码）或 0 电平（"0"码），其频谱含有丰富的低频成分和直流成分。（图中，$cp(t)$ 为时钟脉冲信号，下同。）

码型编码器的作用是提供一个适合于信道中传输的码型。例如，在有些信道中设置有隔直流电容或传输变压器，在这种信道中就不适宜传输含有直流和丰富低频成分的信号。图 3.2 中码型编码器输入信号对应的码型为单极性码，若码型变换器将单极性码变为双极性码，则当"1"码和"0"码等概时，这个双极性码对应的信号 $s(t)$ 无直流成分，这个信号就可以在含有隔直流电容的信道中传输。

码型编码器输出的信号虽然适合于信道传输，但这个信号仍是由矩形脉冲构成的数字基带信号，无失真地传输这类信号所需的信道带宽远大于码速率。发送滤波器是一个低通滤波器，它滤除码型变换器输出信号中的高频成分，从而减小信号所占用的信道频带，提高信道的频带利用率。

发送滤波器输出的信号称为信道信号，码型变换器和发送滤波器称为信道信号形成器。信道信号不再是矩形脉冲序列，经信道传输后波形可能进一步发生变化，并且和信道噪声叠加在一起。为了以尽可能小的错误概率获得发送端传输的信息，在接收端首先用滤波器对受噪声污染的信道信号进行滤波处理。接收滤波器也是一个低通滤波器，它滤掉信道的高频噪声，同时与发送滤波器及信道的频率特性相配合，使其输出的信号无码间串扰。图 3.2 中的 $r(t)$ 为无码间串扰且无噪声时接收滤波器输出的信号波形。无码间串扰信号的特点是，在每个抽样时刻（位同步信号上升沿对应的时间），它的幅度绝对值都是最大的。

可以用图 3.3 说明码间串扰的概念。图中，实线和虚线分别为发送端信息代码为"1"和"0"时接收滤波器输出的信号波形。由于发送滤波器、信道及接收滤波器的带宽都是有限的，而进入发送滤波器基带信号的频谱是无限的，所以某一码元的数字基带信号所对应的接收滤波器输出信号的持续时间可多达几个码元周期。因而在某一码元内的抽样值包含了几个码元内基带信号的贡献，本码元对抽样值的贡献是所需要的抽样值。其他码元的贡献是不需要的抽样值，称为码间串扰。在实际通信系统中，某一码元对其他码元形成的码间串扰可能减弱所需要的信号，也可能加强所需要的信号。但由于数据流是随机的，各码元对某一码元所形成的串扰不可能互相抵消，所以只有当码间串扰为 0 时，才能确保抽样值最大。

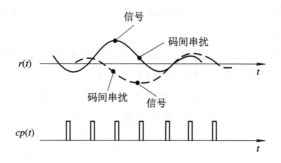

图 3.3　码间串扰示意图

抽样判决器在一个码元周期内对接收滤波器输出信号进行一次抽样，并按一定规则进行判决，以恢复(再生器)数字基带信号。例如，当"1"码和"0"码等概率时，图 3.1 的判决规则为：抽样值大于 0 判为"1"码，否则判为"0"码。根据此判决规则，当抽样时刻噪声幅度大于信号幅度，且与信号的极性相反时，就会引起误码，而信道中大量的小幅度噪声并不会引起误码。

位同步器(定时器)从接收滤波器输出信号中提取位同步(定时)信号 $cp(t)$。由于抽样判决器在一个码元内对 $r(t)$ 进行一次抽样判决，所以位同步信号的重复频率等于码速率。理想的抽样时刻就是 $r(t)$ 中信号幅度的最大时刻。但由于 $r(t)$ 中的噪声以及收发时钟源存在一定频差，所以 $cp(t)$ 的相位是随机抖动的。这种同步抖动导致抽样时刻偏离上述最佳时刻，因而信号的抽样值减小。

码间串扰及位同步抖动都会使抽样时刻的信号幅度减小，而噪声的抽样值一般与抽样时刻无关，所以为了减小误码率，应尽量减小码间串扰和位同步抖动。

考虑到信道频率特性的时变性，通常在抽样判决器和接收滤波器之间加一个时域均衡器，从而保持始终无码间串扰或码间串扰足够小。

应特别说明的是，图 3.1 中的信道信号形成器、接收滤波器及位同步器并不是所有基带传输系统都必需的，在近距离的基带传输系统中，可以省略某些单元，而且可以用比较器等简单电路再生出数字基带信号。

**2. 数字基带信号**

数字基带信号是数字消息序列的一种电信号表示形式，它是用不同的电位或脉冲来表示相应的数字消息的，其主要特点是功率谱集中在零频率附近。数字基带信号的波形和常用码型很多，下面以矩形脉冲信号为例介绍几种常见的数字基带信号的波形和码型。

1) 数字基带信号的波形

常用的数字基带信号有：单极性不归零(NRZ)码、双极性不归零(NRZ)码、单极性归零(RZ)码、双极性归零(RZ)码及差分码。

单极性不归零码如图 3.4(a)所示。它用一个脉冲宽度等于码元间隔的矩形脉冲的有无表示信息，有脉冲表示"1"，无脉冲表示"0"。电传机输出、计算机输出的二进制序列等通常都是这种形式的信号。这种信号的直流分量不为零。

双极性不归零码如图 3.4(b)所示。其脉冲宽度等于码元间隔，正脉冲表示"1"，负脉冲表示"0"，通常数字信息"0"、"1"近似等概出现。因此，这种信号的直流分量近似为零。

单极性归零码如图 3.4(c)所示。其脉冲宽度小于码元间隔，即还没有到一个码元终止时刻就回到零值，有脉冲表示"1"，无脉冲表示"0"。这种信号的直流分量不为零，频带宽度比不归零码的宽度要宽。

双极性归零码如图 3.4(d)所示。它与双极性不归零码相似，只是脉冲宽度小于码元间隔，因此，它的带宽也要大于双极性不归零码的带宽。

差分码是利用前后码元电平的相对极性来传送信息，而不是用电平或极性本身代表信息，是一种相对码。图 3.4(e)所示是双极性的差分码，它是用相邻脉冲极性变化表示"1"，极性不变表示"0"。

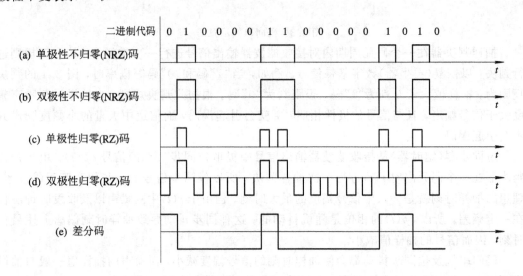

图 3.4 数字基带信号波形

实际上，数字基带信号的波形并非一定是矩形，可以有许多种不同的形式，比如还可以是三角形、余弦滚降型、钟形等。

无论采用什么波形和码型，数字基带信号都可以用统一的数学表达式来表示。设构成数字基带信号的基本波形为 $g(t)$，若令 $g_0(t)$ 代表"0"，$g_1(t)$ 代表"1"，码元间隔为 $T_B$，则数字基带信号可表示成

$$S(t) = \sum_{n=-\infty}^{\infty} b_n g(t - nT_B) \tag{3.1}$$

式中：$b_n g(t - nT_B)$ 表示第 $n$ 个码元波形；$b_n$ 是第 $n$ 个码元的相对幅度。电平值(0、1 或 $-1$、$+1$ 等)是随机的，因此，通常在实际中遇到的数字基带信号都是一个随机脉冲序列。对单极性基带信号，有 $g_1(t) = g_2(t)$，$g_0(t) = 0$；对双极性基带信号，有 $g_1(t) = g(t)$，$g_0(t) = -g(t)$。

**2) 数字基带信号的功率谱**

在通信中，除测试信号外，数字基带信号通常都是随机脉冲序列。因为若在数字通信系统中所传输的数字序列不是随机的，而是确知的，则消息就不携带任何信息，通信就失去了意义。研究随机脉冲序列的频谱，要从统计分析的角度出发，研究它的功率谱密度。

假设随机脉冲序列为

$$S(t) = \sum_{n=-\infty}^{\infty} S_n(t) \tag{3.2}$$

其中
$$S_n(t) = \begin{cases} g_0(t - nT_B) & \text{以概率 } p \text{ 出现} \\ g_1(t - nT_B) & \text{以概率 } 1-p \text{ 出现} \end{cases} \tag{3.3}$$

$T_B$ 为随机脉冲周期，$g_0(t)$、$g_1(t)$ 分别表示二进制码"0"和"1"，则经推导可得随机脉冲的双边功率谱 $P_s(f)$ 为

$$P_s(f) = f_B p(1-p) \mid G_0(f) - G_1(f) \mid^2$$
$$+ \sum_{m=-\infty}^{\infty} \mid f_B [p G_0(mf_B) + (1-p)G_1(mf_B)] \mid^2 \delta(f - mf_B) \tag{3.4}$$

其中，$G_0(f)$、$G_1(f)$ 分别为 $g_0(t)$、$g_1(t)$ 的傅氏变换，$f_B = 1/T_B$。

从式(3.4)中我们可以得出如下结论：

(1) 随机脉冲序列功率谱包括两部分：连续谱(第一项)和离散谱(第二项)。

(2) 当 $g_0(t)$、$g_1(t)$、$p$ 及 $T_B$ 给定后，随机脉冲序列功率谱就确定了。

(3) 根据连续谱可以确定随机序列的宽度；根据离散谱可以确定随机序列是否包含直流成分($m=0$)及定时信号($m=\pm 1$)。连续谱总存在，而离散谱视情况而定。

对于图 3.4(a)所示单极性信号，若假设 $g_0(t) = 0$，$g_1(t) = g(t)$ 为门函数，且 $p = 1/2$，则功率谱密度为

$$P_s(f) = \frac{1}{4T_B} \mid G(f) \mid^2 + \frac{1}{4T_B^2} \sum_{m=-\infty}^{\infty} \mid G(mf_B) \mid^2 \delta(f - mf_B) \tag{3.5}$$

若把门函数对应的频谱 $G(f) = T_B \, \text{Sa}(\pi f T_B)$ 代入式(3.5)，则功率谱密度为

$$P_s(f) = \frac{1}{4} T_B \, \text{Sa}^2(\pi f T_B) + \frac{1}{4} \delta(f) \tag{3.6}$$

只有连续谱和直流分量。

同理，当 $p = 1/2$ 时，图 3.4(b)双极性信号的谱密度为

$$P_s(f) = T_B \, \text{Sa}^2(\pi f T_B) \tag{3.7}$$

只有连续谱分量。

对于图 3.4(c)、(d)所示单、双极性归零码，若占空比 $\gamma = \tau/T_B$，则可得单极性归零码谱密度为

$$P_s(f) = \frac{\gamma^2}{4} T_B \, \text{Sa}^2(\gamma \pi f T_B) + \frac{\gamma^2}{4} \sum_{m=-\infty}^{\infty} \text{Sa}^2(\gamma m \pi) \delta(f - mf_B) \tag{3.8}$$

双极性归零码谱密度为

$$P_s(f) = \gamma^2 T_B \, \text{Sa}^2(\gamma \pi T_B f) \tag{3.9}$$

可知，单极性归零码不但有连续谱，而且在 $\omega = 0$、$\pm \omega_b$、$\pm 3\omega_b$ 等处还存在离散谱，而双极性信号仅有连续谱。

根据信号功率的 90% 来定义带宽 $B$，则有

$$\int_{-B}^{B} P_s(f) \mathrm{d}f = 0.90 \times \int_{-\infty}^{\infty} P_s(f) \mathrm{d}f$$

利用数值积分，由上式可求得双极性归零信号和单极性归零信号的带宽近似为

$$B = \frac{1}{\tau} \tag{3.10}$$

**【例 3.1】** 已知某单极性 NRZ 随机脉冲序列，其码元速率为 $f_B = 1000$ B(Baud)，"1" 码为幅度为 $A$ 的矩形脉冲，"0" 码为 0，且 "0" 码概率为 0.6。求该随机序列的带宽及直流和频率为 $f_B$ 的成分的幅度。

**解** (1) 求带宽。随机序列的带宽取决于随机序列功率谱的连续部分 $f_B p(1-p) \cdot |G_0(f) - G_1(f)|^2$，带宽由 $G_0(f)$ 及 $G_1(f)$ 确定。

由题意分析，$g_1(t)$ 是幅度为 $A$，宽度为 $T_B$ 的矩形脉冲，故

$$G_1(f) = AT_B \, \mathrm{Sa}(\pi f T_B)$$

该频谱的第一个零点为 $f = 1/T_B = f_B$，所以 $G_1(f)$ 的带宽为 $f_B$，则随机序列的带宽仅由 $g_1(t)$ 的带宽决定，即

$$B_g = f_B = 1000 \text{ B}$$

(2) 求直流成分。直流成分为式(3.4)第二项中 $m=0$ 项，即

$$f_B^2 \, |\, pG_0(0) + (1-p)G_1(0)\,|^2 \delta(f) = f_B^2 \,|\, 0.6 \times 0 + 0.4 AT_B \,|^2 \delta(f)$$
$$= 0.16A^2 \delta(f)$$

所以 $0.16A^2 \delta(f)$ 是直流功率谱，直流成分的幅度为 $0.16A^2$。

(3) 求频率为 $f_B$ 的成分(即定时信号)。定时信号的频率为 $f_B$，即式(3.4)第二项中 $m = \pm 1$ 项，并且 $m = \pm 1$ 时幅度相等，所以仅求 $m=1$ 时的幅度，然后乘以 2 即为频率为 $f_B$ 成分的振幅。当 $m=1$ 时，定时信号为

$$f_B^2 \,|\, pG_0(f_B) + (1-p)G_1(f_B)\,|^2 \delta(f - f_B)$$

因为 $G_0(f_B) = 0$，$G_1(f_B) = 0$，则上式为零。因此，这种信号没有定时信号成分，或频率为 $f_B$ 的成分不存在。

通过以上讨论可知，分析随机脉冲序列的功率谱可以知道信号功率的分布；根据主要功率集中在哪个频段，便可确定信号带宽，进而考虑信道带宽和传输网络(滤波器、均衡器等)的传输函数等。同时利用它的离散谱是否存在这一特点，可以明确能否从脉冲序列中直接提取所需的离散分量以及采取怎样的方法可以从序列中获得所需的离散分量，以便在接收端用这些成分作位同步定时等。

**3. 数字基带传输的常用码型**

在实际基带传输系统中，并非所有原始基带数字信号都能在信道中传输。例如，有的信号含有丰富的直流和低频成分，不便于提取同步信号；有的信号易于形成码间串扰等。因此，基带传输系统首先面临的问题是选择什么样的信号形式，即传输码型的选择和基带脉冲波形的选择。为了在传输信道中获得优良的传输特性，一般要将信码信号变为适合于信道传输特性的传输码(又叫线路码)，即进行适当的码型变换。

数字基带信号通常是在电缆线路中传输，为了克服传输损耗，每隔一段距离需设立一个中继站，通常采用的是自定时再生式中继器，这样对传输码型的要求主要有：

(1) 传输信号的频谱中不应有直流分量，低频分量和高频分量也要小。其原因有：中继线路及线路放大器中常采用电容或变压器耦合，隔直流；直流分量本身不带信息，传送时浪费功率；信号低频分量过大，必须提高变压器对低频响应的要求；信号高频分量过大，会增加线路间的串话。

（2）码型中应包含定时信息，并尽量减小定时抖动，以有利于定时信息的提取。自定时再生式中继器是从信息序列中提取定时信息的。一般用不发脉冲表示"0"，如果出现长连"0"序列，就会造成长时间没有脉冲，失去定时信息，使得提取困难。

（3）码型变换设备要简单可靠。

（4）码型具有一定检错能力。若传输码型有一定的规律性，则就可根据这一规律性来检测传输质量，以便做到自动检测。

（5）编码方案对发送消息类型不应有任何限制，适合于所有的二进制信号。这种与信源的统计特性无关的特性称为对信源具有透明性。

满足或部分满足以上特性的传输码型种类很多，目前常用的有 AMI 码、HDB$_3$ 码、PST 码、Manchester 码、Miller 码、CMI 码、nBmB 码等。下面介绍几种数字基带传输中常用的传输码型。

1）传号交替反转码（AMI 码）

AMI 码又称双极方式码、平衡对称码、交替极性码等。其编码方法是把单极性方式中的"0"码仍与零电平对应，而"1"码对应发送极性交替的正、负电平。例如：

信息代码：100　　　110000000　　　111…

AMI 码：　100－　　110000000－　　11－1…

这种码型实际上是把二进制脉冲序列变为三电平的符号序列（故叫伪三元序列），其优点如下：

（1）在"1"、"0"码不等概的情况下，无直流成分，且零频率附近低频分量小。因此，对具有变压器或其他交流耦合的传输信道来说，不易受隔直特性的影响。

（2）即使接收端收到的码元极性与发送端完全相反，也能正确判决。

（3）只要进行全波整流就可以变为单极性码。如果交替极性码是归零的，变为单极性归零码后就可提取同步信息。北美系列的一、二、三次群接口码均使用经扰码后的 AMI 码。

但是 AMI 码也有一个重大的缺点，就是出现长连"0"串时，定时提取不利，因此限制了它的应用。

2）三阶高密度双极性码（HDB$_3$ 码）

HDB$_3$ 码是在 AMI 码基础上为克服长连"0"难以提取定时信息而改进的一种码型。HDB$_3$ 码改进的基本思想是：不让 AMI 码连"0"太多，当连续出现 4 个"0"码时，则人为地添加脉冲，称为破坏脉冲，用 V 表示；为保证无直流，V 脉冲应正负交替插入；同时人为添加的破坏脉冲还应与信码有严格区别，以便接收端能正确恢复原信息。根据上述原则，HDB$_3$ 码的编码规则如下：

（1）当信码连"0"个数不超过 3 个时，HDB$_3$ 码按 AMI 码规则编码（即"0"码为 0，"1"码正负极性交替）。

（2）当信码连"0"个数为 4 个以上时，每 4 个为一组，用取代节 000V 或 B00V 代替，B 是附加脉冲，V（±1）和前面相邻的非"0"码同极性，之后的"1"码交替反转，V 本身也满足极性交替。

（3）相邻 V 之间有偶数个传号，用 B00V 代替，B 与前非"0"码反极性。

下面举例说明 HDB$_3$ 码编码的方法。

信息代码：1 00 11000 0　000 11 0　0000 1…

HDB$_3$码：100−11000V$_+$　000−11B$_-$00V$_-$ 1…

虽然 HDB$_3$ 码的编码规则较复杂，但译码却比较简单。HDB$_3$ 码的译码原理是：先找破坏脉冲，再找附加脉冲，然后将其去掉，即凡连续出现两个同极性的脉冲时，后一个脉冲一定是破坏脉冲，译码时先把它去掉；其次是每发现一个破坏脉冲，即从该破坏脉冲往前数至第 3 个码元位，如有脉冲，必然是附加脉冲，也应去掉；最后经过全波整流，便能恢复原信息。

HDB$_3$ 码的优点是无直流成分，低频成分少，即使有长连"0"码时也能提取位同步信号；缺点是编/码电路比较复杂，各码元具有相关性，传输中有一个误码，反变换后有误码增殖现象。HDB$_3$ 码是 CCITT 建议欧洲系列一、二、三次群的接口码型。

AMI 码和 HDB$_3$ 码的功率谱密度曲线如图 3.5 所示。需说明的是，图中给出的 HDB$_3$ 码的曲线是其单边功率谱密度曲线，且只给出了曲线的主瓣部分。

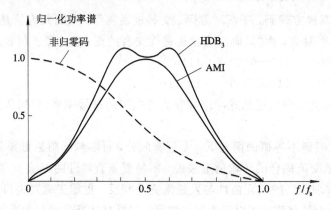

图 3.5　AMI 码和 HDB$_3$ 码的功率谱

3）曼彻斯特码（Manchester）

曼彻斯特码又称分相码或数字双相。它的特点是每个码元用两个连续极性相反的脉冲来表示。如"1"码用正、负脉冲表示，"0"码用负、正脉冲表示。该码的优点是无直流分量，最长连"0"、连"1"数为 2，定时信息丰富，编/译码电路简单。但其码元速率比输入的信码速率提高了一倍。

双相码适用于数据终端设备在中速短距离上传输。如以太网便采用分相码作为线路传输码。

当极性反转时分相码会引起译码错误。为解决此问题，可以采用差分码的概念，将数字双相码中用绝对电平表示的波形改为用电平相对变化来表示，这种码型称为条件分相码或差分曼彻斯特码。数据通信的令牌网即采用这种码型。

4）传号反转码（CMI 码）

CMI 码的编码规则是：当为"0"码时，用"01"表示；当出现"1"码时，交替用"00"和"11"表示。它的优点是没有直流分量，且频繁出现波形跳变，便于定时信息的提取；具有误码监测能力。CMI 码同样有因极性反转而引起的译码错误问题。

由于 CMI 码具有上述优点，再加上编/译码电路简单，容易实现，因此，在高次群脉冲码调制终端设备中被广泛用作接口码型，在速率低于 8448 kb/s 的光纤数字传输系统中也被建议作为线路传输码型。国际电联(ITU)的 G.703 建议中，也规定 CMI 码为 PCM 四次群的接口码型。日本电报电话公司在 32 kb/s 及更低速率的光纤通信系统中也采用 CMI 码。

除了上面给出的线路码外，近年来，在高速光纤数字传输系统中也常采用 5B6B 码。在 5B6B 码型中，每 5 位二元码输入信息被编成 6 位二元码码组输出(分相码和 CMI 码属于 1B2B 类)。这种码型输出虽比输入增加了 20%的码速，但却换来了便于提取定时、低频分量小、迅速同步等优点。

数字信号在线路中传输时，由于信道不理想和噪声干扰，接收端会出现误码。当线路传输码中出现 $n$ 个数字码错误时，在码型变换后的数字码中出现 $n$ 个以上的数字码错误的现象称为误码增殖。误码增殖是由各码元的相关性引起的。误码增殖现象可用误码增殖比($\varepsilon$)来表示，定义为

$$\varepsilon = \frac{\text{反变换后的误码个数}}{\text{误码总个数}}$$

由于各码元之间互不关联，AMI 码中的一位误码对应着二进码的一位误码，即无误码增殖，故误码增殖比 $\varepsilon=1$。但在 HDB$_3$ 码中的一位误码就可能使得相应的二进码中产生多位误码。

### 3.1.2 无码间串扰的奈奎斯特第一准则

**1. 数学模型**

图 3.1 所示的数字基带系统中的发送滤波器、信道及接收滤波器的频率特性决定了系统是否有码间串扰及其他性能指标，因此在对系统进行数学分析时，可以不考虑码型编码器单元。

在数字通信系统中，基带信号一般为如下式所示的相同波形随机序列：

$$s(t) = \sum_{n=-\infty}^{\infty} a_n g(t - nT_s), \quad (n-1)T_s \leqslant t \leqslant nT_s \tag{3.11}$$

接收滤波器输出的信号波形 $r(t)$ 与基本波形 $g(t)$ 有关，为了方便数学分析，设基本波形为冲激信号 $\delta(t)$，而将实际的基本波形的频谱合并到发送滤波器的频率特性中。考虑到码间串扰与噪声无关，可用图 3.6 所示的数学模型分析码间串扰。

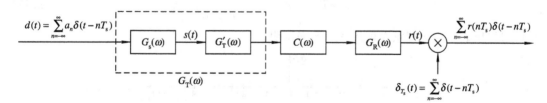

图 3.6　数字基带系统数学模型

图中，$G_s(\omega)$ 为 $g(t)$ 的傅里叶变换，$G_T'(\omega)$、$C(\omega)$、$G_R(\omega)$ 分别为发送滤波器、信道及接收滤波器的频率特性。图中用相乘器构成一个理想抽样器，抽样信号是周期冲激序列，相乘器输出信号的强度 $r(nT_s)$ 就是实际抽样判决器的抽样值。

一般

$$G_T(\omega) = G_s(\omega)G_T'(\omega) \tag{3.12}$$

必须明确，$G_T(\omega)$不但包括了实际发送滤波器的频率特性，而且还包括了基带信号基本波形的频谱。

令

$$H(\omega) = G_T(\omega)C(\omega)G_R(\omega) \tag{3.13}$$

为系统的频率特性，$H(\omega)$中同样包括了基本波形的频谱。

**2. 无码间串扰系统的冲激响应**

可将图 3.6 简化为图 3.7，图中 $h(t)$ 为 $H(\omega)$ 的傅里叶反变换，即系统的冲激响应。由图 3.7 可得

$$r(t) = d(t) * h(t) = \sum_{n=-\infty}^{\infty} a_n h(t - nT_s) \tag{3.14}$$

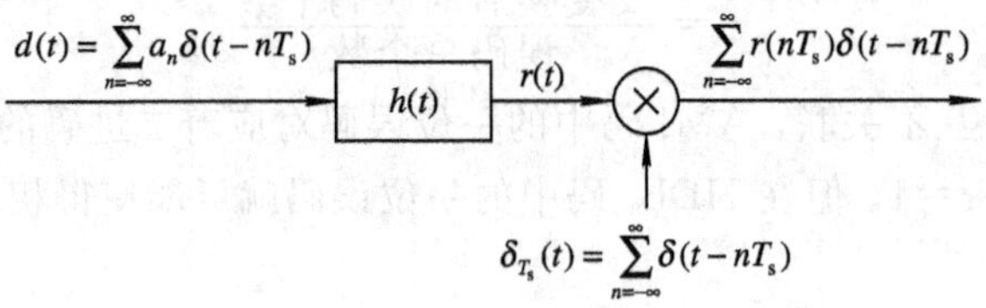

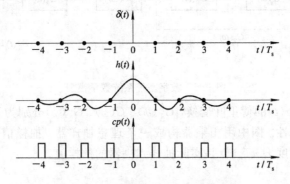

图 3.7　数字基带系统的简化数学模型

设第 $k$ 个码元的抽样时刻为 $kT_s$，则 $t = kT_s$ 时刻的抽样值为

$$r(kT_s) = a_k h(0) + \sum_{n \neq k} a_n h[(k-n)T_s] \tag{3.15}$$

由式(3.15)可见，$kT_s$ 时刻的抽样值由两部分构成：第一部分 $a_k h(0)$ 为本码元，即第 $k$ 个码元的贡献；另一部分是其他码元的贡献。

若 $\sum_{n \neq k} a_n h[(k-n)T_s] = 0$，则表示其他码元对本码元的干扰相互抵消，这在实际工程中是不可能实现的，因此希望其他码元对本码元的干扰值都为 0，即

$$h[(k-n)T_s] = \begin{cases} C, & k = n \\ 0, & k \neq n \end{cases} \tag{3.16}$$

将式(3.16)进行变量代换，得

$$h(kT_s) = \begin{cases} C, & k = 0 \\ 0, & k \neq 0 \end{cases} \tag{3.17}$$

式(3.17)所表示的物理意义可用图 3.8 来说明。

图 3.8　无码间串扰系统的冲激响应

式(3.17)及图 3.8 表明:对 $\delta(t)$ 的响应 $h(t)$ 进行抽样,第 0 个码元内的抽样值不为 0,其他码元内的抽样值都为 0,即输入信号在本码元判决时刻有抽样值,在其他码元判决时刻抽样值都为 0。冲激响应满足式(3.17)的系统就是无码间串扰系统,或者说式(3.17)为无码间串扰的时域条件。

应特别说明的是,图 3.8 表示的系统是物理不可实现的,因为物理可实现系统在输入信号未加入之前是不可能有输出的。在对系统进行数学分析时,可以不考虑系统响应的时延,而将它作为一个物理不可实现系统来处理。

**3. 无码间串扰系统的频率特性**

由无码间串扰系统的冲激响应可见,若系统的输入信号为 $\delta(t)$,理想抽样器的输出信号为 $C\delta(t)$。将 $\delta(t)$、$h(t)$、$\delta_{T_s}$ 及 $C\delta(t)$ 进行傅里叶变换就可以得到无码间串扰系统的频率特性。上述信号之间的关系如图 3.9 所示。

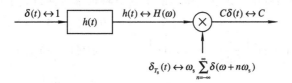

图 3.9 无码间串扰数字基带系统

由图 3.9 可得

$$C = \frac{1}{2\pi}\Big[ H(\omega) * \omega_s \sum_{n=-\infty}^{\infty} \delta(\omega + n\omega_s) \Big] = \frac{1}{T_s} \sum_{n=-\infty}^{\infty} H(\omega + \omega_s)$$

$CT_s$ 仍然为一常数,令其为 $C$,所以无码间串扰系统的频率特性应满足:

$$\sum_{n=-\infty}^{\infty} H(\omega + n\omega_s) = C \tag{3.18}$$

可称式(3.18)为无码间串扰基带系统的频域条件。对此条件做以下讨论:

(1) 式(3.18)中 $\omega_s = 2\pi f_s = 2\pi R_s$,所以可将式(3.18)表示为

$$\sum_{n=-\infty}^{\infty} H(f + nR_s) = C \tag{3.19}$$

式(3.19)的物理意义是,将系统的频率特性 $H(f)$ 向左、右平移码速率整数倍,再相加后为一常数。

(2) 式(3.19)的左边是一个周期为 $R_s$ 的周期函数,所以只要在 $-\dfrac{R_s}{2} \leqslant f \leqslant \dfrac{R_s}{2}$ 频率范围内式(3.19)成立,则系统就是无码间串扰的。

(3) 许多文献中将无码间串扰的频域条件表示为另一种形式,即

$$\sum_{n=-\infty}^{\infty} H(f + nf_s) = \begin{cases} C, & |f| \leqslant \dfrac{f_s}{2} \\ 0, & \text{其他} \end{cases} \tag{3.20}$$

此式的含义是,将基带系统的频率特性 $H(f)$ 在频率轴上以 $f_s$ 为间隔切开,然后分段沿频率轴移到 $(-\dfrac{f_s}{2}, \dfrac{f_s}{2})$ 区间内,再将它们叠加起来,其结果应当在 $(-\dfrac{f_s}{2}, \dfrac{f_s}{2})$ 区间内为常数,

在其他区间内为 0。

我们通常称式(3.17)和式(3.19)为奈奎斯特第一准则，即抽样值无失真准则。

实际的通信系统都是物理可实现的，若其频率特性为

$$H(\omega) = \mid H(\omega) \mid e^{-j\omega t_d} \tag{3.21}$$

则无码间串扰的频域条件可表示为

$$\sum_{n=-\infty}^{\infty} \mid H(\omega + n(\omega + n\omega_s)) \mid = C \tag{3.22}$$

此结论的物理概念是很明确的。当式(3.22)成立时，频率特性为 $\mid H(\omega) \mid$ 的系统无码间串扰，将此系统的输出延迟 $t_d$，也应该无码间串扰。延迟后的系统频率特性如式(3.21)所示，抽样时刻为 $nT_s + t_d$。

### 4. 余弦滚降数字基带系统

在数字基带通信系统中，如下式所示的余弦滚降频率特性得到了广泛应用：

$$H(\omega) = \begin{cases} 1, & 0 \leqslant \mid \omega \mid \leqslant 2\pi B(1-\alpha) \\ 0.5\left\{1 - \sin\left[\dfrac{1}{4\alpha B}(\omega - 2\pi B)\right]\right\}, & 2\pi B(1-\alpha) \leqslant \mid \omega \mid \leqslant 2\pi B(1+\alpha) \\ 0, & \mid \omega \mid > 2\pi B(1+\alpha) \end{cases} \tag{3.23}$$

式中，$0 \leqslant \alpha \leqslant 1$ 为滚降系数，$\alpha = 0$ 时，系统的频率特性是截止频率为 $B$ 的理想矩形。

余弦滚降基带系统的冲激响应为

$$h(t) = 2B\,\mathrm{Sa}(2\pi Bt)\frac{\cos(2\alpha Bt)}{1 - 16\alpha^2 B^2 t^2} \tag{3.24}$$

图 3.10(a)、(b)分别为余弦滚降数字基带系统的频率特性及冲激响应曲线。

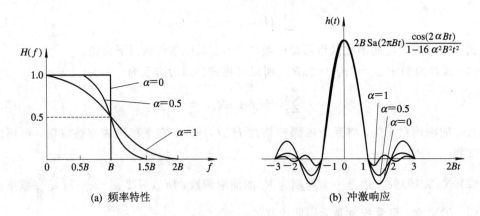

(a) 频率特性　　　　　　　　(b) 冲激响应

图 3.10　余弦滚降系统的频率特性和冲激响应

由无码间串扰条件可见，此系统无码间串扰的最大码速率为 $2B$，故频带利用率(单位为 Baud/Hz)为

$$\left.\begin{aligned} \eta_s &= \frac{2}{1+\alpha} \\ \eta_b &= \frac{2\,\mathrm{lb}M}{1+\alpha} \end{aligned}\right\} \tag{3.25}$$

由式(3.25)可见，信道频带利用率随 $\alpha$ 的增大而减小。由图 3.10(b)可见冲激响应的衰减速度随 $\alpha$ 的增大而增大。位同步器提取的定时信号有一定的抖动范围。由图 3.8 可以看出，定时抖动使抽样时刻码元之间互相干扰，信号的抽样值减小，冲激响应衰减越快，因定时抖动而产生的码间干扰越小，信号的抽样值减小程度也越小，因而对误码率的影响越小。

另外，理想低通特性是无法实现的，$\alpha$ 越大，系统的频率特性越易于实现。

设计通信系统时，希望频带利用率高，位同步抖动对误码率影响小，系统易于实现，但它们对滚降系数的要求是矛盾的。实际工程中，一般取 $0.2 \leqslant \alpha \leqslant 1$。

由图 3.10(a)可见，滚降频率特性 $H(f)$ 在 $B$ 两边是互补对称的，故称 $B$ 为互补对称频率(奇对称频率)。

**【例 3.2】** 某基带系统的频率特性是截止频率为 1 MHz，幅度为 1 的理想低通滤波器。

(1) 试根据系统无码间串扰的时域条件求此基带系统无码间串扰的码速率。

(2) 设此系统的信息速率为 3 Mb/s，能否进行无码间串扰传输？

思路：此题需要求系统的冲激响应。系统的频率特性是一个幅度为 1，宽度为 $\omega_0 = 4\pi \times 10^6$ rad/s 的门函数(双边频率特性)$D_{\omega_0}(\omega)$，此函数的傅里叶反变换为

$$h(t) = \frac{\omega_0}{2\pi} \mathrm{Sa}\left(\frac{\omega_0 t}{2}\right) = 2 \times 10^6 \, \mathrm{Sa}(2\pi \times 10^6 t)$$

由此式即可求出无码间串扰的码速率。

设进制数为 $M$，根据信息速率与码速率之间的关系求 3 Mb/s 所对应的码速率，从而判断能否无码间串扰地传输 3 Mb/s 的信号。

**解** (1) $\qquad\qquad h(t) = 2 \times 10^6 \, \mathrm{Sa}(2\pi \times 10^6 t)$

冲激响应波形如图 3.11 所示。由图可知，当 $T_s = 0.5k$ μs($k$ 为整数)时无码间串扰，即此系统无码间串扰的码速率为

$$R_s = \frac{1}{T_s} = \frac{2}{k} \quad \text{(MBaud)}$$

无码间串扰的最大码速率为 2 MBaud。

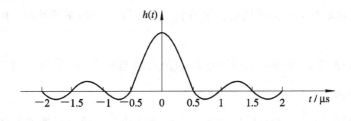

图 3.11　例 3.2 图

(2) 设传输独立等概的 M 进制信号，则

$$R_s = \frac{3}{\mathrm{lb}M} \quad \text{(MBaud)}$$

令 $\dfrac{3}{\mathrm{lb}M} = \dfrac{2}{k}$，得

$$M = 8^{\frac{k}{2}} = 8^n, \quad n = 1, 2, \cdots$$

即当传输 $8^n$ 进制信号时，码速率 $R_s = \dfrac{1}{n}$ (MBaud)，可以满足无码间串扰条件。

由此例题可见，若基带系统的频率特性是带宽为 $B$ Hz 的理想低通滤波器，则无码间串扰的最大码速率为 $2B$ Baud，系统的频带利用率为 2 Baud/Hz。常称 $2B$ Baud 为奈奎斯特速率。为了用 $B$ Hz 带宽的信道传输码速率为 $2B$ Baud 的信号，发送滤波器的带宽必须为 $B$ Hz，而其输入信号带宽与信号占空比有关，谱零点带宽至少为 $2B$ Hz，所以发送滤波器的输出信号相对于输入的数字基带信号有较大的失真。接收滤波器的输出信号也有失真，但只要无码间串扰，这种失真就不会影响信号的正确传输。允许失真，但不允许或应尽量减小码间串扰，这是数字通信系统的一个重要概念。

由此例还可以知道，当实际码速率等于无码间串扰最大码速率的 $1/k$（$k$ 为整数）时，系统无码间串扰；若实际码速率虽小于无码间串扰的最大码速率，但不是其 $1/k$ 倍，则系统存在码间串扰。

【**例 3.3**】 设基带传输系统的频率特性如图 3.12 所示，若要求以 $\dfrac{2}{T}$ Baud 的速率进行数据传输，试分析图中各 $H(\omega)$ 是否满足无码间串扰的条件。

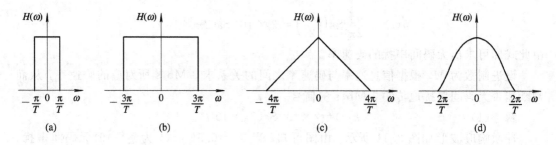

图 3.12　例 3.3 图 1

思路：图 3.12(a) 和图 3.12(b) 都是理想低通系统，其最大频带利用率都是 2 Baud/Hz，可据此求出它们的无码间串扰的最大码速率。若此最大码速率是题中码速率的整数倍，则无码间串扰，否则有码间串扰。对于图 3.12(c) 和图 3.12(d)，可以用频域条件分析，也可先求出它们的冲激响应，再由时域条件来分析。显然当已知频率特性时，用频域条件分析较为简单。

**解**　系统 (a) 的带宽为 $\dfrac{1}{2T}$，无码间串扰的最大码速率为 $\dfrac{1}{T}$，实际码速率 $\dfrac{2}{T}$ 大于 $\dfrac{1}{T}$，故此系统有码间串扰。

系统 (b) 的带宽为 $\dfrac{3}{2T}$，无码间串扰的最大码速率为 $\dfrac{3}{T}$，最大码速率与实际码速率之比为 1.5，故此系统有码间串扰。

将系统 (c) 的频率特性各向左、右平移 $\dfrac{4\pi}{T}$，得到图 3.13。由图 3.12(c) 可知，$H(\omega)$ 在 $\dfrac{2\pi}{T}$ 和 $-\dfrac{2\pi}{T}$ 两个频率的两边是互补对称的，所以在 $\left(-\dfrac{2\pi}{T}, \dfrac{2\pi}{T}\right)$ 范围内将平移后的频率特性相加，结果为常数 1，故此系统无码间串扰。

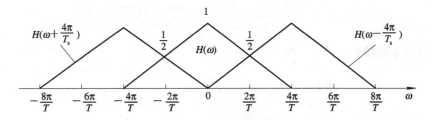

图 3.13 例 3.3 图 2

将系统(d)的频率特性各向左、右平移 $4\pi/T$，得到图 3.14。显然此系统不能满足无码间串扰条件。

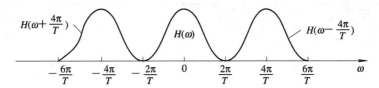

图 3.14 例 3.3 图 3

根据上述分析可知，当给定系统的频率特性 $H(f)$ 时，可以找出 $H(f)$ 的互补对称频率，最大无码间串扰码速率等于这个互补对称频率的两倍。若最大无码间串扰的码速率与实际速率之比为整数，则系统无码间串扰，否则有码间串扰。用此方法判断系统有无码间串扰，是非常方便的。

### 3.1.3 部分响应技术

前面的讨论中，基带传输系统总特性 $H(\omega)$ 设计成理想低通特性时，按 $H(\omega)$ 带宽 $B$ 的两倍码元速率传输码元，不仅能消除码间串扰，还能实现极限频带利用率，但理想低通传输特性实际上是无法实现的，即使能实现，也存在其冲击响应"尾巴"振荡幅度大、收敛慢的问题，从而对抽样判决定时的要求十分严格，稍有偏差就会造成码间串扰。于是人们又提出了升余弦特性，此种特性的冲击响应虽然"尾巴"振荡幅度减小，对定时也可放松要求，然而所需要的频带利用率却下降了。这对于高速传输尤为不利。

那么，是否存在一种频带利用率既高又使"尾巴"衰减大、收敛快的传输波形呢？答案是肯定的。通常把这种波形称为部分响应波形，形成部分响应波形的技术称为部分响应技术，利用这类波形的传输系统称为部分响应系统。

部分响应技术是有控制地在某些码元的抽样时刻引入码间串扰，这种串扰是人为的，有规律的，而在其余码元的抽样时刻无码间串扰。这样做能够改变数字脉冲序列的频谱分布，降低对定时精度的要求，同时可达到压缩传输频带带宽、提高频带利用率的目的。近年来在高速、大容量传输系统中，部分响应基带系统得到了推广与应用，它与频移键控(FSK)或相移键控(PSK)相结合，可以获得性能良好的调制。

**1. 部分响应波形**

为了阐明一般部分响应波形的概念，下面用一个实例加以说明。

让两个时间上相隔一个码元 $T_B$ 的 $\sin x/x$ 波形相加，如图 3.15(a)所示，则相加后的波形 $g(t)$ 为

$$g(t) = \frac{\sin 2\pi B(t + T_B/2)}{2\pi B(t + T_B/2)} + \frac{\sin 2\pi B(t - T_B/2)}{2\pi B(t - T_B/2)} \tag{3.26}$$

式中，$B$ 为奈奎斯特频率间隔，即 $B = \dfrac{1}{2T_B}$。

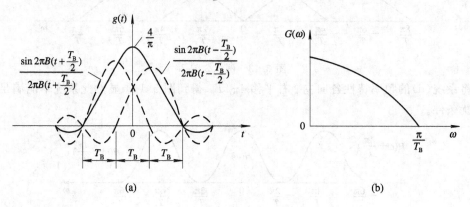

(a)                                    (b)

图 3.15  $g(t)$ 及其频谱

由式(3.26)可得

$$g(t) = \frac{4}{\pi} \left[ \frac{\cos(\pi t/T_B)}{1 - (4t^2/T_B^2)} \right] \tag{3.27}$$

对应的频谱函数 $G(\omega)$ 为

$$G(\omega) = \begin{cases} 2T_B \cos \dfrac{\omega T_B}{2}, & |\omega| \leqslant \dfrac{\pi}{T_B} \\ 0, & |\omega| > \dfrac{\pi}{T_B} \end{cases} \tag{3.28}$$

式中，$g(0) = \dfrac{4}{\pi}$，$g\left(\pm \dfrac{T_B}{2}\right) = 1$，$g\left(\dfrac{kT_B}{2}\right) = 0 (k = \pm 3, \pm 5, \cdots)$。$G(\omega)$ 是呈余弦型的，如图 3.15(b)所示(只画出了正频率部分)。

由此看出：第一，$g(t)$ 的"尾巴"幅度按 $1/t^3$ 变化，即 $g(t)$ 的"尾巴"幅度与 $t^2$ 成反比，这说明它比由理想低通形成的 $h(t)$ 衰减大，收敛也快。第二，若用 $g(t)$ 作为传送波形，且传送码元间隔为 $T_B$，则在抽样时刻上仅发生发送码元与其前后码元相互干扰，而与其他码元不发生干扰，如图 3.16 所示。从表面上看，由于前后码元的干扰很大，故似乎

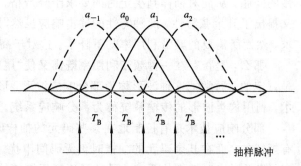

图 3.16  码间发生干扰的示意图

无法按 $1/T_B$ 的速率进行传送。但进一步分析表明，由于这时的干扰是确定的，故仍可按 $1/T_B$ 的传输速率传送码元。第三，频带利用率为 2 Baud/Hz。

**2. 错误传播现象**

设输入二进制码元序列 $\{a_k\}$，并设 $a_k$ 在抽样点上取值为 $+1$ 和 $-1$。当发送 $a_k$ 时，接收波形 $g(t)$ 在抽样时刻取值为 $c_k$，则

$$c_k = a_k + a_{k-1} \tag{3.29}$$

因此 $c_k$ 将可能有 $-2$, $0$ 及 $+2$ 三种取值，因而成为一种伪三元序列。如果 $a_{k-1}$ 已经判定，则可从下式确定发送码元：

$$a_k = c_k - a_{k-1} \tag{3.30}$$

上述判决方法虽然在原理上是可行的，但若有一个码元发生错误，则以后的码元都会发生错误检测，一直到再次出现传输错误时才能纠正过来，这种现象叫做错误传播现象。

**3. 实用的部分响应系统**

为了消除错误传播现象，通常将绝对码变为相对码，而后再进行部分响应编码。也就是说，将 $a_k$ 先变为 $b_k$，其规则为

$$a_k = b_k \oplus b_{k-1} \tag{3.31}$$

或

$$b_k = a_k \oplus b_{k-1} \tag{3.32}$$

把 $\{b_k\}$ 送给发送滤波器形成前述的部分响应波形 $g(t)$。于是，参照(3.29)式可得

$$c_k = b_k \oplus b_{k-1} \tag{3.33}$$

然后对 $c_k$ 进行模 2 处理，便可直接得到 $a_k$，即

$$[c_k]_{\text{mod }2} = [b_k + b_{k-1}]_{\text{mod }2} = b_k \oplus b_{k-1} = a_k \tag{3.34}$$

上述整个过程不需要预先知道 $a_{k-1}$，故不存在错误传播现象。通常，把 $a_k$ 变成 $b_k$ 的过程叫做"预编码"，而把 $c_k = b_k + b_{k-1}$（或 $c_k = a_k + a_{k-1}$）的关系叫做相关编码。

部分响应系统的框图如图 3.17 所示，其中图(a)为原理框图，图(b)为实际系统组成框图。图中假设没有噪声的影响。

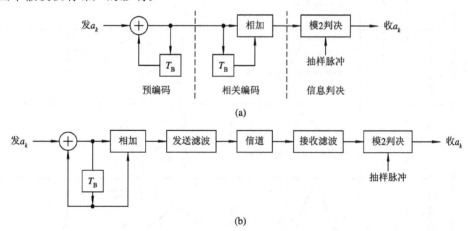

(a)

(b)

图 3.17 部分响应系统框图

**4. 部分响应波形的一般形式**

部分响应波形的一般形式可以是 $N$ 个 $\text{Sa}(x)$ 波形之和，其表达式为

$$g(t) = R_1 \text{Sa}\left(\frac{\pi}{T_B}t\right) + R_2 \text{Sa}\left[\frac{\pi}{T_B}(t - T_B)\right] + \cdots + R_N \text{Sa}\left\{\frac{\pi}{T_B}[t - (N-1)T_B]\right\} \tag{3.35}$$

式中，$R_1$, $R_2$, $\cdots$, $R_N$ 为 $N$ 个 $\text{Sa}(x)$ 波形的加权系数。其取值为正、负整数（包括取 0 值）。所对应的频谱函数为

$$
G(\omega) = \begin{cases} T_{\mathrm{B}} \displaystyle\sum_{m=1}^{N} R_m \mathrm{e}^{\mathrm{j}\omega(m-1)T_{\mathrm{B}}}, & |\omega| \leqslant \dfrac{\pi}{T_{\mathrm{B}}} \\[3mm] 0, & |\omega| > \dfrac{\pi}{T_{\mathrm{B}}} \end{cases} \tag{3.36}
$$

显然，$G(\omega)$ 在频域 $\left(-\dfrac{\pi}{T_{\mathrm{B}}}, \dfrac{\pi}{T_{\mathrm{B}}}\right)$ 内才有非零值。

表 3.1 列出了五类部分响应系统的波形、频域及加权系数 $R_N$，分别命名为 Ⅰ、Ⅱ、Ⅲ、Ⅳ、Ⅴ 类部分响应信号。为了便于比较，将 $\mathrm{Sa}(x)$ 的理想抽样函数也列入表内，称其为 0 类。可见，前面讨论的例子属于 Ⅰ 类。各类部分响应波形的频谱均不超过理想低通信号的频谱宽度，但它们的频谱结构和对邻近码元抽样时刻的串扰不同。目前应用最多的是第 Ⅰ 类和第 Ⅳ 类。第 Ⅰ 类频谱主要集中在低频段，适于信道频带高频严重受限的场合。第 Ⅳ 类无直流成分，且低频分量很小。由表 3.1 还可以看出，第 Ⅰ、Ⅳ 类的抽样电平数比其他几类都要少，这也是它们得到广泛应用的原因之一。

**表 3.1　五类部分响应系统**

| 类别 | $R_1$ | $R_2$ | $R_3$ | $R_4$ | $R_5$ | $y(t)$ | $\lvert G(\omega)\rvert$, $\lvert\omega\rvert \leqslant \dfrac{\pi}{T_{\mathrm{B}}}$ | 二进制输入时 $c_k$ 的电平数 |
|---|---|---|---|---|---|---|---|---|
| 0 | 1 | | | | | | | 2 |
| Ⅰ | 1 | 1 | | | | | $2T_{\mathrm{B}}\cos\dfrac{\omega T_{\mathrm{B}}}{2}$ | 3 |
| Ⅱ | 1 | 2 | 1 | | | | $4T_{\mathrm{B}}\cos\dfrac{\omega T_{\mathrm{B}}}{2}$ | 5 |
| Ⅲ | 2 | 1 | $-1$ | | | | $2T_{\mathrm{B}}\cos\dfrac{\omega T_{\mathrm{B}}}{2}\sqrt{5-4\cos\omega T_{\mathrm{B}}}$ | 5 |
| Ⅳ | 1 | 0 | $-1$ | | | | $2T_{\mathrm{B}}\sin\omega T_{\mathrm{B}}$ | 3 |
| Ⅴ | $-1$ | 0 | 2 | 0 | $-1$ | | $4T_{\mathrm{B}}\sin^2\omega T_{\mathrm{B}}$ | 5 |

与前述相似，为了避免错误传播现象，可在发端进行编码：

$$a_k = R_1 b_k + R_2 b_{k-1} + \cdots + R_N b_{k-(N-1)} \qquad （按模 L 相加）\tag{3.37}$$

这里，设 $\{a_k\}$ 为 $L$ 进制序列，$\{b_k\}$ 为预编码的新序列。

将预编码后的 $\{b_k\}$ 进行相关编码，则有

$$c_k = R_1 b_k + R_2 b_{k-1} + \cdots + R_N b_{k-(N-1)} \qquad （算术加）\tag{3.38}$$

由式(3.37)和式(3.38)可得

$$a_k = \left[ c_k \right]_{\mathrm{mod} \, L}$$

这即为所希望的结果。此时不存在错误传播问题，且收端译码十分简单，只需对 $c_k$ 进行模 $L$ 判决即可得 $a_k$。

## 3.1.4 现代均衡技术

理想低通和等效理想低通滤波器都能满足奈奎斯特第一准则，即在抽样时刻没有码间串扰。但是由于信道特性的变化和设计误差，一个实际的基带传输系统不可能完全满足理想的波形传输无失真条件，因而码间串扰是不可避免的。当串扰严重时，必须对系统的传输函数 $H(\omega)$ 进行校正，使其接近无失真传输条件。理论和实践表明，在基带系统中插入一种可调（或不可调）滤波器就可以补偿整个系统的幅频和相频特性，这一对系统校正的过程称为均衡，实现均衡的滤波器称为均衡器。

均衡分为频域均衡和时域均衡。频域均衡是从频率响应考虑，使包括均衡器在内的整个系统的总传输函数满足无失真传输条件。时域均衡则是直接从时间响应考虑，使包括均衡器在内的整个系统的冲击响应满足无码间串扰条件。随着数字信号处理理论和超大规模集成电路的发展，时域均衡已成为当今高速数据传输中所使用的主要方法。

### 1. 时域均衡原理

时域均衡的基本思想可用图 3.18 所示的波形来简单说明。它是利用波形补偿的方法将失真的波形直接加以校正，这可以利用观察波形的方法直接调节。

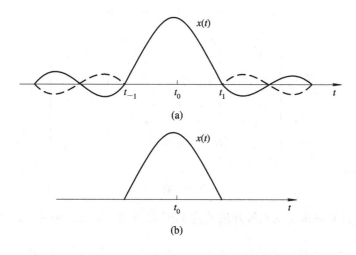

图 3.18 时域均衡的基本波形

设图 3.18(a)为一接收到的单个脉冲,由于信道特性不理想产生了失真,拖了"尾巴"。在 $t_{-N}$,$\cdots$,$t_{-1}$,$t_{+1}$,$\cdots$,$t_{+N}$ 各抽样点上会对其他码元信号造成干扰。如果设法加上一条补偿波形,如图 3.18(a)虚线所示,与拖尾波形大小相等,极性相反,那么这个波形恰好把原来失真波形的"尾巴"抵消掉。校正后的波形不再拖"尾巴"了,如图 3.18(b)所示,因此消除了对其他码元的干扰,达到了均衡的目的。

时域均衡的最常用方法是在基带信号接收滤波器之后插入一个横向滤波器(或称横截滤波器),它由一条带抽头的延时线构成。抽头间隔等于码元周期,每个抽头的延时信号经加权送到一个相加电路汇总后输出,其形式与有限冲激响应滤波器(FIR)相同,如图 3.19 所示。

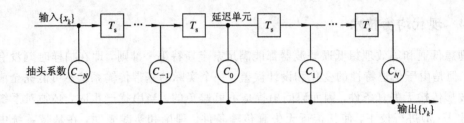

图 3.19　横向滤波器的结构

横向滤波器的相加输出经抽样送往判决电路。每个抽头的加权系数是可调的,设置为可以消除码间串扰的数值。假设有 $2N+1$ 个抽头,加权系数分别为 $C_{-N}$,$C_{-N+1}$,$\cdots$,$C_N$。输入波形的抽样值序列为 $\{x_k\}$,输出波形的抽样值序列为 $\{y_k\}$,则有

$$y_k = \sum_{-N}^{N} C_i x_{k-i} , \quad k = -2N , \cdots , 0 , \cdots , +2N \tag{3.39}$$

输出序列可用矩阵进行计算。令

$$\boldsymbol{Y}^{\mathrm{T}} = \begin{bmatrix} y_{-2N} & \cdots & y_0 & \cdots & y_{2N} \end{bmatrix}$$

$$\boldsymbol{C}^{\mathrm{T}} = \begin{bmatrix} C_{-N} & \cdots & C_0 & \cdots & C_N \end{bmatrix}$$

$$\boldsymbol{X} = \begin{bmatrix} x_{-N} & 0 & 0 & \cdots & 0 & 0 \\ x_{-N+1} & x_{-N} & 0 & \cdots & 0 & 0 \\ \vdots & \vdots & \vdots & & \vdots & \vdots \\ x_N & x_{N-1} & x_{N-2} & \cdots & x_{-N+1} & x_{-N} \\ \vdots & \vdots & \vdots & & \vdots & \vdots \\ 0 & 0 & 0 & \cdots & x_N & x_{N-1} \\ 0 & 0 & 0 & \cdots & 0 & x_N \end{bmatrix} \tag{3.40}$$

则式(3.39)可表示为

$$\boldsymbol{Y} = \boldsymbol{XC} \tag{3.41}$$

【例 3.4】　已知均衡前的系统冲激响应如图 3.20 所示,$x_{-1} = \dfrac{1}{4}$,$x_0 = 1$,$x_1 = -\dfrac{1}{2}$。

假设均衡器采用三抽头横向滤波器,抽头系数为 $C_{-1} = -\dfrac{1}{4}$,$C_0 = 1$,$C_1 = \dfrac{1}{2}$。由式(3.41)可求得均衡器输出序列为

$$\boldsymbol{Y} = \boldsymbol{XC} = \begin{bmatrix} \dfrac{1}{4} & 0 & 0 \\ 1 & \dfrac{1}{4} & 0 \\ -\dfrac{1}{2} & 1 & \dfrac{1}{4} \\ 0 & -\dfrac{1}{2} & 1 \\ 0 & 0 & -\dfrac{1}{2} \end{bmatrix} \begin{bmatrix} -\dfrac{1}{4} \\ 1 \\ \dfrac{1}{2} \end{bmatrix} = \left( -\dfrac{1}{16} \quad 0 \quad \dfrac{5}{4} \quad 0 \quad -\dfrac{1}{4} \right)^{\mathrm{T}}$$

或直接用式(3.39)计算：

$$y_k = \sum_{i=-N}^{N} C_i x_{k-i} = C_{-N} x_{k+N} + \cdots + C_{-1} x_{k+1} + C_0 x_k + C_1 k_{k-1} + \cdots + C_N x_{k-N}$$

$$y_{-2} = C_{-1} x_{-1} = -\frac{1}{4} \times \frac{1}{4} = -\frac{1}{16}$$

$$y_{-1} = C_{-1} x_0 + C_0 x_1 = -\frac{1}{4} \times 1 + 1 \times \frac{1}{4} = 0$$

$$y_0 = C_{-1} x_1 + C_0 x_0 + C_1 x_{-1} = \left( -\frac{1}{4} \right) \times \left( -\frac{1}{2} \right) + 1 \times 1 + \frac{1}{2} \times \frac{1}{4} = \frac{5}{4}$$

$$y_1 = C_0 x_1 + C_1 x_0 = 1 \times \left( -\frac{1}{2} \right) + \frac{1}{2} \times 1 = 0$$

$$y_2 = C_1 x_1 = \frac{1}{2} \times \left( -\frac{1}{2} \right) = -\frac{1}{4}$$

由上述结果可知，虽然相邻抽样点的码间串扰已校正为零，但相隔稍远的抽样点却出现了新的干扰。产生这种情况的原因是抽头太少，尽管一般来说有限抽头的横向滤波器不可能完全消除串扰，但当抽头数较多时，则可以将串扰减小到相当小的程度。在极限情况下，采用无穷多抽头横向滤波器可完全消除串扰。

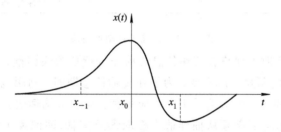

图 3.20 例 3.4 中均衡前的波形

**2. 均衡算法及实现**

横向滤波器的特性完全取决于各抽头系数，而抽头系数的确定则依据均衡的效果。为此，首先要建立度量均衡效果的标准。通常采用的度量标准为峰值畸变和均方畸变。峰值畸变的定义是

$$D = \frac{1}{y_0} \sum_{\substack{k=-\infty \\ k \neq 0}}^{\infty} |y_k| \tag{3.42}$$

其物理意义是冲激响应的所有抽样时刻码间串扰绝对值之和与 $k=0$ 时刻抽样值之比。码间串扰绝对值之和事实上反映了实际信息传输中某抽样时刻所受前后码元干扰的最大可能值，即峰值。显然，对于无码间串扰的冲激响应来说，$D=0$。以峰值畸变为准则时，选择抽头系数的原则应当是使均衡后冲激响应的 $D$ 最小。

理论分析证明，如果均衡前的峰值畸变小于 1（即眼图不闭合），则均衡后的最小峰值畸变必定发生在使 $y_k=0(k=\pm1, \pm2, \cdots, \pm N)$ 的情形。这里，认为横向滤波器的抽头数为 $2N+1$ 个。为了确定迫使码间串扰 $y_k$ 为零时的抽头系数，需要解 $2N+1$ 个联立方程。自动求解联立方程的最准确和最便于实现的方法是迭代法。数学推导表明，峰值畸变 $D$ 是抽头系数的凸函数，因此调整抽头系数的任何迭代技术都能使峰值畸变达到最小。基于迫使码间串扰为零的均衡算法称为迫零算法。

迫零算法的具体实现方案可以有多种。一种最简单的方法是采用预置式自动均衡器，其原理方框图如图 3.21 所示。在预置式自动均衡器中，传输实际信息前先发送低重复频率的单脉冲信号，按照均衡输出冲激响应中各抽样值的正、负极性（$y_0$ 除外），以反极性方向在原抽头系数上加一个固定的增量，即增、减抽头系数一次。$y_k$ 为正极性时，相应的 $C_k$ 减小一个增量，反之亦然。为了快速调整，通常对 $2N+1$ 个抽头系数同时进行调整。控制电路的作用就是根据每次对码间串扰的判决结果，对抽头系数的增、减进行控制。可以预计，这种迭代法所能达到的均衡精度与增量大小有关，增量愈小精度愈高，但收敛时间就愈长。

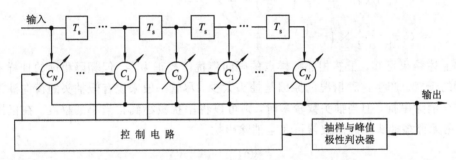

图 3.21　预置式自动均衡器

在实际系统中，有时不允许在传输信息之前先进行预置式调整，即使允许预置式调整也不能保证信道在传输期间一成不变。为了在传输信息期间，利用包含在信号中的码间串扰信息自动调整抽头系数，就必须采用自适应均衡。自适应均衡时，不能直接采用各抽样值的极性作为控制信息，而必须从抽样值中提取误差信息（即偏离正常幅度取值的部分），用统计的方法确定误差的正、负极性，然后控制抽头系数的调整方向。不难理解，在采用迫零算法的自适应均衡中，如果初始眼图是闭合的，则误差信息就会发生错误，从而抽头系数调整也会产生错误，这可能导致均衡过程不收敛。

图 3.22 所示为三抽头自适应均衡器的原理方框图。图中并一串转换为 $\mathrm{lb}M$ 位，$M$ 为发送信号的电平数，而 A/D 变换器则为 $n=\mathrm{lb}M+1$ 位。A/D 变换器的第一位输出码表示抽样值的极性，第 $n$ 位则反映了误差信息。信号极性经移位寄存器后，与误差的极性进行模 2 和求相关，然后送入可逆计数器进行统计，用可逆计数器溢出、取空来控制抽头系数的增、减。图中所示为四电平的系统。

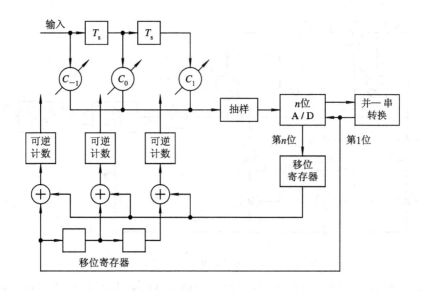

图 3.22 迫零算法自适应均衡器

度量均衡效果的另一个标准为均方畸变，它的定义是

$$e^2 = \frac{1}{y_0} \sum_{\substack{k=-\infty \\ k \neq 0}}^{\infty} y_k^2 \tag{3.43}$$

这里 $y_k$ 为均衡后冲激响应的抽样值。在自适应均衡时，均衡器的输出波形不再是单脉冲冲激响应，而是实际的数据信号，此时误差信号为

$$e_k = y_k - \delta_k \tag{3.44}$$

这里，$\delta_k$ 为发送的幅度电平。均方畸变定义为

$$\overline{e^2} = \sum_{k=-N}^{N} (y_k - \delta_k)^2 \tag{3.45}$$

这里，$\overline{e^2}$ 表示均方误差的时间平均。

以最小均方畸变为准则时，均衡器应调整其各抽头系数，使它们满足

$$\frac{\partial \overline{e^2}}{\partial C_i} = 0, \qquad i = \pm 1, \pm 2, \cdots, \pm N \tag{3.46}$$

由式(3.45)得

$$\frac{\partial \overline{e^2}}{\partial C_i} = 2 \sum_{k=-N}^{N} (y_k - \delta_k) \frac{\partial y_k}{\partial C_i} \tag{3.47}$$

将式(3.39)、式(3.44)代入式(3.47)可得

$$\frac{\partial \overline{e^2}}{\partial C_i} = 2 \sum_{k=-N}^{N} e_k x_{k-i}, \quad i = \pm 1, \pm 2, \cdots, \pm N \tag{3.48}$$

由上式可知，当误差信号与输入抽样值的互相关为零时，抽头系数为最佳值。与迫零算法时相同，在最小均方误差算法中抽头系数的调整过程也可以采用迭代的方法，在每个抽样时刻抽头系数可以刷新一次，增或减一个步长。最小均方畸变算法可以用于预置式均衡器，也可以用于自适应均衡器。图3.23所示为三抽头最小均方畸变算法自适应均衡器的原理方框图，图中可逆计数器用作统计平均。

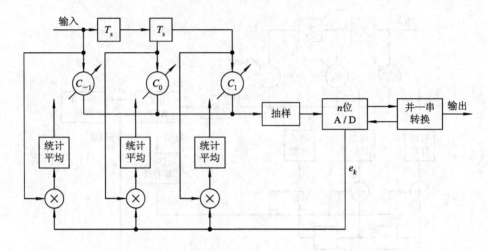

图 3.23 最小均方畸变算法自适应均衡器

理论分析和实验表明，最小均方误差算法比最小峰值畸变算法（即迫零算法）的收敛性好，调整时间短。

在实际系统中预置式均衡器常常与自适应均衡器混合使用。这是因为在上述自适应均衡器中误差信号是在有串扰和噪声情形下得到的，这在处于恶劣信道时会使收敛性变坏。作为一种解决办法，可以先进行预置式均衡，然后转入自适应均衡。预置式均衡可以采用已知的训练序列。整个均衡器的原理方框图如图 3.24 所示。

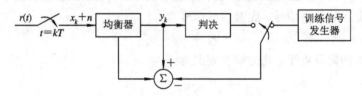

图 3.24 带预置均衡的自适应均衡器

上述自适应均衡器技术是基于采用线性滤波器（横向滤波器是一种线性滤波器）的基础上的，误差信号的估值用直接判决的方法得到。为了进一步改善性能，可以采用非线性滤波器技术，即判决反馈均衡器（DFE）。在图 3.25 所示的判决反馈均衡器中，一个横向滤波器用于线性的前向滤波处理，其判决结果反馈给另一个横向滤波器。如果前面的判决是正确的，则反馈均衡器就能消除由前面码元所造成的串扰。反馈均衡器的抽头系数由包括前向均衡器所造成的信道冲激响应拖尾所决定。不难理解，只要误码率小于 $1/2$，原则上就能保证收敛性。

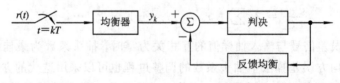

图 3.25 判决反馈均衡器

另外，人们已经研究开发了三类不同的自适应盲均衡算法。第一类算法是基于最速下降的自适应均衡器；第二类是基于使用接收信号的二阶或高阶（通常是四阶）统计特性，对信道进行估计并设计均衡器；第三类是基于最大自然准则的盲均衡算法。

# 3.2 频带传输理论

由于从消息变换过来的原始信号具有频率较低的频谱分量，这种信号在许多信道中不适宜直接进行传输，因此，在通信系统的发送端通常需要有调制过程，而在接收端则需要有反调制过程（解调过程）。频带传输理论主要研究调制与解调原理。

载波调制是按基带信号的变化规律去改变载波的某些参数的过程。调制的载波可以分为两类：一类用正弦型信号，成为正弦载波调制；一类用脉冲串，称为脉冲调制。基带信号也可分为两类：一类是模拟信号，即基带信号的取值是连续的，称为模拟调制；另一类是数字信号，即基带信号的取值是离散的，称为数字调制。

## 3.2.1 调制与解调原理

载波选用正弦型载波，基带信号为模拟信号，设正弦型载波为

$$s(t) = A\cos(\omega_c t + \varphi_0) \tag{3.49}$$

式中，$A$ 为载波的幅度，$\omega_c$ 为载波角频率，$\varphi_0$ 为载波的初始相位。

如用基带信号的变化规律分别去改变载波的上述三个参数，可得到三种不同的调制方式，依次为幅度调制（AM）、频率调制（FM）和相位调制（PM）。最常用的模拟调制方式是用正弦波作为载波的幅度调制。

### 1. 幅度调制的原理

若基带信号为 $m(t)$，则幅度调制信号（已调信号）一般可表示成

$$S_m(t) = Am(t)\cos(\omega_c t + \varphi_0) \tag{3.50}$$

设调制信号 $m(t)$ 的频谱为 $M(\omega)$，则由式（3.50）不难得到已调信号 $S_m(t)$ 的频谱 $S_m(\omega)$，即

$$S_m(\omega) = \mathscr{F}[S_m(t)] = \frac{A}{2}[M(\omega - \omega_c) + M(\omega + \omega_c)] \tag{3.51}$$

由以上表示式可见，对于幅度已调信号，在波形上，它的幅度随基带信号变化而呈正比变化；在频谱结构上，它的频谱完全是基带信号频谱结构在频域内的简单搬移（精确到常数因子）。由于这种搬移是线性的，因此，幅度调制通常又称为线性调制。其波形及频谱结构如图 3.26 所示。

线性调制器的一般模型如图 3.27 所示。它由一个相乘器和一个频率响应为 $H(\omega)$ 的带通滤波器组成。该模型输出信号的频域表示为

$$S_m'(\omega) = 0.5[M(\omega - \omega_c) + M(\omega + \omega_c)]H(\omega) \tag{3.52}$$

上述模型之所以称为调制器的一般模型，是因为在该模型中，适当选择带通滤波器的频率响应 $H(\omega)$，可以得到各种幅度调制信号，如双边带信号、振幅调制信号、单边带信号及残留边带信号等。

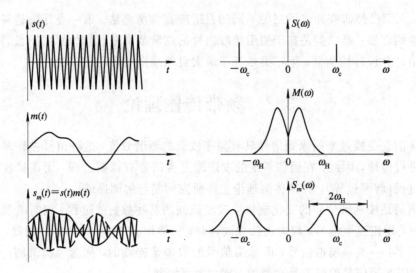

图 3.26 幅度调制信号的波形及频谱

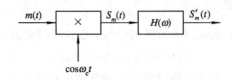

图 3.27 线性调制器的一般模型

1) 调幅(AM)信号

如果输入的基带信号 $m(t)$ 带直流分量,则它可以表示为 $m_0$ 与 $m'(t)$ 之和。其中,$m_0$ 是 $m(t)$ 的直流分量,$m'(t)$ 是表示消息变化的交流分量。同时假设 $H(\omega)$ 是理想带通滤波器 的频率响应,中心频率为 $\omega_c$,带宽为 $2\omega_H$($\omega_H$ 为基带信号的最高频率),则得到的输出信号 便是有载波分量的双边带信号。在这种信号中,如果满足 $m_0 > |m'(t)|_{max}$,则该信号为调 幅(AM)信号,其时域和频域表示式分别为:

$$S_m(t) = m(t) \cos\omega_c t = [m_0 + m'(t)] \cos\omega_c t$$
$$= m_0 \cos\omega_c t + m'(t) \cos\omega_c t \tag{3.53}$$

$$S_m(\omega) = \pi m_0 [\delta(\omega - \omega_c) + \delta(\omega + \omega_c)] + \frac{1}{2}[M'(\omega - \omega_c) + M'(\omega + \omega_c)] \tag{3.54}$$

式(3.53)中,$m_0 \cos\omega_c t$ 表示载波项,$m'(t) \cos\omega_c t$ 表示信号项;式(3.54)中,$M'(\omega) \Leftrightarrow m'(t)$。

调幅(AM)信号的优点是解调时采用包络检波器,便可得到基带信号,接收设备简单, 主要应用于无线电广播;缺点是载波项占据了大量的发射功率,而载波分量并不携带信 息,造成这部分功率的浪费,即 AM 的功率利用率很低。为了克服这一缺点,可抑制载波 分量的传送,从而演变出另一种调制方式——抑制载波的双边带调制。

2) 双边带(DSB)信号

在图 3.27 中,如果输入的基带信号没有直流分量,或将直流分量抑制掉,且 $H(\omega)$ 同 上,则得到的输出信号便是无载波分量的双边带调制信号,或称双边带抑制载波

（DSB - SC）调制信号，简称 DSB 信号。这时的 DSB 信号实质上就是 $m(t)$ 与载波 $s(t)$ 的相乘，即 $S_m(t) = m(t)\cos\omega_c t$，其波形和频谱如图 3.26 所示。

DSB 信号提高了发射功率的利用率，但解调时必须采用同步解调，接收设备变得复杂，传输信号占用的带宽为 $2\omega_H$，主要应用于低带宽信号多路复用系统。

3）单边带（SSB）信号

双边带调制信号包含有两个边带，即上、下边带。由于这两个边带包含的信息相同，因而从信息传输的角度来考虑，传输一个边带就够了。所谓单边带调制，就是只产生一个边带的调制方式。

利用图 3.27 所示调制器的一般模型，同样可以产生单边带信号。这时，只需将带通滤波器设计成如图 3.28 所示的传输特性。图 3.28(a)将产生上边带信号，而图 3.28(b)将产生下边带信号，相应的频谱如图 3.29 所示。图中，$M(\omega)$ 是调制信号 $m(t)$ 的频谱。

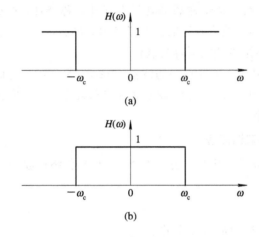

图 3.28 形成单边带信号的滤波特性

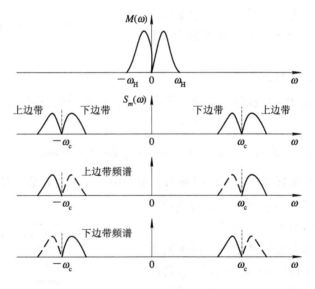

图 3.29 单边带信号的频谱

单边带(SSB)信号的优点是占用的带宽为 $\omega_H$，只有双边带信号的一半；缺点是对 $H(\omega)$ 的特性要求高，当达不到理想状态时，会产生失真。SSB 信号主要应用于语音通信，因为语音的频率从 300 Hz 开始，在 0～300 Hz 之间无频谱成分，对 $H(\omega)$ 理想特性的要求可降低。

4) 残留边带(VSB)信号

残留边带调制是介于双边带与单边带之间的一种线性调制。它既克服了双边带调制信号占用频带宽的缺点，又解决了单边带信号实现上的难题。在这种调制方式中，不是将一个边带完全抑制，而是部分抑制，使其仍残留一小部分。由于残留边带调制也是线性调制，因此它同样可用图 3.27 所示的调制器来产生。不过，这时图中滤波器的频率响应 $H(\omega)$ 应按残留边带调制的要求来进行设计，即只要求当 $|\omega| < \omega_H$ 时，

$$H(\omega + \omega_c) + H(\omega - \omega_c) = C \quad (C \text{ 为常数})$$

换句话说，只要 $H(\omega)$ 的截止特性在载频处具有互补对称特性，那么，采用同步解调法解调残留边带信号就能够准确地恢复所需的基带信号。显然，这个滤波器不需要十分陡峭的滤波特性，因而，它比单边带滤波器容易制作。

残留边带(VSB)信号的主要优点是滤波器 $H(\omega)$ 容易实现，传输带宽为 $\omega_H + \omega_V$（其中 $\omega_V$ 为残留带宽，略大于单边带的 $\omega_H$）；缺点是设备较复杂。它适宜传输低频成分较重的信号，如电视、宽带数据等。

**2. 幅度调制信号的解调原理**

对幅度调制信号，解调的基本方法有两种：一种是包络检波法，一种是相干解调（或称同步解调）。

1) 包络检波法

对调幅(AM)信号，当满足 $m_0 > |m'(t)|_{\max}$ 时，不会发生过调制现象，此时用包络检波的方法很容易恢复原始基带信号 $m(t)$。如图 3.30 所示，输入为调幅信号 $S_{AM}(t)$，输出为无失真的基带信号 $K_m(t)$。

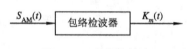

图 3.30　包络检波法

2) 相干解调（同步解调）

双边带信号不能用包络检波来解调，可采用以下方法，将已调信号 $S_{DSB}(t)$ 乘上一个同频同相的载波，得

$$S_{DSB}(t) \cos\omega_c t = m(t) \cos^2\omega_c t = \frac{1}{2}m(t) + \frac{1}{2}m(t) \cos^2\omega_c t \qquad (3.55)$$

由上式可知，用一个低通滤波器就可以将第 1 项与第 2 项分离，无失真地恢复出原始基带信号 $m(t)$。这种解调方法称为同步解调或相干解调，其原理方框图如图 3.31 所示。

相干解调的关键是必须产生一个同频同相的本地载波，如果同频同相的条件得不到保证，则会破坏基带信号的恢复。所以，所需的设备比包络检波法复杂。

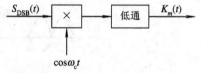

图 3.31　相干解调原理

同理，单边带（SSB）信号和残留边带（VSB）信号也可采用同步解调的方法恢复出基带信号 $m(t)$。

## 3.2.2 二进制数字调制系统

在大多数数字通信系统中，都选择正弦信号作为载波，这是因为正弦信号形式简单，便于产生及接收。和模拟调制一样，数字调制也有调幅、调频和调相三种基本形式，并可以派生出多种其他形式。数字调制与模拟调制相比，其原理并没有什么区别，不过模拟调制是对载波信号的参量进行连续调制，在接收端则对载波信号的调制参量连续地进行估值；而数字调制都是用载波信号的某些离散状态来表征所传送的信息，在接收端也只要对载波信号的离散调制参量进行检测。数字调制信号在二进制时有幅度键控（ASK）、频移键控（FSK）和相移键控（PSK）三种基本信号形式，如图 3.32 所示。

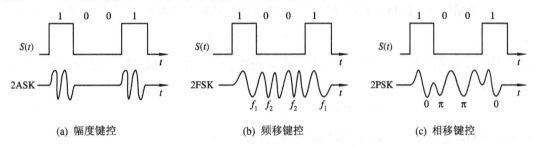

(a) 幅度键控　　　　(b) 频移键控　　　　(c) 相移键控

图 3.32　正弦载波的三种键控波形

根据已调信号的频谱结构特点的不同，数字调制也可分为线性调制和非线性调制。在线性调制中，已调信号的频谱结构与基带信号的频谱结构相同，只不过频率位置搬移了；在非线性调制中，已调信号的频谱结构与基带信号的频谱结构不同，它不是简单的频谱搬移，而是有其他新的频率成分出现。幅度键控属于线性调制，而频移键控多属于非线性调制，可见，这些特点与模拟调制时都是相同的。

这种把基带数字信号变换为频带数字信号的过程称为数字调制；反之，称为数字解调。把包括调制和解调过程的传输系统叫做数字信号的频带传输系统，或数字调制系统。频带传输系统的基本结构如图 3.33 所示。

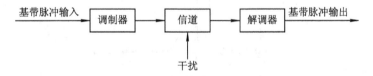

图 3.33　数字信号频带传输系统的基本结构

数字调制可分为二进制和多进制调制，下面先讨论二进制数字信号调制及解调原理、已调信号的频谱特性及带宽，并指出各种调制方式的特点，便于在实际中应用。

**1. 二进制幅度键控（2ASK）**

在幅度键控中，载波幅度是随着调制信号而变化的。最简单的形式是载波在二进制调制信号 1 或 0 的控制下通或断，这种二进制幅度键控方式也称为通—断键控（OOK）。它的时域表达式为

$$S_{OOK}(t) = \alpha_n A \cos\omega_c t \qquad (3.56)$$

这里，$A$ 为载波幅度；$\omega_c$ 为载波频率；$a_n$ 为二进制数字，有

$$a_n = \begin{cases} 1, & \text{出现概率为 } p \\ 0, & \text{出现概率为 } 1-p \end{cases}$$

2ASK 信号的典型波形如图 3.34 所示。

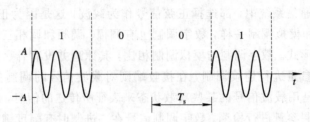

图 3.34  2ASK 信号的典型波形

在一般情况下，调制信号可以是具有一定波形形状的二进制序列（二元基带信号），即

$$B(t) = \sum_n a_n g(t - nT_s) \tag{3.57}$$

这里，$T_s$ 为信号间隔，$g(t)$ 为调制信号的时间波形，$a_n$ 为二进制数字。二进制幅度键控信号的一般时域表达式为

$$S_{\text{ASK}}(t) = \left[ \sum_n a_n g(t - nT_s) \right] \cos\omega_c t \tag{3.58}$$

由上式可知，这是双边带调幅信号的时域表达式。

若二进制序列的功率谱密度为 $P_B(\omega)$，二进制幅度键控信号的功率谱密度为 $P_{\text{ASK}}(\omega)$，则有

$$P_{\text{ASK}}(\omega) = \frac{1}{4} \left[ P_B(\omega + \omega_c) + P_B(\omega - \omega_c) \right] \tag{3.59}$$

由此可知，二进制幅度键控信号的频谱宽度是二进制基带信号的两倍。图 3.35 所示为 ASK 信号的功率谱密度示意图。理论上来说这种信号的频谱宽度为无穷大，为了限制频带可以采用限带信号作为基带信号。

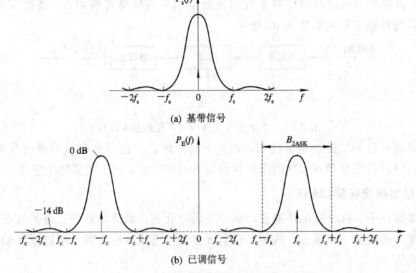

图 3.35  2ASK 信号的功率谱密度示意图

二进制幅度键控的调制器可以用一个相乘器来实现,如图 3.36 所示。对于通断键控信号来说,相乘器则可以用一个开关电路来代替,调制信号为 1 时开关电路导通,为 0 时开关电路切断。

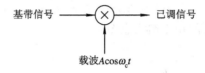

图 3.36　2ASK 信号调制器

　　解调器如同模拟信号双边带时一样,也可以有包络检波和相干解调两种。不同的是,现在被传输的信号只有 1 和 0 两种,因此只需要在每个信号间隔内做出一次判决即可,这由采样判决电路来完成。这两种解调器的方框图如图 3.37 所示。相干解调需要在接收端产生一个本地载波,在 2ASK 中很少使用。

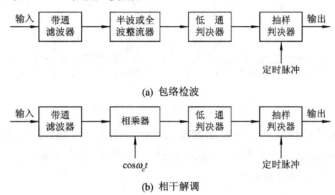

图 3.37　2ASK 信号解调器

### 2. 二进制频移键控(2FSK)

　　在二进制频移键控中,载波频率随着调制信号 1 或 0 而变,1 对应于载波频率 $f_1$,0 对应于载波频率 $f_2$。二进制频移键控已调信号的时域表达式为

$$S_{2\text{FSK}}(t) = \Big[\sum_n a_n g(t-nT_s)\Big]\cos\omega_1 t + \Big[\sum_n \bar{a}_n g(t-nT_s)\Big]\cos\omega_2 t \tag{3.60}$$

这里,$\omega_1 = 2\pi f_1$;$\omega_2 = 2\pi f_2$;$\bar{a}_n$ 是 $a_n$ 的反码,有

$$a_n = \begin{cases} 0, & \text{概率为 } p \\ 1, & \text{概率为 } 1-p \end{cases} \tag{3.61}$$

　　在最简单也是最常用的情况下,$g(t)$ 为单个矩形脉冲。2FSK 信号的典型波形如图 3.38 所示。

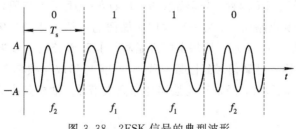

图 3.38　2FSK 信号的典型波形

由式(3.60)可知，二进制频移键控已调信号可以看成是两个不同载频的幅度键控已调信号之和，因此它的频带宽度是两倍基带信号带宽($B$)与$|f_2-f_1|$之和，即

$$\Delta f = 2B + |f_2 - f_1| \tag{3.62}$$

图3.39中给出了2FSK的功率谱示意图。

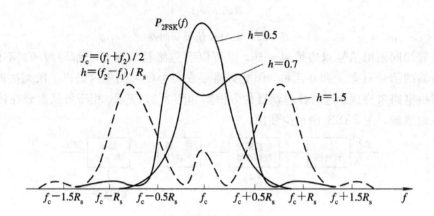

图 3.39  2FSK 信号的功率谱示意图

二进制频移键控的调制器可以采用模拟信号调频电路来实现，但更容易的实现方法是图3.40中所示的键控法，即两个独立的载波发生器的输出受控于输入的二进制信号，按照1或0分别选择一个载波作为输出。

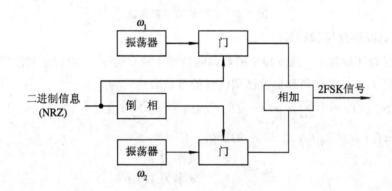

图 3.40  2FSK 信号调制器

解调也有非相干和相干两种，分别如图3.41(a)和(b)所示，其原理与二进制幅度键控时相同，只是使用两套电路而已。另一种常用而简便的解调方法是过零检测法，其原理方框图及各点波形如图3.42所示。其基本原理是根据频移键控的过零率的大小来检测已调信号中的频率变化。输入已调信号经限幅、微分、整流后形成与频率变化相应的脉冲序列，由此形成一定宽度的矩形波，经低通滤波器滤除高次谐波，抽样判决后即可得到原始的调制信号。

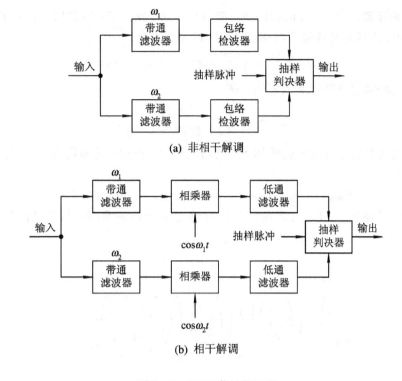

(a) 非相干解调

(b) 相干解调

图 3.41  2FSK 信号解调器

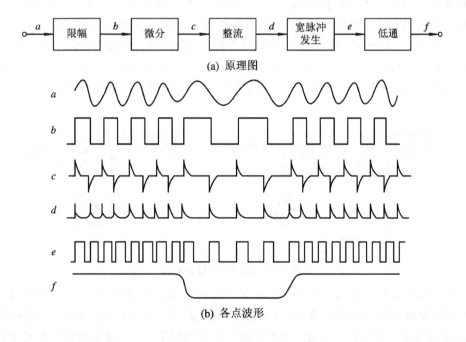

(a) 原理图

(b) 各点波形

图 3.42  2FSK 信号过零检测法的原理图及各点波形

### 3. 二进制相移键控（2PSK 或 BPSK）

二进制相移键控中，载波的相位随调制信号 1 或 0 而改变，通常用相位 0°和 180°来分别表示 1 或 0。二进制相移键控已调信号的时域表达式为

$$S_{BPSK}(t) = \left[ \sum_n a_n g(t - nT_s) \right] \cos\omega_c t \tag{3.63}$$

这里，$a_n$ 与 2ASK 及 2FSK 时的不同，有

$$a_n = \begin{cases} +1, & \text{概率为 } p \\ -1, & \text{概率为 } 1-p \end{cases} \tag{3.64}$$

因此，在某个信号间隔内观察 BPSK 已调信号时，若 $g(t)$ 是幅度为 1、宽度为 $T_s$ 的矩形脉冲，则有

$$S_{BPSK}(t) = \pm \cos\omega_c t = \cos(\omega_c t + \varphi_i), \quad \varphi_i = 0 \text{ 或 } \pi \tag{3.65}$$

当数字信号传输速率（$1/T_s$）与载波频率间有确定的倍数关系时，其典型波形如图 3.43 所示。

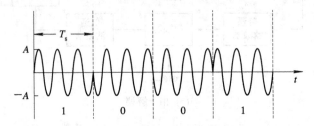

图 3.43　BPSK 信号的典型波形

将式(3.65)所示 BPSK 信号与式(3.56)所示 OOK 信号相对比可知，BPSK 信号是双极性非归零码的双边带调制，而 OOK 信号是单极性非归零码的双边带调制。前者调制信号没有直流分量，因而是抑制载波的双边带调制。由此可见，BPSK 信号的功率谱与 OOK 信号的相同，只是少了一个离散的载频分量。这一结论也同样适用于基带信号为其他形式时的 BPSK 信号。BPSK 调制器可以采用相乘器，也可以用相位选择器来实现，如图 3.44 所示。

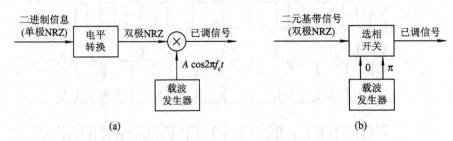

图 3.44　BPSK 信号调制器

BPSK 解调必须要采用相干解调，而如何得到同频同相的载波是个关键问题。由于 BPSK 信号是抑制载波双边带信号，不存在载频分量，因而无法从已调信号中直接用滤波法提取本地载波。只有采用非线性交换才能产生新的频率分量。常用的载波恢复电路有两种，一种是图 3.45(a)所示的平方环电路，另一种是图 3.45(b)所示的科斯塔斯(Costas)环电路。

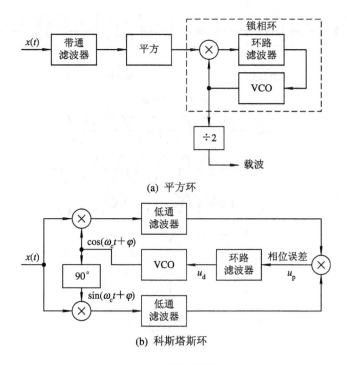

(a) 平方环

(b) 科斯塔斯环

图 3.45　载波恢复电路

### 4. 二进制差分相移键控（2DPSK）

前面所讨论的 2PSK 信号中，相位变化是以未调载波的相位作为参考基准的。由于它是利用载波相位的绝对数值来传送数字信息的，因而又称为绝对调相。另一种利用载波相位传送数字信息的方法称为相对调相，它不是利用载波相位的绝对数值传送数字信息，而是用前后码元的相对相位变化来传送数字信息。

实现相对调相的最常用方法是：首先对数字基带信号进行差分编码，即由绝对码表示变为相对码（差分码）表示，然后再进行绝对调相。二进制差分相移键控常简称为二相相对调相，记作 DPSK 或 2DPSK。DPSK 调制器方框图如图 3.46 所示，图中还给出了典型波形。

由于 DPSK 中数字信息是用前后码元已调信号的相位变化来表示的，因此用有相位模糊度的载波进行相干解调时并不影响相对关系。虽然解调得到的相对码完全是 0、1 倒置，但经差分译码得到的绝对码不会发生任何倒置现象，从而克服了载波相位模糊度问题。DPSK 的相干解调器及各点波形如图 3.47 所示。

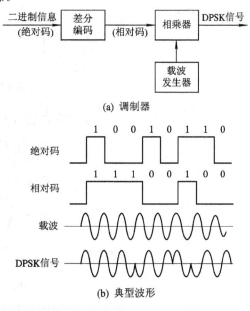

(a) 调制器

(b) 典型波形

图 3.46　2DPSK 调制器及典型波形

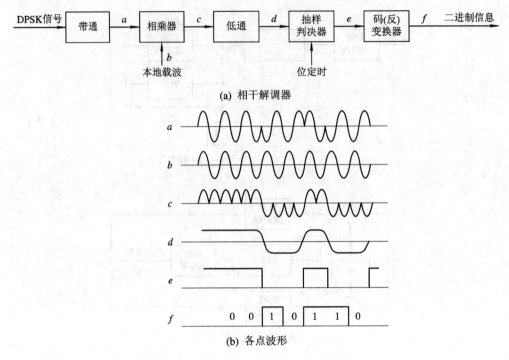

(a) 相干解调器

(b) 各点波形

图 3.47　2DPSK 信号相干解调器及各点波形

DPSK 信号的另一种解调方法是差分相干解调，其原理方框图及各点波形如图 3.48所示。用这种方法解调时不需要恢复本地载波，只需将 DPSK 信号延时一个码元间隔 $T_s$，然后与 DPSK 信号本身相乘。相乘结果反映了前后码元的相对相位关系，经低通滤波后可直接抽样判决恢复出原始数字信息，而不需要差分译码。只有 DPSK 信号才能采用这种方法解调，因为它的相位变化基准是前一个码元的载波相位，而不是未调载波的相位。

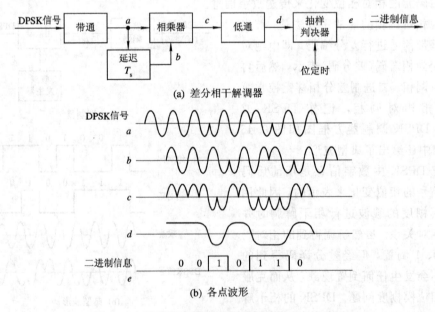

(a) 差分相干解调器

(b) 各点波形

图 3.48　2DPSK 信号差分相干解调器及各点波形

采用差分相干解调的相对调相除了不需要相干载波外，在抗频漂能力、抗多径效应及抗相位慢抖动能力方面均优于采用相干解调的绝对调相，但在抗白噪声能力方面相对较弱。

### 3.2.3 多进制数字调制系统

下面介绍多进制数字调制系统原理，包括 M 进制幅度键控、M 进制频移键控、M 进制相移键控及 M 进制正交振幅调制。

#### 1. M 进制幅度键控(MASK)

MASK 信号的时域表达式及功率谱密度表达式分别为：

$$e_{\text{MASK}}(t) = s(t)\cos\omega_c t \tag{3.66}$$

$$P_{\text{MASK}}(f) = 0.25[P_s(f + f_c) + P_s(f - f_c)] \tag{3.67}$$

式中，$s(t)$ 为 M 进制单极性码或 M 进制双极性码，$P_s(f)$ 为 $s(t)$ 的功率谱密度。

设 $s(t)$ 为图 3.49(a)所示的四进制双极性基带信号，则 4ASK 信号波形如图 3.49(b)所示。若 $s(t)$ 为图 3.49(c)所示的单极性信号，则 4ASK 信号波形如图 3.49(d)所示。分别称图 3.49(b)、(d)所示的信号为双极性四进制调幅信号和单极性四进制调幅信号。

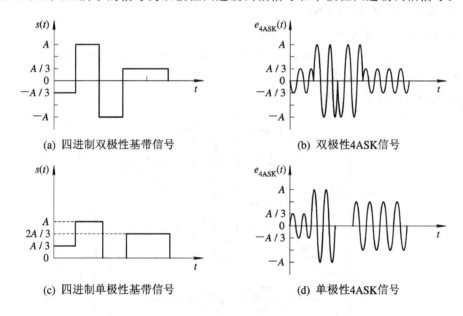

(a) 四进制双极性基带信号   (b) 双极性4ASK信号

(c) 四进制单极性基带信号   (d) 单极性4ASK信号

图 3.49 四进制基带信号及 4ASK 信号波形

由式(3.67)可见，将 M 进制基带信号的功率谱密度搬移至载频两边，就是 MASK 信号的功率谱密度，所以 MASK 信号的带宽为

$$B_{\text{MASK}} = \frac{2R_b}{\text{lb}M} \tag{3.68}$$

可以用包络检波法及相干解调法解调单极性 MASK 信号。但对于双极性 MASK 信号，只能用相干解调法解调，因为它的包络变化不代表基带信号。MASK 信号接收机的组成框图如图 3.50 所示，但抽样判决器有 $M-1$ 个门限电平。

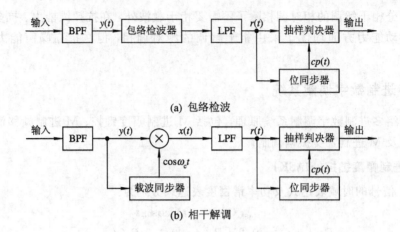

(a) 包络检波

(b) 相干解调

图 3.50 MASK 信号接收机组成框图

在现代通信系统中，已经很少使用单极性 MASK 信号。可以用两个正交的双进制 MASK 信号合成一个 M 进制正交振幅调制（MQAM）信号，MQAM 信号是现代通信中常用的多进制数字已调信号，故一般只讨论双极性 MASK 信号。

**2. M 进制频移键控（MFSK）**

可将 MFSK 信号表示为

$$e_{\text{MFSK}}(t) = A\cos\omega_k t, \quad T_s \leqslant t \leqslant nT_s, \quad k = 1, 2, \cdots, M \tag{3.69}$$

式中，$T_s$ 为 M 进制码元宽度。

MFSK 系统原理框图如图 3.51 所示。

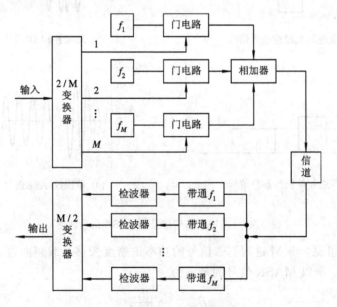

图 3.51 MFSK 系统原理框图

图中，2/M 变换器将一组 $n$ 位二进制码变为 M 路并行码，且 $M=2^n$。当某种组合的 $n$ 位二进制码到来时，2/M 变换器的某一路输出信号为高电平，打开相应的一个门电路，让与该门电路对应的载波发送出去。2/M 变换器的其他输出信号为低电平，从而关闭其余的门电路。于是，当一组组二进制码元依次输入时，相加器输出的便是一个 MFSK 信号。在接收端，一个 M 进制码元内只有某一个带通滤波器有信号输出。抽样判决器在给定的时刻上比较各包络检波器输出的电压，并选出最大者作为输出。M/2 变换器将判决结果转换为相应的 $n$ 位二进制信号。

与 2FSK 信号一样，可将 MFSK 信号等效为 $M$ 个 2ASK 信号相加，它的相邻载波频率间隔应大于 $M$ 进制码元速率的 2 倍，否则接收端的带通滤波器无法将各个 2ASK 信号分离开。

当然，在理论上还可以用相干解调法解调 MFSK 信号，但由于需要用 $M$ 个载波同步器提取 $M$ 个相干载波，设备复杂，故一般用包络检波法解调 MFSK 信号。

MFSK 信号是非线性已调信号，它的带宽为

$$B_{\mathrm{MFSK}} = 2R_s + |f_M - f_1| \tag{3.70}$$

式中，$R_s = R_b / \mathrm{lb}M$。

设相邻载波频差为 $2R_s$，则 MFSK 信号的功率谱密度图如图 3.52 所示，图中 $f_s = R_s$。

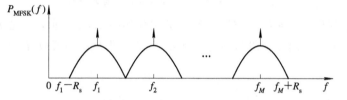

图 3.52　MFSK 信号的功率谱密度图

可见，当 $f_{i+1} - f_i = 2R_s$ 时，MFSK 信号的带宽为

$$B_{\mathrm{MFSK}} = \frac{2MR_b}{\mathrm{lb}M} \tag{3.71}$$

而对于 2FSK 信号，当 $f_2 - f_1 = 2R_s$ 时，其带宽为

$$B_{\mathrm{2FSK}} = 4R_b \tag{3.72}$$

可见，当 $M > 4$ 时，$B_{\mathrm{MFSK}} > B_{\mathrm{2FSK}}$。由于 MFSK 信号占用带宽大，频带利用率低，故只有在信息速率不高时才能采用多进制频率调制。

### 3. M 进制移相键控(MPSK)

可将 MPSK 信号表示为

$$e_{\mathrm{MPSK}}(t) = A\cos(\omega_c t - \varphi_k), \quad T_s \leqslant t \leqslant nT_s, \quad k = 1, 2, \cdots, M \tag{3.73}$$

式中，$T_s$ 为 M 进制信号的码元宽度，载频 $f_c$ 一般为码速率的整数倍。

将式(3.73)的右边展开，得

$$e_{\mathrm{MPSK}}(t) = I(t)\cos\omega_c t + Q(t)\sin\omega_c t \tag{3.74}$$

式中，$I(t) = A\cos\varphi_k$，$Q(t) = A\sin\varphi_k$。

一般，$M$ 个 $\varphi_k$ 是等间隔的，再考虑到 $\cos\alpha = \cos(-\alpha)$，$\sin\alpha = \sin(\pi - \alpha)$，故 $I(t)$ 及 $Q(t)$ 都有 $M/2$ 个电平，其码元宽度为 M 进制信号的码元宽度。

式(3.74)右边的两个信号是正交的，故 MPSK 信号的功率谱密度等于它的两个正交信号的功率谱密度之和。这一结论对 MQAM 信号及 MQPR 信号也是适用的。

由于 $M > 4$ 时，MPSK 信号的抗噪性能比 MQAM 差，故目前常用的多进制相位调制

信号是 4PSK。

1）4PSK（QPSK）

4PSK 信号又称为正交移相键控（QPSK）信号，其时域表达式中的 $I(t)$ 和 $Q(t)$ 为双极性二电平信号，故 4PSK 信号可看做由两个正交 2PSK 信号相加而成，并可用图 3.53 所示的正交调制器产生。图中，$x$、$y$ 为 NRZ 码，经单/双变换器后变为 BNRZ 码。

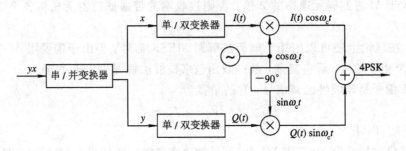

图 3.53　4PSK 信号正交调制器原理框图

双比特信息代码 $yx$ 与 $I(t)$、$Q(t)$ 及 $\varphi_k$ 的关系如图 3.54 所示，可见 $I(t)$ 及 $Q(t)$ 仍是二进制信号，但它们的码元间隔为信息代码的 2 倍，即 $I(t)$ 和 $Q(t)$ 的码速率为信息速率的 1/2。

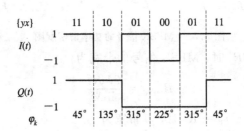

图 3.54　信息代码与 $I(t)$、$Q(t)$ 及 $\varphi_k$ 的关系

当 $P(1)=P(0)$ 时，4PSK 信号的单边功率谱密度图如图 3.55 所示，图中 $f_s=R_b$。由图可见，4PSK 信号的谱零点带宽为

$$B_{4PSK} = R_b \tag{3.75}$$

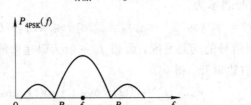

图 3.55　4PSK 信号的单边功率谱密度图

也可以用图 3.56 所示的相位选择法产生 4PSK 信号。图中，四相载波发生器输出四种不同相位的载波，串/并变换器输出双比特码元，此双比特码元控制逻辑选相电路输出相应相位的载波。

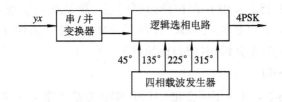

图 3.56　相位选择法调制器原理框图

常用相干解调法解调 4PSK 信号。4PSK 相干接收机的组成框图如图 3.57 所示。载波同步器从 4PSK 信号中提取的相干载波的相位存在四种可能，如表 3.2 所示。只有当 $c_i(t)=\cos\omega_c t$ 且 $c_q(t)=\sin\omega_c t$ 时才能得到正确的解调结果。读者可以根据 2PSK 相干解调原理，画出图 3.57 中各点的信号波形，并分析 $c_i(t)$ 为其他三种信号时的解调结果。4PSK 信号相干载波的相位模糊现象产生的原因将在后面介绍。

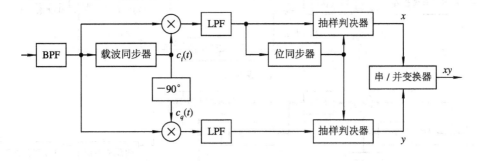

图 3.57　4PSK 相干接收机组成框图

**表 3.2　相干载波的相位模糊现象**

| $c_i(t)$ | $\cos\omega_c t$ | $-\cos\omega_c t$ | $\sin\omega_c t$ | $-\sin\omega_c t$ |
|---|---|---|---|---|
| $c_q(t)$ | $\sin\omega_c t$ | $-\sin\omega_c t$ | $-\cos\omega_c t$ | $\cos\omega_c t$ |

根据 CCITT 的建议，4PSK 信号的相位状态也像 2PSK 信号一样分为 A 和 B 两种方式。图 3.53 和图 3.56 产生的图是 B 方式 4PSK 信号。若图 3.53 中的两个载波分别为 $\cos(\omega_c t+\pi/4)$ 和 $\cos(\omega_c t-\pi/4)$，图 3.53 中四相载波发生器输出载波的四个相位分别为 0°、90°、180° 和 270°，则产生的是 A 方式 4PSK 信号。

通常，将信号矢量端点的分布图称为星座图，图 3.58(a)、(b) 分别为 A 方式 4PSK 信号和 B 方式 4PSK 信号的星座图。

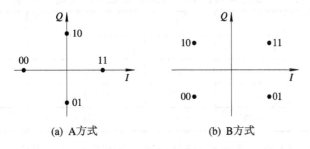

图 3.58　4PSK 信号星座图

因为 4PSK 信号的相干载波存在相位模糊问题,故只有在发送端插入导频时才能用 4PSK 信号传输信息,否则必须用 4DPSK 信号。4PSK 信号为四相绝对移相键控信号,4DPSK 为四相相对移相(差分四相移相)键控信号。

2) 4DPSK(DQPSK)

与 2DPSK 系统类似,可以用码变化-4PSK 调制方法产生 4DPSK 信号,在 4DPSK 解调器中,先解调出双比特相对码,再进行码反变换得到原始信息代码。图 3.59(a)、(b)分别为 4DPSK 调制原理方框图及相干解调原理方框图。图中 $A_k$ 为双比特绝对码,$B_k$ 为双比特相对码,调制器输出信号相对于 $B_k$ 为 4PSK,相对于 $A_k$ 为 4DPSK。

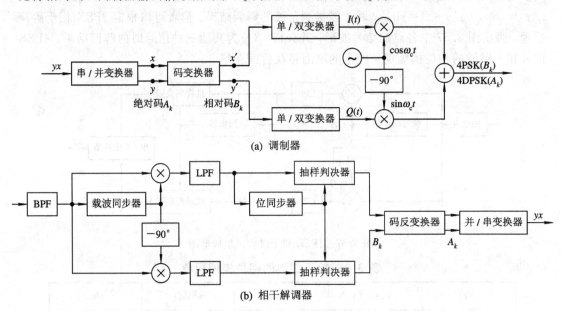

(a) 调制器

(b) 相干解调器

图 3.59 4DPSK 调制原理及相干解调原理方框图

二进制绝对码 $a_k$ 与相对码 $b_k$ 的关系为

$$\begin{cases} a_k = b_k \oplus b_{k-1} \\ b_k = a_k \oplus b_{k-1} \end{cases} \tag{3.76}$$

双比特绝对码 $A_k$ 与相对码 $B_k$ 也存在类似关系,分析如下。

由 4PSK 信号的星座图可见,双比特代码 00、01、11、10 是一组四进制双比特格雷码,它们与双比特自然码、四进制数及 4PSK 的初相 $\varphi_k$ 之间的关系如表 3.3 所示。

**表 3.3 双比特格雷码与自然码、四进制数及 4PSK 的初相 $\varphi_k$ 之间的关系**

| 双比特格雷码 | 00 | 01 | 11 | 10 |
|---|---|---|---|---|
| 双比特自然码 | 00 | 01 | 10 | 11 |
| 四进制数 | 0 | 1 | 2 | 3 |
| $\varphi_k$(B 方式) | 225° | 315° | 45°(405°) | 135°(495°) |
| $\varphi_k$(A 方式) | 180° | 270° | 0°(360°) | 90°(450°) |

由此表可见,在第 $k$ 个双比特相对码码元内,4PSK 信号的相位与之差等于此双比特码对应的四进制数乘以 90°。相对码对应的 4PSK 信号就是绝对码对应的 4DPSK 信号。而

第 $k$ 个双比特绝对码码元内 4DPSK 信号的初相与前一个双比特绝对码码元内的 4DPSK 信号初相之差,等于第 $k$ 个码元对应的四进制数乘以 90°。由此可得

$$\begin{cases} \varphi_k = [225° + B_k' \times 90°]_{\text{mod } 2\pi} = [225° + B_{k-1}' \times 90° + A_k' \times 90°]_{\text{mod } 2\pi}, \text{B 方式} \\ \varphi_k = [180° + B_k' \times 90°]_{\text{mod } 2\pi} = [180° + B_{k-1}' \times 90° + A_k' \times 90°]_{\text{mod } 2\pi}, \text{A 方式} \end{cases} \quad (3.77)$$

式中,$A_k'$ 和 $B_k'$ 分别为双比特绝对码 $A_k$ 和相对码 $B_k$ 对应的四进制数(自然码)。

由式(3.77)可得

$$\begin{cases} B_k' = A_k' \oplus_4 B_{k-1}' \\ A_k' = B_k' \ominus_4 B_{k-1}' \end{cases} \quad (3.78)$$

式中,$\oplus_4$ 表示模 4 加,$\ominus_4$ 表示模 4 减。根据表 3.3 及式(3.78)可得双比特码变换及码反变换的原理方框图,分别如图 3.60(a)、(b)所示,图中,$\oplus$ 表示模 2 加。

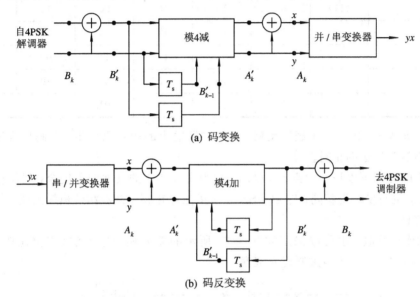

(a) 码变换

(b) 码反变换

图 3.60　双比特码变换及码反变换的原理框图

设信息代码为 10 11 00 01 11 01,$B_k'$ 的起始状态为 00,则码变换器各双比特码元、4DPSK 信号的初相 $\varphi_k$ 以及 4DPSK 信号的初相变化量 $\triangle\varphi_k$ 如表 3.4 所示。

表 3.4　码变换器各双比特码元及 $\varphi_k$ 和 $\triangle\varphi_k$

| $A_k$ | | 10 | 11 | 00 | 01 | 11 | 01 | |
|---|---|---|---|---|---|---|---|---|
| $A_k'$ | | 11 | 10 | 00 | 01 | 10 | 01 | |
| $B_{k-1}'$ | | 00 | 11 | 01 | 01 | 10 | 00 | |
| $B_k'$ | (00) | 11 | 01 | 01 | 10 | 00 | 01 | |
| $B_k$ | (00) | 10 | 01 | 01 | 11 | 00 | 01 | |
| $\varphi_k$ | (225°) | 135° | 315° | 315° | 45° | 225° | 315° | (B 方式) |
| $\varphi_k$ | (0°) | 220° | 90° | 90° | 180° | 0° | 90° | (A 方式) |
| $\triangle\varphi$ | | 270° | 180° | 0° | 90° | 180° | 90° | |

由表 3.4 可得 4DPSK 信号初始的变化量与双比特绝对码元之间的关系，即

$$\Delta\varphi_k = \begin{cases} 0°, & yx = 00 \\ 90°, & yx = 01 \\ 180°, & yx = 11 \\ 270°, & yx = 10 \end{cases} \tag{3.79}$$

若载波同步器提取的相干载波为 $c_i(t)=\cos\omega_c t$ 及 $c_q(t)=\sin\omega_c t$，则码反变换器的各双比特码元与码变换器相同。

设相干载波 $c_i(t)=-\cos\omega_c t$，$c_q(t)=-\sin\omega_c t$，则码反变换器各双比特码元如表 3.5 所示。

**表 3.5　码反变换器各双比特码元**

| $B_k$ | (11) | 01 | 10 | 10 | 00 | 11 | 10 |
|---|---|---|---|---|---|---|---|
| $B_k'$ | (10) | 01 | 11 | 11 | 00 | 10 | 11 |
| $B_{k-1}'$ | | 10 | 01 | 11 | 11 | 00 | 10 |
| $A_k'$ | | 11 | 10 | 00 | 01 | 10 | 01 |
| $A_k$ | | 10 | 11 | 00 | 01 | 11 | 01 |

由表 3.5 可见，由于相干载波反相，使解调器输出的相对码反相，但码反变换器输出的绝对码仍然与发送端相同。

用同样的方法可以证明，若 $c_i(t)$ 与 $c_q(t)$ 为表 3.2 中的其他两种组合，码反变换器的输出信号 $A_k$ 也与发送端相同，即 4DPSK 系统虽然存在相干载波相位模糊问题，但仍能正确地传输信息。

与 2DPSK 类似，也可以采用如图 3.61 所示的差分相干解调法（相位比较法）解调 4DPSK 信号，图中 $T_s$ 为四进制码元宽度。

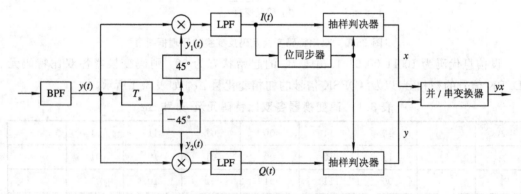

图 3.61　4DPSK 差分相干解调法

下面介绍差分相干解调原理。

因为

$$y(t) = a\cos(\omega_c t + \varphi_k)$$
$$y_1(t) = a\cos(\omega_c t + \varphi_{k-1} + 45°)$$
$$y_2(t) = a\cos(\omega_c t + \varphi_{k-1} - 45°)$$

所以
$$I(t) = 0.5a\cos(\Delta\varphi_k + 45°), \quad Q(t) = 0.5a(\cos\Delta\varphi_k - 45°)$$
设判决规则为
$$I(kT_{s4}) \geqslant 0 \rightarrow \begin{matrix} 0 \\ 1 \end{matrix}, \quad Q(kT_{s4}) \geqslant 0 \rightarrow \begin{matrix} 0 \\ 1 \end{matrix}$$

可得表 3.6 所示的解调结果。

表 3.6　4DPSK 差分相干解调

| $\Delta\varphi_k$ | $Q(t)$ | $I(t)$ | $y$ | $x$ |
|---|---|---|---|---|
| 0° | + | + | 0 | 0 |
| 90° | + | − | 0 | 1 |
| 180° | − | − | 1 | 1 |
| 270° | − | + | 1 | 0 |

**4. M 进制正交振幅调制(MQAM)**

MQAM 是多进制振幅、相位联合调制的一种形式。当 $M > 4$ 时,MQAM 信号的最小欧氏距离大于 MPSK、MASK 等其他多进制已调信号。例如,16ASK、16PSK 及 16QAM信号的星座图分别如图 3.62(a)、(b)、(c)所示,设已调信号最大振幅为 1,则星座上这三个信号点的最小欧氏距离分别为

$$d_{16ASK} = \frac{2}{15} = 0.133, \quad d_{16PSK} = 2\sin\left(\frac{\pi}{16}\right) = 0.39, \quad d_{16QAM} = \frac{\sqrt{2}}{\sqrt{16}-1} = 0.47$$

距离大的信号易于识别,所以 $M > 4$ 时 MQAM 信号的抗噪能力优于 MASK 及 MPSK,常被用于在频带受限的信道中传输信息。

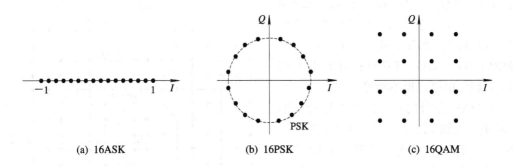

(a) 16ASK　　　　　(b) 16PSK　　　　　(c) 16QAM

图 3.62　16ASK、16PSK 及 16QAM 信号的星座图

MQAM 信号的时域表达式为
$$e_{MQAM}(t) = I(t)\cos\omega_c t + Q(t)\sin\omega_c t \tag{3.80}$$
式中,$I(t)$、$Q(t)$为双极性多进制信号。当 $M = 16$ 时,$I(t)$、$Q(t)$为双极性四电平信号。通常用正交振幅调制方法产生 MQAM 信号。16QAM 信号的调制器和解调器原理方框图如图 3.63 所示。

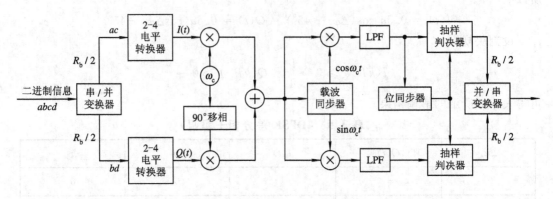

图 3.63 16QAM 信号的调制器和解调器原理方框图

由图可见，串/并变换器将四个二进制代码 $abcd$ 中的 $ac$ 转换为上支路信号，将 $bd$ 转换为下支路信号，这两路信号的码速率都为 $R_b/2$，仍为二电平信号。2-4 电平转换器将二电平信号转换为四电平信号。$I(t)$ 和 $Q(t)$ 都是四进制格雷码，它们的码速率都为 $R_b/4$。两个乘法器输出信号为 $I(t) \cos\omega_c t$ 和 $Q(t) \sin\omega_c t$，它们都是四进制双极性振幅调制信号，其载波是正交的，这两个信号的带宽都等于 $I(t)$ 及 $Q(t)$ 信号码速率的 2 倍，即 $R_b/2$，故 16QAM 信号的带宽也等于 $R_b/2$。由此可见，MQAM 信号的带宽为

$$B_{\mathrm{MQAM}} = \frac{2R_b}{\mathrm{lb}M} \tag{3.81}$$

式(3.81)也适用于其他线性数字已调信号。

MQAM 信号的功率谱密度曲线与 2PSK、4PSK 类似，只不过载频两边的第一个零点频率分别为 $f_c - R_b/\mathrm{lb}M$ 和 $f_c + R_b/\mathrm{lb}M$。当二进制信码中"1"和"0"等概率时，MQAM 信号频谱中无离散谱。

应当特别说明的是，虽然 MPSK 信号与 MQAM 信号都可以用式(3.80)表示，但它们的 $I(t)$、$Q(t)$ 是不相同的。比如 16QAM 信号中的 $I(t)$、$Q(t)$ 都是双极性四电平信号，且相邻电平的距离相等；而 16PSK 信号中的 $I(t)$、$Q(t)$ 都是双极性八电平信号，且相邻电平距离不相等。

MQAM 信号的星座图有矩形和十字形两类，如图 3.64 所示。其中，$M=4$，16，64，256 时星座图为矩形；而 $M=32$，128 时则为十字形。前者 $M$ 为 2 的偶次方，每个符号携带偶数个比特信息；后者 $M$ 为 2 的奇次方，每个符号携带奇数个比特信息。目前常用的是矩形星座图 QAM 信号，即 4QAM（QPSK）、16QAM、64QAM 及 256QAM。

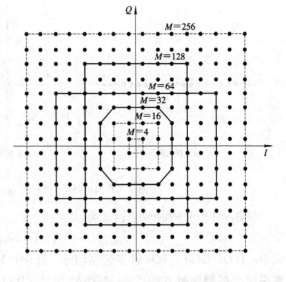

图 3.64 MQAM 信号的星座图

### 3.2.4 改进的数字调制方式

随着大容量和远距离数字通信技术的发展，出现了一些新的问题，主要是信道的带限和非线性对传统信号的影响。新的调制技术的研究，主要是围绕充分节省频谱和高效率地利用频带展开的。

#### 1. 恒包络调制的基本原理

QPSK 信号具有与 BPSK 信号相同的抗噪性能，而其频带利用率为 BPSK 的两倍，所以常在信道频带受限的通信系统中使用。但是，这种信号不适宜在非线性信道中传输，原因如下：矩形基带信号对应的理想 QPSK 信号的包络恒定，但相位变化不连续。如图 3.65(a)所示，双比特码元之间最大相位跳变为180°。这种包络恒定的 QPSK 信号，旁瓣大且衰减较慢。为了提高信道的频带利用率，进入信道的 QPSK 信号必须是频谱受限的限带信号。如图 3.65(b)所示，限带 QPSK 信号会出现包络为 0 的现象，这种包络不恒定的限带 QPSK 信号经过非线性信道进行功率放大后，会导致频谱扩展，从而造成对相邻波道的干扰。

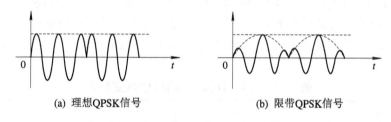

(a) 理想QPSK信号　　　　　　　(b) 限带QPSK信号

图 3.65　QPSK 信号波形

导致上述问题的根本原因是理想 QPSK 信号的相位不连续。若已调信号的相位连续变化，或相位变化虽不连续但其变化量比较小，则这种信号对应的限带信号具有较恒定的包络，故比较适于在非线性信道中传输，我们称这种已调信号为恒包络调制或相位连续调制信号。

#### 2. π/4 差分四相移相键控(π/4 - DQPSK)

1) π/4 - DQPSK 调制

π/4 - DQPSK 调制器原理框图如图 3.66 所示。二进制序列 $y_k x_k$ 经过串/并变换和差分相位编码后得到同相支路信号 $I_k$ 和正交支路信号 $Q_k$，$I_k$ 和 $Q_k$ 的码速率是输入数据速率的一半。$I_k$ 和 $Q_k$ 为双极性信号，将它们分别与同相载波及正交载波信号相乘，再相加后即得到 π/4 - DQPSK 信号。

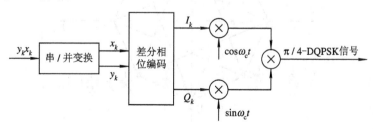

图 3.66　π/4 - DQPSK 调制器原理框图

图 3.66 与图 3.53 比较可见，$\pi/4$ - DQPSK 调制器与 QPSK 调制器的区别是，在 $\pi/4$ - DQPSK 调制器中采用了一个差分相位编码器。

设 $\pi/4$ - DQPSK 信号时域表达式为

$$e_{\pi/4\text{-DQPSK}}(t) = \cos(\omega_c t - \theta_k), \quad (k-1)T_s \leqslant t \leqslant kT_s \qquad (3.82)$$

式中，$\theta_k$ 为第 $k$ 个码元内信号的初相。上式可展开为

$$e_{\pi/4\text{-DQPSK}}(t) = \cos\theta_k \cos\omega_c t + \sin\theta_k \sin\omega_c t = I_k \cos\omega_c t + \theta_k \sin\omega_c t \qquad (3.83)$$

当前码元内的初相 $\theta_k$ 是前一码元内的初相 $\theta_{k-1}$ 与当前码元相位跳变量 $\Delta\theta_k$ 之和，即

$$\theta_k = \theta_{k-1} + \Delta\theta_k \qquad (3.84)$$

式(3.83)中 $I_k$ 及 $\theta_k$ 可分别表示为：

$$I_k = \cos\theta_{k-1} \cos\Delta\theta_k - \sin\theta_{k-1} \sin\Delta\theta_k \qquad (3.85)$$

$$Q_k = \sin\theta_{k-1} \cos\Delta\theta_k + \cos\theta_{k-1} \sin\Delta\theta_k \qquad (3.86)$$

令 $\cos\theta_{k-1} = I_{k-1}$，$\sin\theta_{k-1} = Q_{k-1}$，上面两式可表示为：

$$I_k = I_{k-1} \cos\Delta\theta_k - Q_{k-1} \sin\Delta\theta_k \qquad (3.87)$$

$$Q_k = Q_{k-1} \cos\Delta\theta_k + I_{k-1} \sin\Delta\theta_k \qquad (3.88)$$

式(3.87)、(3.88)是 $\pi/4$ - DQPSK 信号的基本关系式，它表明了当前码元的两个正交信号 $I_k$ 及 $Q_k$ 与前一码元的两个正交信号 $I_{k-1}$、$Q_{k-1}$ 及当前码元相位跳变量 $\Delta\theta_k$ 之间的关系。$\pi/4$ - DQPSK 的相位跳变 $\Delta\theta_k$ 与当前输入的双比特码元 $y_k x_k$ 之间的关系如表 3.7 所示。

表 3.7   $\pi/4$ - DQPSK 的相位跳变规则

| $y_k x_k$ | $\Delta\theta_k$ | $\cos\Delta\theta_k$ | $\sin\Delta\theta_k$ |
|---|---|---|---|
| 1    1 | $\pi/4$ | $1/\sqrt{2}$ | $1/\sqrt{2}$ |
| 1   $-1$ | $3\pi/4$ | $-1/\sqrt{2}$ | $1/\sqrt{2}$ |
| $-1$   $-1$ | $-3\pi/4$ | $-1/\sqrt{2}$ | $-1/\sqrt{2}$ |
| $-1$    1 | $-\pi/4$ | $1/\sqrt{2}$ | $-1/\sqrt{2}$ |

上述规则决定了在双比特码元转换时刻 $\pi/4$ - DQPSK 信号的相位跳变量只有 $\pm\pi/4$ 和 $\pm 3\pi/4$ 四种取值，如图 3.67 所示。

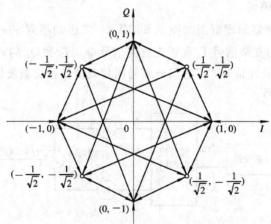

图 3.67   $\pi/4$ - DQPSK 信号的相位转移图

限带 $\pi/4$ – DQPSK 信号的包络恒定程度优于 QPSK 信号,采用具有负反馈控制的功率放大器,可以使非线性放大器输出信号的带外辐射降低到 $-60$ dB,从而使 $\pi/4$ – DQPSK 发射信号的功率谱满足移动通信的要求。由于理想 $\pi/4$ – DQPSK 信号在每个双比特码元之间至少有 $\pi/4$ 的相位跳变,所以限带 $\pi/4$ – DQPSK 信号在每两个码元之间的包络都是变化的。因此其中含有丰富的定时信息,这也是 $\pi/4$ – DQPSK 信号的优点之一。

2)$\pi/4$ – DQPSK 解调

可以用相干检测、差分检测或鉴频器等方法解调 $\pi/4$ – DQPSK 信号。差分检测和鉴频器检测不需载波同步信号,较易于实现,在工程上常被采用。

(1)基带差分检测。基带差分检测器的原理框图如图 3.68 所示。

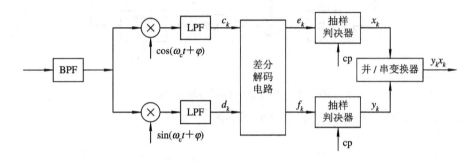

图 3.68  $\pi/4$ – DQPSK 基带差分检测器的原理框图

设输入信号为 $\cos(\omega_c t - \theta_k)$,则解调器中同相支路和正交支路的低通滤波器输出分别为

$$c_k = 0.5 \cos(\theta_k + \varphi) \tag{3.89}$$
$$d_k = 0.5 \sin(\theta_k + \varphi) \tag{3.90}$$

设差分解码电路的运算规则为

$$\begin{cases} e_k = c_k c_{k-1} + d_k d_{k-1} \\ f_k = d_k c_{k-1} - c_k d_{k-1} \end{cases} \tag{3.91}$$

可以得到

$$e_k = 0.25 \cos\Delta\theta_k \tag{3.92}$$
$$f_k = 0.25 \sin\Delta\theta_k \tag{3.93}$$

根据表 3.7,可制定如下抽样判决规则:

$$\begin{cases} e_k \text{ 的抽样值} > 0, & x_k \text{ 为"1"} \\ e_k \text{ 的抽样值} < 0, & x_k \text{ 为"} -1\text{"} \\ f_k \text{ 的抽样值} > 0, & y_k \text{ 为"1"} \\ f_k \text{ 的抽样值} < 0, & y_k \text{ 为"} -1\text{"} \end{cases} \tag{3.94}$$

将判决结果进行串/并变换,即可恢复所传输的串行数据。

(2)中频差分检测。中频差分检测器的原理框图如图 3.69 所示。

图中,两个相乘器的输出信号分别为:

$$a(t) = \cos(\omega_c t - \theta_k) \cos[\omega_c(t - T_s) - \theta_{k-1}] \tag{3.95}$$
$$b(t) = \cos[\omega_c(t - T_s) - \theta_{k-1}][-\sin(\omega_c t - \theta_k)] \tag{3.96}$$

当 $\omega_c T_s = 2n\pi$ 时，两个低通滤波器的输出分别为：

$$e_k = 0.5 \cos\Delta\theta_k \tag{3.97}$$
$$f_k = 0.5 \sin\Delta\theta_k \tag{3.98}$$

后面的处理过程与基带差分检测完全相同。

将图 3.68 及图 3.69 中的 LPF 换为积分器，即为最佳差分检测器。

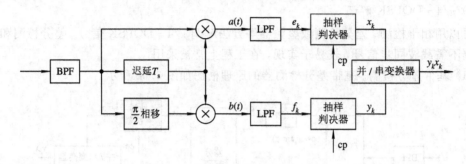

图 3.69　中频差分检测器原理框图

（3）鉴频器检测。鉴频器检测的原理框图如图 3.70 所示。

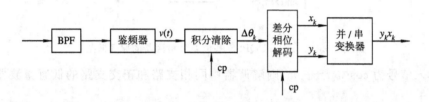

图 3.70　鉴频器检测原理框图

图中，鉴频器输出为

$$v(t) = \frac{\mathrm{d}\theta(t)}{\mathrm{d}t} \tag{3.99}$$

积分清除电路输出信号的采样值为

$$\Delta\theta_k = \int_{kT_s}^{(k+1)T_s} v(t)\mathrm{d}t = \theta_k - \theta_{k-1} \tag{3.100}$$

差分相位解码电路完成 $e_k = \cos\Delta\theta_k$ 及 $f_k = \sin\Delta\theta_k$ 的运算，并按照式(3.94)进行抽样判决处理，即可恢复所传输的数据。

分析表明，在加性高斯白噪声信道条件下，采用上述三种解调方法，$\pi/4 - \mathrm{DQPSK}$ 系统的误比特率是相同的，即

$$P_b = \mathrm{e}^{-2r} \sum_{n=0}^{\infty} (\sqrt{2}-1)^n I_n(\sqrt{2}r) - \frac{1}{2} I_0(\sqrt{2}r) \mathrm{e}^{-2r} \tag{3.101}$$

式中，$r = E_b/n_0$ 是第一类第 $n$ 阶修正贝赛尔函数，其误比特率曲线如图 3.71 所示。

对于基带差分检测来说，当接收和发送两端存在相位漂移 $\Delta\theta = 2\pi\Delta f T_s$ 时，会使系统误比特率增加，图 3.71 中给出了不同相位漂移时的误比特率曲线。可以看出，当 $\Delta f T_s = 0.025$，即频率偏差为码元速率的 2.5% 时，在一个码元周期内将产生 $9°$ 的相位差。在误比特率为 $10^{-5}$ 时，该相位差将会引起 $1\ \mathrm{dB}$ 左右的性能恶化。

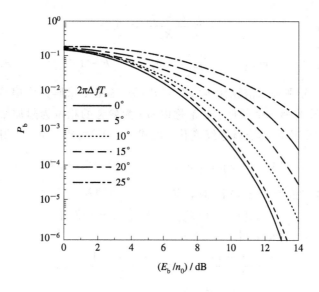

图 3.71 $\pi/4$ - DQPSK 系统的误比特率曲线

### 3. 最小移频键控(MSK)

1) MSK 的基本原理

MSK 是一种特殊的 2FSK 信号,它满足以下两个条件:

(1) 两个载频正交且频率间隔最小;

(2) 相位连续变化。

下面从这两个条件出发,推导 MSK 信号的时域表达式。

设 2FSK 信号的两个载波分别为 $\cos\omega_1 t$ 和 $\cos\omega_2 t$,可得它们正交的条件为

$$\begin{cases} f_2 + f_1 = \dfrac{n}{2T_b} = n\dfrac{R_b}{2} \\[2mm] f_2 - f_1 = \dfrac{m}{2T_b} = m\dfrac{R_b}{2} \end{cases} \tag{3.102}$$

显然,当 $m=1$ 时两个正交载波的频差最小,即 MSK 信号的两个载波的频差为

$$f_2 - f_1 = \frac{1}{2T_b} = \frac{R_b}{2} \tag{3.103}$$

令

$$f_c = \frac{1}{2}(f_2 + f_1) = \frac{n}{4T_b} = n\frac{R_b}{4} \tag{3.104}$$

其中

$$\begin{cases} f_2 = f_c + \dfrac{R_b}{4} \\[2mm] f_1 = f_c - \dfrac{R_b}{4} \end{cases} \tag{3.105}$$

$f_c$ 称为 MSK 信号的中心频率(或载频),它等于 1/4 信息速率的整数倍。

还可以用调制指数来说明 MSK 的特点,其定义为频差与信息速率的比值。MSK 的调制指数为

$$h = \frac{f_2 - f_1}{R_b} = 0.5 \tag{3.106}$$

$$e_{MSK}(t) = \cos\left(\omega_c t + \frac{a_k \pi}{2T_b} t + \varphi_k\right), \quad (k-1)T_b \leqslant t \leqslant kT_b \tag{3.107}$$

式中，$a_k = 1$、$-1$，分别表示信息代码"1"和"0"；$\varphi_k$ 为第 $k$ 个码元内信号的初相。

接着讨论 MSK 的第二个条件。通常称以 $\omega_c t$ 为参考的相位为附加相位。显然，当附加相位连续变化时，MSK 的相位就连续变化。由式(3.107)可得，MSK 的附加相位为

$$\theta_k(t) = \frac{a_k \pi}{2T_b} t + \varphi_k, \quad (k-1)T_b \leqslant t \leqslant kT_b \tag{3.108}$$

为了保持相位连续，在 $t = (k-1)T_b$ 时，有

$$\theta_k[(k-1)T_b] = \theta_{k-1}[(k-1)T_b] \tag{3.109}$$

将式(3.108)代入式(3.109)，得

$$\frac{\pi a_k(k-1)}{2} + \varphi_k = \frac{\pi a_{k-1}(k-1)}{2} + \varphi_{k-1}$$

化简后得

$$\varphi_k = \varphi_{k-1} + \frac{\pi(a_{k-1} - a_k)(k-1)}{2} = \begin{cases} \varphi_{k-1}, & a_k = a_{k-1} \\ \varphi_{k-1} \pm (k-1)\pi, & a_k \neq a_{k-1} \end{cases} \tag{3.110}$$

式(3.104)、式(3.105)、式(3.107)及式(3.110)共同决定了 MSK 信号的时域特性。

由式(3.108)可见，在一个比特周期内，当 $a_k = 1$ 或 $-1$ 时，MSK 信号的附加相位变化量分别为 $\pi/2$ 或 $-\pi/2$。当给定信息代码时，就可以根据这一特点得到附加相位的变化曲线。一般称这种附加相位路径曲线为相位轨迹或相位曲线。由于 MSK 是一个相位连续变化的 2FSK 信号，故称 MSK 为相位连续移频键控(CFSK)信号。

**【例 3.5】** 已知信息代码为 01100001，信息速率为 1000 b/s，载频为 1000 Hz，试画出 MSK 信号的波形图和相位路径图。

**解** $$f_1 = f_c + \frac{R_b}{4} = 1250(\text{Hz}), \quad f_2 = f_c - \frac{R_b}{4} = 750(\text{Hz})$$

在一个"1"码和一个"0"码的码元周期内，MSK 信号波形的周期数分别是 1.25 和 0.75，由此可得如图 3.72(a)所示的 MSK 信号的波形。根据附加相位与信息代码的关系，可得如图 3.72(b)所示的 MSK 信号的相位路径。

$$P_e(f) = \frac{16T_b}{\pi^2[1 - 16(f - f_c)^2 T_b^2]^2} \cos^2[2\pi(f - f_c)T_b] \tag{3.111}$$

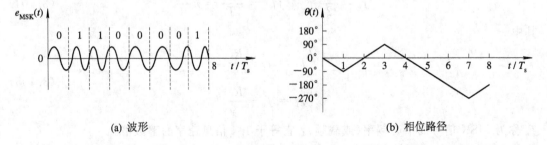

(a) 波形　　　　　　　　　　　(b) 相位路径

图 3.72　例 3.5 图

MSK 信号的功率谱密度曲线如图 3.73 所示。为了便于比较，图中还画出了 2PSK 信号的功率谱密度曲线。

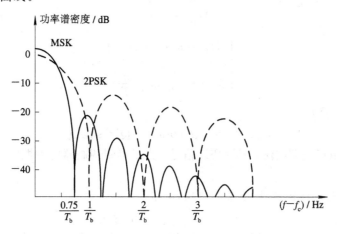

图 3.73　MSK 信号的功率谱密度曲线

由图 3.73 可见：

（1）MSK 信号的带宽为 $1.5R_b$，小于 2PSK 信号的带宽。因此，当信道带宽相同时，MSK 信号能比 2PSK 信号以更快的速率传输信息，故常称 MSK 为快速移频键控（FFSK）信号。

（2）MSK 的旁瓣衰减速度远快于 2PSK，而 QPSK 信号为两个正交 2PSK 信号之和，所以限带 MSK 信号的包络起伏远小于限带 QPSK 信号，它更适合于在非线性信道中传输。

2）MSK 调制

（1）直接调频法。如图 3.74 所示，可以用数字基带信号直接控制压控振荡器（VCO）产生 MSK 信号。设 $s(t)$ 为双极性数字基带信号，其脉冲幅度为 $E$，VCO 的压控灵敏度为 $K_0$，显然，当满足

$$EK_0 = \frac{R_b}{4} \tag{3.112}$$

时，VCO 输出信号的两个频率满足式（3.105）。

VCO 的频率稳定度比较低，其固有振荡频率难于满足式（3.104）。可以用第 4 章介绍的锁相调频方法锁定 VCO 的中心频率，使其满足式（3.104），同时具有足够的频率稳定度。

VCO 输出信号的相位不会发生突变，因而其输出信号相位是连续变化的。

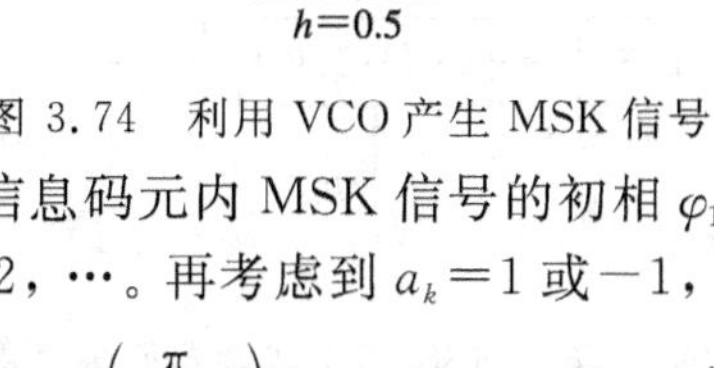

$$\xrightarrow[\text{(BNRZ)}]{s(t)} \boxed{\begin{array}{c} \text{VCO} \\ h=0.5 \end{array}} \xrightarrow{e_{\text{MSK}}(t)}$$

图 3.74　利用 VCO 产生 MSK 信号

（2）正交调制。令第一个信息码元内 MSK 信号的初相 $\varphi_1 = 0$，则 $\varphi_k = 0$ 或 $\pm\pi$（模 $2\pi$），$\cos\varphi_k = \pm 1$，$\sin\varphi_k = 0$，$k = 1, 2, \cdots$。再考虑到 $a_k = 1$ 或 $-1$，则由式（3.105）可得

$$e_{\text{MSK}}(t) = \cos\varphi_k \cos\left(\frac{\pi}{2T_b}t\right)\cos\omega_c t - a_k \cos\varphi_k \sin\left(\frac{\pi}{2T_b}t\right)\sin\omega_c t \tag{3.113}$$

令

$$\begin{cases} b_I = \cos\varphi_k \\ b_Q = -\cos\varphi_k \end{cases} \tag{3.114}$$

$$\begin{cases} I(t) = b_I \cos\left(\dfrac{\pi}{2T_b}t\right) \\ Q(t) = b_Q \sin\left(\dfrac{\pi}{2T_b}t\right) \end{cases} \tag{3.115}$$

可将式(3.113)表示为

$$e_{MSK}(t) = I(t)\cos\omega_c t + Q(t)\sin\omega_c t \tag{3.116}$$

此式表明,可以用正交调制法产生 MSK 信号。为了得到调制器的方框图,接着分析 $b_I$、$b_Q$ 与 $a_k$ 的关系。

因为 $\varphi_k = 0$ 或 $\varphi_k = \pm\pi$,故由式(3.114)可得

$$a_k = -b_I \cdot b_Q = b_I \oplus b_Q \tag{3.117}$$

式中,$\oplus$ 为模 2 加。此式的运算规律为:$b_I$ 与 $b_Q$ 相同时 $a_k$ 为 $-1$,$b_I$ 与 $b_Q$ 相异时 $a_k$ 为 1。由式(3.117)可见,$a_k$ 为绝对码,$b_I$ 与 $b_Q$ 为差分码的两个相邻码元。根据式(3.115)、式(3.116)及式(3.117)可得如图 3.75 所示的 MSK 正交调制器原理框图。

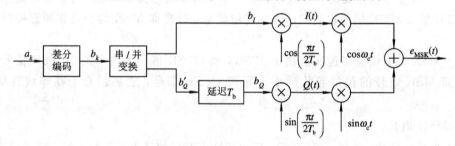

图 3.75  MSK 正交调制器原理框图

3) MSK 解调

一般采用抗噪能力较强的相干解调器解调 MSK 信号。MSK 相干解调器的原理框图如图 3.76 所示。图中,$\cos\left(\dfrac{\pi}{2T_b}t\right)\cos\omega_c t$ 及 $\sin\left(\dfrac{\pi}{2T_b}t\right)\sin\omega_c t$ 来自于载波同步器,位同步信号 $cp_1(t)$ 及 $cp_2(t)$ 来自于位同步器,$cp_2(t)$ 比 $cp_1(t)$ 滞后一个比特周期 $T_b$。若将图 3.76 中的低通滤波器换为积分器,则为 MSK 最佳相干接收机。

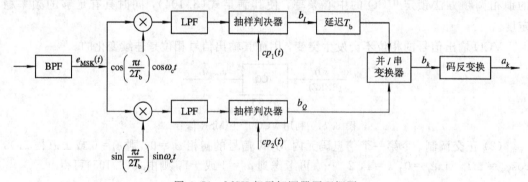

图 3.76  MSK 相干解调器原理框图

MSK 信号的频谱中无离散谱，必须用非线性变换法或插入导频法才能得到相干载波。非线性变换法载波同步器的原理框图如图 3.77 所示。

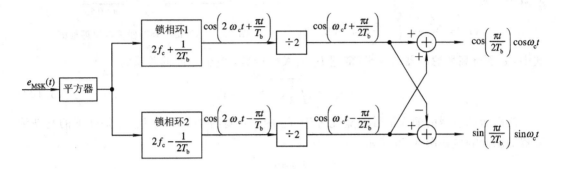

图 3.77 MSK 信号载波同步器原理框图

根据 MSK 信号的时域表达式，并考虑到平方器部件，可求得

$$e_{\text{MSK}}^2(t) = \frac{1}{4}(1+a_k)\cos\left(2\omega_c t + \frac{\pi}{T_b}t\right) + \frac{1}{4}(1-a_k)\cos\left(2\omega_c t - \frac{\pi}{T_b}t\right) + \frac{1}{2}$$

(3.118)

由此式可见，当信息代码为"1"或"0"，即 $a_k = 1$ 或 $-1$ 时，平方器输出频率为 $2f_c + \frac{1}{2T_b}$ 或 $2f_c - \frac{1}{2T_b}$ 的余弦信号。两个锁相环分别锁定在这两个频率上，当锁相环的环路自然谐振频率足够小，且信息代码连"1"或连"0"不太多时，就可以得到两个连续的相干载波信号。

÷2 电路有两个可能的初始状态，当图 3.77 中的两个 ÷2 电路的初始状态相同时(这一要求在电路上是容易实现的)，它们的输出信号同相。若两个 ÷2 电路输出信号为图中给定的相位，可使解调电路中的 $b_I$ 及 $b_Q$ 与调制器的 $b_I$ 及 $b_Q$ 同相。若两个 ÷2 电路输出信号反相，则解调器输出的相对码 $b_k$ 反相，经码反变换后得到的 $a_k$ 仍与发送端相同。

设信道噪声为加性高斯白噪声，MSK 解调器的输入信噪比为 $r$，则图 3.76 中同相支路和正交支路的信噪比为 $r/2$。可以证明，两支路的相对码 $b_k$ 的误码率为 $Q\sqrt{r}$，当 $Q\sqrt{r} \ll 1$ 时，码反变换器输出的绝对码(即解调器输出的信息码)的误码率为

$$P_b = 2Q\sqrt{r}$$

(3.119)

**4. GMSK**

MSK 信号的相位虽然是连续变化的，但在信息代码发生变化的时刻，相位变化出现尖角，即附加相位的导数不连续。这种不连续性降低了 MSK 信号的功率谱旁瓣衰减速度，不能满足移动通信邻道辐射优于 60 dB 的要求。GMSK 是改进型的 MSK，它能满足移动通信的这一要求，以其良好的性能被泛欧数字移动通信系统(GSM)所采用。

1) GMSK 的基本原理

可以用图 3.78 所示的 GMSK 调制器框图来说明 GMSK 的基本原理。将图 3.78 与图 3.74 比较可以看出，GMSK 与 MSK 惟一不同的是，GMSK 的基带信号是高斯脉冲序列，而 MSK 的基带信号是矩形脉冲序列。

高斯低通滤波器的频率特性为

$$H(f) = \exp(-\alpha^2 f^2) \quad (3.120)$$

冲激响应为

$$h(t) = \frac{\sqrt{\pi}}{\alpha} \exp\left(-\frac{\pi^2 t^2}{\alpha^2}\right) \quad (3.121)$$

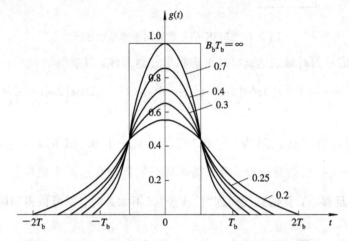

图 3.78  GMSK 调制器基本原理框图

式中，$\alpha$ 是与高斯滤波器的 3 dB 带宽 $B_b$ 有关的函数，它们之间的关系为

$$\alpha B_b = \sqrt{\frac{1}{2} L_n^2} \approx 0.5887 \quad (3.122)$$

当高斯滤波器的输入信号为宽度等于 $T_b$ 的矩形脉冲时，不同 $B_b T_b$ 条件下的高斯滤波器的脉冲响应如图 3.79 所示。

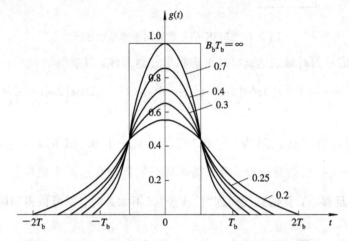

图 3.79  高斯滤波器的矩形脉冲响应

GMSK 信号的时域表达式为

$$
\begin{aligned}
e_{\text{GMSK}}(t) &= \cos[\omega_c t + \theta(t)] \\
&= \cos\left\{\omega_c t + \frac{\pi}{2T_b} \int_{-\infty}^{t} \left[\sum a_n g\left(\tau - nT_b - \frac{T_b}{2}\right) d\tau\right]\right\} \\
&= \cos\theta(t) \cos\omega_c t - \sin\theta(t) \sin\omega_c t
\end{aligned} \quad (3.123)
$$

式中，

$$\theta(t) = \frac{\pi}{2T_b} \int_{-\infty}^{t} \left[\sum a_n g\left(\tau - nT_b - \frac{T_b}{2}\right) d\tau\right]$$

设信息数据 $a_n$ 为 1、$-1$、$-1$、1、1、1、$-1$，GMSK 的相位路径如图 3.80 所示。

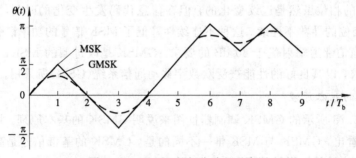

图 3.80  GMSK 的相位路径示意图

由图 3.79 可见，$B_b T_b$ 越小，$g(t)$ 波形越宽，幅度越小；当 $B_b T_b$ 为有限值时，$g(t)$ 的宽度大于一个码元宽度，即高斯滤波器引入了码间串扰，且 $B_b T_b$ 越小，码间串扰越严重。这种码间串扰使 GMSK 信号的相位路径得到平滑，同时也使得 GMSK 信号在一码元周期内的相位增量不像 MSK 那样为 $\pi/2$ 或 $-\pi/2$，而是随着 $B_b T_b$ 的不同及输入序列的不同而不同。

GMSK 信号的功率谱密度如图 3.81 所示。由图可见，随着 $B_b T_b$ 的减小，功率谱衰减速度明显加快。在 GSM 系统中，要求在 $(f-f_c)T_b = 1.5$ 时功率谱密度低于 $-60\ dB$。从图 3.81 中可以看出，$B_b T_b = 0.3$ 时，GMSK 的功率谱即可满足要求。

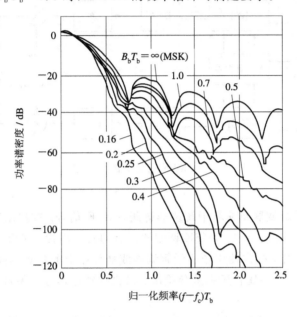

图 3.81　GMSK 信号的功率谱密度

2）GMSK 调制

（1）锁相环法。可以用图 3.82 中所示的调制器产生 GMSK 信号。图中，$s(t)$ 为矩形脉冲数字基带信号，其"1"码和"0"码分别使载波信号发生 $\pi/2$ 和 $-\pi/2$ 的相移。产生 B 模式 BPSK 信号。锁相环对该 B 模式 BPSK 信号的相位跳变进行平滑，使得信号在码元转换时刻相位连续，而且无尖角。当锁相环的频率特性与高斯滤波器的频率特性相同时，锁相环的输出即为 GMSK 信号。

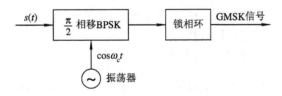

图 3.82　锁相环 GMSK 调制器

（2）正交调制法。由式（3.122）可见，可用正交调制法产生 GMSK 信号，但 GMSK 正交调制器比 QPSK 等信号的正交调制器更复杂一些。在 QPSK 等信号的正交调制器中，两个正交支路的基带信号的电平在一个码元内是不变的。由于高斯滤波器的矩形脉冲响应

$g(t)$存在码间串扰，所以式(3.123)中的两个正交支路基带信号 $\cos\theta(t)$ 及 $\sin\theta(t)$ 在一个码元内是变化的，而且其变化规律还与其他码元有关。但是，由图 3.79 可见，尽管 $g(t)$ 理论上是在 $-\infty < t < \infty$ 范围内取值，但当 $|t|$ 比较大时，$g(t)$ 的幅度已比较小，这样就可以对 $g(t)$ 进行截短处理。在 $(2N+1)T_b$ 区间内对 $g(t)$ 进行截短处理后，某一时刻的 $\theta(t)$ 仅与包括当前码元在内的 $2N+1$ 个码元有关，这样就可以制作 $\cos\theta(t)$ 和 $\sin\theta(t)$ 两张表，根据输入信号读出相应的值，再进行正交调制就可以得到 GMSK 信号。图 3.83 为这种调制器的原理框图。

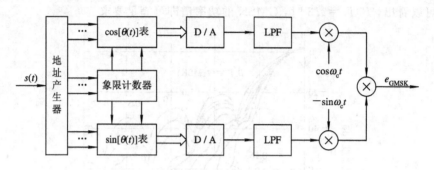

图 3.83　GMSK 正交调制器原理框图

3）GMSK 解调

可以用正交相干解调器及非相干解调器解调 GMSK 信号。在移动通信的环境中，比较难于得到稳定的相干载波，加上 GMSK 调制器固有的码间串扰，使得一般的相干解调器难于得到较好的误码性能，故常使用非相干解调器或最佳相干解调器解调 GMSK 信号。下面介绍两种非相干解调（即一比特延迟差分检测、二比特延迟差分检测）以及最佳相干解调的基本原理。

（1）一比特延迟差分检测。图 3.84 所示为一比特延迟差分检测器框图。

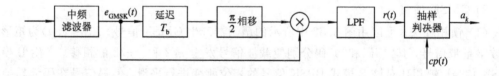

图 3.84　一比特延迟差分检测器

经过随参信道传输，接收信号的包络不再恒定，即

$$e_{GMSK}(t) = R(t)\cos[\omega_1 t + \theta(t)] \tag{3.124}$$

式中，$\omega_1$ 为中频频率，$R(t)$ 为时变包络。

当不考虑噪声时，LPF 的输出信号为

$$r(t) = \frac{1}{2}R(t)R(t - T_b)\sin[\omega_1 T_b + \Delta\theta_1(t)] \tag{3.125}$$

式中

$$\Delta\theta_1(t) = \theta(t) - \theta(t - T_b) \tag{3.126}$$

为当前码元内的附加相位与上一码元内的附加相位之差。

当 $\omega_1 T_b = 2k\pi$，即载波频率为码速率的整数倍时，

$$r(t) = \frac{1}{2}R(t)R(t - T_b)\sin[\Delta\theta_1(t)] \tag{3.127}$$

由于式(3.127)中 $R(t)$ 及 $R(t - T_b)$ 恒为正值，故 $r(t)$ 的极性取决于 $\Delta\theta_1(t)$。由 GMSK 的基本原理可知，在码元结束时刻 $kT_b$，前后两码元附加相位差最大。当调制器的码间干扰比较小时，若当前码元为"1"，则 $\Delta\theta_1(t)(kT_b)$ 为正值；若前码元为"0"，则 $\Delta\theta_1(t)(kT_b)$ 为负值。因此，抽样判决规则为

$$\begin{cases} r(kT_s) > 0 \text{ 时，} & \text{判为"1"码} \\ r(kT_s) < 0 \text{ 时，} & \text{判为"0"码} \end{cases} \tag{3.128}$$

（2）二比特延迟差分检测。二比特延迟差分检测器框图如图 3.85 所示。

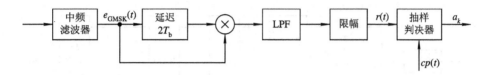

图 3.85　二比特延迟差分检测器

令限幅器输出信号振幅为 1，则

$$r(t) = \cos[2\omega_1 T_b + \Delta\theta_2(t)] \tag{3.129}$$

式中

$$\Delta\theta_2(t) = \theta(t) - \theta(t - 2T_b) \tag{3.130}$$

当 $2\omega_1 T_b = 2k\pi$ 时，可将式(3.129)表示为

$$\begin{aligned} r(t) = &\cos[\theta(t) - \theta(t - T_b)]\cos[\theta(t - T_b) - \theta(t - 2T_b)] \\ &- \sin[\theta(t) - \theta(t - T_b)]\sin[\theta(t - T_b) - \theta(t - 2T_b)] \end{aligned} \tag{3.131}$$

由于 $|\theta(kT_b) - \theta(k-1)T_b|$ 及 $|\theta(k-1)T_b - \theta(k-2)T_b|$ 均小于 $\pi/2$，故式(3.131)的第一项在 $kT_b$ 时刻的抽样值为正值，设为 $V$；第二项在 $kT_b$ 时刻的抽样值可能为正值也可能为负值。若当前码元与前一码元相同，则 $|\theta(kT_b) - \theta(k-1)T_b|$ 与 $|\theta(k-1)T_b - \theta(k-2)T_b|$ 的符号相同，因此在抽样时刻 $\sin[\theta(t) - \theta(t - T_b)]$ 与 $\sin[\theta(t - T_b) - \theta(t - 2T_b)]$ 的符号相同，即第二项的抽样值为正。若当前码元与前一码元不同，则第二项的抽样值为负。可见，若令

$$\begin{cases} b_k = \text{sgn}\{\sin[\theta(kT_b) - \theta(kT_b - T_b)]\} \\ b_{k-1} = \text{sgn}\{\sin[\theta(kT_b - T_b) - \theta(kT_b - 2T_b)]\} \end{cases} \tag{3.132}$$

则可将信息代码 $a_k$ 表示为

$$a_k = b_k \oplus b_{k-1} \tag{3.133}$$

称 $a_k$ 为绝对码，$b_k$ 为相对码(差分码)。

由此可得出结论：若 $r(kT_b) > V$，则图 3.85 所示的解调器在第 $k$ 个码元及第 $k-1$ 个码元的输入信号对应的差分码码元不相同，信息代码(绝对码)为"1"；否则，解调器在这两个码元内输入信号对应的差分码码元相同，信息代码为"0"。这就是判决规则，即

$$\begin{cases} r(kT_b) > V \text{ 时，} & \text{判为"1"码} \\ r(kT_b) < V \text{ 时，} & \text{判为"0"码} \end{cases} \tag{3.134}$$

用此方法解调 GMSK 信号时，必须用如图 3.86 所示的方法产生 GMSK 信号。

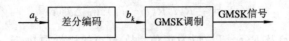

图 3.86 带有差分编码的 GMSK 调制器

（3）正交解调。与图 3.83 所示的 GMSK 正交调制器相对应的 GMSK 正交解调器如图 3.87 所示。图中，同相支路和正交支路的 LPF 输出信号分别为 $\cos\theta(t)$ 和 $\sin\theta(t)$，经 A/D 后，变为数字信号存入 RAM 中。信道估计器用来消除或减小由随参信道产生的码间串扰，最大似然检测单元采用最大似然检测算法，将 $(2N+1)T_b$ 时间内的输入数据进行处理，得到当前码元的信息代码 $a_k$。最大似然算法可以使误比特率最小。

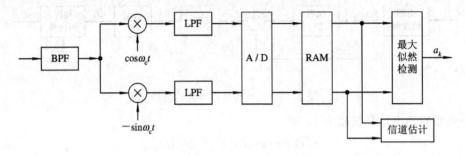

图 3.87　GMSK 正交解调器

在恒参 AWGN 信道及加性高斯白噪声条件下，测得的 GMSK 相干解调误比特率 (BER) 曲线如图 3.88 所示。由图中可以看出，当 $B_bT_b = 0.25$ 时，GMSK 的性能仅比 MSK 下降了 1 dB。

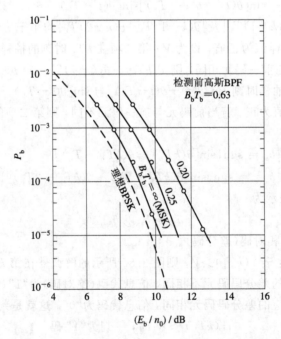

图 3.88　恒参 AWGN 信道下 GMSK 相干解调误比特率曲线

GMSK 信号在衰落信道中传输时,误比特率与信噪比、多普勒频移 $f_D$ 等多种因素有关。图 3.89 为其相干解调的误比特率特性,图 3.90 为二比特延迟差分检测的误比特率特性。

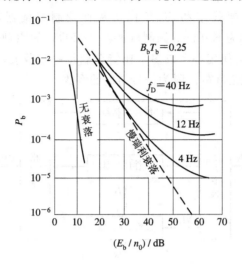

图 3.89  GMSK 信号相干解调的误比特率特性

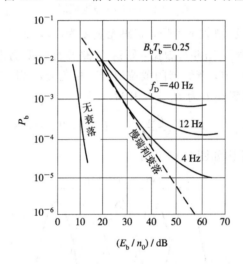

图 3.90  GMSK 信号二比特延迟差分检测的误比特率特性

正弦频移键控(SFSK)、平滑调频(TFM)等也属于恒包络调制,这里不再逐一介绍。

## 3.2.5  正交频分复用

随着移动通信和数据通信的飞速发展,移动用户对业务种类和通信速率的要求不断增加。正交频分复用(OFDM)具有高的频谱利用率、良好的抗多径干扰能力和抗短时间突发噪声(称为脉冲噪声)的能力,它可以增加系统容量,同时能更好地满足多媒体通信的要求,将包括语音、数据、影像等大量信息的多媒体业务通过宽频信道高品质地传送出去。目前正在研究 OFDM 在许多领域中的应用,包括双绞线和光纤/电缆上的高数据率传输、数字地面电视广播、高质量音频广播、高数据率移动通信、个人通信服务和广播节目的联播等。

OFDM 是多载波调制(MCM)或离散多音频(DMT)的一种特殊形式,是一种带宽有效性较高的调制技术,并可以对抗时延扩展多径和脉冲噪声等信道干扰。多载波调制的概念最初产生于 20 世纪 50 年代末和 60 年代初两种调制解调器的研究,一种是 Collins Kineplex 系统,另一种称为 Kathryn 调制解调器。OFDM 的原理框图如图 3.91 所示。将输入比特流串/并变换后,使用一个或多个比特调制每一子载波,并对这些同步并行子载波求和,这些相干子载波之间的间隔为符号周期的倒数。

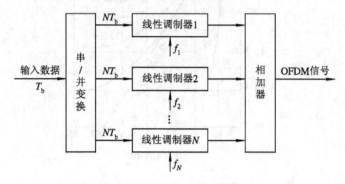

图 3.91  OFDM 原理框图

图中输入的数据为二进制数字信号,其码元宽度为 $T_b$,信息速率为 $R_b$。设串/并变换器将 $N$ 比特串行数据变为 $N$ 路并行数据,则这 $N$ 路并行数据仍为二进制数字信号,但码元宽度为 $NT_b$。在 OFDM 中,调制器的载波信号互相正交,若图 3.91 中 $N$ 个线性调制器的进制数都为 $M$,则相邻载频差为 $R_b/(N\ \mathrm{lb}M)$,即

$$f_i = f_c + \frac{iR_b}{N\ \mathrm{lb}M}, \quad i = 1, 2, \cdots, N \tag{3.135}$$

OFDM 信号的频谱结构如图 3.92 所示。

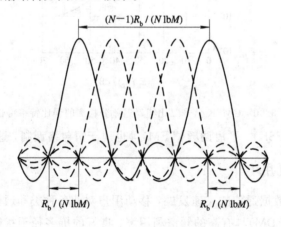

图 3.92  OFDM 信号的频谱结构

常称每一个并行支路为一个子信道,每一个调制器的载波为子载波。由图 3.92 可见,当只考虑主瓣时,OFDM 信号的相邻子信道的频谱有一半是相互交叠的,但由于各个子载波互相正交,仍可以用 $N$ 个相关器分离出各子信道的信号。

由图 3.92 可求出 OFDM 信号的带宽为

$$B_{\text{OFDM}} = \frac{(N+1)R_{\text{b}}}{N \, \text{lb}M} \tag{3.136}$$

应特别说明的是，图 3.91 中各个调制器的数字基带信号也可以分别来自不同的信源。另外，当子载波的频率满足式(3.135)时，可以基于快速离散傅里叶变换实现 OFDM 信号的调制和解调。

OFDM 调制已应用于接入网中的高速数字环路(HDSL)、非对称数字环路(ADSL)及高清晰度电视(HDTV)地面广播系统，并且是第三代及第四代移动通信系统准备采用的技术之一。这是因为，OFDM 具有频带利用率高、抗脉冲干扰及多径干扰能力强等特点。

由式(3.136)可得，OFDM 的频带利用率为

$$\eta_{\text{OFDM}} = \frac{R_{\text{b}}}{B_{\text{OFDM}}} = \frac{N}{N+1} \text{lb}M \quad ((\text{b/s})/\text{Hz}) \tag{3.137}$$

在实际工程中，式(3.137)中的 $N$ 可高达几百几千，故 OFDM 系统的频带利用率与 $\alpha = 0$ 的线性调制器系统相同，即 $\text{lb}M((\text{b/s})/\text{Hz})$。

脉冲干扰存在的时间比较短，而 OFDM 子信道的码元持续时间长，相关解调器可以减小脉冲干扰的影响，所以 OFDM 系统抗脉冲干扰的能力比单载波系统强。

多径干扰表现为瑞利衰落和频率选择性衰落。OFDM 系统具有多个子载波，若子载波频差大于变参信道的相关带宽，则其抗频率选择性衰落的性能优于单载波系统；若子信道的码元持续时间比多径迟延长，则可以减弱多径迟延的影响。

另外，可视具体情况灵活选择 OFDM 系统各子信道的调制方式。例如，噪声小的子信道可以采用频带利用率较高的调制方式，而噪声较大的子信道可以采用抗噪性能好的调制方式。OFDM 系统常用的调制方式有 QPSK 和 16QAM 等。

OFDM 系统实现框图如图 3.93 所示。

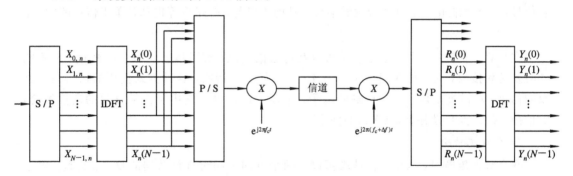

图 3.93 OFDM 系统实现框图

OFDM 首先广泛使用在具有脉冲噪声和时延扩散(例如引起关注的非均匀增益/相位和多径)特性的信道中，是由于 OFDM 在同步子载波上并行传输若干比特而具有延长了的符号持续时间。因为干扰只是符号间隔的一部分，所以只要符号持续时间比这些干扰的时间长，OFDM 就可以对抗这些干扰。当研究 OFDM 用于更具挑战性的多径信道时，已经发现 OFDM 并没有比使用判决反馈均衡的串行数据传输提供更多的保护，而使用编码有可能获得相同的性能。

适当设计的 OFDM 系统可以在具有挑战性的环境中实现非常好的带宽和功率有效性。但是要获得这些效率并不是没有代价的。因为 OFDM 是一个并行同步调制方案，它的同步

要比在等效的非同步频率复用(FDM)系统中更困难。而且，OFDM 对于信道的非线性更加敏感，且它比 FDM 单载波系统有更高的峰均比。这些特性都要求对功率放大器的线性有特别的关注，或者需要有特殊的措施，如用软限幅等来降低峰均比。

# 3.3 数 据 传 输

数据通信的任务就是利用通信介质传输信息，其实质问题就是采用什么技术来实现数据传输。一般数据信号主要有三种传输方法：基带传输、频带传输和数字数据传输。由于基带传输和频带传输理论在前面两小节已经介绍过了，本节主要介绍数字数据传输方式的基本原理及相关的技术，以求对数据传输有一个较为全面的了解；同时，还将介绍调制解调器(Modem)及其在数据通信中的应用。

## 3.3.1 数据传输模式

数据信号在信道中传输，可以采取多种方式，即数据传输模式。它包括串行传输和并行传输，单工传输、半双工传输和全双工传输，以及同步传输和异步传输。

### 1. 单工、半双工和全双工传输

数据传输是有方向的，这是由传输电路的性能决定的。按照数据传输的方向性，可以分为以下三种基本工作方式。

1) 单工传输

在单工传输方式中，两个通信终端间的信号传输只能在一个方向传输，即一方仅为发送端，另一方仅为接收端。例如，广播、电视就是单工传输的例子，收音机、电视机只能接收信号，而不能向电台、电视台发送信号；机场监视器、打印机等也都是单工传输的例子。

2) 半双工传输

在半双工传输中，两个通信终端可以互传数据信息，都可以发送或接收数据，但不能同时发送和接收，而只能在同一时间一方发送，另一方接收。这种方式使用的信道是一种双向信道，对讲机就是半双工传输的例子。半双工通信也广泛用于交易方面的通信场合，如信用卡确认及自动提款机(ATM)网络。

3) 全双工传输

在全双工传输中，两个通信终端可以在两个方向上同时进行数据的收、发传输。对于电信号来说，在有线线路上传输时要形成回路才能传输信号，所以一条传输线路通常由 2条线组成，称为二线传输。这样，全双工传输就需要 4 条线组成 2 条物理线路，称为四线传输。因此，全双工可以是二线全双工，也可以是四线全双工。例如，普通电话和计算机之间的通信就是全双工传输的例子。

### 2. 串行传输和并行传输

信息在信道上传输的方式有两种：串行传输和并行传输。传输方式不同，单位时间内传输的数据量也不同。而且，串行传输和并行传输的硬件开销也有很大差别。早期的设备，例如电传打字机，它们大多依靠串行传输；而目前计算机的 CPU 和输出设备之间多采用并行传输(通信)。

1）串行传输

串行传输方式中只使用一个传输信道，数据的若干位顺序地按位串行排列成数据流。如图 3.94 所示，数据源向数据宿发送"01011011"的串行数据，这个二进制位以串行的方式在线路上传输，直到所有位全部传完。

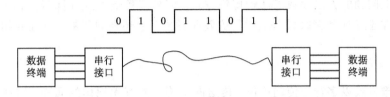

图 3.94　串行传输方式

串行传输已使用多年，只需要一些简单的设备，可节省信道（线路），有利于远程传输，所以广泛地用于远程数据传输中。通信网和计算机网络中的数据传输都是以串行方式进行的。串行传输的缺点是速度较低。

2）并行传输

并行传输就是数据的每一位各占用一条信道，即数据的每一位放在多条并行的信道上同时传送，如图 3.95 所示。例如，若在 8 条信道上同时传送，一次只能传送一个字节（8 bit），而若在 16 条信道上传送，一次就能传送 2 个字节。这样，一个 16 位的并行传输，比单个信道的串行传输快 16 倍。许多现代计算机在设计时都考虑了并行传输的优点，CPU 和存储器之间的数据总线就是并行传输的例子，通常有 8 位、16 位、32 位和 64 位等数据总线。有些计算机还用并行方式给打印机传送信息，从而实现高速的内部运算和数据传输。并行传输提高了传输速率，付出的代价是硬件成本提高了。

并行信道(8芯线缆)　　　　2芯线缆

图 3.95　并行传输方式

通常在设备内部采用并行传输，在线路上使用串行传输。所以在发送端和线路之间以及接收端和线路之间，都需要并/串和串/并转换器。

**3. 异步传输和同步传输**

无论是并行传输还是串行传输，在数据发送方发出数据后，接收方都必须正确地区分出每一个代码，这是数据传输必须解决的问题。这个问题是数据传输的一个重要因素，称之为定时。若传输信号经过精确的定时，数据传输率将大大提高。

在并行传输中，由于距离近，可以增加一条控制线（有时也称为"握手信号线"），由数据发送方控制此信号线，通过信号电平的变化来通知接收方接收数据是否有效。在计算机中有许多控制方法，通常有写控制、读控制、发送端数据准备好和接收端空等。使用控制方法时都有专门的信号线。

在串行传输中，为了节省信道，通常不设立专门的信号线进行收发双方的数据同步，必须在串行数据信道上传输的数据编码中解决此问题。接收端为了正确识别和恢复代码，要解决好以下几个问题：

①正确区分和识别每个比特位，即位同步。

②区分每个代码（字符或字节）的开始和结束位，即字符同步。

③区分每个完整的报文数据块（数据帧）的开始和结束位，即帧同步。

解决以上问题的方法导致了两种传输方式，即异步传输方式和同步传输方式。这两种方式的区别在于发送和接收设备的时钟究竟是独立的，还是同步的。下面介绍这两种传输方式。

1）异步传输

异步传输方式以字符为传输单位，传送的字符之间有无规律的间隔，这样就有可能使接收设备不能正确接收数据，因为每接收完一个字符之后都不能确切地知道下一个将被接收的字符将从何时开始。因此，需要在每个字符的头、尾各附加一个比特位的起始位和终止位，用来指示一个字符的开始和结束。起始位一般为"0"，占一位；终止位为"1"，长度可以是1位、1.5位或2位，如图3.96所示。加入起始位和终止位的作用是实现字符之间的同步。收、发双方的收发速率是通过一定的编程约定而基本保持一致的，从而实现位同步。

在异步传输方式中，一般不需要发送和接收设备之间传输定时信号，因而实现较为简单。其缺点是，由于每个字符都要加上起始位和终止位，因而传输效率低。异步传输方式主要适用于低速数据传输，比较适合于人机之间的通信，如计算机键盘与主机、电视机遥控器与电视机之间的通信，再如一台终端到计算机的连接也是一种异步传输的应用实例。

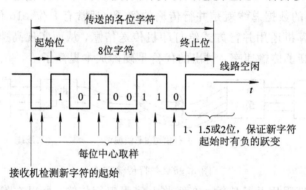

图3.96 异步传输

2）同步传输

在同步传输方式中，发送方以固定的时钟节拍发送数据信号，收方以与发端相同的时钟节拍接收数据。而且收发双方的时钟信号与传输的每一位严格对应，以达到位同步。在开始发送一帧数据前需发送固定长度的帧同步字符，然后发送数据字符，发送完毕后再发送帧终止字符，于是可以实现字符和帧同步，如图3.97所示。

接收端在接收到数据流后为了能正确区分出每一位，首先必须收到发送端的同步时钟，这是与异步传输的不同之处，也是同步传输的复杂处。一般地，在近距离传输时，可以附加一条时钟信号线，用发送方的时钟驱动接收端完成位同步。在远距离传输时，通常不允许附加时钟信号线，而是必须在发送端发出的数据流中包含时钟定时信号，由接收端提取时钟信号，完成位同步。同步传输具有较高的传输效率和传输速率，但实现较为复杂，常常用于高速数据传输中。

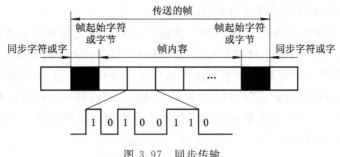

图 3.97 同步传输

## 3.3.2 数据序列的扰码与解扰

### 1. 伪随机序列

随机噪声首先是作为有损通信质量的因素引起人们的重视的。但人们有时也希望得到随机噪声。例如，在对通信设备或系统进行测试时，有时要故意加入一定的随机噪声。随机噪声难以重复产生，直到 20 世纪 60 年代伪随机噪声出现后才使这一困难得以解决。伪随机序列（又称 PN 码）有如下特点：

（1）具有类似于随机噪声的一些统计特性；

（2）便于重复和产生（由数字电路产生）；

（3）周期序列（经滤波等处理后）。

### 2. m 序列的产生和性质

扰码的原理基于序列的伪随机性，所以首先要了解 m 序列的产生和性质。m 序列是最常用的一种伪随机序列。m 序列是由带线性反馈的移位寄存器产生的序列，并且有最长的周期。

1）m 序列发生器的电路模型

m 级线性反馈移位寄存器的输出序列是一个周期序列，其周期长短由移位寄存器的级数、线性反馈逻辑和初始状态决定。但在产生最长线性反馈移位寄存器序列时，只要初始状态非全"0"即可，关键在于具有合适的线性反馈逻辑。

m 级线性反馈移位寄存器如图 3.98 所示。图中 $C_i$ 表示反馈线的两种可能连接状态，$C_i = 1$ 表示连接线通，第 $n-i$ 级输出加入反馈中；$C_i = 0$ 表示连接线断开，第 $n-i$ 级输出未参加反馈。因此，一般形式的线性反馈逻辑表达式为

$$a_n = C_1 a_{n-1} \oplus C_2 a_{n-2} \oplus \cdots \oplus C_n a_0 = \sum_{i=1}^{n} C_i a_{n-i} （模 2 加）$$

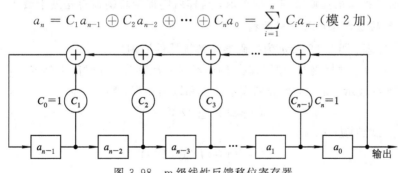

图 3.98 m 级线性反馈移位寄存器

2）m 级线性反馈移位寄存器抽头的选取

要用 m 级移位寄存器来产生 m 序列，关键在于选择哪几级移位寄存器作为反馈。在数学上特征多项式可以反映出线性移位寄存器的抽头规律，又称为抽头多项式。所谓特征多项式可认为：将移位寄存器用一个 m 阶的多项式 $f(x)$ 表示，这个多项式的"0"次幂系数为"1"，而 $k(k \leqslant m)$ 次幂系数为"1"时，代表第 $k$ 级移位寄存器有反馈线，否则无反馈线（注意这里系数只能取"0"或"1"）。数学上可以证明：若要使输出序列是一个 m 序列，则线性移位寄存器的特征多项式必须是不可约多项式。例如：

$$f(x) = 1 + x + x^4$$

不可约的条件仅是输出 m 序列的必要条件，而并非充分条件，即为不可约多项式时产生的移位寄存器序列可以是 m 序列，也可以不是 m 序列。要保证输出为 m 序列的充分条件在理论上证明必须是本原不可约多项式，与它对应的移位寄存器电路就能产生 m 序列。本原多项式要满足以下 3 个条件，就能产生 m 序列：

(1) $f(x)$ 是不能再分解的因式；

(2) $f(x)$ 可整除 $x^p + 1$，$p = 2^n - 1$；

(3) $f(x)$ 不能整除 $x^q$，$q < p$。

若加减法的运算是模 2 的，则 $f(x)$ 的倒量

$$g(x) = \frac{1}{f(x)}$$

就代表所产生的 m 序列。注意，这种倒量关系实质是进行多项式的除法运算。

**3. 扰码器与解扰器**

1）扰码的目的

扰码器是利用产生 m 序列的移位寄存器使确定性的（特别是短周期的）数据序列随机化（或者长周期的）的一种电路装置。采用扰码器的目的有以下几方面。

(1) 避免交调的影响。短周期的数字信号中包含频率足够高的单音。这种单音能和载波或调制信号发生交调，产生非线性产物而落到相邻信道内，成为相邻信道内传输信号的干扰。

(2) 为了在准确的时间点上判定信号，在接收端和再生中继器中都需要一个与发送端完全同步的定时脉冲。扰码器能够改善这种情况，从而保证稳定的定时提取。

(3) 当传输系统中具有时域均衡器时，扰码器能改善数据信号的随机性，从而改善自适应均衡器所需抽头增益调节信息的提取，这样就能保证均衡器总是处于最佳工作状态。

2）扰码器的基本原理与一般结构

(1) 基本原理。图 3.99 所示为扰码器与解扰器的原理框图。

图 3.99(a)为一种扰码器的原理图，图中经过一次移位，在时间上延迟一个码元时间，可以用运算符 $D$ 表示。设 $X$，$Y$ 分别表示输入和输出序列，则

$$X \oplus D^3 Y \oplus D^5 Y = Y$$

给等式两边加 $D^3 Y \oplus D^5 Y$，得

$$X = (1 \oplus D^3 \oplus D^5)Y$$

于是，输出为

$$Y = \frac{1}{1 \oplus D^3 \oplus D^5} X$$

$Y$ 就是已扰乱的数据序列。

下面讨论在接收端如何解扰，见图 3.99(b)。设 $Y'$ 与 $X'$ 表示解扰输入和输出序列，则

$$X' = (1 \oplus D^3 \oplus D^5) \cdot \frac{1}{1 \oplus D^3 \oplus D^5} \cdot X = X$$

可见解扰器恢复了原来的数据序列。

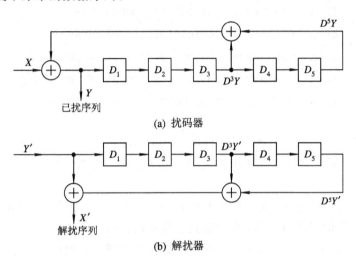

**(a) 扰码器**

**(b) 解扰器**

图 3.99 扰码器与解扰器

【**例 3.6**】 如数据序列为 10101010100000000000，即具有短周期和相当多的连"0"，试求该序列通过图 3.99(a)所示的扰码器扰乱后的输出序列。

**解** 第一步：根据扰码器电路写出它的输出与输入关系的表达式。由图 3.99 知，输出 $Y$ 与输入 $X$ 的关系如下：

$$Y = \frac{1}{1 \oplus D^3 \oplus D^5} X$$

第二步：将上述方程中的 $1/(1 \oplus D^3 \oplus D^5)$ 转化为特征多项式的形式（先不考虑 $Y$ 和 $X$），再将该式进行模 2 加的除法运算，进一步得到转化成的多项式为

$$g(x) = \frac{1}{f(x)} = \frac{1}{1 + x^3 + x^5}$$

由于 $f(x)=1+x^3+x^5$，则 $g(x)=1/f(x)$，利用模 2 除法运算，得

$$g(x) = 1 + x^3 + x^5 + x^6 + x^9 + x^{10} + x^{11} + x^{12} + x^{13} + x^{17} + x^{18} + x^{20} + \cdots$$

从以上得到的多项式再转化成 $Y$ 与 $X$ 的具体关系（实际上是对第一步得出的式子进行展开），即

$$Y = (1 \oplus D^3 \oplus D^5 \oplus D^6 \oplus D^9 \oplus D^{10} \oplus D^{11} \oplus D^{12} \oplus D^{13} \oplus D^{17} \oplus D^{18} \oplus D^{20} \oplus \cdots)X$$

第三步：列表推出扰码后的输出序列。将题目中给出的 $Y$ 与 $X$ 关系式中各项所对应序列排列如下：

$$X = 10101010100000000000$$
$$D^3 X = 00010101010100000000000$$
$$D^5 X = 0000010101010100000000000$$
$$D^6 X = 00000010101010100000000000$$
$$D^9 X = 00000000101010101000000000000$$
$$D^{10} X = 000000000010101010100000000000$$
$$D^{11} X = 0000000000010101010100000000000$$
$$D^{12} X = 00000000000010101010100000000000$$
$$D^{13} X = 000000000000010101010100000000000$$
$$D^{17} X = 00000000000000001010101010100000000000$$
$$D^{18} X = 000000000000000000010101010100000000000$$
$$D^{20} X = 0000000000000000000001010101010100000000000$$

则
$$Y = 10111000010010110011$$

式中比 $D^{20}$ 大的次幂，其延迟已超出输入的码位数，可以不计。$Y$ 也只需计算 20 个码位为止。

第四步：扰乱效果分析。从计算的 $Y$ 中可知，短周期已不存在，输入的全"0"序列被扰乱，而 $Y$ 中的"0"和"1"个数相等，所以起到了扰乱的作用。

(2) 一般结构。图 3.100 所示为基本扰码器和解扰器的一般结构。它由 $n$ 级移位寄存器组成，其中 $a_1$，$a_2$，$\cdots a_{n-1}$ 代表相应位置上的反馈状态。当 $a_i = 1$ 时表示第 $i$ 级有反馈；当 $a_i = 0$ 时表示第 $i$ 级无反馈。各系数不同就构成不同的扰码器。

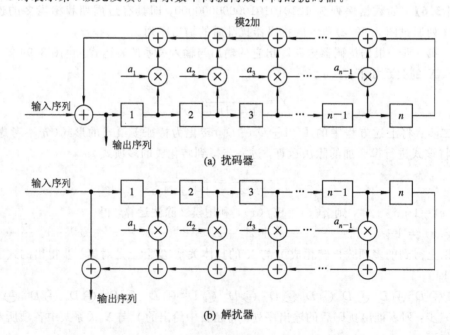

图 3.100　基本扰码器与解扰器的一般结构

表 3.8 为扰码器系数表，利用此表中的系数可以设计扰码器和解扰器。表中系数值一栏的每个十进制代表三位二进制数。例如，查表得系数值为 45 对应 100101，除了两边的 1，中间为 $a_1 = a_2 = a_4 = 0$，$a_3 = 1$，这就是图 3.99(a) 的扰码器。也可以将表中所得的二进制数的次序倒过来决定各系数的值，如 100101 倒过来为 101001，即 $a_1 = a_3 = a_4 = 0$，$a_2 = 1$。

**表 3.8 扰码器系数表**

| $n$ | 系数值 $1,a_1,a_2,\cdots,a_{n-1},1$ | $n$ | 系数值 $1,a_1,a_2,\cdots,a_{n-1},1$ | $n$ | 系数值 $1,a_1,a_2,\cdots,a_{n-1},1$ |
|---|---|---|---|---|---|
| 2 | 7 | 9 | 1021 | 20 | 4000011 |
| 3 | 13 | 10 | 2011 | 21 | 10000005 |
| 4 | 23 | 11 | 4005 | 22 | 20000003 |
| 5 | 45 | 12 | 100003 | 23 | 40000041 |
| 6 | 103 | 13 | 40011 | 25 | 200000011 |
| 7 | 211 | 14 | 1000201 | | |

理论分析证明：对于基本扰码器，当输入周期为 $S$ 的序列（全"0"和全"1"是周期为"1"的序列）经过扰码器处理后，输出的信道序列周期将是 $S$ 或 $S$ 与 $2^n - 1$ 的最小公倍数，即可把短周期序列变成长周期序列。

由于扰码器能使包括一连串长"0"或长"1"在内的任何输入序列变为伪随机序列，所以在基带传输系统中作为码型变换使用时，能限制连"0"或连"1"码的个数。由于扰码器的这些特点，使得扰码器在现代通信领域得到了广泛的应用。例如，在宽带 Modem 中和 10G 以太网的数据传输中，以及蜂窝数字分组(CDPD)系统中都采用了扰码技术。但是，扰码器也对系统的误码性能有影响，在传输序列过程中产生的单个误码会在接收端解扰器的输出端产生多个误码。对于某些输入序列的扰码，扰码器的输出也可能是全"0"码或全"1"码。

### 3.3.3 调制解调器(Modem)

调制解调器的英文"Modem"来自于调制器(Modulator)和解调器(Demodulator)的缩写，有些国家或地区又称它为数传机(Data Set)。通过 Modem 可以利用电话线路传输数据，最显而易见的应用就是通过 Modem 和 Internet 供应商(ISP)连接，访问 Internet 上的资源。图 3.101 所示有助于理解 Modem 这一概念。一般的 Modem 连接如图 3.101(a)所示。PC 机从一个端口发送一个数字信号给 Modem 后，Modem 将信号转换成必需的模拟信号。接着，模拟信号经过本地电话回路传送到最近的交换机，到达交换机后信号又被转换为数字信号。数字信号再经过载波系统，最后达到离远端目标最近的另一个交换机。另一台 Modem 又将信号转换成数字信号，最后传送给目的 PC 机。图 3.101(b)中最后的两次信号转换被省掉了，由于 ISP 有直接处理数字载波信号的数字设备，能将信号发送到 Internet 上，因此整个过程只需在客户端进行两次信号转换。

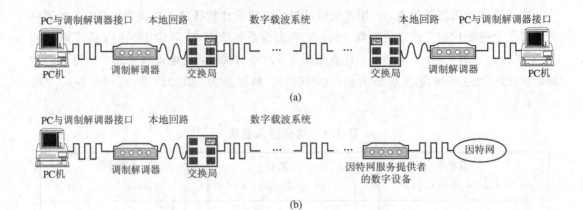

图 3.101　使用 Modem 的连接

**1. Modem 的分类**

为了适应各种不同信道、不同速率的要求，有多种不同类型的 Modem，对于 Modem 的分类方法也不尽相同。

1）按功能分类

就功能而言，调制解调器分为通用 Modem 及具有传真功能的 Modem。前者的速度从最初的 110 b/s 发展到 56 kb/s 甚至更高。而后者配上扫描仪后，可以完全取代传真机，由计算机直接传入，也就不必使用纸张了。

2）按外形分类

就外形而言，Modem 可分为外置式和内置式。外置式 Modem 是连接到计算机的 RS232 连接端口（又称为 COM 连接口）。不过，最近也有使用通用串行总线（USB）的 Modem。

内置式 Modem 也称为数据卡，安装时要拆卸主机外壳才能安插到主板上。由于内置式 Modem 是直接使用主板上的电源，因此不需要另外供应电源。

3）按传输速率分类

调制解调器的传输速率以 b/s(bps)为计算单位，标准的传输速率为 1200 b/s，2400 b/s，9600 b/s，14 400 b/s，33 600 b/s 和 56 000 b/s 等。由于具有数据压缩的能力，所以实际最高传输速率接近于 224 000 b/s。Modem 按传输速率所进行的分类如表 3.9 所示。

表 3.9　Modem 按传输速率的分类表

| 名　　称 | 低　　速 | 中　　速 | 高　　速 |
|---|---|---|---|
| 传输速率/(b/s) | <1200 | 1200~9600 | >9600 |
| 调制方式 | FSK | PSK | 4PSK，MQAM，TCM 等 |

低速 Modem 目前已经停产。由于我国通信事业的飞速发展，目前的电话线路完全可以满足高速 Modem 的要求。

4）按操作模式分类

调制解调器的操作有同步和异步两种模式。一般计算机使用的都是异步方式，这也是绝大多数用户使用的方式。同步方式则使用在通信线路一端是大型主机，另一端是小型主机的情况下，此时小型主机被当成终端使用。

5）按数据压缩及纠错方法分类

调制解调器可以以数据纠错的方法保证收到的数据正确无误，同时通过对数据进行压缩以提高有效传输速率，其中最常用的是 MNP5 和 V.42bis。MNP5 具有双倍的压缩效率；V.42bis 是 CCITT 公布的 4 倍压缩效率的数据压缩标准，可将 2400 b/s 的 Modem 的有效传输速率提高到 9600 b/s。

6）按传输介质分类

按传输介质分类，Modem 可分为有线 Modem 和无线 Modem。

**2. Modem 的工作原理**

1）Modem 电路的基本结构

图 3.102 所示为 Modem 的基本工作原理。在调制器中，发送数据经扰码器后变成伪随机序列，防止当输入长连"1"或"0"的信息中无时钟信号，导致接收电路无法提取时钟信号。调制放大电路的作用是采用特定的数字调制技术调制载波，变换为适合于在电话线路上传输的模拟信号。滤波器的作用是滤除模拟信号中超出 300～3400 Hz 的噪声。经选择器选入相应的信道滤波器，目的是进行发送信道的均衡，减小信道引起的失真。最后，经过混合线圈 4/2 线转换后，输入线路。在解调过程中，由线路上送来的接收数据经自动增益控制器调整电平，再经过数字解调器、均衡/译码器后，译码成串行数据并进入解扰器，经过解扰，最后送给数据终端。整个电路的同步信号由发送定时脉冲锁相环进行微调，并设有定时脉冲恢复电路和载波恢复电路，以保证 Modem 的正常工作。

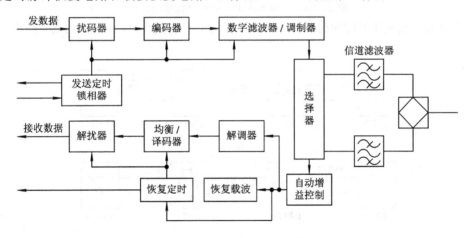

图 3.102　Modem 的基本工作原理

2）Modem 的工作过程

Modem 通常有三种工作方式：挂机方式、通话方式和联机方式。电话线未接通是挂机方式；双方通过电话进行通话是通话方式；Modem 已联通并进行数据传输是联机方式。Modem 加电后，通常先进入挂机方式，通过电话拨号拨通线路后进入通话方式，最后通过 Modem 的"握手"过程进入联机方式。正常使用时，由使用者通过控制电话机或 Modem 前面板的按键、内部开关实现三种方式间的转换。

3）Modem 的功能

调制和解调只是 Modem 的基本功能，它的主要功能还包括建立连接，在发送设备、接收设备和终端设备之间建立同步交换和控制，改变音频信道，以及维修测试等。

（1）建立连接。建立 Modem 之间的连接，可以通过人工拨号或自动呼叫装置来启动，在接收端同样由人工完成，也可通过自动应答选择装置来完成。在一台 Modem 中，有自动应答器和自动呼叫器。前者是用来接收电话振铃信号，产生并发送应答单音。这种功能对计算机系统非常有用，因为终端用户可直接拨入，从而自动连接到计算机上。后者也称为自动拨号器，功能比自动应答器多，主要完成与终端和电话网的接续，而且还要存储需要自动呼叫的电话号码，这个功能要事先编好程序存放在自动呼叫器的存储电路中。

（2）同步与异步方式工作。Modem 的工作方式必须和与它相连的终端设备的工作方式相一致，这是一条基本准则。异步方式工作时，不提供双方的同步时钟，传输信号也不提供同步信号。采用同步方式工作时，时钟设置是关键问题。因此，在同步传输时只能设置一个时钟源，如图 3.103 所示。图中的时钟是系统的定时信号。

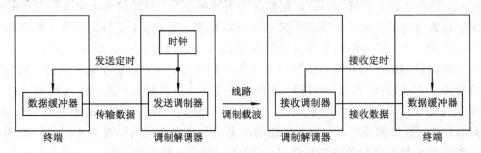

图 3.103　同步方式工作时定时信号的传送

一般来说，同步信号的时钟是从终端、计算机中心或某 Modem 中获得的，如图 3.104 所示。

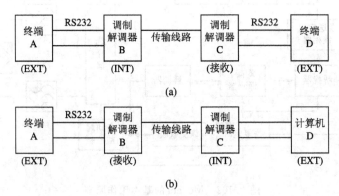

图 3.104　由 Modem 提供时钟

可以由一对调制解调器 B、C 中的任何一部提供时钟。图 3.104（a）所示为由调制解调器 B 提供时钟，该时钟称为内部时钟（INT）；终端 A 是外部时钟（EXT）；而调制解调器 C 则从载波中提取定时信号，因此它是接收时钟；这时计算机 D 使用的也是外部时钟。图 3.104（b）所示为由调制解调器 C 提供时钟。

还可以由计算机（交换机）或终端提供时钟。图 3.105（a）所示就是由终端 A 提供时钟，它为内部时钟；调制解调器 B 则用外部时钟；调制解调器 C 使用的是接收时钟；计算机 D 只能用外部时钟。反之亦然，如图 3.105(b)所示。

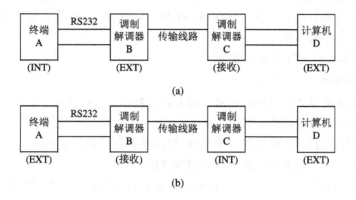

图 3.105　由计算机或终端提供时钟

需要指出的是，现今许多高速的 Modem 包含内部的时分复用器，它使多个终端能同时在一条信道上操作。在许多情况下，一条或多条信道被连接到离第 1 个 Modem 很远的一个终端，信号连接方式如图 3.106 所示。在这种情况下，用于线路上所有 Modem 的终端系统都要求远程 Modem 同步于其中的一个 Modem。图中所示 Modem B、C、D 同步于 Modem A。

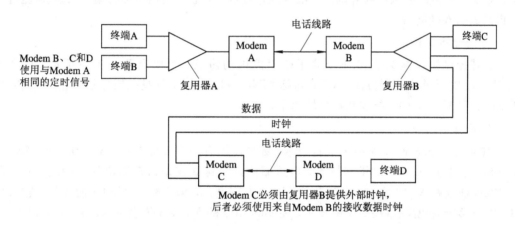

图 3.106　多个调制解调器的外部定时

（3）AT 命令。AT 命令是 Hayes 标准 AT 命令的简称。这种命令集将现有的通信标准翻译成一种命令控制的格式。常用的两个参数是 D 命令和 T 命令，字母 D 代表拨号，它指示 Modem 拨打命令后面跟着的号码；字母 T 表示 Modem 应该使用音频拨号，而不是脉冲拨号。例如，一个用户想要 Modem 从一台按键式电话上拨打号码 3256940，他应该输入的命令是 ATD3256940。

（4）均衡。在传输线路上，存在着许多种对数据传输有不利影响的特性，这些影响都会使线路质量下降。为了补偿这些传输的损伤，就要对线路进行均衡。均衡的过程就是人为地向线路输入与线路特性相反的特性，最后使线路特性变得"平缓"一些。

### 3. Modem 的标准

调制解调器的标准有两个：贝尔调制解调器和 ITU－T 调制解调器。本节主要介绍 ITU－T 调制解调器标准，它通常称为 V.xx 标准，这里的 xx 代表标识号。贝尔 Modem 标准与 ITU－T 标准相类似。

目前高速 Modem 的标准协议如下。

1) 三种调制协议

不同的调制协议定义了明确的数据编码和调制技术，因而决定了其传输速率。ITU－T 建议的高速 Modem 调制协议有如下几种：

(1) V.32 协议是 9600 b/s 高速 Modem 的标准调制协议。它采用 QAM 调制，可使传输速率达到 9600 b/s，但电话线路差时会降到 2400 b/s。

(2) V.32bis 协议是 14 400 b/s Modem 的标准调制协议，是 V.32 的增强版本，可与 V.32 兼容。它采用 TCM 调制方式，可使传输速率达到 14 400 b/s，但线路差时会降到 12 000 b/s、9600 b/s、7200 b/s，甚至 4800 b/s。

(3) V.34 协议采用四维 TCM 编码等调制方式和 V8 协商握手等先进技术，可使其传输速率达到 28.8 kb/s。

目前，除上述调制协议外，ITU－T 还制定了一个 56 kb/s 的数据传输标准 V.90。V.90 使得调制解调器能够在标准公用电话交换网(PSTN)上以高达 56 kb/s 的速率接收数据，克服了在传统模拟调制解调器上的理论速度极限；通过使用压缩方案，V.90 还能进一步提高数据吞吐能力。

2) 差错控制协议

差错控制协议是为了保证传输正确而提供的协议，主要有两个工业标准 MNP 和 V.42。V.42 是差错控制协议。MNP 包括 MNP2 和 MNP4，都是差错控制协议。若同时使用 MNP 和 V.42，可以提高数据传输速率。

3) 数据压缩协议

数据压缩是高速 Modem 的关键技术。数据压缩有两个工业标准：V.42bis 和 MNP5。V.42bis 采用 Lempe-ziv 压缩技术，但压缩协议是建立在差错控制协议基础之上的，即 V.42bis 建立在 V.42 之上，并以执行 V.42 为前提。MNP5 要求 MNP4 的支持，它采用 Huffman 编码和游程编码的压缩技术，使 9600 b/s 的 Modem 传输速率达到 19.2 kb/s。

4) 通信软件

对于智能型 Modem 能提供很多高级功能，但要靠通信软件完成。

### 4. 宽带调制解调器简介

若以带宽区分，Modem 可以细分为窄带 Modem 和宽带 Modem。窄带 Modem 指的是带宽在 56 kb/s 以下的 Modem，也就是传统的 Modem。宽带 Modem 则是指电缆线 Modem (Cable Modem)和 ADSL Modem。现今用户对多媒体业务的需求加大，加之计算机计算能力的大幅度提高，以及网络技术快速成长的配合，使得连接用户宽带上网的宽带 Modem 正逐渐成为市场主流。

1) 56 K 高速 Modem

56 kb/s 高速 Modem 是 1997 年开始上市的拨号高速调制解调器，它的传输速率之所以能有高于传统电话线路上 33.6 kb/s 的极限速率，是因为它采用了完全不同于 33.6 kb/s 的调制解调技术，其工作原理和使用要求与 33.6 kb/s 高速 Modem 相比也有一定的区别。对于 56 kb/s 高速 Modem，用户端的模拟调制解调器与 ISP 局端数字式调制解调器（局端 Modem）不是对等设备。其中，用户端 56 kb/s 高速 Modem 的工作原理和接入方法与 33.6 kb/s 高速 Modem 相同，仍然与电话线模拟连接，拨号上网。而 ISP 局端的数字 Modem 与普通模拟 Modem 完全不同。ISP 局端 Modem 是一种纯数字式调制解调器，该数字式调制解调器将 ISP 局端数字设备直接与公用市话网（PSTN）进行数字连接。也就是说，ISP 局端数字信号进入交换系统时，将绕过 PCM 的模/数转换过程，将数字网上的数字信号经过特殊数字编码后，取代调制过程，直接进入数字交换。这样在整个网络系统中，除下载数据端有数/模转换和用户端 56 kb/s 高速 Modem 中有数/模转换外，其余各处都是纯数字传输。可见，在服务端的纯数字 Modem 与 PSTN 之间就不会产生任何模/数转换噪声了。这样，若从 ISP 端下载信息，则仅在用户端的 56 kb/s 高速 Modem 上经过一次模/数转换，所以下载速率很高。

2）电缆调制解调器

前面介绍的 Modem 主要是在电话线路上使用的，而电缆调制解调器（Cable Modem）主要是在有线电视线路上使用的。Cable Modem 能够将 TV 信号传送给电视机，它还有一个输出插座与计算机相连。Cable Modem 的连接方式如图 3.107(a)、(b)所示。一般情况下，进入家庭的电视信号带宽大约是 750 MHz，信号被分成多个 6 MHz 的频段，每个频段传送一家特定电视台的信号。为了提供 Internet 访问服务，可在 42～750 MHz 之间的某一个 6 MHz 的频段上下载 Internet 上的信息。

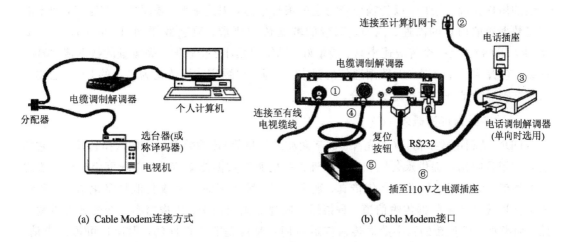

(a) Cable Modem 连接方式      (b) Cable Modem 接口

图 3.107　电缆调制解调器的连接

Cable Modem 使用的调制技术主要是 QPSK 和 64QAM。QAM 技术通常用于高带宽环境下的信息下载。Cable Modem 能上传信息，即从 PC 上接收信息，并将它调制成频率在 5～40 MHz 之间的信号。由于在这一频段内的信号容易受到家用电器的干扰，因此使用 QPSK 技术，原因是 QPSK 技术所产生的信号能量较强，但传输速率慢。由于上传所需的带宽一般较小，因此 Cable Modem 可以实现用户上网的不对称要求。

3) ADSL Modem

ADSL(非对称数字用户环路)是指在现有的电话线上加装 ADSL Modem(又称为 ATU-R),利用 ADSL 技术,用户可以在使用电话的同时以高于一般 Modem 的速率接入 Internet 或进行数据的传输,而且上网和打电话两不误。

ADSL 调制解调器分为全速 ADSL 与 G. Lite ADSL。全速 ADSL Modem 的下载速率最高达 5 Mb/s,上传速率最高可达 64 kb/s;G. Lite ADSL 的下载速率最高可达 1.5 Mb/s,上传速率最高可达 512 kb/s。ADSL Modem 采用的是数字传输模式,只有编码方式,没有传统 Modem 的调制、解调(数/模转换)操作。因此,ADSL Modem 比一般 Modem 的速率要高得多。图 3.108 所示为一款 ADSL Modem 的示意图。

图 3.108　ADSL Modem

### 3.3.4　数字数据传输(DDN)

随着计算机通信技术的不断发展,金融、证券、股市、海关、外贸等部门要求租用数据专线的用户大幅度增加。以传输语音为主的模拟信道,因速率低、质量差、带宽窄,而不能满足数据通信用户的高速、优质、宽带的数据传输要求。数字数据网(Digital Data Network,DDN)就是一个传输速率高、质量好、网络时延小、全透明、高流量的数据传输基础网络,它满足了各种用户对数据通信的要求。目前,以数字数据传输为骨干的 DDN 已成为我国数据通信的一个重要组成部分。

**1. 数字数据传输概述**

DDN 是利用数字信道(如光纤、数字微波或卫星等)传输数据信号的数据传输网。它的主要作用是向用户提供永久性和半永久性连接的数字数据传输信道。它既可用于计算机之间的通信,也可用于传送数字化传真、数字语音、数字图像信号或其他数字化信号。所谓永久性连接的数字数据传输信道,是指用户间建立固定连接、传输速率不变的独占带宽电路。而半永久性连接的数字数据传输信道对用户来说是非交换性的,但用户可提出申请,由网络管理人员对其提出的传输速率、传输数据的目的地和传输路由进行修改;网络经营者向广大用户提供了灵活方便的数字电路出租业务,供各行业构成自己的专用网。

DDN 的数据信道主要是光纤传输系统,其传输质量主要取决于光纤系统的传输质量。对于用户来说,DDN 信道是无规程的透明信道,用户只需注意物理接口是否符合要求,信道产生的少量差错由用户设备自行解决。DDN 网由数字电路、DDN 节点、网络控制中心和用户环路组成。节点间通过数字中继电路相连,构成网状的拓扑结构,用户的终端设备通过数据终端单元(DTU)与就近的节点机相连。

DDN 主要适用于计算机主机之间、局域网之间、计算机主机与远程终端之间的中高速点对点、点对多点的大容量专线通信场合。

DDN 的特点如下：

（1）DDN 是同步数据传输网。DDN 不具备交换功能，但可以根据与用户所定的协议，接通所需要的路由（这体现了半永久性连接的概念）。

（2）传输速率高，网络时延小。在 DDN 内的数字设备可以提供 2 Mb/s 或 $N \times 64$ kb/s（$N = 1 \sim 31$）速率的数字传输信道。而且 DDN 采用同步传输模式的数字时分复用技术。用户数据信息根据事先约定的协议，在固定的时隙以预先设定的带宽和速率顺序传输，这样只需按时隙识别通道就可以准确地将数据信息送到目的终端。由于信息是按顺序达到的，免去了目的终端对信息的重新排序，因而减小了时延。

（3）DDN 是全透明网。DDN 是可支持任何规程、不受约束的全透明网，它可支持网络层以及其上的任何协议，从而满足数据、图像和语音等多种业务的需要。

**2. DDN 网络结构**

1）网络结构

DDN 一般由本地传输系统、复用/交叉连接系统、局间传输（中继）系统、网同步系统和网络管理系统等部分组成，如图 3.109 所示。其主要设备有数字传输电路和相应的数字交叉复用设备。其中，数字传输主要以光缆传输电路为主，数字交叉连接复用设备对数字电路进行半固定交叉连接和子速率的复用。

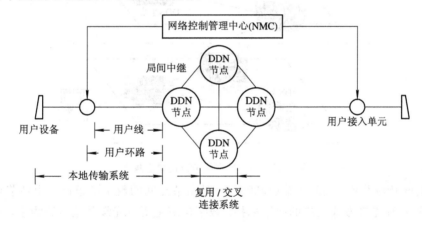

图 3.109 DDN 网络结构

（1）本地传输系统。本地传输系统主要由用户端设备和用户环路组成。用户环路包括用户线和用户接入单元。接入 DDN 的用户端设备（DTE）可以是局域网，通过路由器连接到对端；也可以是一般的异步终端或图像设备，以及传真机、电传机、电话机、个人计算机和多媒体终端等。DTE 和 DTE 之间是全透明传输。另外，用户端设备通过称为数字服务单元（DSU）的设备接入 DDN。DSU 可以是调制解调器或基带传输设备，以及时分复用、语音/数字复用等设备。用户线包括电话线、RS232 电缆、RJ45 芯插头以及局域网使用的 10BASE - T、10BASE - 5 等。

（2）复用/交叉连接设备。复用/交叉连接设备对数字电路进行半固定交叉连接和子速率的复用，一般在 DDN 节点中设置。

从组网功能分，DDN 节点可分为 2 Mb/s 节点、接入节点和用户节点三种类型。

① 2 Mb/s 节点。它是 DDN 网络的骨干节点，执行网络业务的转换功能。该节点主要提供 2.048 Mb/s(E₁)数字通道的接口和交叉连接，对 $N \times 64$ kb/s 的电路进行复用和交叉连接以及帧中继业务的转接功能。

② 接入节点。该节点主要为 DDN 各类业务提供接入功能，主要有：$N \times 64$ kb/s、2.048 Mb/s 数字通道的接口；$N \times 64$ kb/s($N$=1~31)的复用；小于 64 kb/s 的子速率复用和交叉连接；帧中继业务用户接入和本地帧中继功能；压缩语音/G3 传真用户入网。

③ 用户节点。该节点主要为 DDN 用户入网提供接口，并进行必要的协议转换，包括小容量时分复用设备、局域网通过帧中继互联的路由器等。

图 3.110 所示为 DDN 网络节点的概念模型。

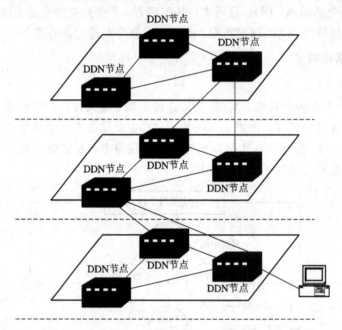

图 3.110 DDN 网络节点的概念模型

（3）局间传输系统。局间传输（局间中继）是由节点间的数字信道以及由各节点通过与数字信道的各种连接方式组成的网络拓扑。数字信道主要以光缆传输电路为主，一般是指数字传输系统中的基群（2 Mb/s）信道。

（4）网络管理系统。网络管理系统设在网络管理中心（NMC）。利用网络管理系统，可以方便地进行网络结构和业务的配置，实时地监视网络运行情况，进行网络信息、网络节点告警、线路利用情况等收集、统计报告。

（5）接口。DDN 中的接口主要有以下几种：

① 中继电路接口。它是指中继电路与节点的接口。常采用 ITU - T 的 2.048 Mb/s(G.703)接口、RS449(V.24)接口和 X.21 接口等。

② 用户线接口。它是指用户终端与用户线之间、用户线与节点之间的接口。常采用 RS232(V.24)接口、X.21 接口、两线语音接口（带信令或不带信令）和四线语音接口（带信令或不带信令）等。

③ 外时钟接口。它是指外时钟与网络节点之间的接口。常采用 ITU－T 规定的标准外时钟接口等。

④ 网管接口。它是指网管中心(终端)与节点之间或网管中心(终端)之间的接口。常采用 RS232、RS449、V.35、X.21 和以太网接口等。

2) DDN 的接入

用户接入方式主要分为用户终端设备接入和用户网络与 DDN 互联方式两种。

(1) 用户终端接入方式。用户终端接入主要有以下方式:

- 二线模拟传输方式,支持模拟用户入网;
- 二线或四线话带 Modem 传输方式;
- 二线或四线基带传输方式(采用回波抵消技术和差分二相编码技术);
- 基带传输＋TDM 复用传输方式;
- 语音/数据复用传输方式;
- 2B＋D 速率的 DTU 传输方式(DTU 采用 2B＋D 速率);
- PCM 数字线路传输方式;
- DDN 节点通过 PCM 设备的传输方式。

(2) 用户网络与 DDN 互联方式。用户网络与 DDN 互联的主要方式有:

- 局域网利用 DDN 互联;
- 专用 DDN 与公用 DDN 互联;
- 分组交换网与 DDN 互联;
- 远程客户通过 DDN 接入分组交换网和 Internet;
- 分组交换机通过 DDN 互联;
- 用户交换机通过 DDN 互联。

**3. DDN 的关键技术**

1) 复用技术

复用是 DDN 节点设备的基本功能之一,图 3.111 所示为 DDN 节点复用示意图。上面提到的 DDN 节点实际上相当于多个复用器的综合体。

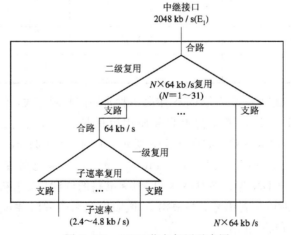

图 3.111　DDN 节点复用示意图

DDN 涉及到的复用包括子速率复用、超速率复用和 PCM 帧复用及某些专用帧复用等。这里主要介绍前两种复用方式的基本方法和特点。

(1) 子速率复用。在 DDN 中，数据传输速率小于 64 kb/s 时，称为子速率；各子速率复用到 64 kb/s 的信道上称为子速率复用。子速率复用有许多标准，如原 CCITT 的 X. 50，X. 51，X. 58，R. 111 和 V. 110 等，其中以 X. 50 最为常用，X. 58 为推荐使用。其中 2400 b/s，4800 b/s，9600 b/s 和 19 200 b/s 应符合 X. 50 和 X. 58 的规定。X. 50 建议规定采用 (6+2) 的包封格式。而 X. 51 建议规定采用 (8+2) 的包封格式。它们分别示于图 3.112(a)、(b) 中。对于图 3.112(a) 的 (6+2) 包封格式由 8 bit 构成。其中 6 bit 为低速数据，用 D 表示；2 bit 为管理比特 (F 和 S)。F 比特在复用时构成复用帧的帧同步码。S 比特表示本包封中数据的状态，S=1 时表示包封内 D 比特为数据信息，S=0 时表示包封内 D 比特为控制信息 (如信令等)。图 3.112(b) 的 (8+2) 包封格式由 10 bit 构成。其中 8 bit 数据仍用 D 表示；2 bit 为管理比特：一个用 A 表示，一个用 S 表示。S 比特定义与 (6+2) 包封相同；A 比特为包封同步比特，仅用于包封自身的同步调整。

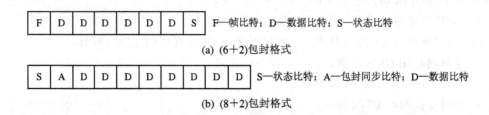

(a) (6+2) 包封格式

(b) (8+2) 包封格式

图 3.112　两种包封格式

低速数据经过包封后用于复用的速率称为承载信道速率。原 CCITT X. 50 规定的复用速率和路数如表 3.10 所示。

表 3.10　X. 50 复用速率和路数

| 数据速率/(kb/s) | 载荷速率/(kb/s) | 相同速率复用路数/个 |
| --- | --- | --- |
| 9.6 | 12.8 | 5 |
| 4.8 | 6.4 | 10 |
| 2.4 | 3.2 | 20 |
| 0.6 | 0.8 | 80 |

(2) 超速率复用。超速率复用是 DDN 中另一种常用的复用方式，它能把 $N$ 个 64 kb/s 合并在一起 (其中 $N=1\sim31$)，使节点的业务使用范围扩大，如各种速率 ($N=6384$ kb/s，$N=12\ 768$ kb/s) 的会议电视等，如图 3.113 所示。此时，$N\times64$ kb/s 电路应安排在同一个 2.048 Mb/s 信道上。在此信道上，每 8 bit 为一条 64 kb/s 电路传送用户数据，用户电路对应编号为 1~31。DDN 为方便对 $N\times64$ kb/s 电路的调度，要求在 2.048 Mb/s 信道上能在指定的 64 kb/s 时隙位置编号，并根据 $N$ 值顺序向后合并时隙位置 1，则应合并时隙位置 1~6，开通 384 kb/s 电路。

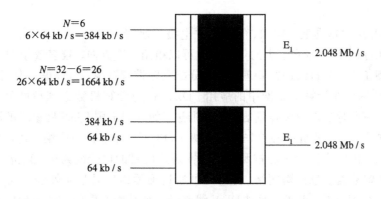

图 3.113　超速率复用

2）数字交叉连接技术

数字交叉连接（DXC）是 DDN 节点设备的又一基本功能。所谓交叉连接功能就是指在节点内部对相同速率的支路（或合路）通过交叉连接矩阵接通的功能。交叉连接矩阵相当于一个电子配线架或静态交换机，如图 3.114 所示。DDN 节点中的交叉连接通常是以 64 kb/s 数字信号的 TDM 时隙来进行交换的。

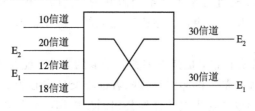

图 3.114　数字交叉连接（DXC）

首先，来自各中继电路的合路信号，经复用器分出各个用户信号，这些信号同本节点的用户信号一起进入交叉连接矩阵。然后，交叉连接矩阵根据网管系统的配置命令等，对进入其内的相同速率的用户电路进行连接，从而实现用户信号的插入、落地和分流（旁路），如图 3.115 所示。交叉连接矩阵根据网管系统的拆除命令可以拆除已经建立连接的用户电路。

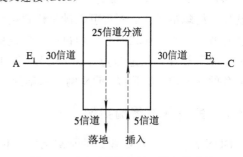

图 3.115　DXC 的落地、插入及分流

3）DDN 的应用

（1）DDN 网提供的业务。由于 DDN 网是一个全透明网络，能提供多种业务来满足各类用户的需求。它可提供速率在一定范围内（200 b/s～2 Mb/s）的信息量大、实时性强的中、高速数据通信业务。如局域网互联、大中型主机互联及 Internet 业务提供者（ISP）等。

① 为分组交换网、公用计算机互联网等提供中继电路。

② 可提供点对点、一点对多点的业务。适用于金融证券公司、科研教育系统、政府部门租用 DDN 专线组建自己的专用网。

③ 提供帧中继业务，扩大了 DDN 的业务范围。用户通过一条物理电路可同时配置多

条虚连接。

④ 提供语音、G3 传真、图像、智能用户电报等通信。

⑤ 提供虚拟专用网业务。大的集团用户可以租用多个方向、较多数量的电路，通过自己的网络管理工作站，自己进行管理，自己分配电路带宽资源，组成虚拟专用网（VPN）。

（2）DDN 网络在计算机联网中的应用。DDN 作为计算机数据通信联网传输的基础，提供点对点、一点对多点的大容量信息传送通道。如利用全国 DDN 网组成的海关、外贸系统网络。各省的海关、外贸中心首先通过省级 DDN 网，经过长途中继，到达国家 DDN 网骨干核心节点。由国家网管中心按照各地所需通达的目的地分配路由，建立一个灵活的全国性海关、外贸数据信息传输网络。同时，可通过国际出口局与海外公司互通信息，足不出户就可进行外贸交易。此外，通过 DDN 线路进行局域网互联的应用也较广泛。一些海外公司设立在全国各地的办事处在本地先组成内部局域网络，再通过路由器、网络设备等经本地、长途 DDN 与公司总部的局域网相连，实现资源共享和文件传送、事务处理等业务。

（3）DDN 网在金融业中的应用。DDN 网不仅适用于气象、公安、铁路、医疗等行业，也涉及到证券业、银行、"金卡"工程等实时性较强的数据交换。通过 DDN 网可将银行的自动提款机（ATM）连接到银行系统的大型计算机主机上。银行一般租用 64 kb/s 的 DDN 线路把各个营业点的 ATM 机进行全市乃至全国联网。在用户提款时，对用户的身份验证、提取款额、余额查询等工作都是由银行主机来完成的。这样就形成了一个可靠、高效的信息传输网络。

通过 DDN 网发布证券行情，也是许多券商采取的方法。证券公司租用 DDN 专线与证券交易中心实行联网，大屏幕上的实时行情随着证券交易中心的证券行情变化而动态地改变，而远在异地的股民们也能在当地的证券公司同步操作，来决定自己的资金投向。

（4）DDN 网在其他领域中的应用。DDN 网作为一种数据业务的承载网络，不仅可以实现用户终端的接入，而且可以满足用户网络的互联，扩大信息的交换与应用范围。DDN 在各行各业、各个领域中的应用也是较广泛的。如无线移动通信网利用 DDN 联网后，提高了网络的可靠性和快速自愈能力。七号信令网的组网、高质量的电视电话会议以及今后增值业务的开发等，都是以 DDN 网为基础的。

### 3.3.5 数字数据传输实例

DDN 作为一种数据业务的承载网络，不仅可以实现用户终端的接入，而且可以满足用户网络的互联，扩大信息的交换与应用范围。用户网络可以是局域网、专用数字数据网、分组交换网、用户交换机以及其他用户网络。

#### 1. 利用 DDN 互联局域网

利用 DDN 互联局域网可通过网桥或路由器等设备进行，其互联接口采用 ITU－T G.703 或 V.35、X.21 标准。这种连接本质上是局域网与局域网的互联，如图 3.116 所示。

网桥将一个网络上接收的报文存储、转发到其他网络上，由 DDN 实现局域网之间的互联。网桥的作用就是使 LAN 在链路层上进行协议转换，从而将网络连接起来。

路由器具有网际路由功能，通过路由选择转发不同子网的取文，通过路由器 DDN 可实现多个局域网互联。

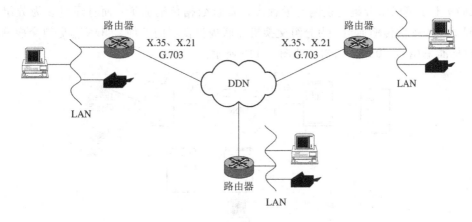

图 3.116 局域网通过 DDN 互联方式

### 2. 专用 DDN 与公用 DDN 的互联

专用 DDN 与公用 DDN 在本质上没有什么不同，它是公用 DDN 的有益补充。专用 DDN 覆盖的地理区域有限，一般为某单一组织所专有，结构简单，由专网单位自行管理。由于专用 DDN 的局限性，其功能实现、数据交流的广度都不如公用 DDN。所以，专用 DDN 与公用 DDN 互联有深远的意义。

专用 DDN 与公用 DDN 互联有不同的方式，可以采用 V.24、V.35 或 X.21 标准，也可以采用 G.703 2048 kb/s 标准，如图 3.117 所示。具体互联时对信道的传输速率、接口标准以及所经路由等方面的要求可按专用 DDN 需要确定。

图 3.117 专用 DDN 与公用 DDN 互联方式

由于 DDN 采用同步工作，为保证网络的正常工作，专用 DDN 应从公用 DDN 中获取时钟同步信号。

### 3. 分组交换网与 DDN 的互联

分组交换网可以提供不同速率、高质量的数据通信业务，适用于短报文和低密度的数据通信；而 DDN 传输速率高，适用于实时性要求高的数据通信。分组交换网和 DDN 可以在业务上进行互补。

DDN 上的客户与分组交换网上的客户相互进行通信，两网均应采用 X.25 或 X.28 接口规程。DDN 的终端在这里相当于分组交换网的一个远程客户，如图 3.118 所示，其传输速率应满足分组交换网的要求。

图 3.118 远程客户通过 DDN 接入分组交换网方式

DDN 不仅可以给分组交换网的远程客户提供数据传输通道,而且还可以为分组交换机局间中继线提供传输通道,为分组交换机互联提供良好的条件。DDN 与分组交换网的互联接口标准采用 G.703 或 V.35,如图 3.119 所示。

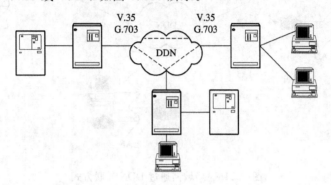

图 3.119 分组交换机通过 DDN 互联方式

### 4. 用户交换机与 DDN 的互联

用户交换机与 DDN 的互联可有两种连接方式,如图 3.120 所示。

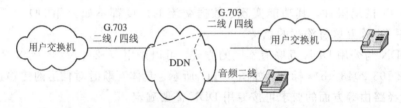

图 3.120 用户交换机与 DDN 互联方式

(1)利用 DDN 的语音功能,为用户交换机解决远程客户传输问题(如果采用传统模拟线路来传输就会超过传输衰减限制,影响通话质量),用户交换机与 DDN 的连接采用音频二线接口。

(2)利用 DDN 本身的传输能力,为用户交换机提供所需的局间中继线。此时,用户交换机与 DDN 互联采用 G.703 或音频二线/四线接口。

### 5. 采用 DDN 接入 CHINANET 方式的优势和功能

1)接入优势

现在普通电话拨号上网和 ISDN 拨号上网是客户经常使用的接入 Internet 的方式。拨号方式上网速度比较慢,而且有不稳定的情况发生。特别是对于一些数据量较大的传输有很大的局限性,如传输图像、语音、视像等在实际运用过程中有很大的困难。并且由于其每次上网所分配的是动态 IP,使许多 Internet 的功能难以实现。DDN 数据专线接入能以其稳定高速的连接达到优质的数据传输效果,使用户在 Internet 上的运用更快、更广泛、更得心应手。中国电信提供的 DDN 线路可使企业的内部计算机网络与 Internet 实现互联,并有多种速率(64 kb/s, 128 kb/s, 256 kb/s, 512 kb/s, 1 Mb/s, 2 Mb/s 等)供用户选择;所提供的 16 个固定 IP 地址可使用户任意设置自己的 Web 服务器、E-mail 服务器、FTP 服务器。该 DDN 可实现异地之间的网络电话和传真以及网络视像会议等功能,其 24 小时的连线、低价的固定收费使用户大大降低了平时昂贵的通信费用,并提高了工作效率。

图 3.121 所示为 DDN 接入 Internet 的解决方案。

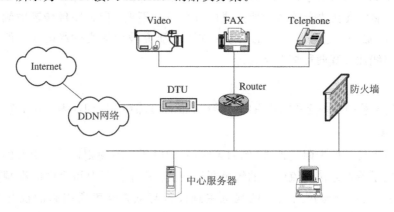

图 3.121　DDN 接入 Internet 的解决方案

2）功能

DDN 接入 Internet 有如下功能：

（1）稳定、高速地接入 Internet，能连接全世界任何地点的任何一台计算机。

（2）企业内部计算机可以受控制地访问 Internet。

（3）自建独立的电子邮件服务器，可提供 24 小时的连接收发企业域名的电子邮件服务。

（4）可通过 WWW 服务器发布 Web 信息。

（5）具有防火墙系统，可阻止非法访问和恶意攻击。

（6）拥有 TELNET、FTP 等各种网络应用功能。

（7）具有网络电话、传真、网络视像会议功能，可节省企业的通信费用。

（8）用户可根据实际需求，自由申请调整速率级别。

（9）采用包月付费方式，不用担心费用的超支，并无使用时间上的限制。

# 3.4　图　像　传　输

图像信号所占的频带较宽，为了提高频带利用率，常采用残留边带调幅，并常选用微波传输方式。所谓微波，是指频率为 300 MHz～300 GHz 的频带。1965 年发射的国际通信卫星 1 号使卫星传输成为电视图像信号的一种重要传输方式。微波和卫星传输中所用的调制方式一般都是调频。1976 年以后，由于光纤制作工艺的进步使光纤的带宽性能不断提高，光纤传输已成为图像信号的一种很有前途的传输方式。

## 3.4.1　对图像信号模拟传输的要求

保证人的视觉系统能接收到质量好的图像是对传输的基本要求。图像传输过程中所引入的噪声是影响图像质量的一个原因。虽然信号噪声比与图像质量之间很难找到一个精确定量的关系，但人们通过大量的观察归纳出图像质量主观评价分数与信噪比（加权）之间大致的对应关系：5 分对应于 46 dB；4 分对应于 38 dB；3 分对应于 33 dB；2 分对应于27 dB；1 分对应于 21 dB 以下。为了保证较高的图像质量，就应使信噪比足够高。国际上对广播电视信号的信噪比（加权）要求为 57 dB。影响图像质量的另一个原因是传输过程中所造成的波形失真。波形失真在语音传输中所造成的危害可能不大，但在图像传输中就会引起图像的失真，因此，必须对它提出一定的要求。在下面研究波形失真的影响时，我们将它分成线性失真和非线性失真两种情况来讨论。

**1. 噪声**

与图像信号叠加在一起的噪声有随机噪声、脉冲性噪声、周期性噪声和重影性噪声等。

1）随机噪声

这种噪声主要是由电阻类器件（例如天线等）中电子作不规则运动而引起的热噪声以及传输线路中电子器件起伏电流引起的噪声所组成的。由于人眼对噪声中的高频分量不太敏感，因此，为了使高频噪声所引起的视觉主观评价与低频噪声所引起的视觉主观评价一致，应该将不同频率的噪声进行折算。完成这一作用的电路称为加权网络。经加权网络后，频率越高的噪声衰减越大，经加权网络后所得的信噪比（称为加权信噪比）才和人眼的视觉感受一致。随机噪声往往表现为叠加于正常图像上的雪花。

2）脉冲性噪声

这种噪声的出现往往使正常图像突然变得很杂乱。对脉冲性噪声的影响可以通过限制噪声源，将传输线路进行良好屏蔽等方法来减小。

3）周期性噪声

这种噪声接近于周期性的正弦波。例如，由于电源滤波不良而造成电源信号叠加在正常的图像信号上就形成了周期性噪声，它在画面上呈现规则的条纹干扰。这些条纹状的图案看上去很显眼，应设法消除。主要的方法是改善滤波性能和加强屏蔽。

4）重影性噪声

在接收图像信号时，除了从天线输入端接收信号外，还可能通过诸如反射波等途径接收干扰信号。这种干扰信号叠加在正常图像信号上就形成重影。减小重影性噪声的主要方法是消除接收多途径信号的可能性，例如提高接收天线的方向性、避开引起反射的建筑物等。此外，应力求天线与馈线、馈线与放大器阻抗的匹配，以达到减小反射信号的目的。

**2. 线性失真**

线性失真是指传输网络的传输参数（幅度增益 $G$ 和相位 $\phi$）随输入信号的概率变化的不均匀性，包括振幅频率特性失真和相位频率特性失真，它与输入信号的幅度无关。在图像传输中，我们将分别在图像输入信号的高频、中频（行频）、低频（场频）三个频段范围讨论由于线性失真所引起的波形失真。波形失真会导致图像质量的下降。

1）高频波形失真

图像信号可能包含有较高的空间频率分量，然而传输网络的带宽是有限的，使得信号中高端频率的分量受到很大衰减，造成图像模糊和图像的水平清晰度下降。此外，当传输网络的通带特性为锐截止形状时，会使图像信号产生镶边失真现象。

（1）水平清晰度下降。所谓水平清晰度，是指长度等于画面高度的行扫描长度内所能看清楚的像素数，用 $r$ 来表示。在 PAL 制式电视图像中，水平方向正程扫描时间 $t_1$ 为 51.2 $\mu s$。由于画面高度与宽度之比为 3/4，因此，在水平方向上，其正程扫描时间 $t_2$ 为

$$t_2 = \left(\frac{3}{4}\right)t_1 = 38.4 \ \mu\text{s} \tag{3.138}$$

设水平方向上图像的最高空间频率分量为 $f_{\max}$，这意味着在黑白像素相间的情况下，每个像素所占的时间为 $1/(2f_{\max})$。为了使清晰度满足要求，显然下式成立：

$$\frac{t_2}{r} \geqslant \frac{1}{2}\frac{1}{f_{\max}} \tag{3.139}$$

代入式(3.138)后有

$$r \leqslant 80f_{\max} \tag{3.140}$$

式中，$f_{\max}$ 的单位为 MHz，$r$ 的单位用线来表示。当 $f_{\max}$ 为 5 MHz 时，可得不大于 400 线的清晰度。若传输网络的高频端衰减，不能满足 5 MHz 的带宽，则清晰度将低于 400 线。

(2) 镶边失真。当图像中有由黑变白或由白变黑的轮廓部分时，由于高频失真，会在轮廓的两侧产生黑白细条纹的图案，称为镶边失真。

这种失真产生的原理可用一维信号来说明。如果传输网络是一截止频率为 $\omega_c$ 的理想低通滤波器，而输入信号为宽度从 $-T$ 至 $T$ 的方波。由于方波信号包含有丰富的高频分量，而传输网络的频带却是受限的，因此必然造成输出波形的失真。输出波形不再是方波，而是在上升沿和下降沿的两侧出现如图 3.122(a)所示的摆动波形。对于二维图像信号，就会产生镶边失真。

为了减少视频传输网络对图像信号的高频波形失真的影响，应该使传输网络有足够宽的通带，其最高频率 $f_{\max}$ 应足够高。

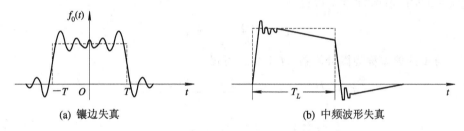

(a) 镶边失真　　　　　　　　　　(b) 中频波形失真

图 3.122　线性失真

2) 中频波形失真

对于视频信号来说，中频波形失真是指由于在 15 kHz(行频)～1 MHz 频带范围内频率特性不均匀而引起的波形失真。若输入信号是持续时间为一行时间 $T_L$ 的方波，通过传输网络后所得的行信号变成如图 3.122(b)所示的信号。输出信号在一行时间内出现线性倾斜现象。这种失真也称为行时间波形失真，它使得图像信号沿水平方向出现左边变亮、右边变暗的失真。为了减少视频传输网络对中频波形失真的影响，应使网络的中频频率特性尽量平坦。

3) 低频波形失真

低频波形失真是指由于在 50 Hz(场频)～15 kHz 频带范围内频率特性不均匀而引起的波形失真。和中频失真类似，若输入信号是持续时间为一场时间 $T_f$ 的方波，输出波形在一场时间内出现线性倾斜。这种失真也称为场时间波形失真，它使得图像信号沿垂直方向在一场或一帧时间内出现上部画面变亮、下部画面变暗的失真，或出现上、下方向上部分亮度变化的现象。减少这种失真的方法是改善传输网络的低通特性。

### 3. 非线性失真

线性失真的特点是在输出信号中不会产生新的频率分量，而非线性失真会在输出信号中产生新的频率分量。如果传输网络的传输参数随输入信号的振幅变化，也就是说输出信号与输入信号不成正比关系，就会产生非线性失真。非线性失真主要包括振幅非线性失真和相位非线性失真，下面分别对它们进行讨论。在图像信号分析中，我们常用微分增益（$DG$）来表示振幅非线性失真，用微分相位（$DP$）来表示相位非线性失真。CCITT 对长距离电视传输线路所提出的要求是 $DG$ 的偏差小于 $10\%$，$DP$ 的偏差小于 $5°$。

#### 1）微分增益 $DG$

振幅非线性失真可以用输出电压 $y$ 与输入电压 $x$ 之间的非线性关系来表示：

$$y = a_0 + a_1 x + a_2 x^2 + a_3 x^3 + \cdots \tag{3.141}$$

我们把式中的 $a_1$ 称为电压增益系数；把 $a_2/a_1$、$a_3/a_1$ 分别称为二次和三次非线性失真系数，用它们来表示非线性失真的大小。

另一种表示非线性失真的方法是微分法，它是以输入信号 $x$ 为自变量，分析微分信号 $\mathrm{d}y/\mathrm{d}x$ 的变化情况。微分特性与非线性失真系数都可以表示网络非线性失真的大小，它们之间存在着一定的关系。

由式（3.141）可得微分特性 $D$ 为

$$D = \frac{\mathrm{d}y}{\mathrm{d}x} = a_1 + 2a_2 x + 3a_3 x^2 + \cdots \tag{3.142}$$

我们将 $x=0$ 时的值称为 $D_0$，可得

$$D_0 = \frac{\mathrm{d}y}{\mathrm{d}x}\bigg|_{x=0} = a_1 \tag{3.143}$$

将 $D/D_0$ 与 1 的偏差称为微分增益 $DG$，那么可得

$$DG = \frac{D}{D_0} - 1 = \frac{a_1 + 2a_2 x + 3a_3 x^2 + \cdots}{a_1} - 1$$

$$= 2\left(\frac{a_2}{a_1}\right)x + 3\left(\frac{a_3}{a_1}\right)x^2 + \cdots \tag{3.144}$$

图 3.123 所示为网络的电压传输特性 $D(x)$、$DG(x)$ 的曲线。当电压传输特性有非线性时，$D(x)$、$DG(x)$ 曲线就不平直了。

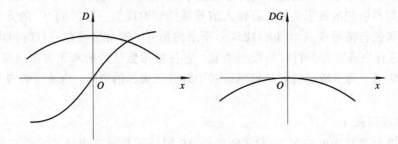

图 3.123　微分特性

将式（3.144）连续对 $x$ 微分，并以 $x=0$ 代入，可得二次及三次非线性失真系数与微分特性的关系。

由 $\left[\dfrac{\mathrm{d}(DG)}{\mathrm{d}x}\right]_{x=0} = 2\left(\dfrac{a_2}{a_1}\right)$ 可得

$$\frac{a_2}{a_1} = \frac{1}{2}\left[\frac{\mathrm{d}(DG)}{\mathrm{d}x}\right]_{x=0} \tag{3.145}$$

类似地，可得

$$\frac{a_3}{a_1} = \frac{1}{6}\left[\frac{\mathrm{d}^2(DG)}{\mathrm{d}x^2}\right]_{x=0} \tag{3.146}$$

由式(3.145)和式(3.146)可见，传输网络的二次非线性失真系数与微分增益在原点处的斜率成正比，而三次非线性失真系数与微分增益的曲率成正比。

我们知道，在彩色电视图像信号中，有亮度信号和色度信号之分。当亮度信号由黑电平变化到白电平时，由于网络的微分增益不均匀，就会造成色度信号幅度的变化。这样，在图像亮的部分和暗的部分，其彩色饱和度就有不同的变化，因而会引起饱和度失真。

2) 微分相位 DP

实际的微分特性 $D$ 是一个复数，除幅度外还有相角。考虑了相角后，$\dot{D} = De^{j\phi}$，$\dot{D}_0 = D_0 e^{j\phi_0}$。其中，$\phi$ 和 $\phi_0$ 分别为 $\dot{D}$ 和 $\dot{D}_0$ 的相角，它们都是输入信号 $x$ 的函数。我们把微分相位 DP 定义为

$$DP(x) = \phi(x) - \phi_0(0) \tag{3.147}$$

如果 $DP(x)$ 曲线不平直，就说明有相位非线性失真或 DP 失真。相位非线性失真会引起色同步和色副载波信号之间相移的变化，使得画面上亮的部分和暗的部分的色调不同。

除了以上所讨论的振幅和相位非线性失真外，还有同步信号非线性失真。它表示同步信号通过传输网络后，其幅度偏离标准值的程度。若同步脉冲失真过大使同步状态破坏，会造成图像质量的严重受损。CCITT 对长距离电视传输线路所提出的要求是：经长距离电视传输线路后，相对于原为 0.3 V 的脉冲幅度应在 0.21～0.33 V 之间。

## 3.4.2 图像信号的传输方式

利用同轴电缆进行图像传输是一种常见的短距离图像传输方式，例如它用于在电视中心与微波终端站之间进行图像传输。在模拟传输时，所传输的信号通常是视频模拟信号。这种传输方式也可用于长距离的图像传输，这时需将多段电缆线路作中继传输。同轴电缆模拟信号传输方式常用的调制方式是残留边带调制。在数字传输时，所传输的信号通常是 PCM 的基带信号。

与电缆传输相比，光纤传输的传输容量大，无中继传输距离远，因此，同轴电缆传输方式今后将被光纤传输所代替。

同轴电缆传输方式的传输容量较小，而且在某些特殊地形不适于敷设电缆，这时宜采用微波接力传输。由于微波只能在视距范围内传输，要想实现长距离传输，就要采用"接力"的方式，将信号多次转发。因此我们也称微波传输方式为微波接力方式。在微波传输中，传输模拟信号常采用的调制方式是调频，而传输数字信号常用的调制方式是多相相位键控(MPSK)和多电平正交调幅(MQAM)。常用的载波频率有 4 GHz、5 GHz 和 12 GHz 等。

卫星传输是利用人造卫星作为中继站，在各地面站之间实现图像传输的传输方式。它大大地扩大了图像传输的覆盖面，因而是一种发展很快的传输方式。

下面分别介绍图像信号的微波传输、卫星传输和光纤传输。

**1. 图像信号的微波传输**

1）微波中继传输方式

对于一个长距离的图像信号微波传输线路，每隔50 km左右就需设一个中继站。无论它对模拟信号还是对数字信号，微波中继传输方式都有三种，即基带中继、中频转接和微波转接。现多采用前两种。

基带中继又称解调式中继。它将接收到的信号经混频、中放、解调还原出基带（视频）信号，然后再对发射机的载波进行调制，见图3.124(a)。这时由接收机到发射机采用基带中继。采用这种方式，中继站和终端站的设备完全相同，可通用。

中频转接是接收机将微波信号经混频变为中频，在中频进行放大后送入发射机，见图3.124(b)。这时由接收机到发射机采用中频转接。由于省去了调制器和解调器，因而设备较简单。

在数字微波传输系统中，由于可以对数字基带信号进行判决与再生处理，这样就能消除干扰，避免噪声的逐站积累，因此常采用基带中继方式。对于模拟微波传输，这种中继方式因有噪声积累而只适于短距离传输。

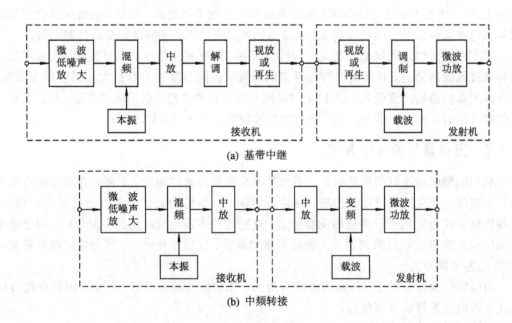

图 3.124  微波中继方式

2）电视传输标准与设计指标

电视信号经微波中继传输后，图像质量会下降。为了确保传输质量及国际转接的方便，国际上提出了一个全长为2500 km的标准参考电路，并对它提出了一些传输指标。这个电路如图3.125所示。该电路中间允许两次视频转接，把全长分成三个等距的视频－视频段，每段833 km，每54 km设一个中继站。

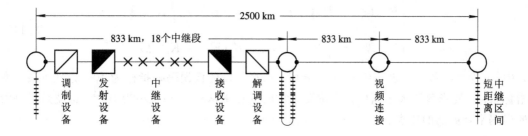

图 3.125 电视传输标准参考电路

对这样的标准参考电路提出了一些指标,作为我们设计电视传输线路的参考指标。指标所列的项目很多,这里仅列出以下几项:

- 对连续随机噪声的信噪比(加权)为 53 dB;
- 对周期性噪声中的电源噪声信噪比为 30 dB;
- 对 1 kHz~1 MHz 单一频率的信噪比为 50 dB;
- 对 4 MHz 单一频率的信噪比为 30 dB;
- 场时间波形失真不大于 ±6%,行时间波形失真不大于 ±3%;
- $DG$ 小于 ±10%,$DP$ 小于 5°。

对于数字微波中继传输,国际上也有类似的标准参考电路。该电路在三次群林(34 Mb/s)和四次群系统(140 Mb/s)情况下的线路长度也为 2500 km,均匀分成 9 个数字段。在数字传输中,最重要的质量指标是误码率。在较长时间间隔内统计平均所得误码率称为低误码率,要求统计时间为一分钟的平均误码率大于 $10^{-7}$ 的时间百分数,在任何月份都不应超过 1%。在短时间间隔内统计平均所得的误码率称为高误码率,要求统计时间为 1 s 的平均误码率大于 $10^{-3}$ 的时间百分数,在任何月份都不应超过 0.05%。高误码率主要是由传输衰落引起的。

在微波传输中,为了提高图像的传输质量,往往采用加重技术,使信号的高频分量提高,以改进高频端的信噪比。

上面所述的传输质量指标是对整条线路来说的,为了正确地设计各中继段,必须将指标正确地分配到各段。在模拟传输线路中,噪声、线性失真等指标可近似按功率相加的关系求得,而非线性失真的 $DG$、$DP$ 指标常采用以下公式计算:

$$D_n = D_{2500} \left( \frac{L}{l} \right)^{1/h} \tag{3.148}$$

式中,$D_n$ 和 $D_1$ 分别为各分段和总电路的指标,$l$ 为 2500 km,$L$ 为中继段长度,指数中的 $h$ 为一常数。各国所采用的 $h$ 值不完全相同,很多国家取 $h=3/2$。如果总电路的 $DG=10\%$,按三个视频段分配,那么就可计算出每个视频段 $DG$ 的容许值为 4.8%。

为了对数字传输中的误码率指标进行分配,先假定引起高误码率的衰落干扰在各中继站上是相互独立的,并假定引起低误码率的干扰是平稳且各态历经的。

令总电路高误码率 $P_{eh}$(总)的时间百分数为 $K_h$(总),分配给每个中继段为 $P_{eh}$(段)和 $K_h$(段)。类似地,低误码率所对应的值为 $P_{el}$(总)、$K_l$(总)、$P_{el}$(段)和 $K_l$(段)。由前面的假定,显然有以下的关系:

$$\begin{cases} P_{\text{eh}}(段) = P_{\text{eh}}(总), \qquad K_{\text{h}}(段) = \dfrac{1}{n}K_{\text{h}}(总) \\ P_{\text{el}}(段) = \dfrac{1}{n}P_{\text{el}}(总), \qquad K_{\text{l}}(段) = K_{\text{l}}(总) \end{cases} \tag{3.149}$$

式中，$n$ 为中继段数。如果有 50 个中继段，那么每段的低误码率指标为 $10^{-9}$；对高误码率指标来说，要求每段大于同样误码率要求的时间比率从 $0.05\%$ 减小为 $10^{-5}$，也就是对每段的误码率有更高的要求。

**2. 图像信号的卫星传输**

卫星传输主要是利用静止卫星(同步卫星)作中继站的传输方式。在模拟传输时，调制方式采用调频制；在数字传输时，常采用多相相移键控和正交调幅的调制方式。载波频段常选为 4/6、12/14 GHz 等。同步卫星距离地面大约 40 000 km，使用地球覆盖天线时(夹角为 17.3°的波束)可覆盖地球上 1/3 的区域。因此用三个同步卫星就可以实现全球通信。在很多情况下，卫星上的一个转发站要与多个地球站通信，这是一个多址连接问题。

1) 卫星传输的时分多址方式

一个卫星上装有多个转发器，多个地面站共同使用卫星来相互通信，称为卫星多址连接。多址连接有频分多址(FDMA)、时分多址(TDMA)和码分多址(CDMA)等。在 FDMA 方式中，转发器的通带分成若干个子频带，每个子频带分别对应于某个卫星地面站。该方式有两个缺点：其一，卫星转发器上的功率放大器要同时发送多个载波，而放大器是非线性的，这样就会产生互调失真；其二，任何一个地面站都必须发射和接收多个载波频率，这样就需要大量的选频、上变频和下变频电路。FDMA 方式在早期的模拟卫星传输中是常用的，随着数字卫星传输技术的发展，TDMA 方式已成为主要的多址连接方式。

图 3.126 是时分多址连接方式示意图。

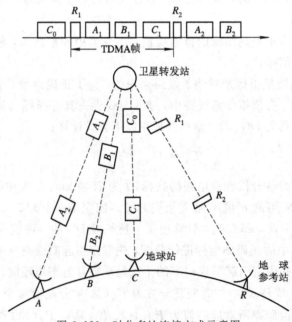

图 3.126　时分多址连接方式示意图

2) 卫星电视直播的 MAC 制

地面的电视广播是对现有电视制式(NTSC，PAL，SECAM)的复合电视信号采用残留边带振幅调制。然而，由于卫星通信中用的是调频，因此人们希望有一种适用子调频的更好的电视制式。复用模拟分量(MAC)电视制式就是这样的一种很有前途的制式。自英国独立广播公司于 1981 年首次研制出 MAC 制系统以来，已出现了多种 MAC 制传输方式。英国提出的 C–MAC 制式于 1982 年被欧洲广播联盟采纳确定为欧洲的卫星电视直播的统一制式，北美和澳大利亚采用 B–MAC 制式。而法国和西德则又于 1986 年开始采用 $D_2$–MAC 制式，我国采用 $D_2$–MAC 制式。

(1) MAC 制的工作原理。现有电视制式中复合电视信号的亮度信号和色度信号在基带上是采用频分复用的，色度副载波频率 $f_{sc}$ 插于亮度信号梳状频谱的高频端。对 625 行的 PAL 制信号来说 $f_{sc}$ 大约为 4.43 MHz。当复合电视信号进行调频时，由于调频信号的噪声功率谱是三角形，色度信号所处的频带范围正好对应于大的噪声功率。因此，当色度信号被解调到低频范围时，该噪声功率就会对色度信号形成很大的干扰。如果信噪比低于门限值，会使图像质量大大下降。

将亮度信号和色度信号改为时分复用，从而取消副载波就可以解决上面所出现的问题。由于模拟的亮度信号和色度信号分别在行周期内不同的时间传输，因此它们在时间上就被严格地分离开，不可能同时出现，也就克服了原有电视制式中所存在的交调失真。

MAC 制电视行结构如图 3.127(a)所示。原来在行周期内都要传输的模拟亮度信号和色度信号分别以不同的时间压缩比进行压缩，亮度信号在时间轴上以 3∶2 进行压缩，而色度信号以 3∶1 进行压缩，然后顺序地置于行周期的正程时间内。最后，亮度信号逐行传输，而两个色度信号轮行传送，这样就构成了模拟分量的时分复用，简称 MAC。在行周期的消隐期间传送数字信号，数字信号包括声音、数据和同步信号等。

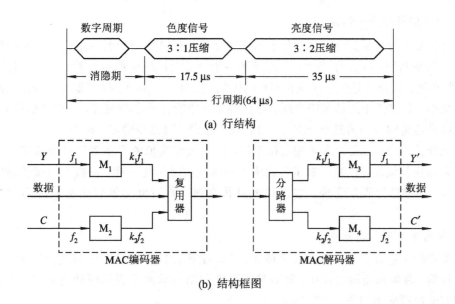

(a) 行结构

(b) 结构框图

图 3.127 MAC 制电视制式

（2）MAC 制的实现。实现时间压缩和时分复用的简单原理结构框图如图 3.127(b)所示。以亮度信号 Y 为例，将该模拟分量以 $f_1$ 的速率抽样，写入存储器 $M_1$，然后再以 $k_1 f_1$ 的速率读出。如果 $k_1 > 1$，那么该信号在时间轴上就压缩为原来的 $1/k_1$。同理，模拟的色度信号分量 C 压缩为原来的 $1/k_2$。它们在复用器内按时间顺序排队，就获得图 3.127(a)所示的 MAC 视频信号。在接收端，再进行时间扩展的逆过程，分别恢复出亮度信号和色度信号。

由傅里叶变换的比例性质可知，信号在时间轴上压缩了 $k$ 倍，其频谱就扩张了 $k$ 倍。因此，MAC 制复合电视信号的频带宽度要宽些。例如，在 $D_2$ - MAC 中，亮度和色度信号的原有带宽分别为 5.6 MHz 和 2.4 MHz，经时间压缩后，将分别提高到 8.4 MHz 和 7.2 MHz，即分别提高到原带宽的 1.5 倍和 3 倍，使 $D_2$ - MAC 制复合电视信号的带宽由 5.6 MHz 提高为 8.4 MHz。

（3）MAC 制的各种方案。MAC 电视制式已出现了多种方案，其中典型的有 C - MAC、$D_2$ - MAC 和 B - MAC，它们之间的主要区别在对位于数字周期内的声音和数据信号如何组合和如何进行编码。在 C - MAC 中，声音和数据信号的 PCM 信号对高频载波进行相移键控调制，然后与图像信号对高频载波进行调频所得的信号实行时分复用。它们是在高频上实行复用的，所传送的数据容量为 3 Mb/s，可传输 8 路高质量声音。$D_2$ - MAC 制和 D - MAC 制将声音和数据信号改成双二进制三电平的 PCM，与 MAC 方式的图像信号在视频上进行时分复用。由于这样的复合电视信号是在基带形成的，因此可以在电缆中以残留边带调制方式进行传输。$D_2$ - MAC 制与 D - MAC 制的数码率不同。D - MAC 制的数码率减半，除传输 1 路图像外，只能传输 4 路高质量声音。但它能在现有多数窄带（7~8 MHz）的电缆系统中传输。B - MAC 制也是在基带上形成复合电视信号，声音和数据信号采用自适应增量调制编码和四电平传送，因而也能在现有多数电缆系统中传输，它能传输 6 路高质量声音。

### 3. 图像信号的光纤传输

光纤就是光导纤维，由纤芯和包层组成。由于芯和包层的折射率不同——芯的折射率 $n_1$ 大于包层的折射率 $n_2$，于是光波就沿着纤芯传播。与同轴电缆传输相比，光纤传输的容量大、距离远。容量大是由于光频很高（常用的波长为 1.3 $\mu$m），频带很宽。传输距离远是由于衰减小。日前常用的是多模光纤，在这种光纤中能传播多种模式，它的传输带宽较窄。单模光纤只能传输单一的基模 $HE_{1,1}$，没有模间色散，因此传输带宽较宽。

在光纤传输中，目前大多采用直接调制，即直接将模拟图像基带信号或数字图像基带信号对光强进行调制。在光纤数字传输中也和电缆数字传输一样，一般不直接传输原始的数字信号，而要进行码型变换。在讲述光纤传输时，我们也简单叙述基带传输中的这一问题。

#### 1）传输系统的基本组成

图像光纤传输有模拟传输和数字传输两种。模拟传输方式的系统构成较简单，适于中频距离传输。在模拟传输方式中，有直接光强度调制和脉冲预调制两种调制方式。直接光强度调制的原理框图如图 3.128 所示。

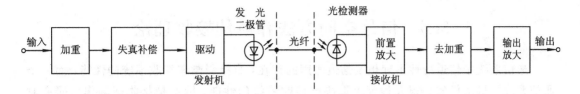

图 3.128　直接光强度调制原理框图

图中的光电转换分别由半导体发光二极管(LED)和光检测器完成。LED 的输出光功率基本上是与激励正向电流成正比关系的,因此常用它作光发射机的光源。也可以用激光器(LD)作光源,但由于用 LD 实现光弧调制时线路较复杂,因此一般只用于数字光纤传输系统中。LED 的非线性会导致信号失真,可用图中的失真补偿电路进行补偿。图中的加重电路和微波传输系统中的加重电路作用相似,可以减小图像信号的动态范围。这样,原来 LED 的 $DG$、$DP$ 分别为 5%~10% 和 5°~10°,经补偿后可分别达到 1% 和 1°左右。接收机中的光检测器通常采用光电二极管(PIN)和雪崩二极管(APD)。

脉冲预调制方式是把输入的图像信号通过脉冲频率调制或脉冲间隔调制后,再用该预调制信号对光源进行强度调制。这种调制方法的特点是不受光源的非线性影响,可以改善信噪比,还可以实现再生中继,使传输距离加长。这种方法的原理框图只是在直接调制的发射端的驱动电路之前加脉冲预调制器,而在接收端的前置放大以后加上脉冲预调制的解调器。

数字传输时,输入光发射机的常是 PCM 信号。为了使数字信号适合于在光纤线路上传输,需要对该数字信号进行码型变换,以获得适于在线路上传输的基带线路码型。

一个实际的能传输 5 路电视图像信号的光纤数字传输系统,采用激光器作光源,雪崩二极管作光检测器,采用单模光纤,波长为 1.3 $\mu$m,平均输出光功率为 $-3.5$ dB,接收灵敏度为 $-36$ dBm,传输速率为 446 Mb/s。由于该系统允许传输线路损耗为 24 dB,而光缆的损耗为 0.8 dB/m,因此,该系统的无中继传输距离为 30 km 左右。

2) 基带线路码型

在光纤数字传输系统中所用的数字信号需进行码型变换,变成线路码型,以便于在光纤信道中传输。在通信原理课程中,也讨论过基带传输中常用的线路码型。根据码型选择的原则,常被选用的有信号交替反射码(AMI 码)、三阶高密度双极性码(HDB$_3$ 码)等。在光纤传输中,选择线路码型的原则也基本相同,主要的原则有以下几点:

(1) 线路码应避免出现长连 0 及长连 1,以利于定时信息的提取。

(2) 要减小线路码中的低频分量,特别是其中的直流分量。我们知道,有些基带系统是不能通过直流分量的(例如含有变压器的系统),光接收机是通过交流耦合由光检测器获得信号的。如果码流中的直流分量的大小发生变化,就会引起信号的基线浮动,从而增加判决的错误率。

(3) 要使所选用的线路码能对传输系统进行业务不间断的监测。

(4) 线路码的传输效率应尽量高。当然,由于光纤传输具有传输频带宽的特点,因此对线路码高频分量的限制不太严格。

光纤数字传输系统中常用的基带传输码型有 mBnB、扰码、nB1P 码等。

# 3.5 信号空间方法和最佳接收理论

通信系统中信道特性不理想及信道噪声的存在，直接影响着接收系统的性能，而一个通信系统质量的优劣在很大程度上取决于接收系统的性能。因此把接收问题作为研究对象，研究在噪声条件下如何最好地提取有用信号，且在某个准则下构成最佳接收机，使接收性能达到最佳，这就是通信原理中十分重要的最佳接收理论。

最佳接收是从提高接收机性能的角度出发，研究在输入相同信噪比的条件下，如何使接收机最佳地完成接收信号的任务。因此，我们要研究最佳接收机的原理和数学模型，讨论它们在理论上的最佳性能，并与现有各种接收方法比较，指出改进的方向。这里所谓的"最佳"或"最好"并不是一个绝对的概念，而是在相对意义上说的，使之在某一个"标准"或"准则"下是最佳，在其他条件下，不同的准则也可能是等效的。数字通信中常用的"最佳"准则主要是最大输出信噪比准则和最小差错概率准则。

## 3.5.1 数字信号接收的统计表述

在数字通信系统中，发送端把几个可能出现的信号之一发送给接收机，但对接收端的受信者来说，观察到接收波形后，要无误地断定某一信号的到来却是一件困难的事。一方面，受信者不确定哪一个信号被发送；另一方面，即使预知某一信号被发送，由于信号传输中发生畸变和混入噪声，也会使收信者对收到的信号产生怀疑。因此，需要用统计的方法去分析。

为便于讨论最小差错概率的最佳接收，我们先讨论数字信号接收的统计模型，因为在噪声背景下的数字信号接收过程是一个统计判决问题。

从统计学的观点来看，数字通信系统可以用一个统计模型来描述，如图 3.129 所示。图中消息空间、信号空间、噪声空间、观察空间及判决空间分别代表消息、发送信号、噪声、接收信号波形及判决结果的所有可能状态的集合。

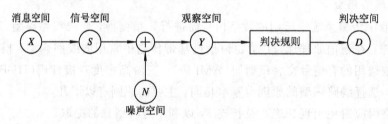

图 3.129　数字信号接收的统计模型

离散消息源 $\{X\}$ 可以用概率场来表述：

$$\begin{bmatrix} X_1, & X_2, & X_3, & \cdots, & X_m \\ P(X_1), & P(X_2), & P(X_3), & \cdots, & P(X_m) \end{bmatrix}$$

其中，$P(X_i)$ 为消息 $X_i$ 的出现概率，于是有

$$\sum_{i=1}^{m} P(X_i) = 1$$

若 $X_1$，$X_2$，$\cdots$，$X_m$ 的出现概率相同，则 $P(X_i) = 1/m$。

发送信号与消息之间通常是一一对应的，因此发送信号也有 $m$ 个：$S_1$，$S_2$，$\cdots$，$S_m$，同样可以用概率场来描述：

$$\begin{bmatrix} S_1, & S_2, & S_3, & \cdots, & S_m \\ P(S_1), & P(S_2), & P(S_3), & \cdots, & P(S_m) \end{bmatrix}$$

其中，$P(S_i)$ 为发送信号 $S_i$ 的出现概率，于是有

$$\sum_{i=1}^{m} P(S_i) = 1$$

传输中引入的加性高斯噪声 $n(t)$ 的各抽样值具有独立同分布，即各抽样值相互独立，其一维幅度概率密度函数均为正态分布。因此，对于 $(0，T_s)$ 观察时间内的 $k$ 个噪声抽样值 $n_1$，$n_2$，$\cdots$，$n_k$，其多维联合概率密度为

$$f(n) = f(n_1)f(n_2)\cdots f(n_k) = \frac{1}{\left(\sqrt{2\pi}\sigma_n\right)^k}\exp\left[-\frac{1}{2\sigma_n^2}\sum_{i=1}^{k} n_i^2\right] \tag{3.150}$$

这里，$\sigma_n^2$ 为噪声方差（即平均功率），噪声均值为 0。

若限带信道的截止频率为 $f_H$，理想抽样频率为 $2f_H$，则在 $(0，T_s)$ 时间内共有 $2f_H T_s$ 个抽样值，其平均功率为

$$N_0 = \frac{1}{2f_H T_s}\sum_{i=1}^{k} n_i^2, \quad k = 2f_H T_s \tag{3.151}$$

令抽样间隔 $\Delta t = 1/2f_H$，若 $\Delta t \ll T_s$，则上式可近似用积分代替，有

$$N_0 = \frac{1}{T_s}\sum_{i=1}^{k} n_i^2 \Delta t \approx \frac{1}{T_s}\int_0^{T_s} n^2(t)\mathrm{d}t \tag{3.152}$$

代入式（3.150）中，得

$$f(n) = \frac{1}{\left(\sqrt{2\pi}\sigma_n\right)^k}\exp\left[-\frac{2f_H}{2\sigma_n^2}\int_0^{T_s} n^2(t)\mathrm{d}t\right]$$

$$= \frac{1}{\left(\sqrt{2\pi}\sigma_n\right)^k}\exp\left[-\frac{1}{n_0}\int_0^{T_s} n^2(t)\mathrm{d}t\right] \tag{3.153}$$

这里，$n_0 = \sigma_n^2/f_H$ 为单边噪声功率谱密度。

在观察空间，接收信号 $y(t)$ 是发送信号 $S_i(t)$ 与噪声之和，有

$$y(t) = n(t) + S_i(t), \quad i = 1, 2, \cdots, m \tag{3.154}$$

由于 $n(t)$ 为高斯噪声，因此 $y(t)$ 可以看成是均值为 $S_i(t)$ 的正态分布。当发送信号为 $S_i(t)$ 时，$y(t)$ 的条件概率密度函数为

$$f_{S_i}(y) = \frac{1}{\left(\sqrt{2\pi}\sigma_n\right)^k}\exp\left\{-\frac{1}{n_0}\int_0^{T_s}\left[y(t) - S_i(t)\right]^2\mathrm{d}t\right\} \tag{3.155}$$

上式又称为似然函数。

根据 $y(t)$ 的统计特性，并遵循一定的准则，即可作出正确的判决，判决空间中可能出现的状态 $r_1$，$r_2$，$\cdots$，$r_m$ 与 $x_1$，$x_2$，$\cdots$，$x_m$ 一一对应。

### 3.5.2 数字信号传输的信号空间方法

#### 1. $K$ 维信号的矢量空间表示

一个 $K$ 维的广义矢量空间是由正交基函数集合 $\phi_1(t)$，$\phi_2(t)$，$\cdots$，$\phi_k(t)$ 所确定的，

其中

$$\int_{t_0}^{t_0+T_s} \phi_i(t)\phi_j^*(t)\mathrm{d}t = \begin{cases} 1, & i = j \\ 0, & i \neq j \end{cases} \tag{3.156}$$

式中，$\phi_i(t)$ 可能是复函数，星号" $*$ "表示复共轭。下面简单地描述一个选择这种基函数集合的方法。当我们把接收到的信号加噪声分解到这个矢量空间中时，就形成了许多分量：

$$Z_k = S_{ik} + N_k, \quad k = 1, 2, \cdots, K \tag{3.157}$$

对于每个 $i=1, 2, \cdots, M$，其中

$$\begin{cases} S_{ik} = \int_{t_0}^{t_0+T_s} s_i(t)\phi_k^*(t)\mathrm{d}t \\ N_k = \int_{t_0}^{t_0+T_s} n(t)\phi_k^*(t)\mathrm{d}t \end{cases} \tag{3.158}$$

选择集合的方法就应当保证任何可能的发送信号都能够被表示为

$$S_i(t) = \sum_{k=1}^{K} S_{ik}\phi_k(t), \quad t_0 \leqslant t \leqslant t_0 + T_s, \quad K \leqslant M \tag{3.159}$$

然而，噪声应当别看做是由两个分量所组成的，即

$$n(t) = n_r(t) + n_p(t) \tag{3.160}$$

其中

$$\begin{cases} n_r(t) = \sum_{k=1}^{K} N_k\phi_k(t) \\ n_p(t) = n(t) - n_r(t) \end{cases} \tag{3.161}$$

由于 $n(t)$ 是一个高斯随机过程，因而系数 $N_k$ 也都是高斯随机变量。

$n_r(t)$ 是同相分量，$n_p(t)$ 是正交分量。既然 $n(t)$ 是高斯随机过程，那么 $n_p(t)$ 与 $n_r(t)$ 也就是高斯随机过程，因此它们也是统计独立的随机过程。因为 $n_p(t)$ 是独立于 $n_r(t)$ 的，在对被发送信号作出判决时就可以把它忽略掉。这样，要进行判决，考虑

$$Z(t) = \sum_{k=1}^{K} Z_k\phi_k(t) = \sum_{k=1}^{K} (S_{ik} + N_k)\phi_k(t) \tag{3.162}$$

就足够了，或等价地就是分量为 $(Z_1, Z_2, \cdots, Z_k)$ 的矢量。这可以用图 3.130 来对 $K=3$ 的情况进行解释。

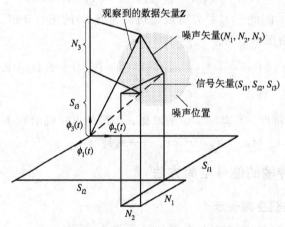

图 3.130　接收信号加噪声的信号空间表示

任何可能的发送信号都可被表示为式(3.159)那样的形式。在有些情况下，选择一种适当的集合$\{\phi_k(t)\}$可能是明显的，而在不明显的情况下，就可以用下面给出的构造技术来形成基函数集合，这种方法被称为格兰姆-施密特(Cram - Schmidt)方法。

**2. 标量积**

首先，把两个矢量的点积和一个矢量的大小这样的概念推广到信号的表示中。两个矢量的点积也称为标量积，一般记为$(u,v)$。这里，对于我们感兴趣的两个信号$u(t)$和$v(t)$点积被定义为

$$(u,v) = \int_{t_0}^{t_0+T_s} u(t)v^*(t)\mathrm{d}t \tag{3.163}$$

更一般的情况下，点积是两个信号$u(t)$和$v(t)$的一个(复)标量值函数，并具有以下性质：

(1) $(u,v)=(v,u)^*$；

(2) $(\alpha u,v)=\alpha(u,v)$，$\alpha$是标量(一般是复数)；

(3) $(u+v,w)=(u,w)+(v,w)$；

(4) $(u,v)\geqslant 0$，当且仅当$u\equiv 0$时才取等号。

矢量大小(幅度)的概念可以用一个信号$u(t)$的范数$\|u\|$来推广，并用标量积定义为

$$\|u\| = \sqrt{(u,u)} \tag{3.164}$$

更一般的情况下，范数是一个非负实数并满足以下性质：

(1) $\|u\|=0$，当且仅当$u\equiv 0$；

(2) $\|u+v\|\leqslant \|u\|+\|v\|$(三角形不等式)；

(3) $\|\alpha u\|=|\alpha|\|u\|$，$\alpha$为一个标量。

接下来讨论正交基函数集合格兰姆-施密特的建立方法。

**3. 格兰姆-施密特方法**

给定一个定义在某一区间$(t_0,t_0+T_s)$上的有限信号集合$\{S_1(t),S_2(t),\cdots,S_M(t)\}$，那么可以按照以下方法来构造一个正交基函数集合。

(1) 使$v_1(t)=S_1(t)$，并定义

$$\phi_1(t) = \frac{v_1(t)}{\|v_1\|} \tag{3.165}$$

(2) 使$v_2(t)=S_2(t)-(S_2,\phi_1)\phi_1$，并令

$$\phi_2(t) = \frac{v_2(t)}{\|v_2\|} \tag{3.166}$$

(3) 使$v_3(t)=S_3(t)-(S_3,\phi_2)\phi_2-(S_3,\phi_1)\phi_1$，并令

$$\phi_3(t) = \frac{v_3(t)}{\|v_3\|} \tag{3.167}$$

(4) 继续进行以上步骤直到所有的$S_i(t)$都被使用过为止。如果在整个过程中的一步和几步产生的$v_j(t)$出现$\|v_j(t)\|=0$，就把它们去掉，因此最后可以得到一个$K\leqslant M$的正交函数集合。

**4. 许瓦尔兹不等式**

许瓦尔兹不等式是用于最优化检测系统的一个非常有用的关系式。现在利用信号空间

表示方法来给出它的一个证明。它可以表述如下：

如果 $x(t)$ 和 $y(t)$ 是信号，则有

$$| (x,y) | \leqslant \| x \| \| y \| \tag{3.168}$$

而且，当且仅当 $x(t)$ 或 $y(t)$ 等于 $0$，或 $x(t) = \alpha y(t)$ 时才取等号。这里的 $\alpha$ 是一个标量（可能是复数）。

**5. 帕斯瓦尔定理**

利用广义的傅里叶级数分量，两个信号的内积由下式给出：

$$(x,y) = \sum_{k=1}^{K} X_k Y_k^* \tag{3.169}$$

特殊情况下成为

$$\| x \|^2 = \sum_{k=1}^{K} | X_k |^2 \tag{3.170}$$

## 3.5.3　数字信号最佳接收

在实际数字传输系统中，信号在传输过程中会受到干扰，最常见的干扰是加性白色高斯噪声（AWGN）。在信号和噪声的共同作用下，这些解调方法是否最佳？怎样的接收系统才是最佳的？这是我们所关心的问题。

所谓最佳，实际上并不是一个绝对的概念，而是在相对意义上说的。因此在讨论"最佳"时首先要确定"最佳"的标准，即准则。

在数字通信中最常用的"最佳"准则是最大输出信噪比和最小差错概率。下面我们分别讨论在这两个准则下的最佳接收机。

**1. 匹配滤波器最佳接收机**

在数字传输系统中，滤波器是不可缺少的。滤波器的一个作用是使基带信号频谱成形。例如，为了满足奈奎斯特第一准则，基带信号频谱通常采用升余弦滚降形状。滤波器的另一个重要作用是在接收端限制白噪声。将信号频带外的噪声滤掉，减小它对信号正确判决的影响。因此，如何设计最佳的接收滤波器是个重要问题。

设计最佳线性滤波器时可以有两种准则：一种是使滤波后的信号波形与发送信号之间的均方误差最小，由此而导出的最佳线性滤波器称为维纳滤波器；另一种是使滤波器输出信噪比在某一特定时刻上达到最大。在数字传输中，后一种使输出信噪比最大的最佳线性滤波器具有特别重要的意义，因为数字传输中我们最关心的是能否在背景噪声下正确地判断信号。例如在二进制数字调制中，我们只需要在一段接收信号内判断两种可能信号中出现的是哪一种。显然，在判断时刻的信噪比愈高，愈有利于作出正确的判决。因此，下面讨论第二种滤波器。

假设输出信噪比最大的最佳滤波器的频域传递函数为 $H(f)$，时域冲激响应为 $h(t)$。滤波器输入为发送信号与噪声的叠加，即

$$x(t) = S(t) + n(t) \tag{3.171}$$

这里，$S(t)$ 为信号，它的频谱函数为 $S(f)$。$n(t)$ 为白色高斯噪声，其双边功率谱密度为 $P_n(f) = n_0/2$。滤波器输出为

$$y(t) = [S(t) + n(t)] * h(t) \tag{3.172}$$

其中信号部分为

$$y_S(t) = S(t) * h(t) = \int_{-\infty}^{\infty} S(f)H(f)e^{j2\pi ft}\,\mathrm{d}f \tag{3.173}$$

在 $t = T$ 时刻输出的信号抽样值为

$$y_S(T) = \int_{-\infty}^{\infty} S(f)H(f)e^{j2\pi fT}\,\mathrm{d}f \tag{3.174}$$

滤波器输出噪声的功率谱密度为

$$P_{n_0}(f) = P_n(f)\,|\,H(f)\,|^2 \tag{3.175}$$

平均功率为

$$N_0 = \int_{-\infty}^{\infty} P_{n_0}(f)\mathrm{d}f = \int_{-\infty}^{\infty} P_n(f)\,|\,H(f)\,|^2\,\mathrm{d}f \tag{3.176}$$

因此，$t = T$ 时刻的输出信噪比为

$$\mathrm{SNR} = \frac{\left|\displaystyle\int_{-\infty}^{\infty} S(f)H(f)e^{j2\pi fT}\,\mathrm{d}f\right|}{\displaystyle\int_{-\infty}^{\infty} P_n(f)\,|\,H(f)\,|^2\,\mathrm{d}f} \tag{3.177}$$

使 SNR 最大的 $H(f)$ 是我们所要求的最佳滤波器的传递函数。一般说来，这是一个泛函求极值的问题。但这里可以利用许尔瓦兹(Schwartz)不等式来求解。许尔瓦兹不等式告诉我们，两个函数乘积的积分有如下性质：

$$\left|\int_{-\infty}^{\infty} X(f)Y(f)\mathrm{d}f\right|^2 \leqslant \int_{-\infty}^{\infty}\int_{-\infty}^{\infty} |\,X(f)\,|^2\,\mathrm{d}f \int_{-\infty}^{\infty} |\,Y(f)\,|^2\,\mathrm{d}f \tag{3.178}$$

将上式用于式(3.177)，经整理得

$$\mathrm{SNR} = \frac{\left|\displaystyle\int_{-\infty}^{\infty} \frac{S(f)e^{j2\pi fT}}{\sqrt{P_n(f)}}\,\sqrt{P_n(f)}H(f)\mathrm{d}f\right|^2}{\displaystyle\int_{-\infty}^{\infty} P_n(f)\,|\,H(f)\,|^2\,\mathrm{d}f}$$

$$\leqslant \frac{\displaystyle\int_{-\infty}^{\infty} \frac{|\,S(f)\,|^2}{P_n(f)}\mathrm{d}f \int_{-\infty}^{\infty} P_n(f)\,|\,H(f)\,|^2\,\mathrm{d}f}{\displaystyle\int_{-\infty}^{\infty} P_n(f)\,|\,H(f)\,|^2\,\mathrm{d}f} \tag{3.179}$$

即有

$$\mathrm{SNR} \leqslant \int_{-\infty}^{\infty} \frac{|\,S(f)\,|^2}{P_n(f)}\,\mathrm{d}f \tag{3.180}$$

要使此不等式变为等式，必须满足

$$k\left[\frac{S(f)e^{j2\pi fT}}{\sqrt{P_n(f)}}\right]^* = \sqrt{P_n(f)}H(f) \tag{3.181}$$

这里，$k$ 为常数，$[\ ]^*$ 表示复共轭，即有

$$H(f) = \frac{kS^*(f)e^{-j2\pi fT}}{P_n(f)} \tag{3.182}$$

将 $P_n(f) = n_0/2$ 代入上式，得

$$H(f) = KS^*(f)e^{-j2\pi fT} \tag{3.183}$$

这里，$K = 2k/n_0 =$ 常数。由式(3.183)可知，输出信噪比最大的滤波器，其传递函数与信号频谱的复共轭成正比，故称匹配滤波器。

匹配滤波器的冲击响应为

$$h(t) = \int_{-\infty}^{\infty} KS^*(f)e^{-j2\pi f(T-t)}\, df \tag{3.184}$$

对于实信号 $S(t)$，有 $S^*(f) = S(-f)$。因此

$$h(t) = \int_{-\infty}^{\infty} KS(-f)e^{-j2\pi f(T-t)}\, df = KS(T-t) \tag{3.185}$$

由上式可知，匹配滤波器的冲击响应是输入信号 $S(t)$ 的镜像及平移。

匹配滤波器输出的信号波形可计算如下：

$$y_S(t) = S(t) * h(t) = \int_{-\infty}^{\infty} S(t-\tau)h(\tau)d\tau = KR_s(t-T) \tag{3.186}$$

这里，$R_s(t)$ 为 $S(t)$ 的自相关函数。由此可见，匹配滤波器的输出信号波形与输入信号的自相关函数成比例。

匹配滤波器的最大输出信噪比为

$$\text{SNR} = \int_{-\infty}^{\infty} \frac{|S(f)|^2}{n_0/2}\, df = \frac{2E_s}{n_0} \tag{3.187}$$

这里，$E_s$ 为观察间隔内的信号能量。

根据匹配滤波器原理构成的二进制数字信号的接收机方框图如图 3.131 所示。图中有两个匹配滤波器，每个分别与信号 $S_1(t)$、$S_2(t)$ 匹配，滤波器输出在 $t=T$ 时刻抽样后，再进行比较，选择其中最大的信号作为判决结果。

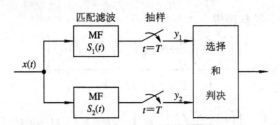

图 3.131 二进制信号的匹配滤波接收机

在数字通信中，通常发送信号 $S(t)$ 只在 $(0, T_s)$ 时间内出现，因而当 $S(t)$ 的匹配滤波器的输入为 $x(t)$ 时，其输出的信号部分可表达为

$$
\begin{aligned}
y_S(t) &= x(t) * h(t) = K\int_0^{T_s} x(t-\tau)h(\tau)d\tau \\
&= K\int_0^{T_s} x(t-\tau)S(T_s-\tau)d\tau \\
&= K\int_{t-T_s}^{t} x(z)S(T_s-t+z)dz
\end{aligned} \tag{3.188}
$$

$t = T_s$ 时，有

$$y_S(T_s) = K\int_0^{T_s} x(z)S(z)dz = K\int_0^{T_s} x(t)S(t)dt \tag{3.189}$$

由上式可画出另一种形式的匹配滤波器最佳接收机，如图 3.132 所示。图中相乘与积分完成相关器的功能，它在 $t=T_s$ 时的抽样值与匹配滤波器在 $t=T_s$ 时刻的输出值是相等的。

图 3.132　与匹配滤波器等效的最佳接收

### 2. 最小错误概率最佳接收机

由于信道噪声的存在，发送 $x_i$ 时不一定能判为 $r_i$，从而造成差错。在数字通信中最直观而又合理的最佳接收准则是最小错误概率准则。

在二进制数字调制中，发送信息只有两种：$x_1$ 和 $x_2$（即 1 和 0），所对应的发送信号也只有两个：$S_1(t)$ 和 $S_2(t)$。假设 $S_1(t)$ 和 $S_2(t)$ 在观察时刻的取值为 $a_1$ 和 $a_2$，则当发送信号为 $S_1(t)$ 或 $S_2(t)$ 时，接收端 $y(t)$ 的条件概率密度函数分别为

$$f_{S1}(y) = \frac{1}{(\sqrt{2\pi}\sigma_n)^k} \exp\left\{ -\frac{1}{n_0} \int_0^{T_s} [y(t) - a_1]^2 \, dt \right\} \tag{3.190a}$$

$$f_{S2}(y) = \frac{1}{(\sqrt{2\pi}\sigma_n)^k} \exp\left\{ -\frac{1}{n_0} \int_0^{T_s} [y(t) - a_2]^2 \, dt \right\} \tag{3.190b}$$

将以上两个条件概率密度函数画成曲线，示于图 3.133 中。

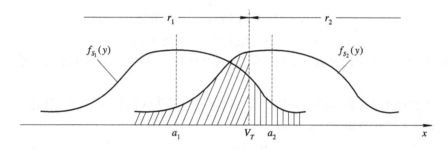

图 3.133　二进制调制时的条件概率密度函数

由图 3.133 可见，如果根据接收到的 $x$ 值来判决 $r_1$ 或 $r_2$，则应当选择判决门限 $V_T$ 在 $a_1$ 和 $a_2$ 之间。当 $y > V_T$ 时，判决为 $r_2$；而当 $y < V_T$ 时，判为 $r_1$。发送 $S_1(t)$ 或 $S_2(t)$ 时错误判决的概率分别为图中阴影部分的面积，它们分别为

$$P_{S1}(S_2) = \int_{V_T}^{\infty} f_{S1}(y)\mathrm{d}y \tag{3.191a}$$

$$P_{S2}(S_1) = \int_{-\infty}^{V_T} f_{S2}(y)\mathrm{d}y \tag{3.191b}$$

这里，$P_{S1}(S_2)$ 为发送 $S_1(t)$ 而错判为 $S_2(t)$ 的概率，$P_{S2}(S_1)$ 为发送 $S_2(t)$ 而错判为 $S_1(t)$ 的概率。因此，每次判决的平均错误概率为

$$P_e = P_{S1}(S_2)P(S_1) + P_{S2}(S_1)P(S_2) = P(S_1) \int_{V_T}^{\infty} f_{S1}(y)\mathrm{d}y + P(S_2) \int_{-\infty}^{V_T} f_{S2}(y)\mathrm{d}y \tag{3.192}$$

这里，$P(S_1)$、$P(S_2)$ 分别为发送 $S_1(t)$、$S_2(t)$ 的概率。通常 $P(S_1)$ 和 $P(S_2)$ 是已知的，此时 $P_e$ 仅与 $V_T$ 有关。

为了求出最佳判决电平，只需解下列方程：

$$\frac{\partial P_e}{\partial V_T} = -P(S_1)f_{S1}(V_T) + P(S_2)f_{S2}(V_T) = 0 \tag{3.193}$$

由上式可得，最佳判决时必须满足：

$$\frac{f_{S1}(V_T)}{f_{S2}(V_T)} = \frac{P(S_2)}{P(S_1)} \tag{3.194}$$

因此，为了达到最小差错概率，可以按如下规则进行判决：

$$\begin{cases} \dfrac{f_{S1}(y)}{f_{S2}(y)} > \dfrac{P(S_2)}{P(S_1)}, & \text{判为 } r_1 (\text{即 } S_1) \\[3mm] \dfrac{f_{S1}(y)}{f_{S2}(y)} < \dfrac{P(S_2)}{P(S_1)}, & \text{判为 } r_2 (\text{即 } S_2) \end{cases} \tag{3.195}$$

常把 $f_{S1}(y)$、$f_{S2}(y)$ 称为似然函数，$f_{S1}(y)/f_{S2}(y)$ 称为似然比。通常，发送信号 $S_1(t)$、$S_2(t)$ 是等概出现的，即 $P(S_1) = P(S_2)$，则上式可变为

$$\begin{cases} \dfrac{f_{S1}(y)}{f_{S2}(y)} > 1, & \text{判为 } r_1 \\[3mm] \dfrac{f_{S1}(y)}{f_{S2}(y)} < 1, & \text{判为 } r_2 \end{cases} \tag{3.196}$$

或者

$$\begin{cases} f_{S1}(y) > f_{S2}(y), & \text{判为 } S_1 \\ f_{S1}(y) < f_{S2}(y), & \text{判为 } S_2 \end{cases} \tag{3.197}$$

这一判决规则通常称为最大似然法则，即在接收到的 $x$ 值中，哪个似然函数大就判为哪个信号。

以上概念很容易推广到多进制的情况。假设可能发送的信号有 $m$ 个，且它们出现的概率相等，则最大似然准则可以表示为

$$f_{Si}(y) > f_{Sj}(y), \quad i = 1, 2, \cdots, m, \quad j = 1, 2, \cdots, m, \quad i \neq j, \text{判为 } S_i \tag{3.198}$$

根据最大似然准则，可以推出最佳接收机的结构。由式(3.195)可得

$$P(S_1)f_{S1}(y) > P(S_2)f_{S2}(y), \quad \text{判为 } S_1 \tag{3.199a}$$
$$P(S_1)f_{S1}(y) < P(S_2)f_{S2}(y), \quad \text{判为 } S_2 \tag{3.199b}$$

利用式(3.190)，有

$$P(S_1)\exp\left\{ -\frac{1}{n_0}\int_0^{T_s} [y(t) - S_1(t)]^2\,\mathrm{d}t \right\}$$
$$> P(S_2)\exp\left\{ -\frac{1}{n_0}\int_0^{T_s} [y(t) - S_2(t)]^2\,\mathrm{d}t \right\} \quad \text{判为 } S_1 \tag{3.200a}$$

及

$$P(S_1)\exp\left\{ -\frac{1}{n_0}\int_0^{T_s} [y(t) - S_1(t)]^2\,\mathrm{d}t \right\}$$
$$< P(S_2)\exp\left\{ -\frac{1}{n_0}\int_0^{T_s} [y(t) - S_2(t)]^2\,\mathrm{d}t \right\} \quad \text{判为 } S_2 \tag{3.200b}$$

对上述不等式两边取对数，则有

$$n_0 \ln \frac{1}{P(S_1)} + \int_0^{T_s} [y(t) - S_1(t)]^2 \, dt$$

$$< n_0 \ln \frac{1}{P(S_2)} + \int_0^{T_s} [y(t) - S_2(t)]^2 \, dt \quad \text{判为 } S_1 \qquad (3.201a)$$

$$n_0 \ln \frac{1}{P(S_1)} + \int_0^{T_s} [y(t) - S_1(t)]^2 \, dt$$

$$> n_0 \ln \frac{1}{P(S_2)} + \int_0^{T_s} [y(t) - S_2(t)]^2 \, dt \quad \text{判为 } S_2 \qquad (3.201b)$$

假设发送信号 $S_1(t)$ 和 $S_2(t)$ 有相同的能量，即

$$\int_0^{T_s} S_1^2(t) \, dt = \int_0^{T_s} S_2^2(t) \, dt = E \qquad (3.202)$$

且令

$$U_1 = \frac{n_0}{2} \ln P(S_1)$$

$$\qquad (3.203)$$

$$U_2 = \frac{n_0}{2} \ln P(S_2)$$

则式(3.201a)、(3.201b)可化简为

$$U_1 + \int_0^{T_s} y(t) S_1(t) \, dt > U_2 + \int_0^{T_s} y(t) S_2(t) \, dt, \quad \text{判为 } S_1 \qquad (3.204a)$$

$$U_1 + \int_0^{T_s} y(t) S_1(t) \, dt < U_2 + \int_0^{T_s} y(t) S_2(t) \, dt, \quad \text{判为 } S_2 \qquad (3.204b)$$

由式(3.204)可得到最佳接收机的结构如图 3.134(a)所示。若 $P(S_1) = P(S_2)$，即 $S_1(t)$ 与 $S_2(t)$ 等概出现，则最佳接收机可进一步简化为图 3.134(b)所示形式。图中开关表示在 $t = T_s$ 时刻进行抽样，将两路抽样结果进行比较，即可判决收到的信号是 $S_1(t)$ 还是 $S_2(t)$。

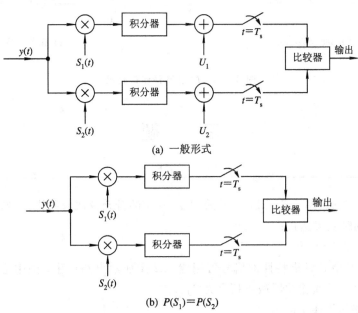

图 3.134 最大似然准则最佳接收机结构

由图 3.134 可知相关器是最佳接收机中的关键部件,这与图 3.132 中所示的相关器是相同的。因此,最小差错概率准则下的最佳接收机与最大信噪比准则下的最佳接收机是等效的。与图 3.134 相对应的匹配滤波器形式的最佳接收机如图 3.135 所示。

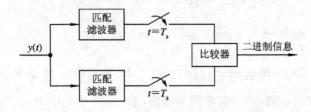

图 3.135　与图 3.134 等效的匹配滤波器形式的最佳接收机

对于 $M$ 进制调制,匹配滤波器形式的最佳接收机和相关器形式的最佳接收机分别示于图 3.136(a)、(b)中。在匹配滤波器形式最佳接收机中有 $M$ 个匹配滤波器(MF),每个与可能出现的 $M$ 种信号中的一种相匹配,$M$ 个滤波器的输出在相同时刻抽样,然后比较并选择其中最大的一个作为判决结果。在相关器式最佳接收机中有 $M$ 个相关器,每个也与 $M$ 种信号中的一种相对应,同样选择其中输出最大的一个作为判决结果。

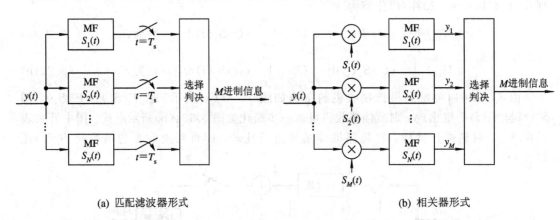

(a) 匹配滤波器形式　　　　　　　　(b) 相关器形式

图 3.136　$M$ 进制最佳接收机

# 习　　题

3.1　已知信息速率为 64 kb/s,若采用 $\alpha=0.4$ 的升余弦滚降频谱信号,

(1) 求它的时域表达式;

(2) 画出它的频谱图。

3.2　具有升余弦频谱特性的信号可用题 3.2 图所示电路产生。图中运算放大器用作相加器,$R_1=2R$,低通滤波器截止频率为 $2f_s$。

证明该电路的传递函数为

$$H(f) = \begin{cases} 1 + \cos \dfrac{\pi f}{2 f_s}, & |f| \leqslant 2 f_s \\ 0, & \text{其他} \end{cases}$$

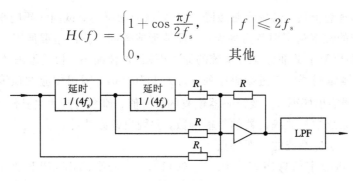

题 3.2 图

3.3 某基带传输系统采用 $\alpha = 0.2$ 升余弦滚降频谱信号，

(1) 若采用四进制，求单位频带信息传输速率（b/Hz）；

(2) 若输入信号由冲激脉冲改为宽度为 $T_s$ 的非归零矩形脉冲，为保持输出波形不变，基带系统的总传递函数应如何变化？写出表达式。

3.4 已知二元信息序列 100101110100011001，若用 15 电平第Ⅳ类部分响应信号传输，

(1) 画出编、译码器方框图；

(2) 列出编、译码器各点信号的抽样值序列。

3.5 一个理想低通滤波器特性信道的截止频率为 1 MHz，求下列情况下的最高传输速率：

(1) 采用 2 电平基带信号；

(2) 采用 8 电平基带信号；

(3) 采用 2 电平 $\alpha = 0.5$ 升余弦滚降频谱信号；

(4) 采用 7 电平第Ⅰ类部分响应信号。

3.6 在无线传输系统中，经常存在多径效应，此时若已调信号为 $S(t)$，则接收信号为
$$x(t) = K_1 S(t - t_1) + K_2 S(t - t_2)$$
其中，$K_1$、$K_2$ 为常数，$t_1$、$t_2$ 表示传输延时。可以用三抽头横向滤波器来均衡因多径效应而产生的畸变，设抽头加权系数为 $W_{-1}$、$W_0$ 和 $W_1$，

(1) 计算横向滤波器的传输函数；

(2) 假设 $K_2 \ll K_1$，$t_2 > t_1$，求 $W_{-1}$、$W_0$ 和 $W_1$。

3.7 设某二进制数字基带信号中，数字信息"1"和"0"分别由 $g(t)$ 和 $-g(t)$ 表示，且"1"与"0"出现的概率相等，$g(t)$ 的频潜是升余弦脉冲，即

$$g(t) = \frac{1}{2} \frac{\cos\left(\dfrac{\pi t}{T_s}\right)}{1 - \dfrac{4 t^2}{T_s^2}} Sa\left(\frac{\pi t}{T_s}\right)$$

(1) 写出该数字基带信号的功率谱密度表示式；

(2) 从该数字基带信号中能否直接提取频率 $f_s = 1/T$ 的分量？

(3) 若码元间隔 $T_s = 10^{-3}$ s，试求该数字基带信号的传码率及频带宽度。

3.8 若给定低通型信道的带宽为 2400 Hz，在此信道上进行基带传输，当基带形成滤

波器特性分别为理想低通、50%余弦滚降、100%余弦滚降时，试问无码间串扰传输的最高码元速率及相应的频带利用率各为多少，并简述形成码间串扰的主要原因。

3.9 （1）画出第Ⅰ类部分响应系统的原理框图（含预编码、相关编码及译码等）。

（2）设输入预编码器的二进制码序列 $\{a_k\}$ 为 11101001，写出相应的预编码器输出序列 $\{b_k\}$、相关编码器输出序列 $\{c_k\}$ 及译码器恢复的 $\{a_k'\}$ 值；预编码器的主要作用是什么？

（3）写出该系统中相关编码器的传输函数，并画出幅频特性。

（4）简述部分响应系统的主要特点。

3.10 设发送数字信息序列为 01011000110100，分别画出 4PSK 及 4DPSK 信号的波形。

3.11 设有一个三抽头的时域均衡器，如题 3.11 图所示，$x(t)$ 在各抽样点的值依次为 $x_{-2}=\dfrac{1}{8}$，$x_{-1}=\dfrac{1}{3}$，$x_0=1$，$x_1=\dfrac{1}{4}$，$x_2=\dfrac{1}{16}$（在其他抽样点均为零），试求均衡器输入及输出波形的峰值畸变。

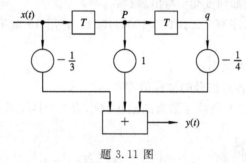

题 3.11 图

3.12 对 2ASK 信号进行相干接收，已知发送"1"（有信号）的概率为 $P$，发送"0"（无信号）的概率为 $1-P$；已知发送信号的振幅为 5 V，解调器输入端的正态噪声功率为 $3\times10^{-12}$ W。

（1）若 $P=1/2$，$P_e=10^{-4}$，则发送信号传输到解调器输入端时共衰减多少分贝？这时的最佳门限值为多大？

（2）试说明 $P>1/2$ 时的最佳门限比 $P=1/2$ 时的是大还是小？

（3）若 $P=1/2$，$r=10$ dB，求 $P_e$。

3.13 在 2ASK 系统中，已知发送数据"1"的概率为 $P(1)$，发送"0"的概率为 $P(0)$，且 $P(1)\neq P(0)$。采用相干检测，并已知发送"1"时，输入接收端解调器的信号振幅为 $a$，输入的窄带高斯噪声方差为 $\sigma_n^2$。试证明此时的最佳门限为

$$V_d^* = \frac{a}{2} + \frac{\sigma_n^2}{a}\ln\frac{P(0)}{P(1)}$$

3.14 在二进制移相键控系统中，已知解调器输入端的信噪比 $r=10$ dB，试分别求出相干解调 2PSK、相干解调－码变换和差分相干解调 2DPSK 信号时的系统误码率。

3.15 题 3.15 图所示为一持续时间为 7 ms 的信号 $s(t)$，据此构成白噪声条件下的匹配滤波器。

（1）试确定 $s(t)$ 的匹配滤波器的冲击响应并画出波形；

（2）画出该匹配滤波器的输出信号波形（标出重要参数）；

（3）当输入白噪声功率谱密度 $n_0/2 = 5 \times 10^{-4}$ W/Hz，确定最大输出信噪比；

（4）确定输出噪声分量的自相关函数及平均功率。

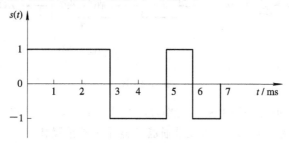

题 3.15 图

3.16 若理想信道基带系统的总特性满足下式：

$$\sum_i H\left(\omega + \frac{2\pi i}{T_s}\right) = T_s, \qquad |\omega| \leqslant \frac{\pi}{T_s}$$

信道高斯噪声的功率谱密度为 $n_0/2$(W/Hz)，信号的可能电平为 $L$，即 $0, 2d, \cdots, 2(L-1)d$ 等概出现。

（1）求接收滤波器的输出噪声功率；

（2）求系统最小误码率。

3.17 在二进制双极性数字基带通信系统中，设输入到最佳接收机的基本波形如题3.17图所示，信号代码为 101001。

（1）画出匹配滤波器输出信号波形；

（2）画出相关器输出信号波形；

（3）设噪声的双边功率谱密度为 $n_0/2$(W/Hz)，求系统的误码率。

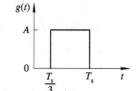

题 3.17 图

3.18 设二进制系统的信息速率为 2048 kb/s，时钟稳定度为 $10^{-4}$，允许位同步信号的最大相位误差为 0.6 rad，位同步信号的量化相位误差为 0.1 rad，求数字锁相环位同步器的同步保持时间、DCO 的分频比、晶振频率及允许的连"1"码或连"0"码的最大个数。

3.19 题 3.19 图为二进制数字基带系统，抽样时刻为 $kT_s$，冲激响应的抽样值及 $a_n$ 分别为

$$h(kT_s) = \begin{cases} A, & k = 0 \\ \dfrac{A}{4}, & k = 1 \\ 0, & k \neq 0, 1 \end{cases}$$

$$a_n = \begin{cases} 1, & \text{发 1 码} \\ -1, & \text{发 0 码} \end{cases}$$

（1）设信息代码为 11001，求与第 2，3，4，5 个代码相对应的抽样值；

（2）设抽样判决器输入噪声是均值为 0、方差为 $\sigma_n^2$ 的高斯随机过程，抽样判决门限为 0，试求"1"码与"0"码等概时该系统的误码率。

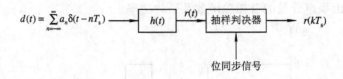

$$d(t) = \sum_{n=-\infty}^{\infty} a_n \delta(t - nT_s)$$

题 3.19 图

3.20 已知 2FSK 信号的两个频率 $f_1 = 980$ Hz，$f_2 = 2180$ Hz，码元速率 $R_s = 300$ Baud，信道带宽为 3000 Hz，接收带通滤波器输出端信噪比为 6 dB。试求：

(1) 2FSK 信号的带宽；

(2) 非相干解调时的误比特率；

(3) 相干解调时的误比特率。

3.21 已知码元传输速率 $R_s = 10^3$ Baud，接收机输入噪声的双边功率谱密度 $n_0/2 = 10^{-10}$ W/Hz，今要求误码率 $P_e = 10^{-5}$，试分别计算相干 OOK、非相干 2FSK、差分相干 2DPSK 以及 2PSK 等系统所要求的输入信号功率。

3.22 设通信系统的频率特性为 $\alpha = 0.5$ 的余弦滚降特性，传输的信息速率为 120 kb/s，要求无码间串扰。

(1) 采用 2PSK 调制，求占用信道带宽和频带利用率 $\eta_b$；

(2) 将调制方式改为 4PSK，求占用信道带宽和频带利用率 $\eta_b$；

(3) 将调制方式改为 16QAM，求占用信道带宽和频带利用率 $\eta_b$；

(4) 设 $E_b/n_0 = 18$，求 2PSK、4PSK 和 16QAM 最佳接收机的误比特率。

3.23 设信息代码为 0010111111000110100100001000010000111110000101110111010010101101，试画出 16QAM 信号的两个基带信号 $I(t)$ 和 $Q(t)$ 的波形。

3.24 设到达接收机输入端的二进制信号码元 $s_1(t)$ 及 $s_2(t)$ 的波形如题 3.24 图(a)、(b)所示，输入高斯噪声的双边功率谱密度为 $n_0/2 (\text{W/Hz})$。

(1) 画出匹配滤波器形式的最佳接收机结构；

(2) 确定匹配滤波器的冲激响应；

(3) 求系统误码率；

(4) 设信息代码为 101100，"1"码对应波形为 $s_1(t)$，"0"码对应波形为 $s_2(t)$，画出匹配滤波器形式的最佳接收机的各点波形。

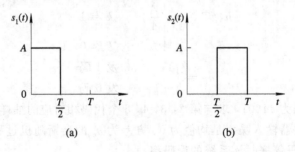

题 3.24 图

3.25 已知矩形脉冲波形 $s(t)=A[u(t)-u(t-T)]$，$u(t)$ 为阶跃函数，求

(1) 匹配滤波器的冲激响应；

(2) 匹配滤波器的输出波形；

(3) 在什么时刻和什么条件下输出可以达到最大值 $A$。

3.26 求最佳的发送和接收滤波器，假定采用 $\alpha=0.25$ 的升余弦频谱，信道幅度平方传递函数为 $|H_c(f)|^2=\dfrac{1}{1+(f/f_c)^2}$，白噪声的功率谱密度为 $G_n(f)=\dfrac{N_0}{2}$。对于以下情况分别绘制发送和接收滤波器相应的图形：

(1) $f_c=\dfrac{1}{4T_b}$；

(2) $f_c=\dfrac{1}{2T_b}$；

(3) $f_c=\dfrac{1}{T_b}$。

3.27 若带通信号的等效噪声带宽 $(2B)$ 定义为

$$4B \cdot P(f_c) = S$$

这里 $P(f_c)$ 为 $f=f_c$ 处信号功率谱密度的最大值，$S$ 为信号平均功率。试验证 2PSK、QPSK 和 MSK 系统中噪声带宽与比特率之比如下：

(1) 2PSK 时为 1.0；

(2) QPSK 时为 0.5；

(3) MSK 时为 0.62。

3.28 一空间通信接收站，信息速率为 0.1 Mb/s，带宽为 1 MHz。接收天线增益为 48 dB，空间站天线增益为 6 dB。路径传播损耗为 $100+\lg d$，$d$ 为距离(km)，假设平均发射功率为 10 W，噪声功率谱密度 $n_0/2=2\times10^{-21}$ W/Hz。要求误比特率为 $10^{-5}$，求下列情形所能达到的最大通信距离：

(1) 采用 FSK 调制；

(2) 采用 QPSK 调制。

3.29 4PSK 调制时若误码率为 $10^{-6}$，为减小传输频带，改用 16PSK 而数据率不变。在保持误码率不变的情况下，要求发送功率增加多少分贝？

3.30 若峰值功率相同且误码率相同，16PSK 与 16QAM 相比所需信噪比相差多少分贝？若平均功率相同，两者又相差多少？

3.31 分别在相同峰值功率和相同平均功率情况下，比较 32QAM 和 32PSK 的误比特率的性能。

# 第 4 章  时分复用与数字复接技术

## 4.1  复  用

在一个信道上同时传输多个消息信号的方法称为复用。复用可分为频分复用(FDM)、时分复用(TDM)、码分复用(CDM)和空分复用(SDM)等。

频分复用是将所给的信道带宽分割成互不重叠的许多小区间,每个小区间能顺利通过一路信号。可以通过正弦波调制的方法实现频分复用。频分复用的多路信号在频率上不会重叠,但在时间上是重叠的。

在 PAM 调制中,抽样脉冲只占用了有限时间,因此脉冲之间的间隔可以插入其他各路信号脉冲。利用不同时隙在同一信道上同时传输各路不同信号,且互不干扰,这就是时分复用。时分复用是建立在抽样定理基础上的。在数字通信中,模拟信号的数字化传输一般都采用时分复用方式,这样可以提高信道的传输效率。

## 4.2  时分复用(TDM)

### 4.2.1  TDM 系统原理

这里以图 4.1 所示的点到点两路 PCM 数字电话系统为例,说明时分复用系统的基本原理。图中,$m_1(t)$ 和 $m_2(t)$ 为两路模拟语音信号,$sl_1(t)$ 和 $sl_2(t)$ 分别为 $m_1(t)$ 和 $m_2(t)$ 的抽样信号,$cl(t)$ 为编码器的时钟信号,$f(t)$ 为帧同频码,$f_1(t)$ 和 $f_2(t)$ 为译码器的路同步信号,$cp(t)$ 为译码器的时钟信号。$cl(t)$、$sl_1(t)$ 及 $sl_2(t)$ 由发送定时器提供。位同步器及帧同步器分别为接收机提供位同步信号和帧同步信号。位同步信号(位定时信号)$cp(t)$ 在抽样判决器、帧同步器、延时电路以及 PCM 译码器中作为时钟信号。帧同步信号 $f_s(t)$ 指示一帧的起止时刻,以便对时分复用的各路信号进行分接。

$m_1(t)$、$m_2(t)$ 经各个 PCM 编码器处理后变为 PCM$_1$ 和 PCM$_2$ 信号,复接器将 PCM$_1$、PCM$_2$ 及 $f(t)$ 在时域复接在一起,成为一个时分复用 PCM 信号。信道传输后的时分复用信号经分接、译码处理后恢复出两路模拟语音信号。

设 $cl(t)$ 的频率为 192 kHz,$sl_1(t)$、$sl_2(t)$ 的频率为 8 kHz,则图 4.1(a)中的有关信号的示意图如图 4.1(b)所示。图 4.1(b)中,D$_{11}$、D$_{12}$ 分别为 $m_1(t)$ 的第 1 个和第 2 个抽样值的 8 位 PCM 码,D$_{21}$、D$_{22}$ 分别为 $m_2(t)$ 的第 1 个和第 2 个抽样值的 8 位 PCM 码,1110010 为帧同步码,符号"×"表示无定义的码元。

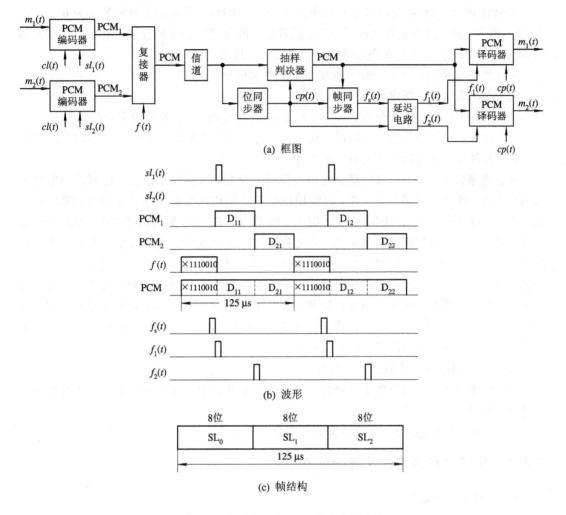

(a) 框图

(b) 波形

(c) 帧结构

图 4.1　点到点两路 PCM 数字电话系统

由图 4.1(b)可见，时分复用 PCM 数字语音信号的特点是：以 125 $\mu$s 为一帧，每一帧分为三个时间段即三个时隙，每一帧的帧同步码都是相同的，且放在相同的时隙，每一帧 $m_1(t)$ 及 $m_2(t)$ 的 PCM 信号也放在相同的时隙，但不同帧的 PCM 代码是不相同的(因抽样值不同)。由此可得图 4.1(c)所示的两路 PCM 数字语音信号的帧结构。图中 $SL_0$ 为帧同步码时隙，$SL_1$ 为第一路数字语音时隙，$SL_2$ 为第二路数字语音时隙。

位同步信号 $cp(t)$ 的频率与时分复用 PCM 信号的信息速率相等，即在一个时隙内有 8 个时钟信号送给译码器。时钟信号与路同步信号相配合，使 PCM 译码器同时完成分接及译码两项工作，具体过程是：在第 $i$ 个 $f_1(t)$ (或 $f_2(t)$ )脉冲及 8 个时钟信号的作用下，译码器将 $D_{1i}$ (或 $D_{2i}$ )转换为相应的电平信号，一直保持到下一个 $f_1(t)$ 脉冲。这样，PCM 译码器就将两路 PCM 信号分开并转换为阶梯波，即宽度为抽样周期的平顶 PAM 信号，这个平顶 PAM 信号的幅度与模拟信号的抽样值之差为量化误差。PCM 译码器中还包含一个孔径补偿低通滤波器，此滤波器将平顶 PAM 信号中的高频分量滤掉，并对音频成分进行失真补偿，恢复出模拟语音信号。

若语音 PCM 编码器的时钟信号频率为 64 kHz，则编码器输出信号的速率为 64 kb/s。PCM$_1$、PCM$_2$ 的各组 8 位码之间无空隙。这种信号的复接电路比较复杂。图 4.1(b)所示的 PCM$_1$、PCM$_2$ 及 $f(t)$ 信号的复接器为一个相加器，比较简单。

由此例可以得出以下关于时分复用技术的基本概念：

（1）理论根据是抽样定理。

（2）从时域对信道进行分割，利用互相正交（互不重叠）的时隙传输不同的信号。

（3）将一帧时间分为若干个时隙，其中一个时隙用于传输帧同步码，称为帧同步时隙。

（4）各种数据在每帧中占有各自的时隙。

在话务通信系统中，通常将信息时隙进行预先分配，即将各个信息时隙固定分配给不同用户使用，即使某个用户不工作，其他用户也不能使用预先分配给该用户的时隙，这种系统称为同步时分复用（STDM）系统，图 4.1 就是一个 STDM 系统。STDM 系统的优点是实时性强，缺点是信道资源利用率低。在数据业务通信系统中，允许非实时传输，为了提高信道资源的利用率，一般对信息时隙进行按需分配，即根据用户业务量的统计规律，分配信息时隙，业务量大的用户占用的时隙数多，业务量小的用户占用的时隙数少，无业务需求的用户不占用任何时隙。通常称这种按需分配时隙的 TDM 系统为统计时分复用或异步时分复用（ATDM）系统，它广泛用于分组交换（包括 ATM 交换）中。本书不对 ATDM 进行详细论述，具体内容请读者参考有关书籍。

与 FDM 比较，TDM 的主要优点有：

（1）复接和分接都是用数字处理方式实现的，通用性和一致性好，比 FDM 的模拟滤波器分接电路简单、可靠。

（2）TDM 系统对信道的非线性失真要求低。

### 4.2.2　PCM 基群帧结构及终端设备

#### 1. PCM 基群帧结构

国际上通用的 PCM 基群有两种标准，即 PCM30/32 路和 PCM24 路，前者为 A 律，后者为 $\mu$ 律。

PCM30/32 路基群帧结构如图 4.2 所示。帧周期等于抽样周期，即 125 $\mu$s，一帧中共有 32 路时隙，各时隙分别记作 TS$_0$、TS$_1$、…、TS$_{31}$。其中，TS$_1$～TS$_{15}$ 和 TS$_{17}$～TS$_{31}$ 为 30 个话路时隙，TS$_0$ 为帧同步时隙，TS$_{16}$ 为信令时隙。每路时隙含有 8 个码元，一帧共 256 比特。其信息速率为

$$R_\mathrm{b} = 8000 \times 32 \times 8 = 2.048 \text{ Mb/s}$$

每比特时间宽度为

$$T_\mathrm{b} = \frac{1}{R_\mathrm{b}} \approx 0.488 \ \mu\mathrm{s}$$

每路时隙的时间宽度为

$$T_\mathrm{L} = 8T_\mathrm{b} \approx 3.91 \ \mu\mathrm{s}$$

16 帧 PCM30/32 路基群信号构成一个复帧，偶数帧的 TS$_0$ 时隙插入帧同步码组 ×001 1011，其中第一位码"×"保留给国际通信用。在 TS$_{16}$ 时隙插入各话路的信令，并且将一个复帧中 16 帧的 TS$_{16}$ 时隙集中起来使用，称为共路信令传送。

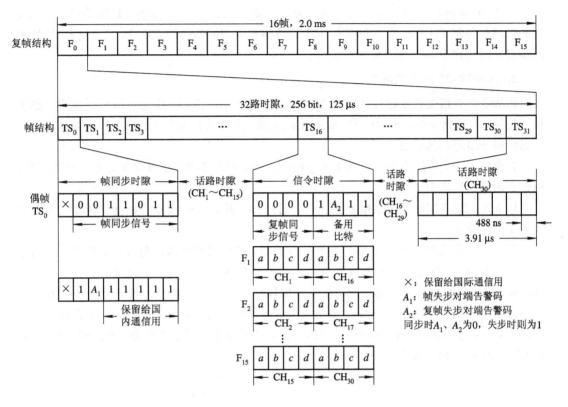

图 4.2　A 律 PCM 基群帧结构

PCM24 路基群帧结构如图 4.3 所示，一帧包含 24 路时隙，各个时隙分别记作 $TS_0$、$TS_1$、…、$TS_{23}$。这 24 路时隙都为话路时隙，在 $TS_{23}$ 时隙后面插入 1 比特帧同步码。信息速率为

$$R_b = 8000 \times (24 \times 8 + 1) = 1.544 \text{ Mb/s}$$

每比特时间宽度为

$$T_b = \frac{1}{R_b} \approx 0.647 \ \mu s$$

每路时隙的时间宽度为

$$T_L = 8 T_b \approx 5.18 \ \mu s$$

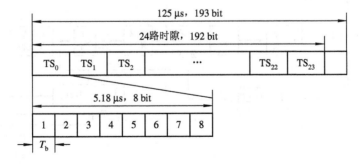

图 4.3　$\mu$ 律 PCM 基群帧结构

12 帧 $\mu$ 律 PCM 基群构成一个复帧，复帧周期为 1.5 ms，12 帧中奇数帧的第 193 比特构成帧同步码组 101010，偶数帧的第 193 比特构成复帧同步码组 000111。这种帧结构的帧同步建立时间比 PCM30/32 帧结构的长。

**2. PCM30/32 路终端设备**

PCM30/32 路端机在脉冲调制多路通信中是一个基群设备。用它可组成高次群，也可独立使用，与市话电缆、长途电缆、数字微波系统、光纤等传输信道连接，作为有线或无线电话的时分多路终端设备。

在交换局内，外加适当的市话出入中继器接口，可与步进制、纵横制等各交换机接口，用作市内或长途通信。

PCM30/32 路端机除提供电话业务外，通过适当接口，可以传输数据、载波电报等其他数字信息业务。

图 4.4 所示为 PCM30/32 路终端设备方框图，它是用群路编译码方式画出的，其基本工作过程是将 30 路抽样序列合成后再由一个编码器进行编码。由于大规模集成电路的发展，编码和译码可做在一个芯片上，称单路编译码器。目前厂家生产的 PCM30/32 路系统几乎都是由单路编/译码器构成的，这时每话路的相应样值各自编成 8 位码以后再合成总的语音码流，然后再与帧同步码和信令码汇总，经码型变换再发送出去。单路编/译码片构成的 PCM30/32 路方框图如图 4.5 所示。

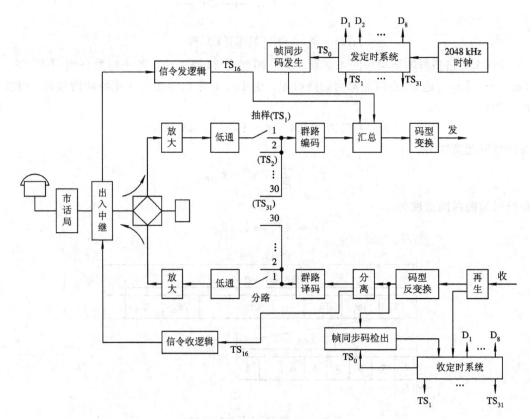

图 4.4　PCM30/32 路终端设备方框图

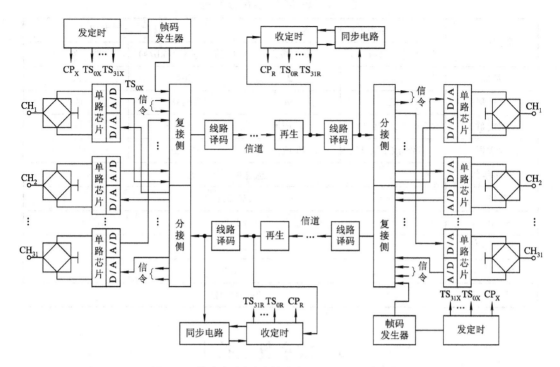

图 4.5 单路编/译码片构成的 PCM30/32 路方框图

## 4.2.3 数字复接系列

PCM30/32 基群、PCM24 基群所传输的话路数比较少，如果要传输更多路数的数字电话，则需要以基群为基础，通过复接，得到二次群、三次群等更高速率的群路信号。

PCM 数字复接系列各等级的信息速率、路数如表 4.1 所示。基群、二次群、三次群、四次群等为准同步数字系列（PDH），STM - 1、STM - 4、STM - 16、STM - 64、STM - 256 等属于同步数字系列（SDH），STM - N 为 SDH 的第 N 级同步传输模块。

在 PDH 中，4 个低次群复接为 1 个高次群。各低次群的信息速率标称值相等，但实际值有一定偏差，需将各低次群信息调整到一个较高的速率后再进行同步复接。复接后的数据流中，除 4 个低次群的所有数据外，还加入了高次群的帧同步码、告警码，以及插入指示码、插入码等，因此高次群信息速率增加的倍数大于话路增加的倍数。这种复接方式称为准同步复接。

在 SDH 中，也是将 4 个低次群复接为 1 个高次群，但各低次群的信息速率完全相同。复接时不需要进行码速调整，也不需要增加其他开销，高次群信息速率增加的倍数与话路增加的倍数相同。这种复接方式称为同步复接。

PDH 中有 A 律和 $\mu$ 律两类标准，它们具有不同的帧结构、数据速率，而 STM - 1 将 $\mu$ 律及 A 律两类 PDH 系列统一起来，从而实现了数字传输体制的全球统一标准。

应该说明的是，各种等级的群路不但可以传输数字电话，也可以传输其他相同速率的数字信号，如可视电话、数字电视等。

表 4.1 PCM 数字复接系列

| 群路等级 | μ 律(北美、日本) | | A 律(欧洲、中国) | |
|---|---|---|---|---|
| | 信息速率/(kb/s) | 路 数/个 | 信息速率/(kb/s) | 路 数/个 |
| 基群 | 1544 | 24 | 2048 | 30 |
| 二次群 | 6312 | 96 | 8448 | 120 |
| 三次群 | 32 064 或 44 736 | 480 或 672 | 34 368 | 480 |
| 四次群 | 97 728 或 274 176 | 1440 或 4032 | 139 264 | 1920 |
| 群路等级 | 信息速率/(kb/s) | | | |
| STM－1 | 155 520 | | | |
| STM－4 | 622 080 | | | |
| STM－16 | 2 488 320 | | | |
| STM－64 | 9 953 280 | | | |
| STM－256 | 39 813 120 | | | |

# 4.3  数字复接技术

在数字通信系统中,为了使终端设备标准化和系列化,同时又能适应不同传输媒体和不同业务的需求,通常用各种等级的终端设备进行组合配置,把若干个低速数码流按一定格式合并成为高速数码流,以满足上述需要。数字复接就是依据时分复用基本原理完成数码合并的一种技术,完成数字复接功能的设备称为数字复接器。

## 4.3.1  PCM 复用与数字复接

从已学过的 PCM30/32 对 30 路语音信号的复用知识中,自然想到将路数增大便能实现更多路的复用。如要实现 120 路语音信号复用,则将 120 路语音信号经抽样、合路、量化编码发送到线路上去。在收端进行相应的反变换即可,如图 4.6 所示。这种将多路模拟信号抽样、合路、量化编码的复用方式称为 PCM 复用。

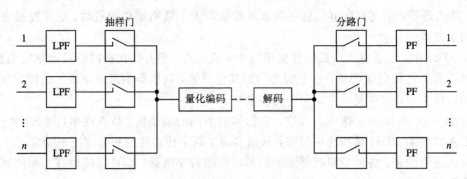

图 4.6  PCM 复用示意图

抽样量化编码是一个较为复杂的过程，PCM复用的路数越多，对编/解码器件的速度和精度的要求就越高；通信过程中又常常需要进行不同路数字信号的分支转换，这时采用PCM更多路数的直接复用就很不方便，它必须把大路数的群信号分解成单路信号，再组合成小路数群信号转接。因此，一般不采用更多路数的PCM复用。

数字复接是将两个以上的支路数字信号按时分复用的方法汇接成一个单一的、复合的数字信号。例如，在PCM中最基本的支路就是PCM30/32路(30路，2048 kb/s)和PCM24路(24路，1544 kb/s)，它们被称为PCM基群(一次群)。复接后的数字信号称为高次群，如二次群、三次群等。PCM二次群就是由4个PCM基群复接而成的。

数字复接将多个支路码字合并为一路，必须遵循一定的排列方式。码字排列方式主要有：按位复接、按字复接和按帧复接。

按位复接是轮流把各支路的一位码发送到线路上。这种方式要求复接电路存储容量小，因而较简单，准同步数字复用系列(PDH)大多采用它。但这种方式复接后的新帧中无法区分原来支路中一个话路甚至一帧的码字，破坏了原信号的完整性，不利于信号的处理和交换。

按字复接也称为按路复接，它是轮流将各支路中的一个字(每话路的一个样值的8位码称为一个字)发送到线路上。这种方式要求复接电路有一定的存储容量，但它保持了单路码字的完整性，即在多次复接后仍能辨别出某一路的码字，便于在高次群中直接对支路乃至话路信号进行处理和交换。新的同步数字系列(SDH)的复接大多采用它。

## 4.3.2  数字复接设备及复接等级

图4.7是数字复接系统的方框图。从图中可见，数字复接设备包括数字复接器和数字分接器。数字复接器是把两个以上的低速数字信号合并成一个高速数字信号的设备；数字分接器是把高速数字信号分解成相应的低速数字信号的设备。一般把两者做成一个设备，简称数字复接器。

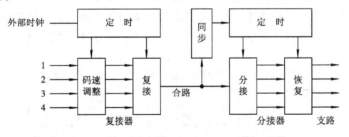

图4.7  数字复接系统方框图

数字复接器由定时单元、调整单元和同步复接单元组成；数字分接器由同步、定时、分接和支路码速恢复单元组成。

在数字复接器中，复接单元输入端上各支路信号必须是同步的，即数字信号的频率与相位完全是确定的关系。只要使各支路数字脉冲变窄，将相位调整到合适位置，并按照一定的帧结构排列起来，即可实现数字合路复接功能。如果复接器输入端的各支路信号与本机定时信号是同步的，称为同步复接器；如果不是同步的，则称为异步复接器。如果输入支路数字信号与本机定时信号的标称速率相同，但实际上有一个很小的容差，则这种复接器称为准同步复接器。

码速率调整单元的作用是把各准同步的输入支路的数字信号的频率和相位进行必要的调整，形成与本机定时信号完全同步的数字信号。若输入信号是同步的，那么只需调整相位。

复接器的定时单元受内部时钟和外部时钟控制，产生复接需要的各种定时控制信号；调整单元及复接单元受定时单元控制，合路数字信号和相应的时钟同时送给分接器；分接器的定时单元受合路时钟控制，因此它的工作节拍与复接器定时单元同步。

分接器定时单元产生的各种控制信号与复接定时单元产生的各种控制信号是类似的；同步单元从合路信号中提取出帧定时信号，用它再去控制分接器定时单元。同步分接单元受分接定时单元控制，把合路分解为支路数字信号。受分接器定时单元控制的恢复单元把分解出的数字信号恢复出来。

### 4.3.3 PCM 二次群异步复接

准同步复接包括码速调整与同步复接。码速调整技术可分为正码速调整、正/负码速调整和正/零/负码速调整三种。其中正码速调整应用最为普遍。正码速调整的含义是使调整以后的速率比任一支路可能出现的最高速率还要高。例如，二次群码速调整后每一支路速率均为 2112 kb/s，而一次群调整前的速率在 2048 kb/s 上下波动，但总不会超过 2112 kb/s。根据支路码速的具体变化情况，适当地在各支路中插入一些调整码元，使其瞬时码速都达到 2112 kb/s（这个速率还包括帧同步、业务联络、控制等码元），这是正码速调整的任务。码速恢复过程则把因调整速率而插入的调整码元及帧同步码元等去掉，恢复出原来的支路码流。

正码速调整的具体实施，总是按规定的帧结构进行的。PCM 二次群异步复接时就是按图 4.8 所示的帧结构实现的。图 4.8(a)是复接前各支路进行码速调整的帧结构，其长为 212 bit，共分为 4 组，每组都是 53 bit。第 1 组的前 3 个比特 $F_{11}$、$F_{12}$、$F_{13}$ 用于帧同步和管理控制；后 3 组的第一个比特 $C_{11}$、$C_{12}$、$C_{13}$ 作为码速调整控制比特；第 4 组的第 2 比特 $V_1$ 作为码速调整比特。具体做的时候，在第 1 组的末尾进行是否需要调整的判决（即比相）。若需要调整，则在 $C_{11}$、$C_{12}$、$C_{13}$ 位置上插入 3 个"1"码，$V_1$ 仅仅作为速率调整比特，不带任何信息，故其值可为"1"也可为"0"；若不需调整，则在 $C_{11}$、$C_{12}$、$C_{13}$ 位置上插入 3 个"0"码，$V_1$ 位置仍传送信码。

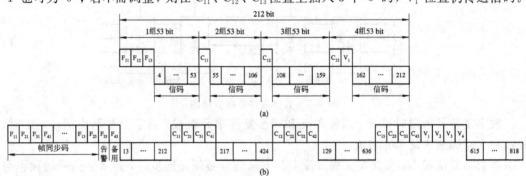

图 4.8  异步复接二次群帧结构

那么，是根据什么来判断需要调整或不需要调整呢？这可用图 4.9 来说明，输入缓存器的支路信号是由时钟频率 2048 kHz 写入的，而从缓存器读出信码的时钟是由复接设备提供的，其值为 2112 kHz，由于写入慢、读出快，在某个时刻就会把缓存器读空。

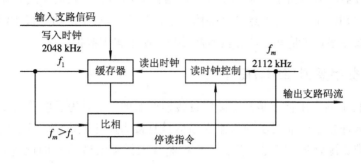

图 4.9　正码速调整原理

通过图 4.9 中的比较器可以做到缓存器快要读空时发出一指令，命令 2112 kHz 时钟停读一次，使缓存器中的存储量增加，而这一次停读就相当于使图 4.8(a) 的 $V_1$ 比特位置没有置入信码而只是一位作为码速调整的比特。图 4.8(a) 帧结构的意义就是每 212 比特比相一次，即作一次是否需要调整的判决：判决结果需要停读，$V_1$ 就是调整比特；不需要停读，$V_1$ 则仍然是信码。这样一来就把在 2048 kb/s 上下波动的支路码流都变成同步的 2112 kb/s 码流。

在复接器中，每个支路都要经过上述的调整。由于各支路的读出时钟都是由复接器提供的同一时钟 2112 kHz，所以经过这样的调整，就使 4 个支路的瞬时数码率都相同，即均为 2112 kb/s，故一个复接帧长为 8448 bit，其帧结构如图 4.8(b) 所示。它是由图 4.8(a) 所示的 4 个支路比特流，按比特复接的方法复接得到的。所谓按比特复接，就是复接开关每旋转一周，在各支路上取出一个比特。也有按字复接的，即开关每旋转一周，即在各支路上取出一个字节。

在分接处恢复码速时，就要识别 $V_1$ 到底是信码还是调整比特，将其保留或舍弃，如果是调整比特，就将其舍弃。这可通过 $C_{11}$、$C_{12}$、$C_{13}$ 来决定。因为复接时已约定，若比相结果无需调整，则 $C_{11}$、$C_{12}$、$C_{13}$ 为 000；若比相结果需要调整，则 $C_{11}$、$C_{12}$、$C_{13}$ 为 111。所以恢复码速时，根据 $C_{11}$、$C_{12}$、$C_{13}$ 是 111 还是 000 就可以决定 $V_1$ 应舍去还是应保留。从原理上讲，要识别 $V_1$ 是信码还是调整比特，只要一位码就够了。这里用三位码主要是为了提高可靠性。如果用一位码，这位码传错了，就会导致对 $V_1$ 的错误处置。例如，用 "1" 表示有调整，"0" 表示无调整，经过传输，若 "1" 错成 "0"，就会把调整比特错当成信码；反之，若 "0" 错成 "1"，则会把信码错当成调整比特而舍弃。现在用三位码，采用大数判决，即 "1" 的个数比 "0" 多，认定是三个 "1" 码；反之，则认定是三个 "0" 码。这样，即使传输中错一位码，也仍然能正确判别 $V_1$ 的性质。

在大容量通信系统中，高次群失步必然会引起低次群失步。所以，为了使系统能可靠工作，四次群异步复接调整控制比特 $C_j$ 为 5 个比特，五次群的 $C_j$ 为 6 个比特(二、三次群都是三个比特)。这样安排后，由于误码而导致对 $V_1$ 比特的错误处理的概率就会更小，从而保证大容量通信系统能够稳定可靠地工作。

复接后的大容量高速数字流可以通过电缆、光纤、微波、卫星等信道传输。光纤将取代电缆，卫星利用微波段传输信号。因此，大容量的高速数字流主要是通过光纤和微波来传输的。经济效益分析表明，二次群以上用光纤或微波传输都是合算的。

目前，复接器和分接器中均采用了先进的通信专用的超大规模集成芯片（ASIC），所有数字处理均由 ASIC 完成，其优点是设备体积小，功耗低（每系统功耗仅 13 W），增加了可靠性，减少了故障率，同时具有计算机监测接口，便于集中维护。

### 4.3.4 同步数字系列（SDH）简介

数字通信技术的应用首先是从市话中继传输开始的，当时为适应非同步支路的灵活复接，采用塞入脉冲技术将准同步的低速支路信号复接为高速数码流。开始时的传输媒介是电缆，由于频带资源紧张，因此主要着眼于控制塞入抖动及节约辅助比特开销，根据各个国家或地区的技术条件形成了美、日、欧三种不同速率结构的准同步数字系列（PDH）。这种系列（体制）能很好地适应传统的点对点的通信，却无法适应动态联网的要求，也难以支持新业务的开发和现代网络管理，无法支撑宽带综合业务数字网（B-ISDN）。而以光纤为代表的高速宽频带大容量传输技术，必然成为支撑 B-ISDN 的重要基础。由 SONET（光纤同步网/同步光网络）演变而来的 SDH（同步数字系列）应运而生，成为新一代公认的理想传输体制，正逐步取代以往的 PDH 体制。

**1. PDH 的缺陷**

以往的 PDH 系统已越来越不适应电信网的发展，这是由于 PDH 体制存在以下固有的缺陷：

（1）标准不统一。欧洲、北美和日本等国规定的语音信号编码率各不相同，这就给国际间互通造成了困难。

（2）没有世界性的标准光接口规范，导致各厂家自行开发的专用接口（包括码型）在光路上无法实现互通。只有通过光/电变换成标准电接口（G.703 建议）才能互通，因此限制了联网应用的灵活性，也增加了网络运营成本。

（3）复用结构复杂，低速支路信号不能直接接入高速信号通路。例如，目前低速支路多数采用准同步复接，而且大多数采用正码速调整来形成高速信号，导致复用结构复杂。

（4）系统运营、管理与维护能力受到限制。PDH 主要采用人工数字交叉连接和暂停业务测试的方法，因此帧结构中没有过多的设置维护（DAM）比特。

**2. SDH 和 SONET**

为了克服 PDH 的上述缺点，20 世纪 80 年代中期美国贝尔公司首先提出了同步光网络（SONET）的概念。美国国家标准协会于 20 世纪 80 年代制定了有关 SONET 的国家标准，之后，CCITT 采纳了 SONET 的概念，进行了一些修改和扩充，重新命名为同步数字系列（SDH），并制定了一系列的国家标准。

SDH 和 SONET 的基本原理完全相同，标准也兼容，但略有差别，见表 4.2。

SONET 的电信号叫做同步传递信号（STS），光信号称为光载波 OC，其基本速率为51.840 Mb/s。SDH 的基本速率为 155.520 Mb/s，其速率等级名称为同步传递模块 STM，分别为 STM-1（155.520 Mb/s）、STM-4（622.080 Mb/s）、STM-16（2488.320 Mb/s）和 STM-64（9953.280 Mb/s）。我国采用的是 SDH 标准。

表 4.2  SDH 和 SONET 的比较

| SDH | | SONET | | |
|---|---|---|---|---|
| 等级 | 速率/(Mb/s) | 等　　级 | | 速率/(Mb/s) |
|  |  | STS－1 | OC－1 | 51.840 |
| STM－1 | 155.520 | STS－3 | OC－3 | 155.520 |
|  |  | STS－9 | OC－9 | 466.560 |
| STM－4 | 622.080 | STS－12 | OC－12 | 622.080 |
|  |  | STS－18 | OC－18 | 933.120 |
|  |  | STS－24 | OC－24 | 1244.160 |
|  |  | STS－36 | OC－36 | 1866.240 |
| STM－16 | 2488.320 | STS－48 | OC－48 | 2488.320 |
| STM－64 | 9953.280 | STS－192 | OC－192 | 9953.280 |

**3. SDH 的特点**

SDH 网就是由一些基本网络单元(例如终端复接器、TM 数字交叉连接设备 DXC 等)组成的,在光纤、微波、卫星等介质上进行同步信息传输、复用和交叉连接的网络。其主要特点是同步复用、标准光接口和强大的网管功能,同时它也是一个非常灵活的网络,具体体现在以下几个方面。

(1) 具有全世界统一的网络节点接口(NNI)。

(2) 有一套标准化的信息结构等级,称为同步传输模块(STM－1、STM－4 和 STM－16)。

(3) 帧结构为页面式,具有丰富的用于维护管理的比特。

(4) 所有网络单元都有标准光接口。

(5) 有一套灵活的复用结构和指针调整技术,现有的准同步数字体系、同步数字体系和 B－ISDN 信号都能进入其帧结构,因而具有广泛的适应性。

(6) 大量采用软件进行网络配置和控制,使得功能开发、性能改变较为方便,可适应将来的发展。

为了比较 PDH 和 SDH,这里以从 140 Mb/s 码源中分插一个 2 Mb/s 的支路信号的任务为例来加以说明,其工作过程如图 4.10 所示。

由此图可知,为了从 140 Mb/s 码源中分插一个 2 Mb/s 的支路信号,PDH 需要经过 140/34 Mb/s、34/8 Mb/s 和 8/2 Mb/s 三次分接,而 SDH 分插复用器(ADM)可以利用软件一次分插出 2 Mb/s 的支路信号,十分简便。

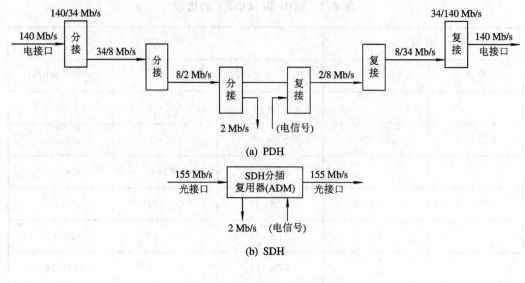

(a) PDH

(b) SDH

图 4.10　分插信号流图的比较

**4. SDH 的传输系统**

一个传输网络由传输设备和网络节点组成。传输设备可以是光纤系统或无线接力系统。网络节点也有多种，如 64 kb/s 的电路节点或者大于 64 kb/s 的宽带节点。简单节点只有复接/分接功能，而复杂节点则有终端交叉连接、复用和交换功能。

网络节点之间的接口(NNI)就是传输设备与网络节点之间的接口。NNI 在网络中的位置见图 4.11。

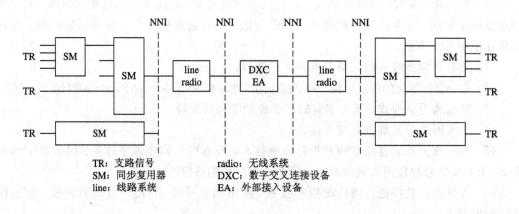

TR：支路信号　　　　　radio：无线系统
SM：同步复用器　　　　DXC：数字交叉连接设备
line：线路系统　　　　　EA：外部接入设备

图 4.11　NNI 在网络中的位置

SDH 是 20 世纪 80 年代末期具有革命性的、新的数字系列，它有利于简化网络结构，增强管理能力与维护能力。由于 SDH 将各支路信号重新编排，并直接复接到所要求的高速通路上或从高速通路上直接分接下来，故使用非常灵活而方便；此外，它还可提高运行效率，降低系统成本。SDH 的优越性必将使其成为全球统一的新的数字系列。

# 习　　题

4.1　若数字信道的误比特率 $P_e = 10^{-6}$，接收端码速调整指示脉冲，采用多数判决法，即 011、110、101 等判决为调整指示脉冲。

(1) 求调整指示脉冲的误比特率；

(2) 求每个支路的误帧率，即码速调整错误的帧数（这里要用误帧数/年）。

4.2　对 10 路带宽均为 300～3400 Hz 的模拟信号进行 PCM 时分复用传输。抽样速率为 8000 Hz，抽样后进行 8 级量化，并编为自然二进制码，码元波形是宽度为 $\tau$ 的矩形脉冲，且占空比为 1。试求传输此时分复用 PCM 信号所需的带宽。

4.3　24 路 PCM 数字电话系统，每路信号的最高频率为 4 kHz，量化级数为 128，并且每路安排 1 bit 振铃信号，每帧又安排 1 bit 的帧同步信号，按奈奎斯特速率计算，求系统的传码率和最小传输带宽。

4.4　6 路独立信源的频带分别为 W、W、2W、2W、3W、3W。若采用时分复用制进行传输，每路信源均采用 8 位对数 PCM 编码。

(1) 设计该系统的帧结构和总时隙数，求每个时隙宽度 $TS_i$ 以及脉冲宽度；

(2) 求信道最小传输带宽。

# 第5章 同步原理

同步是数字通信技术中的重要问题。本章将对数字通信中的载波同步、位同步、帧同步及网同步的基本工作原理和实现方法逐一介绍。

## 5.1 概　述

数字通信的一个重要特点是通过时间分割来实现多路复用，即时分多路复用。在通信过程中，信号的处理和传输都是在规定的时隙内进行的。为了使整个通信系统有序、准确、可靠地工作，收、发双方必须有一个统一的时间标准。所谓同步，就是使收、发两端的信号在时间上步调一致。同步系统性能的好坏将直接影响通信质量的好坏，甚至会影响通信能否正常进行。

**1. 同步的分类**

按照同步的功能来分类，有载波同步、位同步(码元同步)、群同步(帧同步)和网同步(通信网络中使用)等四种。

1) 载波同步

数字调制系统的性能是由解调方式决定的。相干解调中，首先要在接收端恢复出相干载波，这个相干载波应与发送端的载波在频率上同频，在相位上保持某种同步关系。在接收端恢复这一相干载波的过程称为载波跟踪、载波提取或载波同步。载波同步是实现相干解调的先决条件。

2) 位同步(码元同步)

位同步又称码元同步。不管是基带传输，还是频带传输(相干或非相干解调)，都需要位同步。因为在数字通信系统中，消息是由一连串码元传递的，这些码元通常都具有相同的持续时间。由于传输信道的不理想，以一定速率传输到接收端的基带数字信号，必然是混有噪声和干扰的失真了的波形。为了从该波形中恢复出原始的基带数字信号，就要对它进行取样判决。因此，要在接收端产生一个"码元定时脉冲序列"，这个码元定时脉冲序列的重复频率和相位(位置)要与接收码元一致，以保证两点：① 接收端的定时脉冲重复频率和发送端的码元速率相同；② 取样判决时刻对准最佳取样判决位置。这个码元定时脉冲序列称为"码元同步脉冲"或"位同步脉冲"。我们把位同步脉冲与接收码元的重复频率和相位的一致称为码元同步或位同步，而把位同步脉冲的取得称为位同步提取。

3) 帧同步(群同步)

帧同步也叫群同步。对于数字信号传输来说，数字信号是按照一定数据格式传送的，一定数目的信息码元组成一个"字"，若干个"字"组成一"句"，若干"句"构成一帧，从而形成群的数字信号序列。在接收端要正确地恢复消息，就必须识别句或帧的起始时刻。在数字时分多路通信系统中，各路信码都安排在指定的时隙内传送，形成一定的帧结构。在接收端，为了正确地分离各路信号，先要识别出每帧的起始时刻，从而找出各路时隙的位置。也就是说，接收端必须产生与字、句和帧起止时间相一致的定时信号。我们称获得这些定时序列为帧（字、句、群）同步。

4）网同步

当通信在两点之间进行，且完成了载波同步、位同步和群同步之后，接收端不仅获得了相干载波，而且通信双方的时标关系也解决了。这时，接收端就能以较低的错误概率恢复出数字信息。然而，随着数字通信的发展，特别是计算机通信的发展，多个用户相互通信而组成了数字通信网。显然，为了保证通信网内各用户之间可靠地进行数据交换，还必须实现网同步，使得在整个通信网内有一个统一的时间节拍标准。

**2. 同步信号的获取方式**

同步也是一种信息，按照传输同步信息方式的不同，可分为外同步法和自同步法。

1）外同步法

外同步法由发送端发送专门的同步信息，接收端把这个专门的同步信息检测出来作为同步信号的方法。

2）自同步法

自同步法是发送端不发送专门的同步信息，接收端设法从收到的信号中提取同步信息的方法。

由于外同步法需要传输独立的同步信号，因此要付出额外的功率和频带。在实际应用中，外同步和内同步两种方法都会采用。在载波同步和位同步中，大多采用自同步法；在群同步中，一般都采用外同步法。

**3. 同步的技术指标**

同步系统性能的降低，会直接导致通信质量的降低，甚至使通信系统不能工作。可以说，在同步通信系统中，"同步"是进行信息传输的前提。同步技术的优劣，主要由四项指标来衡量，即同步误差、相位抖动、同步建立时间和同步保持时间。好的同步技术必须达到同步误差小、相位抖动小、同步建立时间短及同步保持时间长这四项指标。

显然，在数字通信同步系统中，要求同步信息传输的可靠性高于信号传输的可靠性。

# 5.2 数字调制系统的载波同步原理

在数字调制系统中需要用载波同步器提取相干载波，用位同步器提取位同步信号。但数字调制系统中的载波同步器原理与模拟通信系统的有很多差异。本节对此作详细介绍。

在常用的数字已调信号中，单极性 MASK 信号及 MFSK 信号的频谱中有载频离散谱成分，因而可以用窄带带通滤波或载波跟踪锁相环提取相干载波，其原理与模拟传输系统的载波同步器相同。2PSK、4PSK、MQAM 信号及 MQPR 信号中都没有载频离散谱，对于这些信号，可采用非线性变换法提取相干载波，也可以用插入导频法解决载波同频问题。

### 5.2.1 非线性变换法(直接法)

非线性变换法直接对不含有载频离散谱的信号进行非线性变换,从而得到与载频有关的离散谱,进而提取相干载波。下面以 2PSK、4PSK 信号为例,说明此方法的基本原理。

**1. 2PSK 载波同步器**

将 2PSK 进行平方运算,得

$$e^2_{2PSK}(t) = [m(t)\cos\omega_c t]^2 = \frac{1}{2}m^2(t) + \frac{1}{2}m^2(t)\cos2\omega_c t \tag{5.1}$$

由于 $m(t)$ 为双极性码,故式(5.1)中含有 $2f_c$ 离散谱,可以用窄带带通滤波器或载波跟踪锁相环得到 $\cos2\omega_c t$ 信号,再进行二分频处理就可以得到相干载波。通常称这种方法为平方变换法或平方环法。图 5.1(a)、(b)分别为这两种方法的原理方框图。在平方环法中的锁相环一般为模拟环,它锁定时的输出信号与输入信号之间存在 90°的相位误差,因而必须对二分频器的输出信号进行移相处理才能得到相干载波。

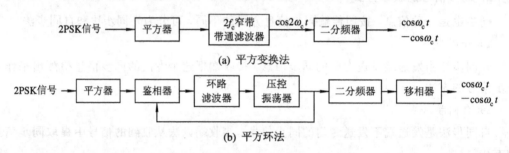

(a) 平方变换法

(b) 平方环法

图 5.1 2PSK 载波同步器

图 5.1 中的二分频器可能有两个起始状态,故其输出的相干载波存在两种可能的相位,称此现象为载波相位模糊。

若 2PSK 信号的载波频率比较高,则平方器输出信号频率更高,这不利于窄带带通滤波器及锁相环的设计和调试。图 5.2 所示的同相正交环(又称 Costas 环)可以解决这个问题。

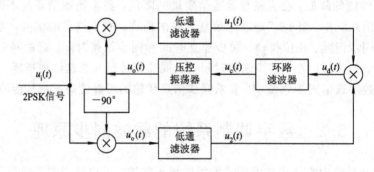

图 5.2 同相正交环载波同步器

同相正交环的工作原理如下。

设载波同步器的输入信号无失真且无噪声,则

$$u_i(t) = m(t)\cos\omega_c t = m(t)\cos[\omega_0 t + \theta_i(t)] \tag{5.2}$$

式中,$\theta_i(t) = (\omega_c - \omega_0)t = \Delta\omega_0 t$,$\omega_0$ 为 VCO 的固有振荡频率。

设在控制电压 $u_c(t)$ 的作用下，VCO 的相位变化为 $\theta_o(t)$，则可将 VCO 的输出信号表示为

$$u_o(t) = \sin[\omega_0 t + \theta_o(t)] \tag{5.3}$$

移相 $90°$ 后得

$$u_o'(t) = -\cos[\omega_0 t + \theta_o t] \tag{5.4}$$

设相乘系数为 $K_m$，则正交支路和同相支路 LPF 的输出信号分别为

$$u_1(t) = -\frac{1}{2}K_m m(t) \sin\theta_e(t) \tag{5.5}$$

$$u_2(t) = -\frac{1}{2}K_m m(t) \cos\theta_e(t) \tag{5.6}$$

将 $u_1(t)$ 和 $u_2(t)$ 相乘，得鉴相器输出信号为

$$u_d(t) = U_d \sin[2\theta_e(t)] \tag{5.7}$$

式中，$U_d = \frac{1}{8} K_m^2 m^2(t)$。

同相正交环的数学模型如图 5.3 所示。图中 $F(p)$ 为环路滤波器的传输算子，$K_0$ 为压控振荡器的压控灵敏度。

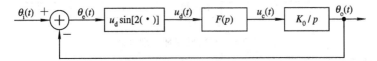

图 5.3　同相正交环的数学模型

令 $F(p) = 1$，可得一阶同相正交环的微分方程为

$$\theta_e(t) = \theta_i(t) - \frac{K \sin[2\theta_e(t)]}{p} \tag{5.8}$$

式中，$K = K_0 U_d$。

令 $\dot{\theta}_e = \mathrm{d}\theta_e(t)/\mathrm{d}t$，得相轨迹方程为

$$\dot{\theta}_e = \Delta\omega_0 - K \sin[2\theta_e] \tag{5.9}$$

由式(5.9)得一阶同相正交环的相图，如图 5.4 所示。

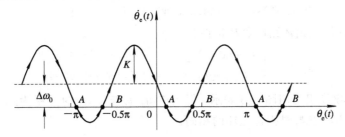

图 5.4　一阶同相正交环的相图

由图 5.4 可见，一阶同相正交环有两个锁定状态，对应的相位误差为

$$\theta_e = \arcsin\left(\frac{\Delta\omega_o}{K}\right) \quad 或 \quad \theta_e = \pi - \arcsin\left(\frac{\Delta\omega_o}{K}\right) \tag{5.10}$$

在高增益环中可满足 $\Delta\omega_0 \ll K$，此时环路锁定后的相位误差为 $0°$ 或 $180°$。即同相正交环提取的相干载波为

$$u_o(t) = \cos\omega_c t \quad 或 \quad u_o(t) = -\cos\omega_c t \qquad (5.11)$$

同相支路 LPF 的输出信号为

$$u_2(t) = \frac{1}{2}K_m m(t) \quad 或 \quad u_2(t) = -\frac{1}{2}K_m m(t) \qquad (5.12)$$

由于噪声等因素的影响，$u_2(t)$ 并不是所需要的数字基带信号，必须从 $u_2(t)$ 中提取位同步信号，再对 $u_2(t)$ 进行抽样判决处理，才能得到所需要的数字基带信号。上述分析结论也适用于 $F(p) \neq 1$ 的同相正交环，但这种环路的分析过程比较复杂，这里不再详细介绍。

还可以采用如图 5.5 所示的判决反馈环从 2PSK 信号中提取相干载波。图中，sgn[·] 为符号函数。

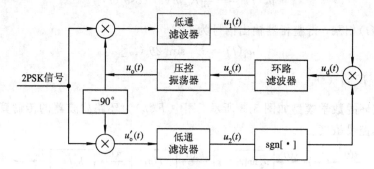

图 5.5  判决反馈环原理框图

用分析同相正交环相同的方法，且令 $K_m/2 = 1$，可得

$$u_1(t) = -m(t)\sin\theta_e(t)$$
$$u_2(t) = -m(t)\cos\theta_e(t)$$

将 $u_2(t)$ 进行符号运算再与 $u_1(t)$ 相乘，得鉴相器输出信号为

$$u_d(t) = -m(t)\sin\theta_e(t)\{\operatorname{sgn}[-m(t)\cos\theta_e(t)]\} \qquad (5.13)$$

根据符号函数运算性质 $\operatorname{sgn}(A \cdot B) = \operatorname{sgn}A \cdot \operatorname{sgn}B$，得

$$\begin{aligned}
u_d(t) &= -m(t)\sin\theta_e(t)\{\operatorname{sgn}[-m(t)]\} \cdot \{\operatorname{sgn}[\cos\theta_e(t)]\} \\
&= [-m(t)]^2 \sin\theta_e(t)\{\operatorname{sgn}[\cos\theta_e(t)]\} \\
&= m^2(t)\sin\theta_e(t)\{\operatorname{sgn}[\cos\theta_e(t)]\}
\end{aligned}$$

设 $u_d(t)$ 的振幅为 $U_d$，则环路的鉴相特性为

$$u_d(t) = \begin{cases} U_d\sin\theta_e(t), & -90° < \theta_e(t) < 90° \\ -U_d\sin\theta_e(t), & 90° < \theta_e(t) < 270° \end{cases} \qquad (5.14)$$

环路的数学模型仍可用图 5.3 表示，但图中 $u_d(t)$ 与 $\theta_e(t)$ 的关系为式(5.14)。可以证明，此环路的锁定状态与同相正交环的相同。

**2. QPSK(载波同步器)**

与 2PSK 类似，可以用四次方变换、四次方环、四相同相正交环以及四相判决反馈环等方法从 QPSK 信号中提取相干载波。

四次方变换法及四次方环法载波同步器的原理方框图分别如图 5.6(a)、(b)所示。不难证明，将 4PSK 信号进行四次方运算，可以得到 $4f_c$ 离散谱成分，所以用中心频率为 $4f_c$ 的窄带带通滤波器或载波跟踪锁相环对四次方器的输出信号进行滤波处理，就可以得到

$\cos 4\omega_c t$，再对 $\cos 4\omega_c t$ 进行四分频处理即可得到相干载波。四分频器有四个初始状态，故输出相干载波也有四个状态。

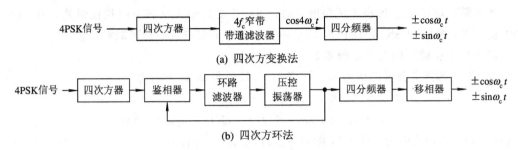

(a) 四次方变换法

(b) 四次方环法

图 5.6　4PSK 载波同步器原理框图

当载频比较高时，不宜采用四次方变换法及四次方环法，而应采用四相同相正交环或四相判决反馈环。

四相同相正交环及四相判决反馈环的原理方框图分别如图 5.7 及图 5.8 所示。

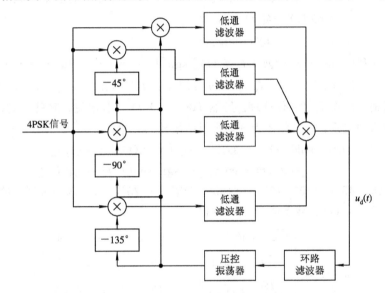

图 5.7　四相同相正交环原理框图

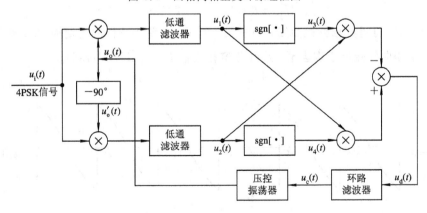

图 5.8　四相判决反馈环原理框图

由图 5.7 可求得四相同相正交环的鉴相特性为

$$u_d(t) = U_d \sin[4\theta_e(t)] \tag{5.15}$$

当环路图频差 $\Delta\omega_0$ 远小于环路增益时，同相正交环锁定状态下的相位误差为 $0°$、$90°$、$180°$ 或 $270°$，即从 4PSK 或 4DPSK 信号中提取的相干载波有四种可能的相位。

四相判决反馈环的工作原理如下。

设 VCO 的固有振荡频率为 $\omega_0$，可将 4DPSK 信号 $u_i(t)$ 表示为

$$u_i(t) = I(t) \cos\omega_c t + Q(t) \sin\omega_c t$$
$$= I(t) \cos[\omega_0 t + \theta_i(t)] + Q(t) \sin[\omega_0 t + \theta_i(t)]$$

式中，$I(t)$、$Q(t)$ 的值为 $1$ 或 $-1$，$\theta_i(t) = \Delta\omega_i t$，$\Delta\omega_i = \omega_i - \omega_0$。

环路闭合后，有

$$u_o(t) = \sin[\omega_0 t + \theta_o(t)]$$
$$u_o'(t) = -\cos[\omega_0 t + \theta_o(t)]$$

令 $\theta_e(t) = \theta_i(t) - \theta_o(t)$，对 $u_i(t)$、$u_o(t)$、$u_o'(t)$ 作图 5.8 所示的有关处理，可得

$$u_1(t) = -I(t) \sin\theta_e(t) + Q(t) \cos\theta_e(t)$$
$$u_2(t) = -I(t) \cos\theta_e(t) - Q(t) \sin\theta_e(t)$$
$$u_d(t) = [I(t) \sin\theta_e(t) - Q(t) \cos\theta_e(t)] \, \text{sgn}[I(t) \cos\theta_e(t) + Q(t) \sin\theta_e(t)]$$
$$- [I(t) \cos\theta_e(t) + Q(t) \sin\theta_e(t)] \, \text{sgn}[I(t) \sin\theta_e(t) - Q(t) \cos\theta_e(t)]$$

在作上述运算时，已作了归一化处理。虽然 $I(t)$ 与 $Q(t)$ 互不相关，但只有 $Q(t) = I(t)$ 或 $Q(t) = -I(t)$ 两种关系，将其代入上式，所得结果相同，即

$$u_d(t) = [\sin\theta_e(t) - \cos\theta_e(t)] \, \text{sgn}[\sin\theta_e(t) + \cos\theta_e(t)]$$
$$- [\sin\theta_e(t) + \cos\theta_e(t)] \, \text{sgn}[\sin\theta_e(t) - \cos\theta_e(t)] \tag{5.16}$$

将 $\theta_e$ 分成 $(-45°, 45°)$、$(45°, 135°)$、$(135°, 225°)$、$(225°, 315°)$ 四个区域，对式 (5.16) 作进一步化简，并设 $u_d(t)$ 的最大值为 $U_d$，可得

$$u_d(t) = \begin{cases} \sqrt{2} U_d \sin\theta_e(t), & -45° < \theta_e(t) < 45° \\ -\sqrt{2} U_d \cos\theta_e(t), & 45° < \theta_e(t) < 135° \\ -\sqrt{2} U_d \sin\theta_e(t), & 135° < \theta_e(t) < 225° \\ \sqrt{2} U_d \cos\theta_e(t), & 225° < \theta_e(t) < 315° \end{cases} \tag{5.17}$$

由式 (5.17) 可得鉴相特性曲线，如图 5.9 所示。此鉴相特性的周期为 $90°$，线性化范围为 $\pm\pi/6$，鉴相曲线接近于锯齿形，线性化鉴相增益 $K_d = \sqrt{2} U_d \, (\text{V/rad})$。

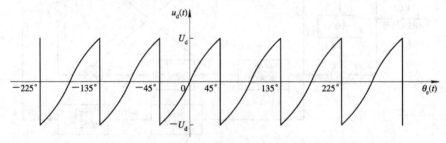

图 5.9 四相判决反馈环鉴相特性

对于高增益环，环路锁定后的相位误差 $\theta_e$ 有四个可能值，即 $0°$、$90°$、$180°$ 或 $270°$。图 5.8 中的有关信号为

$$\begin{cases} u_o(t) = \pm \sin\omega_i(t) \text{ 或 } \mp \cos\omega_i(t) \\ u_o'(t) = \mp \cos\omega_i(t) \text{ 或 } \mp \sin\omega_i(t) \\ u_1(t) = \pm Q(t) \text{ 或 } \mp I(t) \\ u_2(t) = \mp I(t) \text{ 或 } \mp Q(t) \end{cases} \tag{5.18}$$

考虑到噪声等因素的影响，应从 $u_3(t)$ 或 $u_4(t)$ 中提取同步信号，再对 $u_3(t)$ 或 $u_4(t)$ 进行抽样判决处理，从而得到并行码输出。

## 5.2.2 插入导频法

在 2DPSK 及 4DPSK 系统中，通过发送端的绝对码/相对码变换器和接收端的相对码/绝对码变换器的共同作用，可以消除相干载波的相位模糊对信息传输的影响。但相对码/绝对码变换器存在误码扩散现象，导致 2DPSK 及 4DPSK 系统的误码率高于 2PSK 及 4PSK 系统。2DPSK 系统的误码率约为 2PSK 系统的两倍；4DPSK 系统的误码率高于 4PSK 系统的两倍。当 MPSK 与 MDPSK 系统的误码率相同时，两者的信噪比关系为

$$\frac{r_{\text{MDPSK}}}{r_{\text{MPSK}}} = 2\cos\left(\frac{\pi}{2M}\right) \tag{5.19}$$

由此式可见，当 $M \geqslant 8$ 时，MDPSK 约比 MPSK 损失 3 dB 功率。因此，当 $M$ 比较大时，用插入导频法更有利于节省信号功率。

当 $M \geqslant 16$ 时，一般用 MQAM 及 MQPR 传输信息。但 MQAM 及 MQPR 信号中无载波离散谱，若通过非线性变换方法从这两个信号中提取相干载波，则也必然出现 MPSK 系统中相同的问题。所以以 MQAM 及 MQPR 系统中一般用插入导频法获取相干载波。

在数字调制系统中，一般用时域法插入导频。图 5.10 为时域法插入导频后数字已调信号的一种帧结构形式。此方法将某一长度的时间段（一帧）划分为若干个小时间段（时隙），利用其中的某个时隙（通常为一帧的开始时隙）传输载波信号——导频，其他时隙传输已调信号。

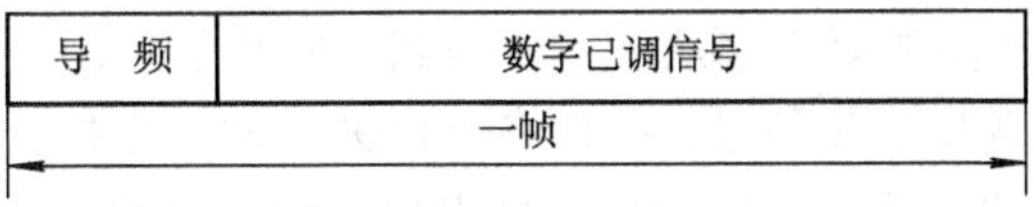

| 导　频 | 数字已调信号 |
|---|---|
| 一帧 | |

图 5.10 时域法插入导频示意图

导频信号占用的时间比较短，因而它仅占用比较小的发射功率。在接收端通常用载波跟踪锁相环提取相干载波。显然，此环路的同步保持时间应大于帧周期，而同步建立时间应小于导频时隙的时间长度。

由于噪声等因素的作用，数字调制系统的载波同步器提取的相干载波与已调信号的载波之间也存在一定的相位误差。在模拟相干通信系统中，这种同步误差使解调器输出信号功率下降，而噪声功率不变。在数字通信系统中，此同步误差导致抽样判决器的输入信噪比下降，从而使误码率增大。

数字调制系统的载波同步器，一般由锁相环构成，因而其同步建立时间、同步保持时间及同步误差主要取决于环路的自然谐振频率。

# 5.3 数字基带系统的位同步原理

在数字基带系统中，用抽样判决器再生数字基带信号时需要一个位同步信号 $cp(t)$，位同步器的输入信号就是抽样判决器的输入信号（最佳接收机例外）。本节介绍的位同步原理，不但适用于数字基带系统，也适用于数字调制系统。

## 5.3.1 接收滤波器输出信号的频谱

从数字基带系统数学模型中可见，接收机滤波器输出信号 $r(t)$ 的功率谱密度为

$$P_r(f) = P_d(f) \mid H(f) \mid^2 \tag{5.20}$$

式中，$P_d(f)$ 为系统输入信号 $d(t)$ 的功率谱密度，$H(f)$ 为系统的频率特性。

现在关心的是 $P_r(f)$ 中是否有离散谱 $f_s$（$f_s$ 在数值上等于码速率）。如果有离散谱 $f_s$，则可以用窄带带通滤波器直接从 $r(t)$ 中得到位同步信号，否则就需要采取其他措施。

无码间串扰的基带系统的频率特性 $H(f)$ 一般为余弦滚降特性，故系统功率传递函数 $\mid H(f) \mid^2$ 的频率特性如图 5.11 所示。

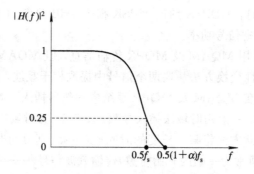

图 5.11　余弦系统的功率传递函数

由于 $\alpha \leqslant 1$，所以即使输入信号 $d(t)$ 中有离散谱 $f_s$，$r(t)$ 中也不可能有此离散谱。也就是说，不可能用窄带带通滤波器直接从 $r(t)$ 中得到位同步信号。

通常用两种办法提取位同步信号。一是将 $r(t)$ 进行波形变换，变换后的信号含有离散谱 $f_s$，再用窄带带通滤波器从变换后的信号中提取位同步信号，这种方法称为滤波法。另一种是锁相环法，将 $r(t)$ 变换为一个矩形脉冲信号，再将此信号经数字锁相环处理后得到位同步信号。这两种方法都是直接从接收的数字信号中提取位同步信号，属于直接法。理论上也可以在发送端插入位同步导频信号，在接收端用滤波器由导频得到位同步信号，但实际工程中很少使用。

## 5.3.2 滤波法

滤波法位同步器原理方框图如图 5.12 所示。图中，$r(t)$ 为数字基带通信系统接收滤波器的输出信号，也可以是数字调制系统相干接收机或非相干接收机的低通滤波器输出信号。

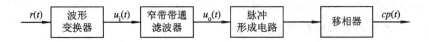

$$r(t) \rightarrow \boxed{\text{波形变换器}} \xrightarrow{u_i(t)} \boxed{\text{窄带带通滤波器}} \xrightarrow{u_o(t)} \boxed{\text{脉冲形成电路}} \rightarrow \boxed{\text{移相器}} \xrightarrow{cp(t)}$$

图 5.12  滤波法位同步器原理方框图

若波形变换器的输出信号 $u_i(t)$ 是单极性归零码,则这个信号中就含有频率等于码速率的离散谱,可用窄带带通滤波器将这个离散谱提取出来,得到正弦信号 $u_o(t)$ 的脉冲形成电路,再将 $u_o(t)$ 变为脉冲序列,经移相处理后就可以得到位同步信号 $cp(t)$。

波形变换器可以由比较器、微分器及整流器构成。考虑到噪声的影响,波形变换器各单元输出波形示意图如图 5.13 所示。

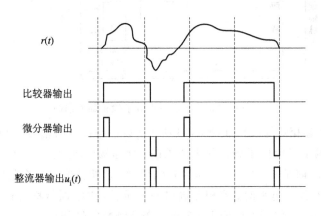

图 5.13  波形变换器波形示意图

若无噪声,且无码间串扰,则 $u_i(t)$ 脉冲的上升沿与码元的起始时间对齐,是一个理想的单极性归零码信号。图 5.13 中的 $u_i(t)$ 可等效为理想单极性归零码与噪声产生的随机序列叠加产生的随机信号,单极性归零码的连续谱以及噪声随机序列都会使滤波器输出的正弦信号产生相位抖动,因而使位同步信号的相位产生抖动。

### 5.3.3  锁相环法

常用数字锁相环提取位同步信号。如图 5.14 所示,数字锁相环由数字鉴相器(DPD)、数字环路滤波器(DLF)及数控振荡器(DCO)构成。DCO 实际上是一个分频器,它的分频比受其输入信号的控制。当 DCO 的分频比增大时,$u_o(t)$ 的相位向后移;反之,$u_o(t)$ 的相位向前移。与模拟锁相环一样,DLF 用来滤除噪声,DPD 用来比较 $u_i(t)$ 及 $u_o(t)$ 的相位。DLF 可以用硬件实现,也可以用软件实现,整个数字锁相环可以用可编程逻辑器件实现。

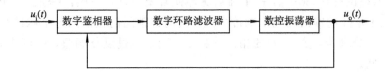

$$\xrightarrow{u_i(t)} \boxed{\text{数字鉴相器}} \rightarrow \boxed{\text{数字环路滤波器}} \rightarrow \boxed{\text{数控振荡器}} \xrightarrow{u_o(t)}$$

图 5.14  数字锁相环方框图

在数字环中,不要求输入信号 $u_i(t)$ 包含有频率等于码速率的离散谱,$u_i(t)$ 为单极性矩形脉冲信号即可。

下面介绍两种用于提取位同步信号的数字锁相环：超前－滞后型和触发器型。

**1. 超前－滞后型数字锁相环位同步器**

超前－滞后型数字锁相环位同步器的工作原理可用图 5.15 来说明。图中，$N_0$ 次分频器、或门、扣除门和附加门一起构成数控振荡器（DCO）。

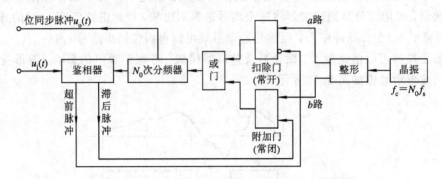

图 5.15　超前－滞后型数字锁相环方框图

超前－滞后型鉴相器的波形如图 5.16 所示。设环路锁定时信号 $u_o(t)$ 的上升沿对准码元中间，若 $u_o(t)$ 的上升沿位于码元前半个周期，则称 $u_o(t)$ 超前于 $u_i(t)$，否则称 $u_o(t)$ 滞后于 $u_i(t)$。当 $u_o(t)$ 超前于 $u_i(t)$，且 $u_i(t)$ 为高电平时，鉴相器输出一个超前脉冲；当 $u_o(t)$ 滞后于 $u_i(t)$，且 $u_i(t)$ 为高电平时，鉴相器输出一个滞后脉冲。通常称这种鉴相器为超前－滞后型鉴相器，它构成的数字锁相环即为超前－滞后型数字锁相环。

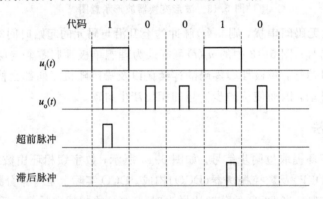

图 5.16　超前－滞后型鉴相器波形

一个超前脉冲使常开门关闭一次，扣除一个送往 $N_0$ 次分频器的 $a$ 路时钟脉冲，从而使信号 $u_o(t)$ 的相位后移 $2\pi/N_0$。一个滞后脉冲使常闭门打开一次，并输出一个 $a$ 路时钟脉冲，此脉冲位于常开门输出的两个脉冲之间，或门将常闭门输出的这个脉冲与常开门输出的脉冲一起送给分频器，使 $u_o(t)$ 的相位前移 $2\pi/N_0$。经过反复调整，就可使 $u_o(t)$ 的上升沿对准码元中间。

可见，此种环路的 DCO 的分频比只有 $N_0-1$、$N_0$ 及 $N_0+1$ 三种可能，相位的一次调整量仅为 $2\pi/N_0$，故同步建立时间比较长。

在超前－滞后型数字环中常使用两种环路滤波器（图 5.15 中不包括 DLF），即 $N$ 先于 $M$ 滤波器和随机徘徊序列滤波器，它们的原理方框图分别如图 5.17(a)、(b)所示。

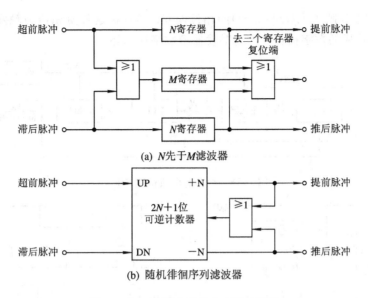

(a) $N$先于$M$滤波器

(b) 随机徘徊序列滤波器

图 5.17 两种常用的数字环路滤波器

在 $N$ 先于 $M$ 滤波器中，超前、滞后脉冲分别输入到上、下两个 $N$ 寄存器。而超前、滞后脉冲之和则输入到 $M$ 寄存器，而且 $N<M<2N$。设开始计数前三个寄存器都已复位，随着二元随机序列不断输入，三个寄存器分别计数储存，直到下列两个条件之一得到满足时为止：① 若某一路 $N$ 寄存器在 $M$ 寄存器存满之前存满了数，则在此 $N$ 寄存器的输出端产生一个提前或推后脉冲，并使三个寄存器同时复位；② 若 $M$ 寄存器先于任何一个 $N$ 寄存器存满，则使所有寄存器复位，不产生提前或推后脉冲。后一种情况在环路已处于锁定状态时出现。在噪声的作用下，鉴相器输出的超前脉冲和滞后脉冲是随机的，且出现的概率基本相等，所以在噪声作用下滤波器输出提前脉冲或推后脉冲的概率很小，使环路保持锁定状态。环路锁定前，鉴相器连续出现超前脉冲或滞后脉冲，$N$ 寄存器先计满，输出一个提前脉冲或滞后脉冲，同时使寄存器复位，再重新开始计数。在提前或推后脉冲的作用下，环路逐步进入锁定状态。

随机徘徊序列滤波器的主体是一个可逆计数器。当有超前脉冲输入到 UP 端时，计数器上行计数；当有滞后脉冲输入到 DN 端时，计数器下行计数。如果超前脉冲超过滞后的数目到达计数容量 $N$ 时，就在$+N$端输出一个提前脉冲，同时使计数器复位；反之，则在$-N$端输出一个推后脉冲，同时计数器复位。当环路进入锁定状态后，由噪声引起的超前或滞后脉冲是随机的，而且出现的概率基本相等，不会有连续很多个超前或滞后脉冲，因而它们的差值达到计数容量 $N$ 的可能性极小。这样就可以减小噪声对环路的干扰作用。环路锁定前，鉴相器连续输出超前或滞后脉冲，上行计数器或下行计数器到达满状态后输出提前脉冲或推后脉冲，在这两个脉冲作用下环路逐步进入锁定状态。

**2. 触发器型数字锁相环位同步器**

当要求同步建立时间很短时，可以使用图 5.18 所示的触发型数字锁相环。图中 $u_i(t)$ 与超前－滞后型锁相环一样，为矩形脉冲信号。

鉴相器(PD)可由 D 触发器构成，其原理图及波形如图 5.19 所示。由图可见，$u_i(t)$ 的上升沿使 $u_o(t)$ 由低电平变为高电平，$u_o(t)$ 的上升沿使 $u_d(t)$ 由高电平变为低电平，所以

$u_d(t)$ 的脉冲宽度反映了 $u_i(t)$ 与 $u_o(t)$ 的相位误差。通常称这种鉴相器为触发器型鉴相器，由这种鉴相器构成的数字锁相环即为触发器型数字锁相环。

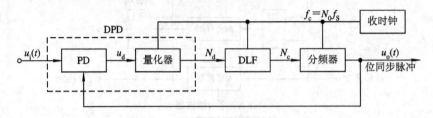

图 5.18　触发器型锁相环方框图

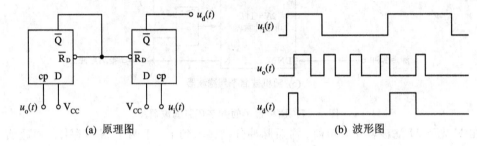

(a) 原理图　　　　　　　　　　　(b) 波形图

图 5.19　触发器型鉴相器

触发器型鉴相器与量化器一起构成数字鉴相器。PD 的输出脉冲宽度可在 $0 \sim T_s$ 间连续变化，$T_s$ 为码元宽度。量化器对 $u_d$ 的脉冲宽度进行量化，输出 $N_d$ 可为 $1 \sim N_0$ 间的任意整数。数字环路滤波器对 $N_d$ 进行处理，以减小信道噪声的影响。分频器的分频比等于 $N_c$，$N_c$ 可为 $1 \sim N_0$ 之间的任意整数。

设环路锁定时，$u_o(t)$ 的上升沿对准码元中间，则可用图 5.20 来说明无 DLF 时环路的锁定过程。当 DPD 输出数据 $N_d \neq 0.5 N_0$ 时，说明环路失锁，则将 DCO 的下一个分频比改变为 $N_c = 1.5 N_0 - N_d$，就可以将 $u_o(t)$ 的上升沿调整到码元中间，使环路锁定。此后，$N_d = 0.5 N_0$，$N_c = N_0$，环路保持锁定状态不变。

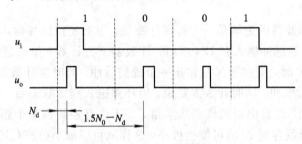

图 5.20　环路锁定过程

触发器型数字锁相环路的 DLF 一般用软件实现，最简单的算法是将 $N_d$ 作算术平均处理。设 DPD 工作 $m$ 次后 DLF 输出一个控制信号，则

$$N_c = 1.5 N_0 - \sum_{i=1}^{m} N_{di} \tag{5.21}$$

显然，$m$ 越大，环路同步建立时间越长，噪声对同步抖动的影响越小，收发时钟频差对同步抖动的影响越大。所以，选择合适的滤波器算法是减小同步抖动和缩短同步建立时间的关键。

总之，触发器型数字锁相环仅需对 DCO 的相位进行一次调整，就可以使环路锁定，它的同步建立时间可以远小于超前-滞后型数字锁相环。

### 5.3.4 位同步器的性能指标

位同步器的性能指标与载波同步器类似，包括同步建立时间、同步保持时间及同步误差等。

下面重点讨论数字锁相环位同步器的性能指标。

**1. 同步建立时间 $t_s$**

环路的最大起始相差为 π 或 −π。对于超前-滞后型锁相环，DCO 相位调整量为每次 $2\pi/N_0$，则最多调整 $N_0/2$ 次就可以使环路进入锁定状态。设鉴相器平均在两个码元内工作一次，且工作 $m$ 次后才对 DCO 进行一次相位调整，则

$$t_s = \frac{N_0}{2} \times 2mT_s = mN_0 T_s \tag{5.22}$$

对于触发器型锁相环，对 DCO 进行一次相位调整就可使环路锁定，则

$$t_s = 2mT_s \tag{5.23}$$

上两式中，$T_s$ 为码元周期。

**2. 同步保持时间 $t_c$**

锁相环锁定后，若输入序列出现连"1"码或连"0"码，则鉴相器停止工作，环路不受控制，收发时钟的频差使得 DCO 输出位同步信号的相位逐步偏离期望值，同步误差逐步增大。环路不受控制后，同步误差能保持在允许范围内的最长时间为同步保持时间。

设发射机、接收机的时钟稳定度为 $\eta$，则 DCO 输出信号频率与环路输入信号码速率之间的最大误差为 $2\eta f$，此频差在 $t_c$ 内产生的相位差为 $4\pi\eta f_s$。若允许由时钟频差产生位同步信号的最大相位误差为 $2\pi\varepsilon$，则

$$4\pi\eta f_s t_c = 2\pi\varepsilon$$

由此得

$$t_c = \frac{\varepsilon}{2\eta f_s} \tag{5.24}$$

$t_c$ 应大于两次相位调整的时间间隔，$t_c$ 越大，允许连"1"码或连"0"码的个数越多。

**3. 同步误差**

当收发时钟频率相同时，仍存在同步误差，这种同步器由量化误差和噪声产生，分别称为量化误差和随机误差。量化误差的最大值为

$$\varphi_{\text{emax}} = \frac{2\pi}{N_0} \tag{5.25}$$

随机误差由噪声产生，其大小与数字环路滤波器有关。

当位同步信号偏离了最佳抽样判决时刻时，抽样得到的信号功率减小，而噪声是平稳随机过程，其功率与抽样时刻无关，所以位同步误差使抽样时刻的信噪比下降，从而使误码率增大。

位同步误差对误码率的影响与接收机的形式有关。这里以相关接收机为例，说明位同步误差对误码率的影响。

图 5.21 表示在双极性二进制相关接收机中位同步误差对抽样值的影响。图中(a)为相关器的输入信号，(b)为位同步信号，(c)为相关器的输出信号，$T_e$ 为位同步误差。由此图不难看出，当前后码元相同时，在后一个码元内的积分值仍可以达到最大值 $E_b$；当前后码元不同时，则在后一个码元内的积分值为 $(1-2T_e/T_s)E_b$。这两种情况发生的概率一般是相同的，故考虑到位同步误差时二进制双极性基带系统的误码率为

$$P_e = \frac{1}{2}Q\sqrt{\frac{2E_b}{n_0}} + \frac{1}{2}Q\left[\sqrt{\frac{2E_b(1-2T_e/T_s)}{n_0}}\right] \tag{5.26}$$

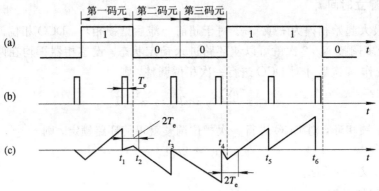

图 5.21　位同步误差对信号抽样值的影响

### 4. 同步带宽 $\Delta f_s$

由于收发时钟存在频差，所以环路输入信号的码速率与环路开环时输出的位同步信号频率之间有一定差值，此差值必须小于某一最大值环路才能锁定。这个最大值就是环路的同步带宽。

在超前-滞后型数字环中，一次调整相位量为 $2\pi/N_0$。设鉴相器平均在两个码元内工作一次，鉴相器工作 $m$ 次对 DCO 调整一次相位，则环路在每个码元内平均调整的相位量为 $2\pi/(2mN_0)$，在一个码元内由频差 $\Delta f_s$ 引起的相位差为 $2\pi\Delta f_s/f_s$，令

$$\frac{2\pi}{2mN_0} = \frac{2\pi\Delta f_s}{f_s}$$

得

$$\Delta f_s = \frac{f_s}{2mN_0} \tag{5.27}$$

式中，$f_s$ 在数值上等于码速率。

触发器型数字环只需调整一次相位就可以进入锁定状态，其同步带宽为

$$\Delta f_s = \frac{f_s}{2m} \tag{5.28}$$

同步带宽应大于 $2\eta f_s$，环路才能锁定。

通过上述分析可以得到以下结论：收/发时钟频率稳定度越高，则同步保持时间越长，同步误差越小；接收时钟频率越高（$N_0$ 越大），则同步误差越小。

【例 5.1】　在数字锁相环位同步器中，时钟频率稳定度为 $10^{-5}$，码速率为 $10^6$ Baud，设允许由于时钟频差产生的位同步误差为 $2\times10^{-2}\pi$。

(1) 求同步保持时间；

(2) 求位同步器输入码流中最多允许的连"0"码或连"1"码的个数。

**解** (1) 根据题意可知，

$$\eta = 10^{-5}, \varepsilon = 10^{-2}, f_s = 10^6$$

所以同步保持时间为

$$t_c = \frac{\varepsilon}{2\eta f_s} = \frac{10^{-2}}{2 \times 10^{-5} \times 10^6} \text{ s} = 0.5 \text{ ms}$$

(2) 码元宽度为

$$T_s = \frac{1}{R_B} = \frac{1}{10^6} \text{ s} = 1 \text{ μs}$$

允许输入码流中连"0"码或连"1"码的最大个数为

$$\frac{t_c}{T_s} = 500$$

# 5.4 帧同步原理

在 TDM 或 TDMA 通信系统的帧结构中，都包含有帧同步码（又称群同步码）。帧同步码的作用是为接收机提供帧同步信号，并与位同步信号互相配合，对 TDM 或 TDMA 信号进行分接处理。

本节介绍帧同步码的选择原则、插入方法、帧同步信号的提取方法以及有关指标。

## 5.4.1 帧同步码插入方法

### 1. 分散插入法（间隔插入法）

分散插入法将帧同步码分散插入到信息码流中。目前。在 μ 律 PCM 基群以及一些简单的 ΔM 系统中，一般都采用 0、1 交替码型作为帧同步码，并分散地插入到信息码流中，即在当前一帧插入"1"码，下一帧插入"0"码。由于每帧只插入一位帧同步码，所以它与信息码相同的概率为 0.5，因此必须连续检测很多帧，当每帧都符合"1"、"0"交替的规律才确认同步。

分散插入的优点是帧同步码占用时间短，因而每帧的信息传输效率高，缺点是同步建立时间长。

### 2. 集中插入法（连贯插入法）

除 μ 律 PCM 基群及简单的 ΔM 系统外，其他 TDM 及 TDMA 系统几乎都采用集中插入法。这种方法将帧同步码组集中插入到一帧开始的某一段时间内。在 A 律 PCM 基群中，每两帧集中插入一组帧同步码 0011011；在其他 TDM 及 TDMA 系统中，一般在每帧（或每一子帧）中都插入帧同步码组。

对帧同步码组的基本要求是：具有尖锐单峰特性的局部自相关函数，便于与信息码区别，码长适当。符合上述某一要求的码组有全"0"码、全"1"码、"1"与"0"交替码、巴克码等。这里以巴克码为例，说明局部自相关函数的概念。

帧同步码组$\{x_1, x_2, \cdots, x_n\}$是一个非周期序列，在求它的自相关函数时，当时延为0时，序列中全部元素都参加运算，但当时延不为0时，序列中只有部分元素参加相关运算，其自相关性函数表示式为

$$R(j) = \sum_{i=1}^{n-j} x_i x_{i+j} \tag{5.29}$$

通常把这种非周期序列的自相关函数称为局部自相关函数。

巴克码是一种非周期序列，设一个$n$位的巴克码组的每一位的取值都为$+1$或$-1$，则它的局部自相关函数为

$$R(j) = \sum_{i=1}^{n-j} x_i x_{i+j} = \begin{cases} n, & j = 0 \\ 0 \text{ 或 } \pm 1, & 0 < j < n \\ 0, & j > n \end{cases} \tag{5.30}$$

目前已找到的所有巴克码组如表5.1所示。

**表 5.1　巴　克　码　组**

| $n$ | 巴克码组 |
| --- | --- |
| 2 | $++$ (11) |
| 3 | $++-$ (110) |
| 4 | $+++-$ (1110)；$++-+$ (1101) |
| 5 | $+++-+$ (11101) |
| 7 | $+++--+-$ (1110010) |
| 11 | $+++---+--+-$ (11100010010) |
| 13 | $+++++--++-+-+$ (1111100110101) |

## 5.4.2　集中插入式帧同步器的工作原理

集中插入式帧同步器由同步码识别器和同步保护两部分组成，下面先介绍它们的工作原理，然后介绍帧同步系统。

### 1. 同步码识别器的工作原理及性能指标

如图5.22所示，同步码识别器由移位寄存器、相加器及判决器构成。当输入数据为"1"码时，D触发器的Q端输出电平为1；当输入数据为"0"码时，$\overline{Q}$端输出电平为1。因此，当帧同步码0011011进入7位移位寄存器时，它输出7个1电平，相加器输出电平为7。若判决器门限不大于7，则识别器输出一个正脉冲。

识别器输入信号及输出信号波形如图5.23所示。图中设帧同步信号脉冲宽度为$T_b$，脉冲上升沿与一帧内第一个信息码的起始时间对齐。通常称识别器输出信号为帧同步信号，它的周期为一个同步帧周期。

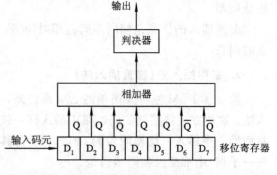

图 5.22　帧同步码识别器

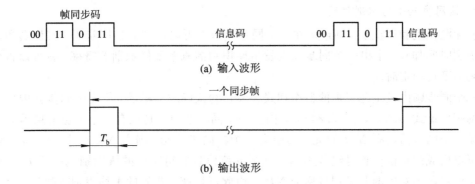

**(a) 输入波形**

**(b) 输出波形**

图 5.23　识别器输入波形和输出波形

显然，当信息码流中出现 0011011 码组时，识别器也输出一个帧同步脉冲，称信息码对应的脉冲为假识别信号。当信道中存在误码时，某些帧同步码不能被识别器识别，称为漏识别。由于存在漏识别和假识别，使得帧同步的平均识别时间大于一个同步帧周期。下面分析漏识别概率、假识别概率以及帧同步码平均识别时间这三个指标。

1) 漏识别概率 $P_1$

设 $P_b$ 为误比特率，$n$ 为帧同步码组的码元数，$m$ 为判决器允许码组中错误码元的最大个数（即判决门限为 $n-m$），则接收到的帧同步码组的 $n$ 个码元中只要错误码元个数不超过 $m$，就能被识别器识别。因此，不发生漏识别的概率为 $\sum_{r=0}^{m} C_n^r P_b^r (1-P_b)^{n-r}$，故漏识别概率为

$$P_1 = 1 - \sum_{r=0}^{m} C_n^r P_b^r (1-P_b)^{n-r} \tag{5.31}$$

当判决门限为 $n$ 时，$n$ 位帧同步码中只要有错误就会出现漏识别，而发生一位错误的概率最大，故漏识别概率为

$$P_1 = nP_b \tag{5.32}$$

2) 假识别概率 $P_2$

$n$ 位信息码被识别器判为帧同步码的概率为假识别概率。设二进制消息码元中出现"1"和"0"的概率相等，则由该二进制码元组成 $n$ 位码组的所有可能组数为 $2^n$ 个。这 $2^n$ 个码组中能被判为帧同步码组的组数量显然也与 $m$ 有关。若 $m=0$，只有一个码组能被识别；若 $m=1$，共有 $C_n^1$ 个码组能被识别。依此类推，可以求出 $n$ 位消息码元中可被判为同步码组的组合数为 $\sum_{r=0}^{m} C_n^r$，因而假同步概率为

$$P_2 = 2^{-n} \sum_{r=0}^{m} C_n^r \tag{5.33}$$

当判决门限为 $n$ 时，假识别概率为

$$P_2 = 2^{-n} \tag{5.34}$$

由式(5.31)～式(5.34)可见，增大帧同步码码组的长度，可以减小假识别概率，但漏识别概率增大；降低判决门限，可以减小漏识别概率，但假识别概率增大。这一结论也可以由识别器的工作原理直接得到。

3）帧同步码平均识别时间 $t_s$。

若无漏识别和假识别，则最多在一个同步帧内就可以识别到帧同步码，漏识别和假识别使识别时间加长。求出一个同步帧内发生漏识别的概率及假识别的概率，就可以得到帧同步码的平均识别时间。

一个同步帧内发生漏识别的概率如式(5.31)和式(5.32)所示，但一个同步帧内发生假识别的概率比式(5.33)和式(5.34)大，因为一个同步帧内不是只有一个 $n$ 位信息码组。

设一个同步帧内有 $N$ 个码元，其中有 $n$ 个帧同步码元，则当 $N \gg n$ 时，$N-n$ 个信息码元可以构成的 $n$ 位信息码组数为 $N$。一个 $n$ 位信息码组对应的假识别概率为 $P_2$，则 $N$ 个 $n$ 位信息码组对应的假识别概率为 $NP_2$。由此可得帧同步码的平均识别时间为

$$t_s = NT_b(1 + P_1 + NP_2) \tag{5.35}$$

分析表明，分散插入式帧同步码的平均识别时间为

$$t_s = N^2 T_b \tag{5.36}$$

**2. 同步保护原理**

若将帧同步码识别器的输出信号直接作为帧同步信号使用，则漏识别概率和假识别概率就是漏同步概率和假同步概率，它们很难同时满足通信系统的要求。为此，必须采取同步保护措施。

将帧同步器的工作状态划分为两种，即捕捉态和维持态。帧同步器处于捕捉态时，无帧同步信号输出，处于维持态时输出帧同步信号。可以采取以下措施减小漏同步概率和假同步概率。

（1）变门限。当同步器处于捕捉态时，提高判决器的判决，以减小假同步概率；当同步器处于维持态时，降低判决门限，以减小漏同步概率。

（2）前方保护与后方保护。在捕捉态下，识别器连续 $\alpha$ 个同步帧检测到帧同步码时，同步器转变为维持态，此为后方保护；在维持态下，识别器连续 $\beta$ 个同步帧检测不到帧同步码时，同步器转变为捕捉态，此为前方保护。

**3. 帧同步系统**

图 5.24 所示为一种集中插入式帧同步器的原理框图。

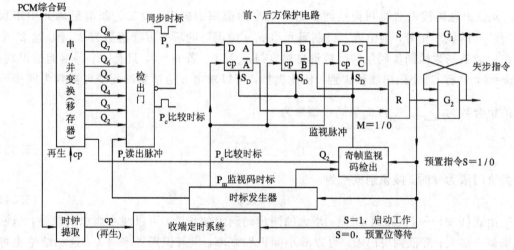

图 5.24 集中插入式帧同步器原理框图

1) 时标脉冲的产生

本方案的帧同步系统共有三种时标脉冲，即读出时标脉冲 $P_r$、比较时标脉冲 $P_c$ 以及监视码时标脉冲 $P_m$。

(1) 读出时标脉冲 $P_r$。在帧同步系统中，首先要解决帧同步码的检出，其检出是在规定的时间进行的。

当系统为帧同步状态时，$P_r = TS_0 \cdot D_8$，即每帧检查一次，检出时间是 $TS_0$ 时隙的 $D_8$ 位。

当系统为帧失步状态时，$P_r = 1$，即：

① 系统判为帧失步，进入捕捉（逐比特检出识别）状态；

② 在捕捉状态中，识别出一个帧同步码后，即对奇帧监视码进行检出，如果此时未检出监视码，则重新进入逐位检查识别状态。

(2) 比较时标 $P_c$。帧同步时，$P_c = $ 偶帧 $TS_0 \cdot D_8 \cdot cp$；帧失步时，$P_c = cp$，因为此时系统处于逐位检查识别帧同步码组的期间，所以 $P_c = cp$，以便达到逐位识别的目的。

(3) 监视码时标 $P_m$。监视码的出现时间与比较时标 $P_c$ 不同，$P_m$ 出现在收端定时系统的奇帧 $TS_0 \cdot D_8$ 位时隙，脉宽为 0.5 比特。

2) 帧同步码组的检出

PCM 30/32 路制式中，帧同步码组 $\{0011011\}$ 共 7 位码出现在 PCM 信码中的偶帧 $TS_0$ 时隙。帧同步码组的检出电路如图 5.25 所示。检出电路由 8 级移存器与检出门组成。

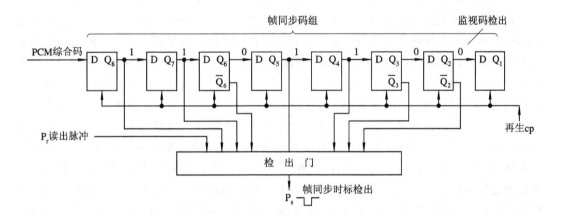

图 5.25　帧同步码组的检出电路

由检出门的逻辑关系可得

$$P_s = \overline{\overline{Q_2}\,\overline{Q_3}\,Q_4\,Q_5\,\overline{Q_6}\,Q_7\,Q_8 \cdot P_r}$$

由上式可知，只有帧同步码组 $\{0011011\}$ 由再生时钟 cp 逐位移入移存器，同时只能在读出脉冲 $P_r$ 正脉冲出现时刻才有负脉冲的同步时标 $P_s$ 检出。在其他任何码组进入移存器时，检出门的输出均为正电平的 $P_s$。

当帧同步系统为帧同步状态时，帧同步时标 $P_s$ 标志着接收 PCM 信码流中的偶帧 $TS_0 \cdot D_8$ 位时标的出现时刻。

读出脉冲 $P_r = TS_0 \cdot D_8$ 在收端定时系统的 $TS_0$ 时隙的 $D_8$ 位时隙出现，因此每隔 250 $\mu s$（一个同步帧）将在 $TS_0 \cdot D_8$ 时隙出现负脉冲的 $P_s$，从而表明了收端定时系统与接收的 PCM 码流是保持帧同步的关系。

3）前、后方保护与捕捉

要确认系统是否同步，可采用比较时标 $P_c$ 与帧同步时标 $P_s$ 在时间上进行比较的方法。如果 $P_c$ 正脉冲的出现时间与 $P_s$ 负脉冲的出现时间正好一致，则表示帧同步；否则就是帧失步。时间比较任务是由 D 型触发器 A 来完成的。比较时标 $P_c$ 作为 A 触发器的时钟 cp，在 $P_c$ 正脉冲的出现时间，如果对准 $P_s$ 的负脉冲，则触发器 A=0，表示同步；如果未对准 $P_s$ 的负脉冲，则触发器 A=1，表示失步。因此，根据 A=0 或 A=1 就可判断出是同步还是失步。

D 触发器 A 除了完成时间比较任务外，还完成保护时间计数的记忆作用。为了完成前方保护时间 500 $\mu s$ 的任务，需要对连续失步三次的情况进行记忆，因此设置了三个 D 型触发器 A、B、C。当连续三次失步时，则 A=B=C=1，与非门 $S = \overline{A \cdot B \cdot C} = \overline{1 \cdot 1 \cdot 1} = 0$。这时预置指令 S=0，发出置位等待指令，使收端定时系统暂时停止工作，而置位于一个特定的等待状态，例如停留在偶帧 $TS_0$ 时隙的 $D_8$ 码位的等待状态，这时系统就进入捕捉状态。

S=0，进入捕捉状态后，虽然收端定时系统停留在一个特定的等待状态而停止工作，但收端再生时钟 cp 仍然继续工作。这时，比较时标 $P_c$ 改用时钟 cp，由 cp 进行逐位比较，见图 5.26。帧同步系统的时间如图中 $t_2$ 所示。当然，这时的帧同步码的检出也改为逐位检出。

在逐位比较识别的过程中，一旦识别出帧同步码（这时 A=0，$S = \overline{0 \cdot 1 \cdot 1} = 1$），就立即解除收端定时系统的预置等待状态，启动收端定时系统，恢复正常工作，使收端定时系统的比较时标（收端偶帧 $TS_0 \cdot D_8$ 时隙）与接收到的 PCM 信码流中的偶帧 $TS_0 \cdot D_8$ 时隙对准，从而达到帧同步的目的。考虑到伪同步码的存在，采用后方保护，它是由奇帧监视码检出与偶帧同步码检出来完成的。监视码是利用对端告警码的第 2 位 1 码与帧同步码的第 2 位 0 码不同而检测出来的。一旦进入捕捉状态，在逐位检出过程中识别出一个帧同步码后，就进行奇帧监视码的检出。如果没有监视码出现，则说明前一个帧同步码是假的，监视脉冲 M=0，由此负脉冲（窄脉冲）使触发器 A、B、C 均置位于"1"状态，从而使 S=0，又重新逐位捕捉。只有当逐位捕捉过程中，第 N 帧识别出一个帧同步码，在第 N+1 帧（奇帧）检出监视码，此时 M=1，对 A、B、C 触发器的状态不产生影响，在第 N+2 帧（偶帧）又识别出一个帧同步码时，才结束捕捉状态而进入同步状态，使解码器开始工作。如果在第 N+3 帧又发现失步，那么还要经过前方保护时间才能进入捕捉状态。这样，在捕捉状态中，第 N 帧识别出帧同步码，第 N+1 帧识别出监视码，在第 N+2 帧又识别出帧同步码，才能进入帧同步状态，开始解码工作。

图 5.26 中，在 $t_2$ 时刻，$S = \overline{A \cdot B \cdot C} = \overline{1 \cdot 1 \cdot 1} = 0$，$R = \overline{\overline{A} \cdot \overline{B}} = \overline{0 \cdot 0} = 1$，$G_1 = 1$，$G_2 = 1$。

当 $G_1 = 1$，$G_2 = 0$ 时，发出失步指令，进行告警，并将解码电路封锁，使其停止工作。

S=0，发出预置指令，将定时系统预置在特定的等待状态而停止工作。这时系统处于逐位检出识别的捕捉状态，逐位检出与识别由再生时钟 cp 来完成。

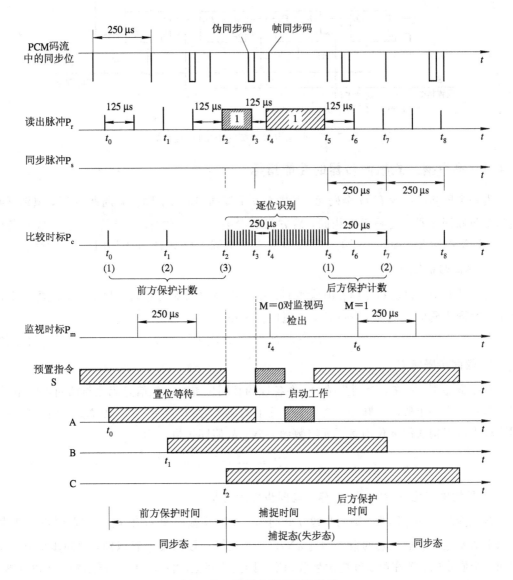

图 5.26　帧同步系统的时间图

4) 收端定时系统的预置位与启动

收端定时系统的预置位与启动如图 5.27 所示。该电路是收端位脉冲发生器，其预置位处于什么状态，与帧同步码的检出时刻有关。如果用 $TS_0$ 的 $D_8$ 码位检出该同步码，则位脉冲发生器应被强置位于 $D_8$ 位所对应的状态。如图所示，当 $S=0$ 时，位脉冲发生器被强置位于 $Q_1=Q_2=Q_3=Q_4$ 的状态。强置位后，收端定时系统就立即停止工作，处于等待状态。一旦 $S=1$，收端定时系统就立即启动，进入收端定时系统的 $D_1$ 位时隙。这样就可使收端定时系统与接收到的 PCM 信码流的时序状态对准。

分散插入式帧同步器的应用范围比较小，且构造复杂，在此不作详细介绍。

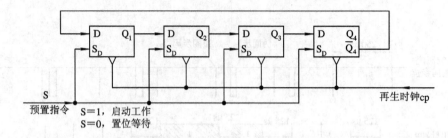

图 5.27 收端定时系统的预置位与启动

### 5.4.3 集中插入式帧同步器的性能指标

设一个同步帧中含有 $N$ 个码元，其中有 $n$ 个帧同步码元，同步帧周期为 $T_f$，识别器判决门限与帧同步码组的码元数相同，后方保护参数为 $\alpha$，前方保护参数为 $\beta$。在这些条件下，分析集中插入式帧同步器的漏同步概率 $P_1$、假同步概率 $P_j$ 和平均同步建立时间 $T_p$。

**1. 漏同步概率 $P_1$**

在维持态下，识别器连续 $\beta$ 帧检测不到帧同步码的概率为漏同步概率。识别器一次检测不到帧同步码的概率为 $P_1 = nP_b$，故漏同步概率为

$$P_1 = (P_1)^\beta = (nP_b)^\beta \tag{5.37}$$

**2. 假同步概率 $P_j$**

在捕捉态下，若在 $\alpha$ 个同步帧内，在各帧的相同位置有 $n$ 位信息码元与帧同步码相同，则同步器输出一个假同步脉冲，这种事件发生的概率为 $(P_2)^\alpha = 2^{-n\alpha}$。当 $N \gg n$ 时，在一个同步帧中可以构成的 $n$ 位消息码元组数约为 $N$，故假同步概率为

$$P_j = \frac{N}{2^{n\alpha}} \tag{5.38}$$

**3. 平均同步建立时间 $T_p$（或称平均同步捕捉时间）**

若无漏同步和假同步，则同步建立时间为 $\alpha$ 个同步帧周期 $\alpha T_f$。在 $\alpha$ 个同步帧内，帧同步识别器发生一次假识别的概率约为 $\alpha N/2^n$。若在第一帧内发生假识别，则同步建立时间增加一个同步帧；若在第 $\alpha$ 帧内发生假识别，则同步建立时间增加 $\alpha$ 个同步帧。所以在这 $\alpha$ 个同步帧中若有一次假识别，则同步建立时间平均增加 $(1+\alpha)/2$ 个同步帧，即同步建立时间平均增加量为

$$\frac{\alpha N}{2^n} \cdot \frac{1+\alpha}{2} \cdot T_f = \frac{(1+\alpha)N}{2^{n+1}} \cdot \alpha T_f$$

在 $\alpha$ 个同步帧内，帧同步识别器发生一次漏识别的概率为 $\alpha n P_b$。若发生一次漏识别，则同步建立时间平均增加 $(1+\alpha)/2$ 个同步帧，故漏识别使同步建立时间的平均增加量为

$$\alpha n P_b \cdot \frac{1+\alpha}{2} \cdot T_f = \frac{(1+\alpha)n P_b}{2} \cdot \alpha T_f$$

由此可得帧同步平均建立时间为

$$T_p = \alpha T_f \left[ 1 + \frac{(1+\alpha)N}{2^{n+1}} + \frac{(1+\alpha)n P_b}{2} \right] \tag{5.39}$$

# 5.5 网同步方式

移动通信、光纤通信、卫星通信以及微波通信等现代通信系统都是复杂的通信网，它们互相组合在一起构成一个更加庞大的通信网，以实现全球个人通信。在一个通信网中，必须实现网同步才能使各种信息进行正确的交换和传输。

实现网同步的方法主要有两大类：一类是全网同步方式；另一类是独立时钟同步方式。全网同步方式主要有主从同步和相互同步两种，独立时钟同步方式也有码速调整法和水库法两种。

## 5.5.1 主从同步方式

主从同步方式是在通信网中设置一个高稳定度的主时钟源，通信网中各站的时钟通过锁相环与这个主时钟同步，如图 5.28 所示。主时钟可以由通信源中的某一个站点提供，也可以是 GPS 提供的标准时钟。

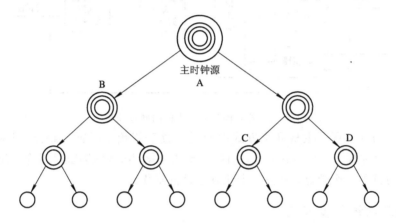

图 5.28　主从同步方式

主从同步方式的优点是时钟稳定度高，设备简单；缺点是可靠性差，因为一旦主时钟源出现故障，则全网通信即会中断。

## 5.5.2 相互同步方式

相互同步方式如图 5.29 所示。通信网中各站点都设有时钟源，但各站点时钟源的频率受该站点各个接收信号时钟的控制，从而使网内各站点的时钟频率锁定在网内各站点固有时钟频率的平均值上，从而实现网同步。这个平均频率称为网频。

设某站点 D 接收 A、B、C 三个信号，其时钟源为晶体压控振荡器(VCXO)，则可用如图 5.30 所示的网同步锁相环将 VCXO 的频率锁定在三个输入时钟的平均频率上。图中，时钟 A、B、C 可以分别从对应的数据流中提取。在主从同步方式中，各站点的网同步锁相环中只有一个鉴相器，且环路输入信号为主时钟。

在相互同步方式中，由于多个频率源的变化有时可以互相抵消，所以网频的稳定度比各站点的稳定度高一些。

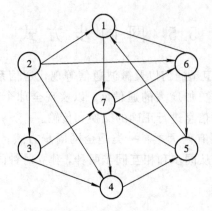

图 5.29　相互同步方式

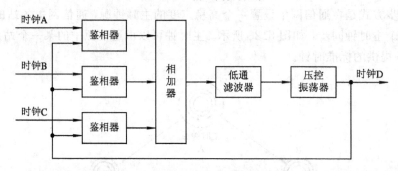

图 5.30　相互同步方式中的网同步锁相环

相互同步方式克服了主从同步方式中网同步过于依赖主时钟的缺点。但在这种方式中，一旦固有时钟频率发生变化，就会引起网频的变化，出现网频暂时不稳，引起误码。这是相互同步方式的一个缺点，其另一个缺点是设备复杂。

### 5.5.3　独立时钟同步方式

独立时钟同步方式又称为准同步方式或准同步复接方式。此方式中的码速调整法已在4.3节"数字复接技术"中介绍过了，此处只介绍水库法的基本原理。

水库法在通信网的每个站点设置一个容量极大的存储器和稳定度极高的时钟源，使得存储器在较长时间内才会"溢出"或被"取空"，因而不需要进行码速调整。

现在来计算存储器发生一次"取空"或溢出"现象的时间间隔 $T$。设存储器的存储量为 $2n$，起始为半满状态，存储器写入和读出的速率之差为 $\pm\Delta f$，则有

$$T = \frac{n}{\Delta f} \tag{5.40}$$

设数据流速率为 $f$，则时钟的频率稳定度为

$$\eta = \frac{\Delta f}{f} \tag{5.41}$$

将式(5.41)代入式(5.40)得

$$fT = \frac{n}{\eta} \tag{5.42}$$

式(5.42)是水库法的基本公式。若 $f=512$ kb/s，$\eta=10^{-9}$，$n=45$，则 $T=24$ h。显然，这样

的存储器是不难实现的。若采用更高稳定度的原子钟，就可以在更高速率的数字通信网中采用水库法实现网同步。由于水库法每隔一个较长时间都会发生"取空"或"溢出"，所以每隔一定时间要对同步系统校准一次。

# 习　题

5.1　用单谐振电路作为滤波器提取同步载波，已知同步载波频率为 1000 kHz，回路 $Q=100$，把达到稳定值 40% 的时间作为同步建立时间（或同步保持时间），求载波同步的建立时间 $t_s$ 和保持时间 $t_c$。

5.2　已知 7 位巴克码为 $(1\ 1\ 1\ -1\ -1\ 1\ -1)$，求其自相关函数。

5.3　已知 5 位巴克码组为 $\{1\,1\,1\,0\,1\}$，其中 "1" 用 $+1$ 表示，"0" 用 $-1$ 表示。

（1）试确定该巴克码的局部自相关函数，并用图表示；

（2）若用该巴克码作为帧同步码，画出接收端识别器的原理框图。

5.4　若 7 位巴克码组的前后全为 "1" 序列，加入如题 5.4 图所示的码元输入端，且各移存器的初始状态均为零，试画出识别器的输出波形。

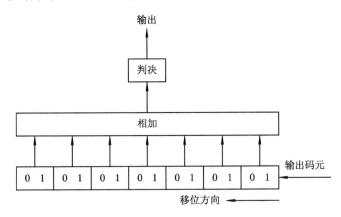

题 5.4 图

5.5　设一个数字通信网采用水库法进行码速调整，已知数据数率为 32 Mb/s，存储器的容量 $2n=200$ bit，时钟的频率稳定度为

$$\left|\pm\frac{\Delta f}{f}\right| = 10^{-10}$$

试计算每隔多少时间需对同步系统校正一次。

5.6　已知 PCM 30/32 终端机帧同步码周期 $T_s=250\ \mu s$，每帧比特数 $N=512$，帧同步码长度为 7 bit，试计算平均捕捉时间。

5.7　已知题 5.6 PCM 终端机同步系统中，保护计数器有 3 级，在信道误比特率 $P_b=10^{-4}$ 的情况下，计算误失步平均周期。

5.8　设计一个均匀量化线性 PCM 通信系统，此系统传输 4 路均匀分布的信号，抽样频率为 8 kHz，最大量化信噪比不小于 30 dB，采用集中方式插入帧同步码，且帧同步码位数等于语音编码位数。给出 PCM 信号的帧结构，并求码速率。

5.9 传输速率为 1 kb/s 的一个通信系统，设误信率为 $10^{-4}$，群同步采用连贯式插入的方法，同步码组的位数 $n=7$，每群中的信息位数为 153。

（1）若不采用同步保护措施，试计算 $m=0$ 和 $m=1$ 时漏同步概率 $P_1$、对 7 位信息码的假同步概率 $P_2$ 和同步建立时间 $t_s$；

（2）若采用 $\alpha=3$、$\beta=3$ 的同步保护措施，试计算 $m=0$ 时漏同步概率 $P_1$、假同步概率 $P_j$ 和平均同步建立时间 $T_p$。

5.10 已知 A 律 PCM 二次群的帧同步码为 1111010000，信息速率为 8448 kb/s，每帧 848 个码元，且第 1~第 10 个码元为帧同步码，后方保护参数 $\alpha=3$，前方保护参数 $\beta=4$，设 $P_b=10^{-6}$，判决门限为 10。

（1）求帧同步器的假同步概率、漏同步概率和同步建立时间；

（2）构造一个帧同步码识别器；

（3）画出帧同步器的原理框图。

5.11 已知 PCM30/32 终端机帧同步码周期 $T_s=250~\mu s$，每帧比特数 $N=512$，帧同步码长度为 7 bit，试计算平均捕捉时间。

# 第6章 信道编码理论

信道编码又称差错控制编码或纠错编码，它是提高数字通信系统可靠性的有效方法。信道编码技术历经很长时间的发展历程，从早期的线性分组码、BCH 码，到后来的 RS 码、卷积码以及代数几何码、级联码、Turbo 码；从原来的代数译码方法，到后来的门限译码、迭代译码、软判决译码和 Viterbi 译码等概率译码以及软输入/软输出的迭代译码；注重数学模型、理论研究，注重纠错编码的实用化问题及计算机仿真、搜索。无论是在编码、译码方法还是在研究方法上，都取得了长足的发展。人们不断地努力，希望能够得到性能更好的编译码方法，以达到香农在信道编码定理中所提出的香农码所能达到的性能。

信道编码不同于信源编码。信源编码的目的是提高数字信号的有效性，具体地讲就是尽可能压缩信源的冗余度，其去掉的冗余度是随机的、无规律的。而信道编码的目的在于提高数字通信的可靠性，它加入冗余码以减少误码，其代价是降低了信息的传输速率，即以降低有效性来增加可靠性。其增加的冗余度是特定的、有规律的，故可利用它在接收端进行检错和纠错。

数字信号在传输过程中，由于实际信道的传输特性不理想以及存在加性噪声和码间串扰，在接收端往往会产生误码，于是人们首先在高空领域的通信系统中应用纠错编码技术。宇宙飞船与地面之间必须保证有极其可靠的通信联系，特别是这种通信距离相对于地面上的通信来讲是极其遥远的。为了在有限的发射功率下获得优异的通信性能，就必须通过纠错编码获得增益。因为大功率意味着大体积、大功耗的收发信机和大面积的发射接收天线，这些对于宇宙飞船来说，都是难以实现的。随着航天技术的进步，卫星通信变得普遍，宇宙飞船也能飞得更远，通信距离还在不断增加，这就要求有性能更好的纠错码来为系统提供更高的编码增益。

本章重点介绍分组编码、卷积码、级联码、Turbo 码以及 TCM 码等几种信道编码。

## 6.1 概　　述

### 6.1.1 信道编码的基本概念

数字信号在传输过程中，不可避免地要受到热噪声和脉冲噪声等的污染。在这两种噪声的影响下，被传送的信息数据将引起两种不同类型的差错，即随机分散出现的随机差错和成串出现的突发差错，从而出现在通信接收端收到的数据与发送端实际发出的数据不一致的现象。为了保证通信系统的差错在许可的范围内，必须对通信可靠性要求高的系统加入差错控制编码措施。信道编码就是用来减小甚至消除信道噪声产生差错的一种主要措施。

差错控制编码的原理是：发送方对被传输的信息数据进行分组，然后按某种编码规则算法附加上一定的冗余位，构成一个码字后再向信道发送。接收方收到编码数据（可能有差错）后进行校验，即检查信息位和附加的冗余位之间的关系，以检查传输过程中是否有差错发生。当每个 $k$ 位信息组按照编码规则加上足够的 $r$ 个校验位而组成 $k+r$ 位的码组后，这样的码组（也叫码字）就不仅能发现传输中出现的差错，甚至具有纠正这类差错的能力。实现这种编码的设备叫信道编码器。受到污染的信息数据在到达接收端后，由相应的信道译码器对受到污染的信息数据进行反变换，即译码。通常，经过译码的数据是原始发送信息数据的精确复制品，或者是带有可以被接受的差错的复制品。

衡量编码性能好坏的一个重要参数是编码效率 $R$，

$$R = \frac{k}{n} = \frac{k}{k+r}$$

其中，$n$ 表示码字的位数，$k$ 表示数据信息的位数，$r$ 表示冗余位（监督位）的位数。

上述编码就是常见的分组编码。长度为 $n$ 的"码字"共有 $2^n$ 个，但其中只有 $2^k$ 个许用码字（组），其余 $2^n - 2^k$ 个是禁用码字。

## 6.1.2　差错控制工作方式

常用的差错控制工作方式主要有三种：前向纠错（简称 FEC）、检错重发（简称 ARQ）和混合纠错（简称 HEC）。它们的系统构成如图 6.1 所示。

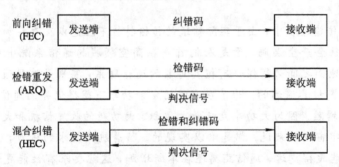

图 6.1　差错控制工作方式

前向纠错方式的信道编码器的发送端发出可以纠正错误的码，接收端可以发现并纠正传输中的某些错误。其特点是单向传输，实时性好，但译码设备较复杂。

在检错重发方式中，发射机中的信道编码器发出能够发现错误的编码信号。接收端译码后如果未发现差错，则通过反向信道向发送端反馈一个"确认"（ACK）回执信号，接收端译码后如果发现有传输错误，则通过反向信道向发送端反馈一个"否认"（NAK）回执信号，发送端再把前面发送的信息重新发送一次，直至接收端能正确接收为止。

有三种检错重发方式，即停发等候重发（SW－ARQ）、退 N 步重发（go－back－N－ARQ）和选择重发（S－ARQ）。

SW－ARQ（stop－and－wait ARQ）也称停等法。在此系统中，发送端每发送一帧后就要停下等待接收方的确认返回，仅当接收方确认正确接收后再继续发送下一帧。如果接收端检测出错误，则反馈一个否认信号（NAK），发送端接到 NAK 信号后重发前一个码组，并再次等候 ACK 或 NAK 信号，如图 6.2 所示。这种方式由于在两个码组之间有停顿时间，所以传输效率低，常在数据通信中应用。

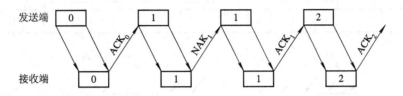

图 6.2　SW-ARQ 工作原理示意图

SW-ARQ 法的实现过程如下：发送方每次仅将当前信息帧作为待确认的帧保留在缓冲存储器中。当发送方开始发送信息帧时，随即启动计时器。当接收方检测到一个出错（E）的信息帧时，便舍弃（D）该帧。当接收方收到无差错的信息帧后，即向发送方返回一个确认帧。若发送方在规定的时间内未能收到确认帧（即计时器超时），则应重发存于缓冲器中待确认的信息帧；若发送方在规定的时间内收到确认帧，即将计时器清零，继而开始下一帧的发送。

此方案最主要的优点就是所需的缓冲存储空间最小，因此在链路端使用简单终端的场合中被广泛采用。

go-back-N-ARQ 是当接收方检测出失序的信息帧后，要求发送方重发最后一个正确接收的信息帧之后的所有未被确认的帧，或者当发送方发送了 N 帧后，若发送该 N 帧的前一帧在计时器超时后仍未返回其确认信息，则该帧被判定为出错或丢失。对接收方来说，因为这一帧出错，就不能以正确的序号向它的终端递交数据，对其后发送来的 N 帧也可能都不能接收而丢弃。因此，发送方发现这种情况后，就不得不重新发送该出错帧及其后的 N 帧，这就是 go-back-N（退回 N）法名称的由来。go-back-N-ARQ 法的工作过程如图 6.3 所示。图中假定发送完 8 号帧后，发现 2 号帧的确认返回在计时器超时后还未收到，则发送方只能退回从 2 号帧开始重发。

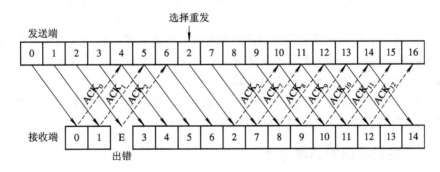

图 6.3　go-back-N-ARQ 工作原理示意图

S-ARQ 系统的发送端也是不停顿地发送信号。当接收方发现某帧出错后，其后继续送来的正确的帧虽然不能立即递交给接收端的终端，但接收端仍可收下来，并存放在一个缓冲区中，同时要求发送端重新传送出错的那一帧。一旦收到重新传来的正确帧后，就可与原已存于缓冲区中的其余帧一并按正确的顺序递交给终端。与退 N 步重发不同的是，它的发送端收到接收端返回的 NAK 信号后只重发有错误的那个码组。其工作原理示意图如图 6.4 所示。显然，选择重发系统的传输效率高，当然其设备也复杂一些。

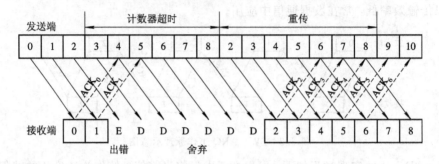

图 6.4　S-ARQ 工作原理示意图

检错重发方式的特点是译码设备简单，但需要双工链路，实时性差。

信道编码器输出码的检错能力，一般大于其纠错能力。在混合纠错方式中，接收端若检测到能够纠正的错误，则进行纠错处理；若检测到无法纠正的错误，则向发送端返回否认信号，接收端收到此信号后重新发送传输中出错的码组。此方式的实时性和复杂性介于前向纠错与检错重发方式之间。

### 6.1.3　差错控制编码的分类

按照实现的功能，可将差错控制码分为检错码和纠错码。当然，纠错码必须具有检错功能，而具有检错能力的码不一定具有纠错功能。

按照信息码元与监督码元之间的函数关系，可将差错控制码分为线性码和非线性码。如果函数关系是线性的，即满足一组线性方程式，则称为线性码，反之称为非线性码。实际应用的一般都是线性码。

按照监督码元是否仅与本码组内的信息码元有关系，可将差错控制码分为分组码和卷积码。在分组码中，每个码组内的监督码元或许仅与该码组内的信息码元有关；在卷积码中，每个码组内的监督码不仅与本码组内的信息码元有关，而且还与前面若干码组内的信息码元有关。

按照编码后的信息码元组是否与编码前的相同，可将差错控制码分为系统码和非系统码。在系统码中，编码后的信息码元组保持不变；在非系统码中，编码后的信息码元被校验位分隔。常用的线性分组码一般为系统码。

另外，按照码字的结构是否具有循环性，可以分为循环码和非循环码；按照纠错的类别，可以分为纠随机错误的码和纠突发错误的码。

### 6.1.4　差错控制编码的基本原理

差错编码的基本思想是在被传输信息中增加一些冗余码，利用附加码元和信息码元之间的约束关系加以校验，以检测和纠正错误。增加冗余码的个数可增加纠错和检错能力。

**1. 码长、码重和码距**

编码码组的码元总位数称为码组的长度，简称码长。如"1011"码长为 4，"110011"码长为 6。

码组中,"1"码元的数目称为码组的重量,简称码重。如"10110"码重为 3。

两个等长码组之间对应位上不同码元的个数称为这两个码组的距离,简称码距。如"11000"与"11011"有两个对应位不同,故码距为 2,常称此为汉明距离。

码组集中任意两个码字之间距离的最小值称为最小码距,用 $d_{\min}$ 表示。最小码距是码的一个重要参数,它是衡量编码检错和纠错能力的重要依据。

**2. 检错和纠错能力**

最小码距与检错、纠错能力的关系:为了能够检测 $e$ 个错误,要求 $d_{\min} \geqslant e+1$;为了能够纠正 $t$ 个错误,要求 $d_{\min} \geqslant 2t+1$;为了能够纠正 $t$ 个错误,同时检测 $e$ 个错误($e>t$),要求 $d_{\min} \geqslant t+e+1$。

上述检错及纠错能力与最小码距的关系,可以用图 6.5 所示的几何图形加以说明。图 6.5(a) 中,$C$ 表示某一码组,当误码不超过 $e$ 个时,该码组的位置移动范围将不超出以它为圆心、以 $e$ 为半径的圆。只要其他任何许用码组不落入此圆内,则码组 $C$ 就不会与其他码组混淆,这就意味着只要码组 $C$ 与其他任何许用码组之间的最小码距不小于 $e+1$,就可以检测出码组 $C$ 发生了 $e$ 个错误。图 6.5(b) 中,$C_1$、$C_2$ 分别表示两个许用码组,当各自的误码不超过 $t$ 时,若最小码距不小于 $2t+1$,则可根据码组落在哪个圆内正确判断为 $C_1$ 或 $C_2$,即可以纠正错误。图 6.5(c) 中表示许用码组 $C_1$ 发生 $e$ 个错误,而许用码组 $C_2$ 发生 $t$ 个误码($e \geqslant t$)。当最小码距不小于 $t+e+1$ 时,若 $C_1$ 及 $C_2$ 的误码不超过 $t$ 个,则可根据码组落在哪个圆内正确判断为 $C_1$ 或 $C_2$;若 $C_1$ 发生了 $e$ 个错误,则该码组的位置移动范围仍没与码组 $C_2$ 的位置移动范围相混淆,仍可检测出码组 $C_1$ 发生了 $e$ 个错误。

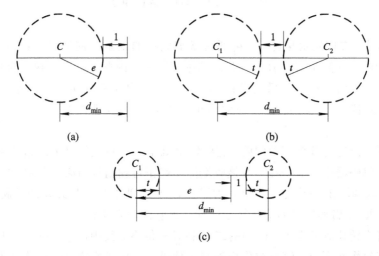

图 6.5 码距与纠错、检错能力的关系

例如,若将晴天编为"1",雨天编为"0",则 $d_{\min}=1$,无法检测错误和纠正错误。若将天气情况编为(2,1)码,两个许用码组是 11 与 00,$d_{\min}=2$,收端译码,当出现 01、10 禁用码组时,这种错误可以检测出来,但无法纠正。如果将天气情况编为(3,1)码,两个许用码组是 111 与 000,$d_{\min}=3$,可以检测出一个或两个错误码元,纠正一个错误码元。当收端出现两个或三个 1 时,判为 1,否则判为 0。此时,可以纠正单个错误,或者该码可以检出两个错误。显然采用这种译码方法所得到的误判(即误码)概率是最小的,这称为最大似然译码准则。最大似然译码准则是最常用的译码准则，也是最佳译码准则，下面将对此作一介绍。

### 6.1.5 最大似然译码准则

设发送码字为 $C = (c_{n-1}, c_{n-2}, \cdots, c_0)$，它有 $2^k$ 个许用码组，当接收码字为 $R = (c'_{n-1}, c'_{n-2}, \cdots, c'_0)$ 时，计算 $2^k$ 个条件概率 $P(R|C_i)$（$i = 1, 2, \cdots, 2^k$）。若条件概率 $P(R|C_L)$ 为最大，则认为发送的码字为 $C_L$。这就是最大似然准则。

$P(R|C_L)$ 可用下式计算：

$$P(R \mid C_L) = \prod_{i=0}^{n-1} P\left(\frac{c'_i}{c_{L_i}}\right) \tag{6.1}$$

式中，$c'_i$ 为接收码字的第 $i$ 个码元，$c_{L_i}$ 为许用码字 $C_L$ 的第 $i$ 个码元。

设信道为二进制对称信道，错误转移概率为 $P_e$，接收码字 $R$ 与许用码字 $C_L$ 的码距为 $d$，则上式可写成

$$P(R \mid C_L) = (1 - P_e)^{n-d} P_e^d \tag{6.2}$$

由于 $P_e < 0.5$，故 $P(R|C_L)$ 随 $d$ 增大而单调减小。所以，当所有码字的发送概率相同时，按最大似然概率译码等效于按最小码距译码，即接收码字与哪一个许用码字的码距最小，就认为传送的是哪个码字。

# 6.2 分 组 编 码

信息论指出，在固定信噪比下，可通过增加波形的复杂度使消息错误概率趋近于零。只要总信息传送速率低于信道容量，上述结论就有效。因此，迫切寻找一种特殊的技术，在不增加传送功率的条件下降低消息误码率，或实现同样消息误码率的条件下降低传送功率。同时构造传送波形，能够缓解信道的失真，并在合理的复杂度下接收机能正常接收。

假设信源已经通过理想信源编码，它的输出就是一个独立等概的二进制数字序列。信源输出序列在编码器中加上一些为在接收端能够纠正传输错误所必需的结构。在很多情形下，编码器输入和输出字符为二进制，为了使信源序列加上一些必要的结构组成传送信号，二进制输入/输出编码器的输出符号速率应比它的输入比特速率高。

假设信道为转移概率为 $P_r(y|x)$ 的二进制对称信道，其中的 $y, x \in \{0,1\}$。当信道的输入和输出字符集相同时，信道被称为硬判决信道，与其相关的解码器被称为硬判决解码器。在讨论卷积码时，信道将允许输出符号的符号集大于输入符号集。大的输出符号集使信道可以给译码器提供判决可靠性信息。当可靠性信息从信道输出时，信道被称为软判决信道，其相关的译码器被称为软判决译码器。

### 6.2.1 基本概念

分组编码技术就是那些以信息分组为单位进行处理的编码技术。二进制输入/输出分组编码器把 $k$ 位二进制信息符号作为一个分组，然后把它映射为 $n$ 位二进制为一分组的输

出符号。分组码的编码速率定义为 $R=k/n$，它等于每次使用信道的信息传送速率，即编码器的每一个输出符号被传送的时候，就有 $R$ 比特的信息被传送。一个由 $n$ 个信道使用组成的分组传送 $nR=n(k/n)=k$ 比特的信息。如要通过编码来提高信号的可靠性，信息传送速率必须低于信道容量。对于二进制输入信道，它的信道容量最大为每次使用信道传送 1 比特信息，所以 $R \leqslant C_N \leqslant 1.0$，同样得出 $k \leqslant n$。

### 1. 分组编码的定义

$k$ 位信息比特的分组用一 $k$ 维矢量 $\boldsymbol{W}_m=w_{m(k-1)} \cdots w_{m2} w_{m1} w_{m0}$ 来表示，其中每个 $w_{mi}$ 取值为 0 或 1，脚标 $m$ 表示正考虑的特定的消息。对应 $2^k$ 种可能的编码器输入消息有 $2^k$ 个二进制 $k$ 维矢量 $\boldsymbol{W}_m$，信源输出消息 $m$ 的概率表示为 $Q_M(m)$，对于假设的二进制对称信道，所有输出的消息是等概的，所以对所有的 $m$ 有 $Q_M(m)=2^{-k}$。编码器映射为二进制 $n$ 维矢量 $\boldsymbol{X}_m=x_{m0} x_{m1} x_{m2} \cdots x_{m(n-1)}$。这种映射是一对一的映射，意味着不会出现两个消息对应同一 $\boldsymbol{X}$ 的情形，即对于 $m \neq m'$，有 $\boldsymbol{X}_m \neq \boldsymbol{X}_{m'}$。分组码 $(n,k)$ 是消息 $m$ 所对应的 $\boldsymbol{X}_m$ 的集合，每个 $\boldsymbol{X}_m$ 是编码的一个码字，共有 $2^n$ 种可能的码字和 $2^k$ 种可能的消息。因为 $k<n$，消息数 $2^k$ 小于可能的码字数 $2^n$，所以并不是所有的 $n$ 维矢量都用作码字。一般来说，所用码字占总可用码字的比值为 $2^{k-n}=2^{k(1-1/R)}$，因为 $R<1.0$，很显然这个比值随 $k$ 的增加而降低。码字的纠错能力表明并不是所有可能的 $n$ 维矢量都能用作码字。正因为这样，才有可能通过挑选码字来生成编码，使得在接收端的一个码字与另一个码字混淆前必然发生传输错误。

### 2. 汉明距离和汉明码

表 6.1 给出了一组典型的分组编码。这组分组编码的信息比特是 4 位 $(k=4)$，把它们映射成了长度为 7 的码字 $(n=7)$，码率为 $R=4/7$。

**表 6.1　典型分组编码**

| 消息编号 | 消息 | 码字 | 消息编号 | 消息 | 码字 |
|---|---|---|---|---|---|
| 0 | 0000 | 0000000 | 8 | 1000 | 1000101 |
| 1 | 0001 | 0001011 | 9 | 1001 | 1001110 |
| 2 | 0010 | 0010110 | 10 | 1010 | 1010011 |
| 3 | 0011 | 0011101 | 11 | 1011 | 1011000 |
| 4 | 0100 | 0110111 | 12 | 1100 | 1100010 |
| 5 | 0101 | 0101100 | 13 | 1101 | 1101001 |
| 6 | 0110 | 0110001 | 14 | 1110 | 1110100 |
| 7 | 0111 | 0111010 | 15 | 1111 | 1111111 |

因为 $n=7$，有 $2^7=128$ 种可能的码字，现只选择其中的 16 种来编码。检查一下表 6.1 中的码字，就会发现任意两个码字间至少有 3 处不同，这意味若一个或两个传输错误不可能使其中一个码字转变为另一个码字。在这种情况下，译码器虽然不能够纠正这些错误，但可以告知用户传输错误已经发生；有 3 个错误发生时，就能够把传输的码字变成另一可用码字，这样解码器就不会检测出或不会纠正这些错误。例如，如果对应消息数 2 的码字被传输，且在第 1，2 和 4（从右数）的位置上发生错误，接收到的码字正好是对应消息数 3 的码字。如发生的错误超过 3 个时，只有在接收到的码字矢量不是可用码字时才能够检测

出错误。成对码字 $\boldsymbol{X}_m$ 和 $\boldsymbol{X}_m'$ 间相应位置不同的数目是一种很重要的特性,被称为码字间的汉明距离,记为 $d_H$ 或 $d_H(\boldsymbol{X}_m,\boldsymbol{X}_m')$。码字集合中任意两个码字间的最小汉明距离被称为码的最小距离,记为 $d_{min}$。表 6.1 中的码是一个汉明码,汉明码的最小码距是 3,后面将会证明它能够纠正任意传输码字分组中的单一错误。

成对码字间的汉明距离等于两码字模 2 矢量中 1 的个数。两码字的模 2 矢量就是矢量的各分量(无进位)逐项模 2 求和,任意码字矢量中 1 的个数称为这个码字的汉明重量(即码重),记为 $w_H$ 或 $w_H(\boldsymbol{X}_m)$。

### 3. 错误矢量

码字 $\boldsymbol{X}_m$ 在二进制对称信道上传输,为了方便起见,用一个 $n$ 维错误矢量建立错误模型来表征在传输中哪些位置发生了错误。错误矢量在每一位没有发生错误的位置为 0,每一位发生错误的位置为 1。这样,二进制对称信道的输出矢量就是传送的码字矢量 $\boldsymbol{X}_m$ 和错误矢量 $\boldsymbol{e}$ 的模 2 和。例如,一个 7 比特的码字在 1,2 和 4 位置发生错误时,7 维的错误矢量为 $\boldsymbol{e}=0001011$,如对应于表 6.1 的码中消息 $2(m=2)$ 的码字被传送,并按上述错误矢量发生失真,则接收到的 7 维矢量将是:

$$
\begin{array}{rl}
\boldsymbol{x}_2 & 0010110 \\
+\quad \boldsymbol{e} & 0001011 \\
\hline
=\quad \boldsymbol{y} & 0011101
\end{array}
\tag{6.3}
$$

接收到的 $n$ 维矢量标记为 $\boldsymbol{y}=y_{n-1}\cdots y_2 y_1 y_0$。

假设信道是无记忆的,意味着任意特定符号发生错误的概率独立于发生在所有其他符号的事件。进一步假设二进制对称信道的转移概率 $P_r(y_i|\boldsymbol{x}_i)$ 对所有的传送都是常数,因而

$$
P_r[\boldsymbol{y}\mid\boldsymbol{x}]=\prod_{n'=0}^{n-1}P_r(y_n'\mid x_n')
\tag{6.4}
$$

对于二进制对称信道有 $P_r(1|0)=P_r(0|1)=p$,所以 $P_r(0|0)=P_r(1|1)=1-p$,则二进制对称信道引发错误使 $\boldsymbol{e}=0001011$ 的概率为

$$
P_r[\boldsymbol{e}=0001011]=p\times p\times(1-p)\times(1-p)\times(1-p)
\tag{6.5}
$$

一般来说,二进制对称信道在长度为 $n$ 的分组码字的特定位置引发 $e'$ 个错误序列的概率为

$$
P_r[\text{在码字的特定位置发生 } e' \text{ 个错误}]=p^{e'}(1-p)^{n-e'}
\tag{6.6}
$$

这一结论被用来计算 $P_r(\boldsymbol{y}|\boldsymbol{x}_m)$,即在给定 $\boldsymbol{x}_m$ 被传输的前提下接收到 $\boldsymbol{y}$ 的概率,这个概率可由下式给出:

$$
P_r(\boldsymbol{y}\mid\boldsymbol{x}_m)=p^{d_H}(1-p)^{n-d_H}
\tag{6.7}
$$

其中 $d_H$ 是 $\boldsymbol{x}_m$ 和 $\boldsymbol{y}$ 之间的汉明距离。

长度为 $n$ 且包含 $e'$ 个错误的特定序列的数目可由下面的二项式系数给出:

$$
\binom{n}{e'}=\frac{n!}{e'!(n-e')!}
\tag{6.8}
$$

因而,二进制对称信道引发的在长度为 $n$ 的分组中包含 $e'$ 个错误序列的概率为

$$
P_r[\text{在长度为 } n \text{ 的分组中发生 } e' \text{ 个错误}]=\binom{n}{e'}p^{e'}(1-p)^{n-e'}
\tag{6.9}
$$

#### 4. 最佳译码准则

译码器的输入是接收到的矢量 $\boldsymbol{y}$，预先已知全部码字 $\boldsymbol{x}_m(m=0,1,\cdots,2^k-1)$ 的集合。信源输出消息的概率 $Q_M(m)$ 和信道转移概率 $P_r(\boldsymbol{y}|\boldsymbol{x}_m)$。利用上述信息，设计译码器对传送的码字做出"最佳可能"的估计。"最佳可能"估计是指估计的结果提供给信息用户的平均比特错误的数值最小。比特错误概率记作 $P_b$。

首先考虑比较简单的情况。我们按以下方法选择译码规则：在不考虑某个特定码字发生错误所引起的信息比特错误数量的情况下，选择译码准则使得对传送码字做出不正确估计的概率最小。分组译码的错误概率记为 $P_B$，译码器对传送的码字的估值记为 $\hat{\boldsymbol{x}}$，已知接收到的矢量为 $\boldsymbol{y}$ 和 $\hat{\boldsymbol{x}}=\boldsymbol{x}_m$，如 $\boldsymbol{x}_m$ 确实是被传送的码字，则译码器的估值就是正确的。因此，如果译码器选择的估值 $\hat{\boldsymbol{x}}$ 与被传送的码字越一致，$P_e$ 就越小。也就是说，应选择 $\hat{\boldsymbol{x}}$ 等于具有最大后验概率 $P_r(\boldsymbol{x}_m|\boldsymbol{y})$ 的那个 $\boldsymbol{x}_m$。利用这一准则，可得到一译码表，给出了每个 $\boldsymbol{y}$ 所对应的译码器输出 $\hat{\boldsymbol{x}}$。因为 $\boldsymbol{y}$ 有 $2^n$ 种可能，而码字只需要 $2^k$ 个，在这种准则下就会有多个 $\boldsymbol{y}$ 映射到同一 $\boldsymbol{x}_m$ 的情形。所有对应于最佳译码器的估值 $\hat{\boldsymbol{x}}=\boldsymbol{x}_m$ 的 $\boldsymbol{y}$ 的集合称为 $\boldsymbol{x}_m$ 的判决区域，有 $2^n$ 种取值可能的 $\boldsymbol{y}$ 的整个空间被划分为 $2^k$ 个互不重叠的判决区域，对每一可能的消息都存在一判决区域。

为计算后验概率 $P_r(\boldsymbol{x}_m|\boldsymbol{y})$，利用贝叶斯准则

$$P(B\mid A)=\frac{P(A\mid B)P(B)}{P(A)},\quad P(A)\neq 0 \tag{6.10}$$

由概率理论有

$$P_r[\boldsymbol{x}_m\mid\boldsymbol{y}]P_r[\boldsymbol{y}]=P_r[\boldsymbol{y}\mid\boldsymbol{x}_m]P_r[\boldsymbol{x}_m] \tag{6.11}$$

因而

$$P_r[\boldsymbol{x}_m\mid\boldsymbol{y}]=\frac{P_r[\boldsymbol{y}\mid\boldsymbol{x}_m]P_r[\boldsymbol{x}_m]}{P_r[\boldsymbol{y}]} \tag{6.12}$$

等式右端的分母为

$$P_r[\boldsymbol{y}]=\sum_{m'=0}^{2^k-1}Q_M[m']P_r[\boldsymbol{y}\mid\boldsymbol{x}_m'] \tag{6.13}$$

它是正数且独立于消息 $m$。

因此，解码准则又可以变为：选择使得式(6.14)最大的 $\boldsymbol{x}_m$ 作为译码器的估值 $\hat{\boldsymbol{x}}$，这个等式在已知式(6.4)的信道转移概率和消息的先验概率时可求解。

$$P_r[\boldsymbol{y}\mid\boldsymbol{x}_m]P_r[\boldsymbol{x}_m]=P_r[\boldsymbol{y}\mid\boldsymbol{x}_m]Q_M[m] \tag{6.13}$$

当所有消息的概率相等时，译码准则可进一步简化为选择使得 $P_r[\boldsymbol{y}\mid\boldsymbol{x}_m]$ 最大的 $\boldsymbol{x}_m$ 作为译码器的估值 $\hat{\boldsymbol{x}}$。

对于二进制对称信道，$P_r[\boldsymbol{y}\mid\boldsymbol{x}_m]$ 由式(6.7)给出。因为对数对于递增变量是单调递增函数，所以，$P_r[\boldsymbol{y}\mid\boldsymbol{x}_m]$ 的对数也可以在不改变任何译码器判决的情况下应用到最大似然译码准则中。取式(6.7)的对数，对于二进制对称信道(BSC)的译码准则可表示为：选择使得式(6.15)最大的 $\boldsymbol{x}_m$ 作为译码器的估值 $\hat{\boldsymbol{x}}$。

$$\lg\{P_r[\boldsymbol{y} \mid \boldsymbol{x}_m]\} = d_H \lg(p) + (n - d_H)\lg(1-p)$$

$$= d_H \lg\left(\frac{p}{1-p}\right) + n\lg(1-p) \tag{6.15}$$

在等式中，$d_H$是接收到的$n$维矢量与所考虑的$n$维码字间的汉明距离。

因为对于$p<0.5$，有$\lg[p/(1-p)]$，所以使式(6.15)最大即等效为使$d_H$最小，因而译码准则就是最小距离译码准则。对于$p<0.5$的二进制对称信道(BSC)，译码器将选择在汉明距离上与接收到的矢量$\boldsymbol{y}$最近的码字作为它的估值$\hat{\boldsymbol{x}}$。

例如，现有如表6.1给出的$n=7$、$k=4$的汉明码，假设二进制对称信道(BSC)的输出为$n$维矢量$\boldsymbol{y}=0101101$，译码器要计算矢量$\boldsymbol{y}$与所有可能的码字$\boldsymbol{x}_m$间的汉明距离$d_H(\boldsymbol{y}, \boldsymbol{x}_m)$，译码器将输出与矢量$\boldsymbol{y}$和汉明距离最小的码字$\boldsymbol{x}_m$作为它的估值$\hat{\boldsymbol{x}}$。本例最小距离是1，消息$x_5=0101100=\hat{\boldsymbol{x}}$。

上述译码准则可实现最小可能的分组译码错误概率。我们假设分组译码错误概率的最小化也意味着所译出的比特错误概率最小化。通过合理设计消息与码字的映射关系，可使上面的假设成立。选择消息的映射应使得最可能的分组译码错误所引起的比特错误数最小。

**5. 译码区域与错误概率**

最小距离译码器是通过找寻与接收的$n$维矢量$\boldsymbol{y}$最接近的码字$\boldsymbol{x}_m$来进行工作的。正如前面提到的，从概念上这也可通过把所有可能接收的矢量$\boldsymbol{y}$的空间划分出区域来实现。在任一区域内的所有矢量$\boldsymbol{y}$都选择在汉明距离上最近的特定码字$\boldsymbol{x}_m$而不是其他$\boldsymbol{x}_m'$，因而译码器可通过找寻包含接收矢量$\boldsymbol{y}$的判决区域并把估值$\hat{\boldsymbol{x}}$取为与这一区域关联的码字$\boldsymbol{x}_m$。

表6.2给出了表6.1中汉明码所有可能的7维矢量的集合的划分。表6.2中的第一列含有编码中的16个码字，表中其他列包含了其他所有的7维矢量，每个码字所对应的译码区域就是包含码字本身且与码字同处一行的7维矢量的集合。表6.2中所有的128个二进制7维矢量分成8列16行。

**表 6.2　表 6.1 所示编码的译码表**

| | | | | | | | |
|---|---|---|---|---|---|---|---|
| 0000000 | 1000000 | 0100000 | 0010000 | 0001000 | 0000100 | 0000010 | 0000001 |
| 0001011 | 1001011 | 0101011 | 0011011 | 0000011 | 0001111 | 0001001 | 0001010 |
| 0010110 | 1010110 | 0110110 | 0000110 | 0011110 | 0010010 | 0010100 | 0010111 |
| 0011101 | 1011101 | 0111101 | 0001101 | 0010101 | 0011001 | 0011111 | 0011100 |
| 0100111 | 1100111 | 0000111 | 0110111 | 0101111 | 0100011 | 0100101 | 0100110 |
| 0101100 | 1101100 | 0001100 | 0111100 | 0100100 | 0101000 | 0101110 | 0101101 |
| 0110001 | 1110001 | 0010001 | 0100001 | 0111001 | 0110101 | 0110011 | 0110000 |
| 0111010 | 1111010 | 0011010 | 0101010 | 0110010 | 0111110 | 0111000 | 0111011 |
| 1000101 | 0000101 | 1100101 | 1010101 | 1001101 | 1000001 | 1000111 | 1000100 |
| 1001110 | 0001110 | 1101110 | 1011110 | 1000110 | 1001010 | 1001100 | 1001111 |
| 1010011 | 0010011 | 1110011 | 1000011 | 1011011 | 1010111 | 1010001 | 1010010 |
| 1011000 | 0011000 | 1111000 | 1001000 | 1010000 | 1011100 | 1011010 | 1011001 |
| 1100010 | 0100010 | 1000010 | 1110010 | 1101010 | 1100110 | 1100000 | 1100011 |
| 1101001 | 0101001 | 1001001 | 1111001 | 1100001 | 1101101 | 1101011 | 1101000 |
| 1110100 | 0110100 | 1010100 | 1100100 | 1111100 | 1110000 | 1110110 | 1110101 |
| 1111111 | 0111111 | 1011111 | 1101111 | 1110111 | 1111011 | 1111101 | 1111110 |

可以手工验证的是相应码字的判决区域内的任一 7 维矢量与码字间的汉明距离为 0 或 1,同样可以验证的是与一码字间的汉明距离为 0 或 1 的所有 7 维矢量都在与这个码字相应的判决区域内,码字本身也在其译码区域内。

表 6.2 这样的译码表一旦给定,就可计算分组译码的错误概率。当码字 $x_m$ 被发送,传送中发生错误使得接收到的 $n$ 维矢量 $y$ 落了在不同码字 $x_m'$ 的译码区域时,就会发生分组译码错误。把消息 $m$ 或码字 $x_m$ 的译码区域标记为 $\Lambda_m$,$\Lambda_m$ 外的所有 $n$ 维矢量标记为 $\overline{\Lambda_m}$。当接收到的 $n$ 维矢量 $y$ 处在 $\Lambda_m$ 时,译码器输出为 $\hat{x} = x_m$。

只要是码字 $x_m$ 被发送,而接收的矢量 $y$ 处在 $\Lambda_m$ 时,就会发生译码错误。假定消息 $m$ 被传送,则条件分组错误概率 $P_{B_m}$ 为

$$P_{B_m} = P(y \in \overline{\Lambda_m} \mid x_m) = \sum_{y \in \overline{\Lambda_m}} P_r(y \mid x_m) \tag{6.16}$$

其中的和式是对所有不在消息 $m$ 对应的判决区域的 $n$ 维矢量 $y$ 求和。上式中对消息概率可通过对所有消息取平均而去掉条件,于是得到:

$$P_B = \sum_{m=0}^{2^{k-1}} Q_M(m) P_{B_m} \tag{6.17}$$

例如,对于表 6.1 中的汉明码和表 6.2 中给定的译码表,任一传送的消息当有超过单个传输错误发生时,译码错误就会发生,因而,$P_{B_m}$ 独立于消息 $m$,且

$$P_{B_m} = \sum_{e'=2}^{7} P_r[\text{长度为 7 的分组中有 } e' \text{ 个错误}]$$

$$= \sum_{e'=2}^{7} \binom{7}{e'} p^{e'} (1-p)^{7-e'}$$

对于任一消息 $m$,它的先验概率为 $Q_M(m) = 2^{-k}$,所以分组错误概率 $P_B$ 为

$$P_B = \sum_{m=0}^{15} \frac{1}{16} P_{B_m}$$

上式计算相对容易,可得到 $P_B$ 作为二进制对称信道(BSC)的转移概率的函数曲线。

上式给出了分组错误概率与二进制对称信道(BSC)的错误概率 $p$ 之间的关系,要完成分析,必须得到分组错误概率 $P_B$ 与译码器输出比特错误概率 $P_b$ 间的关系。当一个分组错误发生时,相应发生错误的信息比特数是分组错误引发的特定译码器信息输出的函数。当传送的消息 $m$ 被译码为 $m'$ 时,引起的比特错误数记为 $B(m, m')$。例如,当表 6.1 编码中的码字 2 被传送时,却在译码器端估算出发送端发送的是码字 3,这时就会在第 4 比特位 $t$ 发生 1 位比特的错误,即 $B(2, 3) = 1$。把特定的消息 $m$ 译码为另一特定消息 $m'$ 的概率记为 $P_B(m, m')$,这一概率也是当 $x_m$ 被传送时而接收到的矢量 $y$ 处在 $\Lambda_m'$ 的概率,为

$$P_B(m, m') = \sum_{y \in \Lambda_m'} P_r(y \mid x_m) \tag{6.18}$$

精确的误比特率为

$$P_b = \frac{1}{k} \sum_{m=0}^{2^k-1} Q_M(m) \sum_{\substack{m'=0 \\ m'=m}}^{2^k-1} B(m, m') \frac{1}{16} \tag{6.19}$$

式(6.19)中，系数 $1/k$ 是由于每一传送的码字被译码后即会得到 $k$ 位比特信息所致，如没有这一项，该式的结果将是每分组错误比特的平均数。这个表达式只做最简单的编码，而对于很大的 $k$ 来说，计算时间极长而无法计算。对于线性码，上述关系可被简化。

### 6. 编码增益

采用前向纠错的目的就是能改善通信的效率，这可根据实现要求的比特错误概率所需的发送功率来衡量。系统的编码增益就是在无编码和有编码的情况下实现同一特定误码概率 $P_b$ 所需的信噪比 $E_b/N_0$ 间的差值。一般情况下，编码增益是 $P_b$ 的函数。

编码增益的计算非常直观，但是，在有编码的情形下计算二进制对称信道(BSC)的错误概率时必须保证所用的信噪比是正确的。前面已述及，编码器输出的符号速率大于编码器输入的比特速率，因而，编码器每一输出符号的发送能量 $E_s$ 小于每比特的能量 $E_b$，二者之间的关系为 $E_s = RE_b$，其中 $R$ 为编码速率。

考虑二进制移相键控系统(BPSK)，在无前向纠错的情况下可求出其误比特率。如系统采用前向纠错，编码速率为 $R$，且仍采用二进制移相键控系统(BPSK)，用来计算译码比特错误概率 $p$ 的误码率可由 $R'_m = R$ 代入得到。计算的编码增益与计算编码系统的 $P_b$ 所采用的技术有关。在大多情形下采用 $P_b$ 的下界，故计算的编码增益是实际编码增益的下界。

例如，一通信系统在无编码和采用码率为 $R = 4/7$ 的汉明编码的情形下都利用相干二进制移相键控作为调制方式。无编码时，计算出比特错误概率，有编码时，计算得到二进制对称信道的错误概率，进而把结果代入式(6.19)得到比特错误概率。计算式(6.19)所需的参数可以利用计算机对所有成对码字进行详细检查的结果来决定。图 6.6 给出了精确的计算结果。编码增益等于图 6.6 中两条曲线间隔的分贝数。在比特错误概率为 $10^{-6}$ 时，编码增益大约为 0.5 dB。从图中可以看出，两条曲线的间隔不是常数，所以编码增益随信噪比的不同而变化，同时两条曲线在信噪比大约为 5.75 dB 处相交，说明在低信噪比时通信系统不采用纠错编码，性能反而更好。

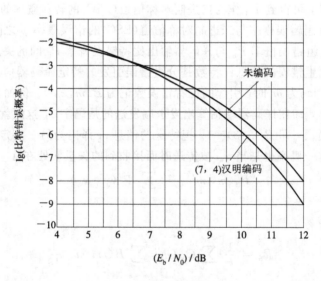

图 6.6 (7，4)汉明码的比特错误概率与 $E_b/N_0$ 的关系曲线

## 6.2.2　线性分组码

前面讨论的问题具有普遍意义，其中码字是经过合理选择的 $n$ 维矢量集合，并把它与 $k$ 维消息矢量建立合理的映射关系，从而得到很好的通信性能。在本小节中讨论的问题是，编码矢量的集合限制为所有可能的 $n$ 维矢量集合的某些特定子集，这些特定子集的性质有利于编、译码的操作；另外，这些特性也同时使得这些编码系统的性能预测变得容易。为了讨论这些编码，首先需要掌握模 2 矢量运算和线性矢量空间的概念。

### 1. 模 2 矢量运算

现考虑两个二进制矢量 $\boldsymbol{a}=a_{n-1}\cdots a_2 a_1 a_0$ 和 $\boldsymbol{b}=b_{n-1}\cdots b_2 b_1 b_0$ 值均取自集合 $\{0,1\}$ 两个矢量的模 2 和，即 $\boldsymbol{c}=\boldsymbol{a}+\boldsymbol{b}$ 如前面提到的是两个矢量的元素逐项模 2 加，因而有 $c_0=a_0+b_0$，$c_1=a_1+b_1$，依此类推。标量 $b$ 与矢量 $\boldsymbol{a}$ 的积 $\boldsymbol{c}=b\boldsymbol{a}$ 定义为矢量的各元素逐项与标量 $b$ 的乘积，有 $c_0=b\cdot a_0$，$c_1=b\cdot a_1$。两矢量的点积 $\boldsymbol{c}=\boldsymbol{a}\cdot\boldsymbol{b}$ 由下式定义：

$$\boldsymbol{a}\cdot\boldsymbol{b}=(a_0\cdot b_0)+(a_1\cdot b_1)+(a_2\cdot b_2)+\cdots+(a_{n-1}\cdot b_{n-1}) \tag{6.20}$$

其中所有的加法和乘法都为模 2 运算。如两个矢量的点积为零，则定义这两矢量是正交的。

利用矢量的运算规则来定义矢量的线性组合，即：给定任一由 $k$ 个 $n$ 维二进制矢量组成的集合 $g_{k-1}$，$\cdots$，$g_1$，$g_0$ 和由 $k$ 个二进制标量 $w_{k-1}$，$\cdots$，$w_2$，$w_1$，$w_0$ 组成的集合，下列和式：

$$(w_0\cdot g_0)+(w_1\cdot g_1)+(w_2\cdot g_2)+\cdots+(w_{k-1}\cdot g_{k-1}) \tag{6.21}$$

称为矢量集 $\boldsymbol{g}$ 的线性组合。如果没有一个不全为零的二进制标量集使得上式的线性组合为零矢量 $0=000\cdots 0$，则称由 $k$ 个 $n$ 维二进制矢量组成的集合 $\boldsymbol{g}_{k-1}$，$\cdots$，$\boldsymbol{g}_1$，$\boldsymbol{g}_0$ 是线性独立的；否则，就是线性非独立的。

例如，考虑 4 个 7 维矢量组成的集合：

$$\boldsymbol{g}_3=1000101$$
$$\boldsymbol{g}_2=0100111$$
$$\boldsymbol{g}_1=0010110$$
$$\boldsymbol{g}_0=0001011$$

对于这 4 个矢量，可以有 16 种可能的线性组合，也对应着 16 种不同的二进制 4 维矢量 $\boldsymbol{w}=w_3,w_2,w_1,w_0$。例如，对应于 $\boldsymbol{w}=1101$ 的线性组合为

$$\begin{aligned}\boldsymbol{x}&=(1\cdot\boldsymbol{g}_3)+(1\cdot\boldsymbol{g}_2)+(0\cdot\boldsymbol{g}_1)+(1\cdot\boldsymbol{g}_0)\\&=1000101\\&+0100111\\&+0000000\\&+0001011\\&=1101001\end{aligned}$$

尽管计算过程比较繁琐，但对 4 个矢量 $\boldsymbol{g}$ 的所有 16 种线性组合的计算还是很直观的，这些组合由表 6.3 给出。

表 6.3 线性组合

| $w_3$ | $w_2$ | $w_1$ | $w_0$ | 线性组合 | $w_3$ | $w_2$ | $w_1$ | $w_0$ | 线性组合 |
|---|---|---|---|---|---|---|---|---|---|
| 0 | 0 | 0 | 0 | 0000000 | 1 | 0 | 0 | 0 | 1000101 |
| 0 | 0 | 0 | 1 | 0001011 | 1 | 0 | 0 | 1 | 1001110 |
| 0 | 0 | 1 | 0 | 0010110 | 1 | 0 | 1 | 0 | 1010011 |
| 0 | 0 | 1 | 1 | 0011101 | 1 | 0 | 1 | 1 | 1011000 |
| 0 | 1 | 0 | 0 | 0100111 | 1 | 1 | 0 | 0 | 1100010 |
| 0 | 1 | 0 | 1 | 0101100 | 1 | 1 | 0 | 1 | 1101001 |
| 0 | 1 | 1 | 0 | 0110001 | 1 | 1 | 1 | 0 | 1110100 |
| 0 | 1 | 1 | 1 | 0111010 | 1 | 1 | 1 | 1 | 1111111 |

从表中可看出，只有对应 $w=0000$ 的线性组合的结果等于零矢量 $0=0000000$。因而，矢量集 $g_3$，$g_2$，$g_1$，$g_0$ 是线性独立的。表 6.1 给出了 $R=4/7$ 的汉明码，比较表 6.1 和表 6.3 可发现这两个表是一致的，即矢量 $g_3$ 到 $g_0$ 的 16 种线性组合生成了所有 16 种可能的汉明码字，对应一个码字的特定线性组合由消息矢量的二进制表达式给出，也就是说，消息矢量的元素 $w_3$，$w_2$，$w_1$，$w_0$ 定义了哪些 $g$ 组合而形成码字。因而 $R=4/7$ 的汉明码完全由 $g_3$ 到 $g_0$ 的 4 个矢量所决定，故这些矢量也称作码字的生成矢量。

**2. 二进制线性矢量空间**

二进制矢量空间是满足一定条件的 $k$ 个 $n$ 维二进制矢量 $(x_{k-1}，\cdots，x_2，x_1，x_0)$ 的集合，即满足下列条件：

(1) 集合中的任意两个矢量的模 2 和仍是集合中的另一矢量。

(2) 集合中的任一矢量与 $\{0，1\}$ 中的一元素的模 2 标量积仍是集合中的一矢量。

(3) 满足分配律。如果 $b_1$ 和 $b_2$ 都是取值为 $\{0，1\}$ 的标量，$x_1$ 和 $x_2$ 是集合中的两个矢量，则有：

$$b_1 \cdot (x_1 + x_2) = (b_1 \cdot x_1) + (b_1 \cdot x_2)$$
$$(b_1 + b_2) \cdot x_1 = (b_1 \cdot x_1) + (b_2 \cdot x_1)$$

(6.22)

(4) 满足结合律。如果 $b_1$ 和 $b_2$ 都是取值为 $\{0,1\}$ 的标量，$x_1$ 是集合中的一个矢量，则有：

$$(b_1 \cdot b_2) \cdot x_1 = b_1 (b_2 \cdot x_1)$$

(6.23)

所有的 $n$ 维二进制矢量构成的集合 $S$ 就是一个矢量空间，因为它满足上述四个条件。首先，由矢量加法的规则可得任意两个 $n$ 维二进制矢量的模 2 和仍是一个 $n$ 维二进制矢量，而所有的 $n$ 维二进制矢量都属于集合 $S$，故条件(1)满足。其次，因为标量积的每一元素都是二进制，其结果即为一个 $n$ 维二进制矢量，而所有的 $n$ 维二进制矢量都属于集合 $S$，所以标量积也属于集合 $S$，(2)满足。(3)和(4)同样可以证明。

**3. 线性分组码**

线性分组码就是一种分组编码，并且它的码字构成了由所有可能的 $n$ 维矢量组成的线性矢量空间的一个 $k$ 维子空间。利用线性空间的特性可得出这样的结论：线性分组码中的任意两个码字矢量的和是另一码字矢量；同样，因为任一码字矢量与它本身的和是一个有效的码字且等于零矢量，故全零矢量一定是每一线性分组码的一个码字矢量。

例如，考虑前例中的矢量集 $g_3$，$g_2$，$g_1$，$g_0$。已经证明，除了$(0 \cdot g_3)+(0 \cdot g_2)+$ $(0 \cdot g_1)+(0 \cdot g_0)$外没有其他的线性组合等于零矢量，即矢量集 $g$ 是线性独立的。同样已经证明，矢量集 $g$ 的 16 种线性组合是汉明码的 16 个码字。因为矢量集 $g$ 的所有线性组合包含在汉明码字中，故码字集 $g$ 是所有 7 维矢量空间的一个线性子空间。因为矢量集 $g$ 是独立的，所以它是可以用来生成子空间的最小矢量集，子空间的维数为 4，即矢量集 $g$ 中的矢量个数。因为子空间的所有矢量都是由矢量 $g$ 的线性组合生成的，故矢量集 $g$ 扩张成该子空间。因而，上例中的汉明码是维数 $k=4$ 的线性分组码。

因为一个分组编码构成了由全部 $n$ 维矢量组成的空间的一个 $k$ 维子空间，所有的码字矢量可由子空间的 $k$ 个线性独立的基本矢量的线性组合生成。这 $k$ 个基本矢量称作码的生成矢量。用矩阵来计算编码的码字非常方便，把编码的生成矢量按列排序组成编码的生成矩阵 $G$，其定义为

$$G = \begin{bmatrix} g_{k-1} \\ \vdots \\ g_1 \\ g_0 \end{bmatrix} = \begin{bmatrix} g_{k-1,n-1} & \cdots & g_{k-1,1} & g_{k-1,0} \\ \vdots & & \vdots & \vdots \\ g_{1,n-1} & \cdots & g_{11} & g_{10} \\ g_{0,n-1} & \cdots & g_{01} & g_{00} \end{bmatrix} \tag{6.24}$$

把消息矢量同前面一样用 $k$ 维矢量 $w_m = w_{m,k-1} \cdots w_{m2} w_{m1} w_{m0}$ 来表征，则码字行矢量 $x_m$ 就等于行矢量 $w_m$ 与矩阵 $G$ 的乘积，即

$$x_m = w_m \times G$$

$$= [w_{m,k-1} \cdots w_{m1} w_{m0}] \times \begin{bmatrix} g_{k-1,n-1} & \cdots & g_{k-1,1} & g_{k-1,0} \\ \vdots & & \vdots & \vdots \\ g_{1,n-1} & \cdots & g_{11} & g_{10} \\ g_{0,n-1} & \cdots & g_{01} & g_{00} \end{bmatrix} \tag{6.25}$$

从上面的等式很明显可看出，每一码字符号为消息符号的模 2 线性组合。某一特定消息符号由生成矩阵 $G$ 组合成特定的编码矢量符号。每一编码矢量符号也可用下式计算：

$$x_{m,j} = \sum_{i=0}^{k-1} w_{m,i} \cdot g_{i,j} \tag{6.26}$$

其中的和为模 2 和。使用线性编码的一个好处就是用上式实现码字的生成非常容易。

例如，汉明码的生成矩阵 $G$ 为

$$G = \begin{bmatrix} 1 & 0 & 0 & 0 & 1 & 0 & 1 \\ 0 & 1 & 0 & 0 & 1 & 1 & 1 \\ 0 & 0 & 1 & 0 & 1 & 1 & 0 \\ 0 & 0 & 0 & 1 & 0 & 1 & 1 \end{bmatrix}$$

则对应于消息矢量 $w=1101$ 的码字为

$$x = w \times G = [1101] \times \begin{bmatrix} 1 & 0 & 0 & 0 & 1 & 0 & 1 \\ 0 & 1 & 0 & 0 & 1 & 1 & 1 \\ 0 & 0 & 1 & 0 & 1 & 1 & 0 \\ 0 & 0 & 0 & 1 & 0 & 1 & 1 \end{bmatrix}$$

$$= [1101001]$$

一个线性编码是所有 $n$ 维矢量组成的空间的一个线性子空间。这一子空间的零空间也是一个子空间，并且可以用生成基矢量或生成矩阵来表征。零空间的生成矩阵用 $H$ 来表示，它的生成基本矢量用 $h_{n-k-1}$，$\cdots$，$h_1$，$h_0$ 来表示，则零空间的生成矩阵为

$$H = \begin{bmatrix} h_{n-k-1} \\ \vdots \\ h_1 \\ h_0 \end{bmatrix} = \begin{bmatrix} h_{n-k-1,n-1} & \cdots & h_{n-k-1,1} & h_{n-k-1,0} \\ \vdots & & \vdots & \vdots \\ h_{1,n-1} & \cdots & h_{11} & h_{10} \\ h_{0,n-1} & \cdots & h_{01} & h_{00} \end{bmatrix} \tag{6.27}$$

这一矩阵称作由生成矩阵 $G$ 定义的编码的奇偶校验矩阵。当编码空间的维数为 $k$ 时，零空间的维数为 $n-k$。由定义可知，零空间中的所有矢量与全部码字矢量正交，因为矢量 $h_j$ 是零空间的成员，它们与任一码字矢量正交，所以对于任意的 $m=0,1,\cdots,2^{k-1}$ 和 $j=0,1,\cdots,n-k-1$ 有 $x_m \cdot h_j = 0$，用矩阵表示为

$$0 = x_m \times H^{\mathrm{T}} = x_m \times [h_{n-k-1}^{\mathrm{T}} \cdots h_1^{\mathrm{T}} h_0^{\mathrm{T}}]$$

$$= [x_{m,n-1} \cdots x_{m1} x_{m0}] \times \begin{bmatrix} h_{n-k-1,n-1} & \cdots & h_{1,n-1} & h_{0,n-1} \\ \vdots & & \vdots & \vdots \\ h_{n-k-1,1} & & h_{11} & h_{01} \\ h_{n-k-1,0} & & h_{10} & h_{00} \end{bmatrix} \tag{6.28}$$

其中的上标 T 表示矩阵的转置。同样可以证明，不是码字的任一矢量 $y$ 不满足上式。因此，矢量 $y$ 当且仅当满足下式时才为码字：

$$0 = y \times H^{\mathrm{T}} \tag{6.29}$$

一个线性分组编码既可以用它的生成矩阵 $G$ 也可以用它的奇偶监督矩阵 $H$ 来描述，二者都有实际应用。

例如，$(7,4)$ 线性分组编码的奇偶监督矩阵为

$$H = \begin{bmatrix} 1 & 1 & 1 & 0 & 1 & 0 & 0 \\ 0 & 1 & 1 & 1 & 0 & 1 & 0 \\ 1 & 1 & 0 & 1 & 0 & 0 & 1 \end{bmatrix}$$

$n$ 维矢量 $y = 1001111$ 与矩阵 $H$ 的转置矩阵的乘积为

$$[1001111] \cdot \begin{bmatrix} 1 & 0 & 1 \\ 1 & 1 & 1 \\ 1 & 1 & 0 \\ 0 & 1 & 1 \\ 1 & 0 & 0 \\ 0 & 1 & 0 \\ 0 & 0 & 1 \end{bmatrix} = [0\ 0\ 1]$$

结果不为零，说明矢量 $y$ 不是一个有效的码字。

**4. 系统线性分组编码**

如上所述，任一编码矢量符号是消息符号的一个线性组合，因而并没有要求消息符号本身必须出现在码字中。系统分组编码就是它的生成矩阵可使得它的消息符号直接出现在码字矢量中的一种编码。系统编码是所有线性编码的一子集。如生成矩阵 $G$ 有如下所示的

形式，消息符号就会直接出现在码字中：

$$\boldsymbol{x}_m = w_{m,k-1} \cdots w_{m1} w_{m0} x_{m,n-k-1} \cdots x_{m1} x_{m0}$$

$$= [w_{m,k-1} \cdots w_{m1} w_{m0}] \times \begin{bmatrix} 1 & \cdots & 0\,0\,0 & g_{k-1,n-k-1} & \cdots & g_{k-1,1} & g_{k-1,0} \\ & & \vdots & \vdots & & \vdots & \vdots \\ 0 & \cdots & 1\,0\,0 & g_{2,n-k-1} & \cdots & g_{2,1} & g_{2,0} \\ 0 & \cdots & 0\,1\,0 & g_{1,n-k-1} & \cdots & g_{1,1} & g_{1,0} \\ 0 & \cdots & 0\,0\,1 & g_{0,n-k-1} & \cdots & g_{0,1} & g_{0,0} \end{bmatrix} \quad (6.30)$$

很显然，生成矩阵 $\boldsymbol{G}$ 的左边为一单位矩阵。对于系统码，它的前 $n-k$ 个码字矢量符号是消息符号的奇偶校验。可以证明的是这种系统码存在且它的误码纠错性能与任一给定的线性码相同。表 6.1 给出的汉明码就是系统码，消息符号出现在每一码字矢量的左边。

对于系统码，它的奇偶监督矩阵 $\boldsymbol{H}$ 可直接从生成矩阵得到。特别地，对应给定的生成矩阵，它的奇偶监督矩阵 $\boldsymbol{H}$ 为

$$\boldsymbol{H} = \begin{bmatrix} g_{k-1,n-k-1} & \cdots & g_{1,n-k-1} & g_{0,n-k-1} & 1 & \cdots & 0\,0\,0 \\ \vdots & & \vdots & \vdots & & & \vdots \\ g_{k-1,2} & \cdots & g_{1,2} & g_{0,2} & 0 & \cdots & 1\,0\,0 \\ g_{k-1,1} & \cdots & g_{1,1} & g_{0,1} & 0 & \cdots & 0\,1\,0 \\ g_{k-1,0} & \cdots & g_{1,0} & g_{0,0} & 0 & \cdots & 0\,0\,1 \end{bmatrix} \quad (6.31)$$

**5. 线性分组码的距离特性**

编码的距离特性是表征它纠错能力的重要特性。对于码字长度为 $n$、编码速率为 $R$ 的好码就是指任意两个码字间的汉明距离尽可能的大。译码器采用最小距离译码时，当信道发生错误导致接收到的 $n$ 维矢量在汉明距离上更接近不同于发送的码字时，分组译码就会发生错误。为计算分组错误或比特错误概率，就必须知道所有码字对之间的汉明距离。

现讨论线性分组编码中任意两个码字 $\boldsymbol{x}_m$ 和 $\boldsymbol{x}_{m'}$ 的汉明距离 $d_H(\boldsymbol{x}_m, \boldsymbol{x}_{m'})$。假设另一码字矢量 $\boldsymbol{x}_a$ 同时叠加到 $\boldsymbol{x}_m$ 和 $\boldsymbol{x}_{m'}$，则矢量 $\boldsymbol{x}_n$ 为 1 的位置使得矢量 $\boldsymbol{x}_m$ 和 $\boldsymbol{x}_{m'}$ 和式中对应位置同时发生变化。因为 $\boldsymbol{x}_m$ 和 $\boldsymbol{x}_{m'}$ 发生变化的位置相同，故叠加矢量 $\boldsymbol{x}_a$ 后的和式间的汉明距离与原始码字间的汉明距离相同，即 $d_H(\boldsymbol{x}_m + \boldsymbol{x}_a, \boldsymbol{x}_{m'} + \boldsymbol{x}_a) = d_H(\boldsymbol{x}_m, \boldsymbol{x}_{m'})$。既然矢量 $\boldsymbol{x}_n$ 是任一码字矢量，不妨让 $\boldsymbol{x}_a = \boldsymbol{x}_{m'}$，则有 $d_H(\boldsymbol{x}_m + \boldsymbol{x}_{m'}, \boldsymbol{x}_{m'} + \boldsymbol{x}_{m'}) = d_H(\boldsymbol{x}_m + \boldsymbol{x}_{m'}, 0)$。因而，线性分组编码中的任意两个码字矢量间的汉明距离等于码字中的另一码字与零码字矢量间的距离。事实上，任一特定码字矢量与其他所有码字矢量间的汉明距离的集合等于零码字矢量与所有非零码字矢量间的汉明距离的集合。分组编码的最小距离 $d_{\min}$ 等于任意两个不同的码字矢量之间汉明距离的最小值。利用编码的线性特性，编码的最小距离等于码字矢量中零码字矢量与任一非零码字矢量间的最小汉明距离，所以编码的最小距离就是具有最小汉明重量的非零码字矢量的汉明重量。大家已熟知的表 6.1 给出的汉明码的最小距离是 3，从表 6.1 中可以看出非零码字矢量中 1 的个数最小的是 3，与编码的最小距离一致。

最小距离为 $d_{\min}$ 的分组编码采用最小距离译码器时，对发生 $\left[\dfrac{(d_{\min}-1)}{2}\right] \equiv t$ 或小于 $t$ 个错误的传输译码器都可正确译码。这个表达式中记号 $[x]$ 表示小于或等于 $x$ 的最大整数。为证明这一点，现考虑距离 $d_H(\boldsymbol{x}_m, \boldsymbol{y})$ 和 $d_H(\boldsymbol{x}_{m'}, \boldsymbol{y})$，其中的 $\boldsymbol{x}_m$ 是发送的码字矢量，$\boldsymbol{y}$ 是

接收到的矢量，$x_m$ 和 $x_{m'}$ 是最近的邻码，即 $d_H(x_m, x_{m'}) = d_{min}$。如果发生 $t$ 个错误，比起 $x_m$ 来 $x_{m'}$ 不可能更接近 $y$，译码器将正确译码。这时 $d_H(x_m, y) = t$，即矢量 $x_m$ 和 $y$ 有 $t$ 个位置不同。假设这些错误发生在所有可能中最坏的位置，这些位置将使得译码更可能为 $x_{m'}$，而不是 $x_m$，它们就是 $x_m$ 和 $x_{m'}$ 间不同的那些位置，在这些位置上每发生一位错误，将使 $y$ 更接近 $x_{m'}$ 一个单位同时远离 $x_m$ 一个单位。当在这些位置上发生了 $t$ 个错误时，有 $d_H(x_{m'}, y) = d_{min} - t$，因为 $t \leqslant \dfrac{d_{min}-1}{2}$，$(d_{min} - t) \geqslant \dfrac{d_{min}+1}{2} \geqslant \dfrac{d_{min}-1}{2}$，所以比起 $x_{m'}$ 来，$x_m$ 更接近 $y$，总可以正确译码。这一特性可用来得到分组与比特错误概率间有用的关系。值得注意的是，尽管 $t$ 个传输错误总可以被纠正过来，但最小距离译码器有时也可以纠正超过 $t$ 个传输错误的错误图样。

### 6. 用标准阵列译码

对于线性分组编码构造译码区间 $\Lambda_m$ 有一种非常方便有效的方法。回顾一下，译码区间把所有 $n$ 维矢量构成的空间划分为若干子集，使得落在区间 $\Lambda_m$ 的所有接收矢量 $y$ 是由发送端的消息矢量 $x_m$ 传输得到的可能性最大。对于错误概率小于 0.5 的二进制对称信道，这也就意味着落在区间 $\Lambda_m$ 的所有接收矢量 $y$ 在汉明距离上与其他码字矢量 $x_{m'}$ 相比更接近 $x_m$。构造译码区间是通过计算 $2^n$ 种可能的接收矢量 $y$ 的每一种与所有码字矢量 $x_m$ 间的汉明距离，从而把 $y$ 放置到适当的区间来实现的。

用下列步骤来构造二进制对称信道的译码区间非常容易。首先，把所有的编码矢量 $x_m$ 排成一行，全零矢量放在行的最左边，接着选择一个与第一行任一码字都不相同的错误矢量 $e_1$ 并把它放在全零矢量的下面。完成了这一步后，刚刚选择的错误矢量应该是可以纠正的错误矢量，也就是说，当错误发生时，接收到的矢量仍可被正确译码。尽管这一错误矢量的选择是任意的，但可以证明，若具有纠正最大可能错误矢量的能力，就可以收到好的通信系统性能。既然错误矢量的概率随着重量的降低而增加，选择的最佳错误矢量应是具有最小重量的矢量，在所有情形中，第一个选择的错误矢量是重量为 1 的矢量。现在把错误矢量 $e_1$ 与第一行所有的非零码字矢量相加，把结果排成一行且放在错误矢量 $e_1$ 的右边、相应码字矢量的下面。接着再选择另一错误矢量 $e_2$，也把它放在全零矢量的下面，选择的错误矢量应是没有在前面两行出现过的具有尽可能小的汉明重量的矢量，同样计算错误矢量 $e_2$ 与第一行全部非零码字矢量 $e_2$ 的和，结果排成一行且放在相应码字矢量的下面。重复这一步骤，直到所有的 $n$ 维矢量都被穷尽。最后可得如下标准阵列：

$$
\begin{array}{ccccc}
x_0 & x_1 & x_2 & \cdots & x_{2^k}-1 \\
e_1 + x_0 & e_1 + x_1 & e_1 + x_2 & \cdots & e_1 + x_{2^k}-1 \\
e_2 + x_0 & e_2 + x_1 & e_2 + x_2 & \cdots & e_2 + x_{2^k}-1 \\
\vdots & \vdots & \vdots & & \vdots \\
e_{2^{n-k}-1} + x_0 & e_{2^{n-k}-1} + x_1 & e_{2^{n-k}-1} + x_2 & \cdots & e_{2^{n-k}-1} + x_{2^k-1}
\end{array}
\qquad (6.32)
$$

这里所采用的构造过程和编码的线性特性，使在阵列中的每个 $n$ 维矢量都是不同的，且所有 $2^n$ 种可能的 $n$ 维矢量仅在阵列中出现一次，阵列总共有 $2^{n-k}$ 行。

用标准阵列来译码是通过把与码字矢量 $x_m$ 同一列（包含码字矢量 $x_m$ 本身）的所有 $n$ 维矢量定义为译码区间 $\Lambda_m$ 来实现的。只要接收矢量与码字矢量在同一列，译码器就会输出

消息 $m$。因为所有的 $n$ 维矢量在阵列中仅出现一次，故所有的接收矢量 $y$ 仅会出现在一个单独的译码区间 $\Lambda_m$（列）且被惟一地译码。仔细检查标准阵列就会发现，对于任意码字矢量，如果实际的错误图样是任一错误矢量 $e_j$，则接收矢量 $y$ 与码字矢量 $x_m$ 会处于同一列并将被正确译码。这样，选择的错误图样是可被纠正的。选择错误矢量 $e_j$ 的惟一条件就是它没有出现在它上面的行中。可以证明，任何没有在标准阵列的第一列中出现的错误矢量是不可被纠正的，事实上这些错误矢量将导致分组译码错误。对于任一 $(n,k)$ 线性分组编码，标准阵列译码法能正确地纠正 $2^{n-k}$ 个错误矢量，包括全零错误矢量。

要得到好的通信性能，应该选择没有出现在已经构造好的行中的、可纠正的且具有尽可能小的重量的错误矢量。同样可以证明，由上述规则得出的标准阵列构造出的译码区间实际上就是最小距离译码区间。因此，生成标准阵列对于线性分组编码得到其译码区间 $\Lambda_m$ 是一个正确的过程。

标准阵列译码可利用奇偶监督矩阵得到简化。回顾一下，任一线性编码的码字满足：

$$0 = x_m \times H^T \tag{6.33}$$

且任一接收矢量为 $y = x_m + e_j$，接收矢量 $y$ 与奇偶监督矩阵的转置矩阵的积被称做 $y$ 的校正子，

$$(e_j + x_m) \times H^T = e_j \times H^T + x_m \times H^T = e_j \times H^T + 0 \tag{6.34}$$

校正子仅仅是错误矢量 $e_j$ 的函数。显然，在标准阵列中同一行的所有接收矢量的校正子都相同，标准阵列中不同行的接收矢量的校正子各不相同。正因为这些因素，译码可由下列步骤完成：

（1）计算接收矢量 $y$ 的校正子。

（2）在标准阵列中寻找与第（1）步计算所得校正子相同的行，并把这一行的错误矢量作为估计的错误矢量。

（3）把估计的错误矢量与接收矢量相加得到估计的传送码字。

如果实际的错误图样就是生成标准阵列时用到的错误图样之一，就会得到正确译码。

标准阵列译码法可以纠正在生成阵列时用到的所有错误矢量，而对其他错误矢量无法纠正，则分组的错误率 $P_B$ 为

$$P_B = 1.0 - \sum_{j=0}^{2^{n-k}-1} p^{w_H(e_j)} (1-p)^{n-w_H(e_j)} \tag{6.35}$$

其中的 $w_H(e_j)$ 是 $e_j$ 的汉明重量。上式等于 1 减去任一可纠正错误矢量出现的概率。

### 7. 线性码的错误概率

上（下）界技术的应用可以简化线性分组编码的分组错误概率的计算。首先，重新考虑前面讨论得出的分组错误概率的结果，对于任意编码（线性或非线性）的平均分组错误概率就是接收矢量 $y$ 落在译码区间 $\Lambda_m$ 之外的概率的平均（对所有的消息 $m$），这个错误概率是：

$$P_B = \sum_{m=0}^{2^k-1} Q_M(m) P_{B_m} \tag{6.36}$$

其中

$$P_{B_m} = P_r(y \in \overline{\Lambda}_m \mid x_m) = \sum_{y \in \overline{\Lambda}_m} P_r(y \mid x_m) \tag{6.37}$$

对于很大的 $n$ 和 $k$ 来说，利用式(6.37)精确计算是很困难的。为了使预测编码系统的性能更容易，编码理论采用上(下)界技术来解决这一问题。

仔细研究区间 $\overline{\Lambda}_m$，其定义为

$$
\begin{aligned}
\overline{\Lambda}_m &= \{ \boldsymbol{y} \mid \ln[P_r(\boldsymbol{y} \mid \boldsymbol{x}_{m'})] \geqslant \ln[P_r(\boldsymbol{y} \mid \boldsymbol{x}_m)], \text{某些 } m' \neq m \} \\
&= \bigcup_{m' \neq m} \{ \boldsymbol{y} \mid \ln[P_r(\boldsymbol{y} \mid \boldsymbol{x}_{m'})] \geqslant \ln[P_r(\boldsymbol{y} \mid \boldsymbol{x}_m)] \} \\
&= \bigcup_{m' \neq m} \Lambda_{mm'}
\end{aligned}
\tag{6.38}
$$

其中

$$
\Lambda_{mm'} = \left\{ y \mid \ln \frac{P_r(\boldsymbol{y} \mid \boldsymbol{x}_{m'})}{P_r(\boldsymbol{y} \mid \boldsymbol{x}_m)} \geqslant 0 \right\}
\tag{6.39}
$$

对于每个 $m$ 和 $m'$ 来说，区间 $\Lambda_{mm'}$ 是由所有在不考虑任何其他码字的情况下，相对于 $\boldsymbol{x}_m$ 来说更可能是由 $\boldsymbol{x}_{m'}$ 传输所得到的所有接收矢量 $\boldsymbol{y}$ 组成的。也就是说，所有接收矢量 $\boldsymbol{y}$ 组成的空间被分成两个译码区间，一个是 $\boldsymbol{x}_m$ 的，另一个是 $\boldsymbol{x}_{m'}$ 的。因为对于特定的 $m$ 和 $m'$ 来说，所有接收矢量 $\boldsymbol{y}$ 一定包含在区间 $\Lambda_{mm'}$ 或 $\overline{\Lambda}_{mm'}$ 中，区间 $\overline{\Lambda}_{mm'}$ 对不同的 $m$ 和 $m'$ 来说是相交的。由概率理论可知，一联合事件的概率小于或等于各组成事件的概率之和。因而，分组错误概率可由下式给出上界：

$$
\begin{aligned}
P_{B_m} &= P_r(\boldsymbol{y} \in \overline{\Lambda}_m \mid \boldsymbol{x}_m) = P_r\left(\boldsymbol{y} \in \bigcup_{m' \neq m} \Lambda_{m'm} \mid \boldsymbol{x}_m\right) \\
&\leqslant \sum_{m' \neq m} P_r(\boldsymbol{y} \in \Lambda_{m'm} \mid \boldsymbol{x}_m) = \sum_{m' \neq m} P_B'(m, m')
\end{aligned}
\tag{6.40}
$$

其中的 $P_B'(m, m')$ 是在编码中仅有 $m$ 和 $m'$ 两个码字的假设下的分组错误概率。

$P_B'(m, m')$ 可利用已给出的方法进行估值。特别地，现考虑只有两个码字 $\boldsymbol{x}_m$ 和 $\boldsymbol{x}_{m'}$ 的编码情况，它们的汉明距离为 $d_H(\boldsymbol{x}_m, \boldsymbol{x}_{m'})$，这时决定采用最小距离译码器的错误译码概率。假设传送的是 $\boldsymbol{x}_m$，只要传送中的错误使得接收到的矢量 $\boldsymbol{y}$ 相对于 $\boldsymbol{x}_m$ 来说在汉明距离上更接近 $\boldsymbol{x}_{m'}$ 时译码错误就会发生。传送中发生的错误发生在两个码字内容相同的位置上时，会同时加大 $\boldsymbol{y}$ 与 $\boldsymbol{x}_m$ 间和 $\boldsymbol{y}$ 与 $\boldsymbol{x}_{m'}$ 间的汉明距离，因而对译码结果没有影响。当 $d_H$ 为偶数，只有 $(d_H/2)+1$ 个或更多的传送错误发生在 $\boldsymbol{x}_m$ 和 $\boldsymbol{x}_{m'}$ 的内容不同的位置上时译码错误才会发生。当仅发生 $d_H/2$ 个错误时，$\boldsymbol{y}$ 到 $\boldsymbol{x}_m$ 和 $\boldsymbol{x}_{m'}$ 的汉明距离相同，假设这时有一半发生译码错误。故 $d_H$ 为偶数的两个码字编码的错误概率为

$$
P_B'(m, m') = \sum_{e=(d_H/2+1)}^{d_H} \binom{d_H}{e} p^e (1-p)^{d_H - e} + \frac{1}{2} \binom{d_H}{\frac{d_H}{2}} p^{\frac{d_H}{2}} (1-p)^{\frac{d_H}{2}}
\tag{6.41}
$$

当 $d_H$ 为奇数，只有 $d_H/2$ 个或更多的传送错误发生在 $\boldsymbol{x}_m$ 和 $\boldsymbol{x}_{m'}$ 的内容不同的位置上时译码错误才会发生。故 $d_H$ 为奇数的两个码字编码的错误概率为

$$
P_B'(m, m') = \sum_{e=(d_H+1)/2}^{d_H} \binom{d_H}{e} p^e (1-p)^{d_H - e}
\tag{6.42}
$$

利用上述关系式，整个分组译码错误概率的上界由下式给出：

$$
P_B \leqslant \sum_{m=0}^{2^k - 1} Q_M(m) \sum_{\substack{m'=0 \\ m'=m}}^{2^k - 1} P_B'(m, m')
\tag{6.43}
$$

平均分组错误概率的计算可通过利用上界替代式(6.41)和式(6.42)稍作简化，则

$$P_{\mathrm{B}}^{'}(m, m') \leqslant \left[\sqrt{4p(1-p)}\right]^{d_{\mathrm{H}}(m, m')} \tag{6.44}$$

其中 $d_{\mathrm{H}}(\boldsymbol{x}_m, \boldsymbol{x}_{m'})$ 为 $\boldsymbol{x}_m$ 和 $\boldsymbol{x}_{m'}$ 间的汉明距离。

利用线性编码的特性可以进一步简化结果。

线性码很重要的一个特性是，对于所有的码字 $\boldsymbol{x}_m$ 来说，任一码字 $\boldsymbol{x}_m$ 与所有其他的码字 $\boldsymbol{x}_{m'}$，$m'=m$，$m'=0$，…，$2^{k-1}$ 间的汉明距离集是相同的。正因为这一特性，式(6.43)中界的第二项和式对于任意选择的 $m$ 都是相同的。因此，在第二项和式的所有计算中选择 $m=0$ 将不会改变错误概率的值，故

$$P_{\mathrm{B}} \leqslant \sum_{m=0}^{2^k-1} Q_{\mathrm{M}}(m) \sum_{m'=1}^{2^k-1} P_{\mathrm{B}}^{'}(0, m') = \sum_{m'=1}^{2^k-1} P_{\mathrm{B}}^{'}(0, m') \sum_{m=0}^{2^k-1} Q_{\mathrm{M}}(m) = \sum_{m'=1}^{2^k-1} P_{\mathrm{B}}^{'}(0, m') \tag{6.45}$$

其中 $P_{\mathrm{B}}^{'}(0, m')$ 由式(6.41)和(6.42)计算。对于线性编码，全部平均分组错误概率可通过只计算假设消息 $m=0$ 传送时的错误概率而得到。

从原理上说，任意特定的编码的码字是可排列的，从而可以确定与全零码字间汉明距离为 $d$ 的码字的数量。如果码字 $\boldsymbol{x}_{m'}$ 与全零码字间的汉明距离已知，函数 $P_{\mathrm{B}}^{'}(0, m')$ 就会完全确定下来，因此，分组错误概率也可表达为汉明距离上的和式：

$$P_{\mathrm{B}} \leqslant \sum_{d=d_{\min}}^{n} a_d P_{\mathrm{B}}^{'}(d) \leqslant \sum_{d=d_{\min}}^{n} a_d \left[\sqrt{4p(1-p)}\right]^d \tag{6.46}$$

其中，$a_d$ 为与全零码字间汉明距离为 $d$ 的码字的数量，$P_{\mathrm{B}}^{'}(d)$ 为仅考虑由汉明距离为 $d$ 的两码字情形时的误码概率。要注意的是，$P_{\mathrm{B}}^{'}(d)$ 表示的是对于任意的 $m$ 和 $m'$ 当 $d_{\mathrm{H}}(\boldsymbol{x}_m, \boldsymbol{x}_{m'}) = d$ 时 $P_{\mathrm{B}}^{'}(m, m')$ 的值。对于 $d=d_{\min}$，…，$n$ 的 $a_d$ 的集合称做编码的重量结构。

对于 $k$ 大小适中的编码，利用计算机来寻找 $a_d$ 是完全可能的，小的编码集的 $a_d$ 已分析找出。但是，通信工程师经常需要计算具有很大 $k$ 的编码的 $P_{\mathrm{B}}$，这个 $k$ 大到甚至用很快的计算机也无法在合理的时间内列举出编码的所有码字。在这些情形下，仍然可以通过对译码规则稍作改变及只考虑系统码而得到结果。特别地，假设译码器最大可纠正 $M$ 个信道错误，具有这种特性的译码器被称做限定距离译码器(bounded distance decoders)。值得注意的是，最大似然译码器保证能够纠正 $t$ 个信道错误，但是在许多情况下它能够纠正超过 $t$ 个的错误。限定距离译码器只要超过 $M$ 个信道错误发生，分组译码一定也发生错误，因而，分组错误概率简单地就是 $M+1$ 个或更多个信道错误发生的概率，它是：

$$P_{\mathrm{B}} = \sum_{i=M+1}^{n} \binom{n}{i} p^i (1-p)^{n-1} \tag{6.47}$$

这一结果就是保证纠正至少 $M=t$ 个错误的最大似然译码器的 $P_{\mathrm{B}}$ 的上界。

上述讨论的结果使得通信系统设计者来预测任何线性编码的分组错误概率性能成为可能。要确定比特错误概率则需要知道每一可能的分组译码错误所关联的比特错误数量。精确的比特错误概率表达式已在前面给出，对其近似的估值可利用作为分组错误概率函数的界完成。当每一分组译码错误发生时，至少总有 1 比特发生错误，又因每一分组有 $k$ 个比特相关联，单个比特错误相应的平均比特错误概率为 $P_{\mathrm{B}}/k$，故比特错误概率的一个下界为

$$\frac{P_B}{k} \leqslant P_b \tag{6.48}$$

同样，每一分组译码错误发生时不会有超过 $k$ 个比特发生错误，又因每一分组有 $k$ 个比特被译码，故比特错误概率的一个上界为

$$P_b \leqslant P_B \tag{6.49}$$

对于系统设计来说，这些界通常已足够。

对于线性系统分组编码，还可以提高比特错误概率估值的精度。回顾一下，对于线性编码，所有的码字中与任一特定码字汉明距离为 $d$ 的码字数量都是相同的。利用这一事实，分组错误概率的计算可简化为计算假设在码字 0 被传送时的分组错误概率。利用相似与为简化分组错误概率计算用到的表达式，可以证明对于线性系统分组编码，平均比特错误概率的计算可简化为计算假设在码字 0 被传送时的比特错误概率。这种简化是可行的，原因有二：其一，所有的码字中与任一特定码字汉明距离为 $d$ 的码字数量都是相同的；其二，所有的码字中由任意汉明距离为 $d$ 的分组译码错误引起的比特错误数量都是相同的。例如，对于 (7，4) 汉明码，如果传送的是消息 7，而译码的结果是消息 13，就会发生 2 比特的错误，传送的码字和译码后的码字间的汉明距离为 4，同时会存在一个相应的与传送码字 0 相关联的错误事件。特别地，如传送的是消息 0，而译码的结果是消息 9，就会发生 2 比特的错误，传送的码字和译码后的码字间的汉明距离为 4。

计算信息比特错误概率 $P_b$ 时，假设传送的为消息 0，并对每一分组错误事件由其对应的信息比特错误数量进行加权。用 $B(m')$ 表征传送的是 $m=0$ 而译码为 $m'$ 时发生的比特错误数量，则平均比特错误概率可扩展为式 (6.45)，从而得到：

$$P_b \leqslant \sum_{m'=1}^{2^k-1} \frac{1}{k} B(m') P_B'(0, m') \tag{6.50}$$

其中，$P_B'(0, m')$ 是不正确译码为 $m'$ 的概率。通过观察可知，$P_B'(0, m')$ 是码字 0 和 $x_{m'}$ 间汉明距离的函数，且对具有相同汉明距离的所有码字都相同。如前面一样，$P_B'(d)$ 表示的是对于任意的 $m$ 和 $m'$ 当 $d_H(x_m, x_{m'})=d$ 时 $P_B'(m, m')$ 的值。$B_d$ 表示在所有引发码字与全零码字间距离为 $d$ 的分组错误事件中比特错误的总数。式 (6.49) 可重新写为

$$P_b < \frac{1}{k} \sum_{d=d_{min}}^{n} B_d P_B'(d) \tag{6.51}$$

其中 $d_{min}$ 是编码的最小距离。上式对任意特定的编码给出了比特错误概率的一个很好的界限。对特定的编码，$B_d$ 的值可能是给定的也可能是用计算机计算得到的。对低误码率，比特错误概率通常只用上式的第一项。

对具有适中的 $k$ 的编码，用计算机来寻找 $B_d$ 是完全可能的，但是对于很大的 $k$ 就得利用其他技术。只考虑系统编码和限定距离译码器，利用限定距离译码器，译码器对接收矢量最多在 $M$ 个位置进行更改（"纠错"），最好的情况是这些更改正好纠正了系统码字中信息比特部分中错误的信息比特；最糟的情形是这些更改仍在系统码字的信息比特部分，但却改变了那些本已正确的信息位而使它们发生错误。因而，当 $i \leqslant M$ 个信道错误发生时就会正确译码，不会有比特发生错误；当 $i > M$ 个信道错误发生时就会有分组译码错误且

信息比特错误的最大数是 $\min[k, i+M]$。很明显，不会发生超过全部信息比特数量的错误，并且如果全部错误发生在码字的信息比特部分且 $i+M$ 位正确的比特被译码器更改，就会有 $M$ 位信息比特发生错误。故比特错误概率的上界为

$$P_{\mathrm{b}} \leqslant \frac{1}{k} \sum_{i=M+1}^{n} \min[k, i+M] \begin{bmatrix} n \\ i \end{bmatrix} p^i (1-p)^{n-1} \tag{6.52}$$

其中，$1/k$ 是指每一分组被译码时有 $k$ 位信息比特输出，二项式系数 $\begin{bmatrix} n \\ i \end{bmatrix}$ 是 $n$ 个符号的分组中发生 $i$ 个错误的组合数。

### 6.2.3 循环码

$(n, k)$ 分组编码就是简单地把 $k$ 位信息比特巧妙地映射为 $n$ 位符号的码字。对于编码来说，码字和映射关系必须认真选取，因为它对提高通信系统的性能是非常有用的。对编码的结构则没有进一步的限制，一个 $(n, k)$ 分组编码的编码是通过查表的方法实现的。一般地，它的译码也可用查表的方法利用最小距离译码准则来完成。对于很大的 $n$ 和 $k$，因为需要很大的表，查表的方法就无法采用。在前面，仅考虑线性分组编码，所需的线性特性可大大简化编码和译码过程。线性分组码的编码可由 $k$ 维信息矢量与生成矩阵 $G$ 的矩阵乘积完成，它的译码可以很简单地利用校正子的概念和标准阵列实现。在本小节，对线性分组码提出了附加的结构条件，可使它的编码和译码功能进一步简化。这一附加结构使得编码器可以采用简单的前馈移位寄存器的形式。同样地，译码器可以采用反馈移位寄存器，再附加一些用来计算错误矢量的逻辑组成。本小节的主题是循环码，它是所有线性编码的子集。

**1. 循环码的定义**

循环码是一线性编码，具有线性编码的所有特性，并且码字的任意位循环移位仍是另一有效码字。因此，如 $\pmb{x} = x_{n-1} x_{n-2} \cdots x_2 x_1 x_0$ 是循环码的一码字，则 $\pmb{x}' = x_{n-2} \cdots x_2 x_1 x_0 x_{n-1}$ 是循环码的一码字；重复利用这一特性，码字经过 $q$ 次移位后，记作 $\pmb{x}^{(q)}$，仍是循环码的一码字。这时 $\pmb{x}^{(q)} = x_{n-q-1} \cdots x_1 x_0 \cdots x_{n-q+1} x_{n-q}$。循环码可用生成矩阵 $G$ 或奇偶校验矩阵 $H$ 表示，但通常它们是用生成多项式的概念来表述的。在定义生成多项式前，我们先复习一下多项式的乘法和除法运算。

**2. 多项式运算**

$w(D) = w_{k-1} D^{k-1} + \cdots + w_2 D^2 + w_1 D + w_0$ 是 $D$ 的多项式，每一 $w_j$ 的取值取自集合 $\{0, 1\}$。这一多项式的次数等于系数为非零值的 $D$ 的最高幂次，如多项式 $w(D) = D^4 + D + 1$ 的次数为 $4$。为了方便，系数为零的项不再写出，同时与 $1$ 的乘积中的 $1$ 也略去，即

$$w(D) = (1 \cdot D^4) + (0 \cdot D^3) + (0 \cdot D^2) + (1 \cdot D^1) + (1 \cdot D^0)$$

写作

$$w(D) = D^4 + D + 1$$

这一多项式也代表 $k$ 位信息矢量 $\pmb{w} = w_{k-1} \cdots w_2 w_1 w_0$。设多项式 $\pmb{g}(D) = g_{k-1} D^{k-1} + \cdots + g_2 D^2 + g_1 D + g_0$ 是另一多项式，同样定义多项式 $\pmb{y}(D)$、$\pmb{x}(D)$ 和 $\pmb{e}(D)$，则两个多项式 $\pmb{x}(D)$

和 $e(D)$ 的模 2 和为

$$y(D) = y_t D^t + \cdots + y_2 D^2 + y_1 D + y_0$$

该多项式的系数是 $x(D)$ 和 $e(D)$ 中相应具有相同幂次的 $D$ 的系数的模 2 和，即

$$y_j = x_j + e_j$$

两个多项式的乘积为

$$x(D) = x_{n-1} D^{n-1} + \cdots + x_2 D^2 + x_1 D + x_0$$

它的系数由下式给出：

$$\left. \begin{aligned} g(D)w(D) &= (g_{n-k} \cdot w_{k-1}) D^{n-1} + (g_{n-k} \cdot w_{k-2} + g_{n-k-1} \cdot w_{k-1}) D^{n-2} \\ &\quad + (g_{n-k} \cdot w_{k-3} + g_{n-k-1} \cdot w_{k-2} + g_{n-k-2} \cdot w_{k-1}) D^{n-3} \\ &\quad + \cdots + (g_0, w_0) D^0 \\ &= x_{n-1} D^{n-1} + x_{n-2} D^{n-2} + \cdots + x_0 D^0 \\ x_j &= \sum_{i=0}^{j} w_i \cdot g_{j-i} \end{aligned} \right\} \qquad (6.53)$$

其中所有的运算是模 2 运算，超出多项式有效范围的系数假设等于零。多项式 $x(D)$ 是编码矢量 $x = x_{n-1} \cdots x_2 x_1 x_0$ 的另一种表示方式。

由等式 (6.53) 可知，利用一个简单的电路就可实现多项式的乘积。图 6.7 给出了计算 $x(D) = w(D) \cdot g(D)$ 的电路框图。图中，先输入和输出的都是高阶系数。首先初始化图 6.7 中的移位寄存器的值全为零，作为输入的 $w(D)$ 的系数从 $w_{k-1}$ 开始一次只输入一个。图的右边输出的第一个值为 $x_{n-1} = w_{k-1} \cdot g_{n-k}$。现移位寄存器的时钟工作一次，$w_{k-1}$ 就被移存到寄存器 1，这时输出为 $x_{n-2} = (w_{k-2} \cdot g_{n-k}) + (w_{k-1} \cdot g_{n-k-1})$，移位寄存器的时钟工作 $n-1$ 次就输出了 $x(D)$ 的 $n$ 个系数。输入 $k$ 个系数之后，零就输入到移位寄存器中。这种电路使循环码的编码变得非常容易。

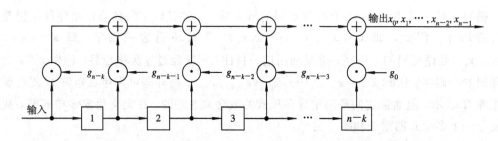

图 6.7　多项式积 $w(D) \cdot g(D) = x(D)$ 的实现电路

接下来讨论两个多项式的商 $w(D) \div g(D)$。这一除法遵循多项式除法的一般规则，只是这里的所有运算是模 2 运算。如果 $x(D)$ 不能够被 $g(D)$ 整除，余式为 $\rho(D)$，商记为 $q(D)$，则有：

$$x(D) = q(D) \cdot g(D) + \rho(D) \qquad (6.54)$$

余式 $\rho(D)$ 在研究循环码时非常重要。多项式的模 2 除法很容易通过例子解释清楚。现考虑多项式 $x(D) = D^5 + D^4 + D^3 + D^2 + D + 1$ 被多项式 $g(D) = D^3 + D + 1$ 除的情况，这个长除式为

$$D^2+D+1 \leftarrow 商$$

$$
\begin{array}{r}
D^3+D+1 \quad\; \overline{)\; D^5+D^4 \qquad\; +D^2+D+1} \\
D^5 \qquad +D^3+D^2 \\
\hline
D^4+D^3 \qquad\;\; +D+1 \\
D^4 \qquad +D^2+D \\
\hline
D^3+D^2 \qquad +1 \\
D^3 \qquad +D+1 \\
\hline
D^2+D \quad \leftarrow 余式
\end{array}
$$

在几乎所有的循环编码情形中，人们感兴趣的结果是它的余式，这一余式记为：$R_{g(D)}[x(D)]=\rho(D)$，可采用一个简单的电路来完成多项式的除法。图 6.8 给出多项式 $x(D)$ 被多项式 $g(D)$ 除的示意框图。图 6.9 示出了上述完成多项式的长除运算的移位寄存器的操作。

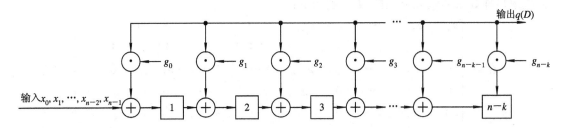

图 6.8  $x(D)$ 除以 $g(D)$ 的实现电路

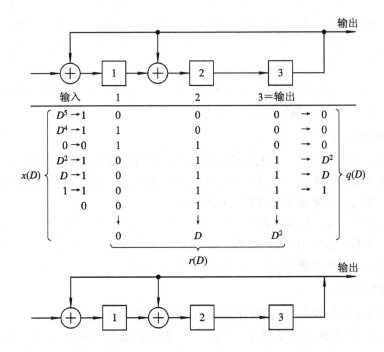

| 输入 | 1 | 2 | 3＝输出 | |
|---|---|---|---|---|
| $D^5 \to 1$ | 0 | 0 | 0 | $\to$ 0 |
| $D^4 \to 1$ | 1 | 0 | 0 | $\to$ 0 |
| $0 \to 0$ | 1 | 1 | 0 | $\to$ 0 |
| $D^2 \to 1$ | 0 | 1 | 1 | $\to D^2$ |
| $D \to 1$ | 0 | 1 | 1 | $\to D$ |
| $1 \to 1$ | 0 | 1 | 1 | $\to 1$ |
| 0 | 0 | 1 | 1 | |
| | $\downarrow$ | $\downarrow$ | $\downarrow$ | |
| | 0 | $D$ | $D^2$ | |

图 6.9  $x(D)=D^5+D^4+D^2+D+1$ 除以 $g(D)=D^3+D+1$ 的实现

**3. 循环码的性质**

对于任意 $(n, k)$ 循环码,所有的码字矢量(码多项式)可由次数为 $r = n - k$ 的生成多项式 $g(D)$ 和次数为 $k-1$ 的消息多项式 $w(D)$ 的乘积表示。乘积 $x(D) = w(D) \cdot g(D)$ 的次数正好是所希望的 $(k-1) + (n-k) = n-1$。有 $2^k$ 个不同的多项式 $w(D) = w_{k-1}D^{k-1} + \cdots + w_2 D^2 + w_1 D + w_0$ 与系数所有可能的二进制选择相对应,因而有 $2^k$ 个码多项式。二进制循环编码的码字可以很容易用图 6.7 所示的电路生成。生成多项式的特性如下:

(1) 任一循环码的生成多项式都是多项式 $D^n + 1$ 的因式。因此,多项式 $D^n + 1$ 被 $g(D)$ 除时,余式为 0。更进一步,任何次数为 $n-k$,同时是多项式 $D^n + 1$ 的因式的多项式就是一 $(n, k)$ 循环码的生成多项式。

(2) $g(D)$ 的次数总为 $n-k$。

(3) 一个码字的 $q$ 次移位就是多项式 $D^q x(D)$ 除以 $D^n + 1$ 的余式。

(4) 给定一循环码的生成多项式 $g(D) = g_{n-k}D^{n-k} + \cdots + g_2 D^2 + g_1 D + g_0$,它的 $k \times n$ 阶生成矩阵 $G$ 和奇偶校验矩阵 $H$ 分别如下:

$$G = \begin{bmatrix} g_{n-k} & g_{n-k-1} & \cdots & g_1 & g_0 & 0 & \cdots & 0 & 0 & 0 & 0 \\ \vdots & \vdots & & \vdots & \vdots & \vdots & & \vdots & \vdots & \vdots & \vdots \\ 0 & 0 & \cdots & g_{n-k} & g_{n-k-1} & \cdots & & & g_1 & g_0 & 0 & 0 \\ 0 & 0 & \cdots & 0 & g_{n-k} & g_{n-k-1} & \cdots & & & g_1 & g_0 & 0 \\ & & & & g_{n-k} & g_{n-k-1} & & \cdots & & & g_1 & g_0 \end{bmatrix} \quad (6.55)$$

$$H = \begin{bmatrix} h_0 & h_1 & \cdots & h_{k-1} & h_k & 0 & \cdots & 0 & 0 & 0 & 0 \\ \vdots & \vdots & & \vdots & \vdots & & & \vdots & \vdots & \vdots & \vdots \\ 0 & 0 & \cdots & h_0 & h_1 & \cdots & \cdots & h_{k-1} & h_k & 0 & 0 \\ 0 & 0 & \cdots & 0 & h_0 & h_1 & \cdots & & h_{k-1} & h_k & 0 \\ 0 & 0 & \cdots & 0 & 0 & h_0 & h_1 & \cdots & \cdots & h_{k-1} & h_k \end{bmatrix} \quad (6.56)$$

其中,多项式 $h(D) = h_k D^k + \cdots + h_2 D^2 + h_1 D + h_0$ 是多项式 $D^n + 1$ 除以 $g(D)$ 的结果,没有余式,多项式 $h(D)$ 称做奇偶校验多项式。

**4. 循环码的编码**

只要完成了生成多项式与消息多项式的乘积,就可产生所有的有效码多项式。但是这些多项式不是系统码的形式,可以采用图 6.8 所示的多项式除法电路或通过手工多项式长除法得到具有系统码形式的码多项式。其步骤如下:

(1) 消息多项式 $w(D)$ 乘以 $D^{n-k}$。

(2) 多项式 $D^{n-k}w(D)$ 除以生成多项式 $g(D)$,得到余式 $\rho(D)$。

(3) 得到的码多项式就是 $x(D) = \rho(D) + D^{n-k}w(D)$。

**5. 循环码的译码**

与非循环的信息码相比,循环码的结构使译码过程有很大的简化。

假设传送的是码多项式 $x(D)$,在信道上传送时叠加了一些错误,错误用多项式 $e(D) = e_{n-1}D^{n-1} + \cdots + e_2 D^2 + e_1 D + e_0$ 表示,其中 $e_j = 1$ 表明在第 $j$ 个位置上发生了错误。接收矢量用多项式 $y(D) = y_{n-1}D^{n-1} + \cdots + y_1 D + y_0 = x(D) + e(D)$ 表示。正如前面用标准

阵列译码时一样，循环码的译码首先计算校正子多项式 $s(D)$，校正子多项式仅决定于错误多项式，即 $x_m(D)+e(D)$ 的校正子对所有的消息 $m$ 都是相同的。校正子多项式就是接收多项式 $y(D)$ 除以 $g(D)$ 的余式，即 $s(D)=R_{g(D)}[y(D)]$。用图 6.8 所示的电路计算校正子多项式，当且仅当接收多项式与某一码多项式相同时校正子多项式才为零，出现这种情形或者是没有错误发生，或者是错误多项式正好与某一码多项式相同。

译码过程的下一步就是把校正子与最可能的错误多项式关联起来，这一过程依赖于所考虑的特定编码。假设存在校正子与错误图样间关联的表，则可采用查表的方法。从校正子确定错误多项式后，译码器可通过把估计的错误多项式与接收多项式相加得到估计的码多项式而完成译码。在这个过程中，编码的循环结构带来了很多优势，循环结构可以使错误 $e_0, e_1, \cdots, e_{n-1}$ 的估计从 $e_{n-1}$ 开始一个时钟周期一位。译码器首先从初始化的校正子得到第一个估值 $e_{n-1}$，接着译码器电路的时钟工作一个周期生成另一校正子，从而估计出 $e_{n-2}$，依此类推，直到估计出 $e_0$。译码器的简化完全得益于用来依次估计 $e_{n-1}, e_{n-2}, \cdots, e_0$ 的电路是相同的。当译码器检测到错误时，就在接收多项式中把它纠正过来，同时从校正子计算电路中去除已经纠正错误的影响。

图 6.10 是一个循环码的译码器方框图。其中，接收多项式 $r(D)$ 从左端移位进入校正子寄存器。接收多项式输入到（首先是高阶项）一个缓冲寄存器（顶部）和一个长除电路。当接收序列在往译码器读的过程中，图 6.10 中的门 a、h 和 d 关闭，门 c 和 e 打开。接收序列输入完成后，门 a、b 和 d 打开，门 c 和 e 关闭。长除完成接收多项式除以生成多项式 $g(D)$ 的除法并得到余式 $\rho(D)$，它就是第一个校正子多项式 $s(D)$。校正子输入到"错误图样检测电路"，这个电路取决于特定的编码，而且非常简单。如果检测到接收多项式的最高阶 $r_{n-1}$ 位发生了错误 $e_{n-1}=1$，错误检测电路输出一位 1，缓冲寄存器和除法寄存器时钟同时工作一个周期，输出第一位译码的符号，这一符号已由图中右上角的异或电路进行过纠错（如需要）。误码估值同时输入到除法电路，以消除它对余下校正子的影响。重复这一过程，直到所有的 $n$ 个接收符号都经过纠错处理。循环码译码器的复杂度正比于码字的长度 $n$。和任意分组编码采用查表方法或采用标准阵列译码器的复杂度相比，采用查表法时必须有 $2^n$ 项（每一可能的接受矢量对应一项），而标准阵列译码也必须有对应每一可纠正错误图样的条目的表。

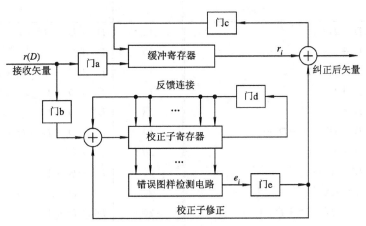

图 6.10　循环码的译码器方框图

### 6.2.4 汉明码

**1. 汉明码的定义**

汉明码是 1950 年由 R.W. 汉明发现的一组编码。所有汉明码的最小距离为 3，在长度为 $n$ 的一分组中只能纠正一位错误($t=1$)及检测所有的两个错误。汉明码是一个线性循环系统码，对于任何整数 $j \geqslant 3$，存在 $n = 2^j - 1$ 和 $k = n - j$。这些编码的编码率为 $R = k/n = (2^j - 1 - j)/(2^j - 1)$，且随 $j$ 的增大 $R$ 趋近于 1。

表 6.4 给出了一个 $(n, k)$ 码的短表，且列出了前 8 个汉明码的编码率 $R$。

表 6.4　汉明码的编码率

| $n$ | $k$ | $j$ | $R = k/n$ | $n$ | $k$ | $j$ | $R = k/n$ |
|---|---|---|---|---|---|---|---|
| 7 | 4 | 3 | 0.57 | 127 | 120 | 7 | 0.94 |
| 15 | 11 | 4 | 0.73 | 255 | 247 | 8 | 0.97 |
| 31 | 26 | 5 | 0.84 | 511 | 502 | 9 | 0.98 |
| 63 | 57 | 6 | 0.90 | 1023 | 1013 | 19 | 0.99 |

汉明码总是用它的奇偶校验矩阵来定义，它的奇偶校验矩阵有 $n - k = j$ 行、$n$ 列，它的列由所有可能的非零 $j$ 维矢量组成。例如，在前面例子中多次讨论过的 $(7, 4)$ 汉明码的奇偶校验矩阵为

$$\boldsymbol{H} = \begin{bmatrix} 1 & 1 & 1 & 0 & 1 & 0 & 0 \\ 0 & 1 & 1 & 1 & 0 & 1 & 0 \\ 1 & 1 & 0 & 1 & 0 & 0 & 1 \end{bmatrix}$$

可以看出，所有非零的 3 维矢量作为矩阵的列。汉明码的生成矩阵可通过针对线性系统码的关系式(6.30)和式(6.31)得到。这一编码的生成多项式在前面的例子中已给出。可以证明，这一定义表示生成多项式 $g(D)$ 是一类特别的称为本原多项式的成员。表 6.5 是本原多项式的一截短列表，它们可以被用来做分组长度最大达到 $n = 2^{24} - 1$ 的汉明码的生成多项式。

表 6.5　汉明码的码生成多项式列表

| $j$ | | $j$ | |
|---|---|---|---|
| 3 | $D^3 + D + 1$ | 14 | $D^{14} + D^{10} + D^6 + D + 1$ |
| 4 | $D^4 + D + 1$ | 15 | $D^{15} + D + 1$ |
| 5 | $D^5 + D^2 + 1$ | 16 | $D^{16} + D^{12} + D^3 + D + 1$ |
| 6 | $D^6 + D + 1$ | 17 | $D^{17} + D^3 + 1$ |
| 7 | $D^7 + D^3 + 1$ | 18 | $D^{18} + D^7 + 1$ |
| 8 | $D^8 + D^4 + D^3 + D^2 + 1$ | 19 | $D^{19} + D^5 + D^2 + D + 1$ |
| 9 | $D^9 + D^4 + 1$ | 20 | $D^{20} + D^3 + 1$ |
| 10 | $D^{10} + D^3 + 1$ | 21 | $D^{21} + D^2 + 1$ |
| 11 | $D^{11} + D^2 + 1$ | 22 | $D^{22} + D + 1$ |
| 12 | $D^{12} + D^6 + D^4 + D + 1$ | 23 | $D^{23} + D^5 + 1$ |
| 13 | $D^{13} + D^4 + D^3 + D + 1$ | 24 | $D^{24} + D^7 + D^2 + D + 1$ |

**2. 汉明码的编码**

汉明码编码的编码器可采用各种形式。如果编码器的速度要求不是很苛刻,编码器可以通过软件直接计算生成矩阵乘积来完成编码;如果编码器的速度要求苛刻,通常就会采用其他方法。图 6.11 就给出了可由高速逻辑组建的直接实现汉明编码的方框图。图 6.11 中顶部的 $k-1$ 位移位寄存器从数据源接收信息比特,输入寄存器存满后,模 2 加法器的输出就是正确的码字符号,每一符号是由生成矩阵定义的确定的信息比特的模 2 和,生成矩阵可从生成多项式得到。其表示式为

$$
G = \begin{bmatrix}
g_{n-k} & g_{n-k-1} & \cdots & g_1 & g_0 & 0 & \cdots & 0 & 0 & 0 \\
\vdots & \vdots & & \vdots & \vdots & \vdots & & \vdots & \vdots & \vdots \\
0 & 0 & \cdots & g_{n-k} & g_{n-k-1} & \cdots & & g_1 & g_0 & 0 & 0 \\
0 & 0 & \cdots & 0 & g_{n-k} & g_{n-k-1} & \cdots & & g_1 & g_0 & 0 \\
0 & 0 & \cdots & 0 & 0 & g_{n-k} & g_{n-k-1} & \cdots & g_1 & g_0
\end{bmatrix}
\tag{6.57}
$$

码字符号通过闭合模 2 加法器下面的开关写入底部的移位寄存器(图中用 $x_{n-1}, \cdots, x_1, x_0$ 表示),码字在时钟触发下移出编码器到调制器用于传送。顶部移位寄存器和底部移位寄存器的工作时钟速率不同,底部寄存器的时钟速率是顶部寄存器(图中用 $w_{k-1}, \cdots, w_1, w_0$ 表示)的 $1/R$ 倍。码字从底部寄存器中读出的同时新的信息比特读进顶部寄存器。图 6.11 所示的编码器可用于生成矩阵系数,以选择合适的循环码。可看出,编码器的复杂度正比于 $n \times (n-k)$,对于很大的分组长度来说它可能就无法实现了。

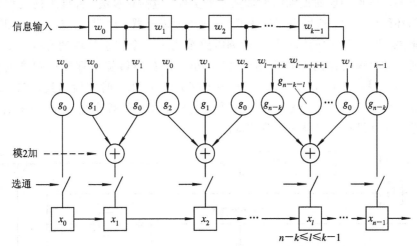

图 6.11 汉明码编码器

既然汉明码是循环码,就会由一些更简单的编码器来实现。回顾一下,具有系统码结构的循环码的码字可由以下步骤实现:

(1) 消息多项式 $w(D)$ 乘以 $D^{n-k}$。

(2) 多项式 $D^{n-k}w(D)$ 除以生成多项式 $g(D)$ 得余式 $\rho(D)$,即 $\rho(D) = R_{g(D)}[D^{n-k}w(D)]$。

(3) 得到的码多项式就是 $x(D) = \rho(D) + w(D)D^{n-k}$。

图 6.12 给出的编码器电路就精确地完成了上述计算。输入已经往右移了 $(n-k)$ 位,实现了 $w(D)$ 乘以 $D^{n-k}$。编码器开始工作时,那些开关的状态如图中所述。$k$ 位消息比特

输入到除法器的同时也直接输出到用户，最后一位消息比特输入后，移位寄存器内就是长除的余式，两处的开关状态改变，上面的开关打开，输出的开关将改变输出寄存器的内容。移位寄存器的时钟必须触发足够多次来输出所有的奇偶比特，以完成编码过程。这一编码器的复杂度正比于$(n-k)$。显然，对于$n$很大的编码应该选择这样的编码器。

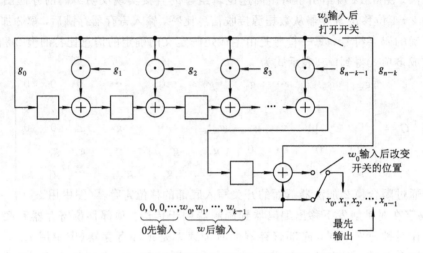

图 6.12　利用反馈移位寄存器实现的汉明编码器

### 3. 汉明码的译码

汉明码的译码可用前面提到的许多技术来实现，包括查表法、标准阵列法和图 6.10 所示的一般循环码译码器，这里只讨论图 6.10 给出的译码器。很明显，对于只纠正单个错误的汉明码来说，图 6.10 中的错误图样检测电路采用了一个特别简单的有$(n-k)$个输入的与门的形式。汉明码的译码电路由图 6.13 示出。只有当移位寄存器中包含的校正子为$s(D)=(1\cdot D^{n-k-1})+(0\cdot D^{n-k-2})+\cdots+(0\cdot D^{1})+(0\cdot D^{0})$时才检测到（和纠正）一位错误。电路的工作过程与前面描述的图 6.10 所示电路的工作过程完全一样。这种译码器之所以如此简单，完全得益于编码的代数结构。

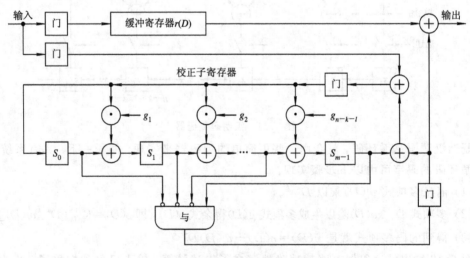

图 6.13　循环汉明码的译码器

#### 4. 汉明码的性能

只能纠正一位错误的编码的分组错误概率 $P_B$ 就是在传送过程中发生两个或更多个错误的概率。这个概率等于 1 减去 0 个或 1 个错误发生的概率，由式(6.35)得

$$P_B = 1.0 - (1-p)^n - \sum_{l=1}^{n} p(1-p)^{n-1} \tag{6.58}$$

只有一个"错误图样"没有错误，它发生的概率为 $(1-p)^n$；有 $n = 2^j - 1$ 个发生了单个错误的错误图样，每一错误图样发生的概率为 $p(1-p)^{n-1}$。图 6.14 给出了表 6.6 给出的一些汉明码的 $P_B$ 曲线，$P_B$ 是二进制对称信道(BSC)的转移概率 $P$ 的函数。

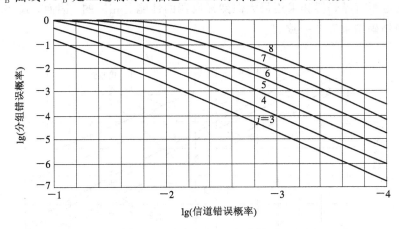

图 6.14 $j = 3 \sim 8$ 的汉明码的分组错误概率($n = 2^j - 1$, $j \geqslant 3$)

因为汉明码的译码器只能纠正所有单个错误而不能纠正任何其他的错误图样，式(6.58)的分组错误概率的计算就非常简单。对于其他编码则不大可能推导出如此简单的结果，因此就必须采用前面描述的界技术。对比一下界定的错误概率的结果与刚刚推导出的对特殊码的结果是非常有益的。现考虑(7,4)汉明码和(15,11)汉明码，它们都有 $d_{min} = 3$，都能对每分组 7 或 15 位符号纠正一位错误。对任何编码的分组错误概率的其中一上界，简单地来说就是超过 $[(d_{min}-1)/2] = t$ 个错误发生的概率。对于汉明码 $t = 1$，超过 $t$ 个错误发生的概率正好是刚刚推导出的结果。只有对汉明码和很少的一些称做"完备码"的编码才有这样精确的结果。

再来分析式(6.46)给出的分组错误概率的另一个上界，重写式(6.59)。

$$P_B \leqslant \sum_{d=d_{min}}^{n} a_d P'_B(d) \leqslant \sum_{d=d_{min}}^{n} a_d \left[ \sqrt{4p(1-p)} \right]^d \tag{6.59}$$

其中的 $P'_B(d)$ 是译码器把码字 0 译成另一与码字 0 汉明距离为 $d$ 的码字的概率，它可由式(6.41)式(6.42)计算得到。要利用这一结果，必须已知编码的码重结构，对于任意汉明码，具有汉明码重为 $d$ 的码字的数目是下列 $z$ 的多项式中 $z^d$ 的系数：

$$A(z) = \sum_{d=0}^{n} a_d z^d = \frac{1}{n+1} \left[ (1+z)^n + n(1+z)^{(n-1)/2}(1-z)^{(n+1)/2} \right] \tag{6.60}$$

对于(7,4)汉明码，展开的结果为

$$A(z) = 1 + 7z^3 + 7z^4 + z^7$$

表明具有汉明码重为 3 的非零码字有 7 个，码重为 4 的有 7 个，码重为 7 的有 1 个，可通过

查验表 6.1 得到验证。对于(15，11)汉明码，展开的结果为

$$A(z) = 1 + 35z^3 + 105z^4 + 168z^5 + 280z^6 + 435z^7 + 435z^8$$
$$+ 280z^9 + 168z^{10} + 105z^{11} + 35z^{12} + z^{15}$$

因而，对于(15，11)汉明码，$a_3 = 35$，$a_4 = 105$，$a_5 = 168$，等等。这些码重结构可用于式 (6.59)计算作为信道错误概率的函数的 $P_B$。这些结果在图 6.15 中示出。用式(6.59)中两个不同的公式得到两个不同的界。可看出，第一个界很精确，而第二个界虽然计算简单，但相当保守。很明显，从图 6.15 中给出的差别说明，在通信系统设计中界的选择应该十分仔细。假设采用限定距离译码器时，可用式(6.47)计算出第三个界。因为这种码是"完备码"，采用限定距离译码器和采用最大似然译码器的性能是相同的。因而，式(6.47)得到的 $P_B$ 的结果与精确结果完全一致。

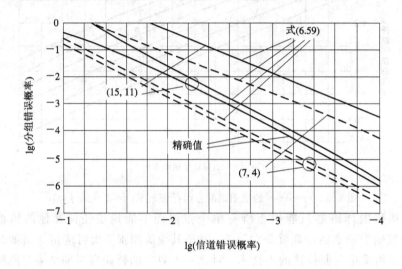

图 6.15 (7，4)和(15，11)汉明码分组错误概率界的比较

比特错误概率的计算可用前面介绍的任何技术。再考虑一下(7，4)汉明码和(15，11)汉明码。比特错误概率可用式(6.48)、式(6.49)、式(6.51)和式(6.52)求出。式(6.51)的结果是一个联合界，而式(6.48)和式(6.49)是稍微容易计算的下、上界，式(6.52)是假设采用限定距离译码器时推导出的上界。要利用式(6.51)，即

$$P_b < \frac{1}{k} \sum_{d=d_{\min}}^n B_d P_d \tag{6.61}$$

就必须知道系数 $B_d$。对于(7，4)汉明码，它可通过检查表 6.1 中的码字得到，其中有 7 个重量为 3 的非零码字，与这些码字相关联的比特错误总数为 $B_3 = 1+1+2+2+1+3+2 = 12$。同样，有 7 个重量为 4 的非零码字，且 $B_4 = 2+1+3+2+2+3+3 = 16$ 和 $B_7 = 4$，其他所有的 $B_d = 0$。因而，比特错误概率的界为

$$P_b < \frac{1}{4} \sum_{d=3}^7 B_d P_d = \frac{1}{4}(12P_3 + 16P_4 + 4P_7)$$

其中的 $P_b$ 代表 $P_B'(d)$，可由式(6.41)和式(6.42)计算得到。(15，11)汉明码的 $B_d$ 值的计算，需编写一段短程序，用计算机来计算每一具有系统码形式的码字，然后找出码字的重

量和相关的比特错误数。比特错误概率的结果为

$$P_b < \frac{1}{11} \sum_{d=3}^{15} B_d P_d = \frac{1}{11}(77P_3 + 308P_4 + 616P_5 + 1232P_6 + 2233P_7 + 2552P_8$$
$$+ 1848P_9 + 1232P_{10} + 847P_{11} + 308P_{12} + 11P_{15})$$

图 6.16 给出了(7,4)汉明码的 $P_b$ 曲线；图 6.17 给出了(15,11)汉明码的 $P_b$ 曲线，$P_b$ 是二进制对称信道(BSC)的错误概率 $p$ 的函数。同样假设采用限定距离译码器时由式(6.52)计算得到另一比特错误概率曲线。因而，图 6.16 和图 6.17 中的四条曲线分别是由式(6.49)得到的上界，由式(6.51)得到的联合界，由式(6.52)得到的采用限定距离译码器时的界和由式(6.48)得到的下界。通过检查图 6.16 和图 6.17 可以得出这样的推断，即约束距离的结果在精确性方面是合理的。这正是我们所希望的，因为汉明码是"完备码"。

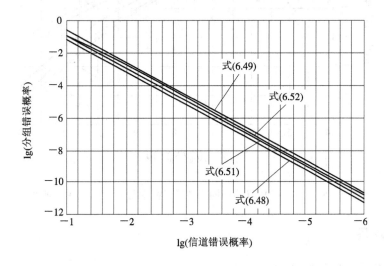

图 6.16　(7,4)汉明码的比特错误概率界

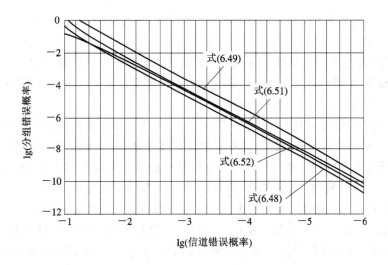

图 6.17　(15,11)汉明码的比特错误概率界

图 6.18 画出了 $j=3\sim7$ 的汉明码的比特错误概率曲线，它是信噪比 $E_b/N_0$ 的函数。图 6.18 中的信号假设是 BPSK 信号，比特错误概率由式(6.52)计算所得。把图 6.6 中给出的(7,4)汉明码的精确结果与图 6.18 中的结果进行比较可得出，由式(6.52)得到的界相当精确。

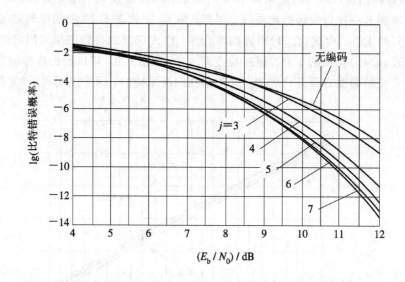

图 6.18　$j=3\sim7$ 的汉明码的比特错误概率与 $E_b/N_0$ 的关系曲线

## 6.2.5　BCH 码

### 1. BCH 码的定义和编码

Bose – Chaudhuri – Hocquenghem（BCH）码是由豪斯奎海姆（Hocquenghem）于 1959 年及布斯（Bose）和尚德哈瑞（Chaudhuri）于 1960 年独立发现的。这类码是最重要的可用分组码之一，它有很宽的编码率范围，可获得较大的编码增益，而且译码器的实现复杂度较低，即使在高传输速率情况下也可以实现，同时这类码有极好的代数结构。

BCH 码是线性循环码，这类码总是用它的编码生成多项式来定义。尽管存在非二进制的 BCH 码，但我们在此仅讨论二进制编码。

BCH 码的分组长度 $n$ 总为 $n=2^m-1$，$m \geqslant 3$，可纠正的错误数 $t$ 的界为 $t<(2^m-1)/2$，且总有 $n-k \leqslant mt$。可利用确定编码多项式的代数技术来寻找 $t$ 和 $k$ 的特定值，并非满足上述不等式的所有值都可行。表 6.6 列出了分组长度最大达到 $n=1023$ 的 BCH 码所有已知的 $n$、$k$ 和 $t$ 的值。可看出，编码速率 $R=k/n$ 在一很宽的范围变化且可纠正的错误的数目随着编码速率的减小而增大。对于任意分组长度，具有最高编码速率的 BCH 码是汉明码，即汉明码是 BCH 码的一个子集。表 6.7 给出了分组长度为 63 的 BCH 码的生成多项式。BCH 码被应用于各种现代通信系统，最著名是应用于第一代蜂窝移动电话系统——在告知移动台应使用多少功率和使用哪一条信道的消息中即采用了截短的 BCH 码。

## 表 6.6 可能的 BCH 码参数列表

| $n$ | $k$ | $t$ | $n$ | $k$ | $t$ | $n$ | $k$ | $t$ | $n$ | $k$ | $t$ |
|---|---|---|---|---|---|---|---|---|---|---|---|
| 7 | 4 | 1 | 127 | 15 | 27 | 511 | 502 | 1 | 511 | 193 | 43 |
| 15 | 11 | 1 | | 8 | 31 | | 493 | 2 | | 184 | 45 |
| | 7 | 2 | 255 | 247 | 1 | | 484 | 3 | | 175 | 46 |
| | 5 | 3 | | 239 | 2 | | 475 | 4 | | 166 | 47 |
| 31 | 26 | 1 | | 231 | 3 | | 466 | 5 | | 157 | 51 |
| | 21 | 2 | | 223 | 4 | | 457 | 6 | | 148 | 53 |
| | 16 | 3 | | 215 | 5 | | 448 | 7 | | 139 | 54 |
| | 11 | 5 | | 207 | 6 | | 439 | 8 | | 130 | 55 |
| | 6 | 7 | | 199 | 7 | | 430 | 9 | | 121 | 58 |
| 63 | 57 | 1 | | 191 | 8 | | 421 | 10 | | 112 | 59 |
| | 51 | 2 | | 187 | 9 | | 412 | 11 | | 103 | 61 |
| | 45 | 3 | | 179 | 10 | | 403 | 12 | | 94 | 62 |
| | 39 | 4 | | 171 | 112 | | 394 | 13 | | 85 | 63 |
| | 36 | 5 | | 163 | 12 | | 385 | 14 | | 76 | 85 |
| | 30 | 6 | | 155 | 13 | | 376 | 15 | | 67 | 87 |
| | 24 | 7 | | 147 | 14 | | 367 | 16 | | 58 | 91 |
| | 18 | 10 | | 139 | 15 | | 358 | 18 | | 49 | 93 |
| | 16 | 11 | | 131 | 18 | | 349 | 19 | | 40 | 95 |
| | 10 | 13 | | 123 | 19 | | 340 | 20 | | 31 | 109 |
| | 7 | 15 | | 115 | 21 | | 331 | 21 | | 28 | 111 |
| 127 | 120 | 1 | | 107 | 22 | | 322 | 22 | | 19 | 119 |
| | 113 | 2 | | 99 | 23 | | 313 | 23 | | 10 | 121 |
| | 106 | 3 | | 91 | 25 | | 304 | 25 | 1023 | 1013 | 1 |
| | 99 | 4 | | 87 | 26 | | 295 | 26 | | 1003 | 2 |
| | 92 | 5 | | 79 | 27 | | 286 | 27 | | 993 | 3 |
| | 85 | 6 | | 71 | 29 | | 277 | 28 | | 983 | 4 |
| | 78 | 7 | | 63 | 30 | | 268 | 29 | | 973 | 5 |
| | 71 | 9 | | 55 | 31 | | 259 | 30 | | 963 | 6 |
| | 64 | 10 | | 47 | 42 | | 250 | 31 | | 953 | 7 |

| $n$ | $k$ | $t$ | $n$ | $k$ | $t$ | $n$ | $k$ | $t$ | $n$ | $k$ | $t$ |
|---|---|---|---|---|---|---|---|---|---|---|---|
| | 57 | 11 | | 45 | 43 | | 241 | 36 | | 943 | 8 |
| | 50 | 13 | | 37 | 45 | | 238 | 37 | | 933 | 9 |
| | 43 | 14 | | 29 | 47 | | 229 | 38 | | 923 | 10 |
| | 36 | 15 | | 21 | 55 | | 220 | 39 | | 913 | 11 |
| | 29 | 21 | | 13 | 59 | | 211 | 41 | | 903 | 12 |
| | 22 | 23 | | 9 | 63 | | 202 | 42 | | 893 | 13 |
| 1023 | 883 | 14 | 1023 | 658 | 39 | 1023 | 433 | 74 | 1023 | 208 | 115 |
| | 873 | 15 | | 648 | 41 | | 423 | 75 | | 203 | 117 |
| | 863 | 16 | | 638 | 42 | | 413 | 77 | | 193 | 118 |
| | 858 | 17 | | 628 | 43 | | 403 | 78 | | 183 | 119 |
| | 848 | 18 | | 618 | 44 | | 393 | 79 | | 173 | 122 |
| | 838 | 19 | | 608 | 45 | | 383 | 82 | | 163 | 123 |
| | 828 | 20 | | 598 | 46 | | 378 | 83 | | 153 | 125 |
| | 818 | 21 | | 588 | 47 | | 368 | 85 | | 143 | 126 |
| | 808 | 22 | | 578 | 49 | | 358 | 86 | | 133 | 127 |
| | 798 | 23 | | 573 | 50 | | 348 | 87 | | 123 | 170 |
| | 788 | 24 | | 563 | 51 | | 338 | 89 | | 121 | 171 |
| | 778 | 25 | | 553 | 52 | | 328 | 90 | | 111 | 173 |
| | 768 | 26 | | 543 | 53 | | 318 | 91 | | 101 | 175 |
| | 758 | 27 | | 533 | 54 | | 308 | 93 | | 91 | 181 |
| | 748 | 28 | | 523 | 55 | | 298 | 94 | | 86 | 183 |
| | 738 | 29 | | 513 | 57 | | 288 | 95 | | 76 | 187 |
| | 728 | 30 | | 503 | 58 | | 278 | 102 | | 66 | 189 |
| | 718 | 31 | | 493 | 59 | | 268 | 103 | | 56 | 191 |
| | 708 | 34 | | 483 | 60 | | 258 | 106 | | 46 | 219 |
| | 698 | 35 | | 473 | 61 | | 248 | 107 | | 36 | 223 |
| | 688 | 36 | | 463 | 62 | | 238 | 109 | | 26 | 239 |
| | 678 | 37 | | 453 | 63 | | 228 | 110 | | 16 | 147 |
| | 668 | 38 | | 443 | 73 | | 218 | 111 | | 11 | 255 |

表 6.7  所有长度为 63 的 BCH 码的生成多项式

| $n$ | $k$ | $t$ | $g(D)$ |
|-----|-----|-----|--------|
| 63 | 57 | 1 | $g_1(D)=D^6+D+1$ |
| | 51 | 2 | $g_2(D)=(D^6+D+1)(D^6+D^4+D^2+D+1)$ |
| | 45 | 3 | $g_3(D)=(D^6+D^5+D^2+D+1)g_2(D)$ |
| | 39 | 4 | $g_4(D)=(D^6+D^3+1)g_3(D)$ |
| | 36 | 5 | $g_5(D)=(D^3+D^2+1)g_4(D)$ |
| | 30 | 6 | $g_6(D)=(D^6+D^5+D^3+D^2+1)g_5(D)$ |
| | 24 | 7 | $g_7(D)=(D^6+D^4+D^3+D+1)g_6(D)$ |
| | 18 | 10 | $g_{10}(D)=(D^6+D^5+D^4+D^2+D+1)g_7(D)$ |
| | 16 | 11 | $g_{11}(D)=(D^2+D+1)g_{10}(D)$ |
| | 10 | 13 | $g_{13}(D)=(D^6+D^5+D^4+D+1)g_{11}(D)$ |
| | 7 | 15 | $g_{15}(D)=(D^3+D+1)g_{13}(D)$ |

BCH 码是循环码,所以它的编码可用前面讨论过的循环码的生成技术简单地实现。给定生成多项式 $g(D)$,利用下列步骤可得到具有系统码形式的码字:

(1) 消息多项式 $w(D)$ 乘以 $D^{n-k}$。

(2) 多项式 $D^{n-k}w(D)$ 除以生成多项式 $g(D)$,得到余式 $\rho(D)$,即

$$\rho(D) = R_{g(D)}[D^{n-k}w(D)]$$

(3) 得到的码多项式就是 $x(D)=\rho(D)+D^{n-k}w(D)$。

BCH 码的编码电路与图 6.12 所示的电路一样。

**2. BCH 码的译码**

所有 BCH 码的译码算法的基础是码的代数结构。一旦它的代数基础建立起来,译码器就会很简单。BCH 码的译码与前面描述的对任意循环码的译码一样,有三个步骤。译码过程如下:

(1) 利用接收的码多项式计算校正子。校正子有 $2t$ 项,即 $S_1$,$S_2$,…,$S_{2t}$。一个无失真的码多项式的校正子为零,所以校正子仅仅是传送错误和码结构的函数。通过计算接收序列与多项式 $\phi_i(D)$ 的长除得到它的余式,同时也就得到了校正子的各项,多项式 $\phi_i(D)$ 在定义编码时给定。多项式的长除采用了图 6.8 所示的除法电路。同样的除法电路有时也可用来计算几个校正子项。图 6.19 给出了计算 BCH 码校正子的一简单电路实例。在图中用两个长除电路来完成 (15,7)BCH 码的四项校正子的计算。对于能纠正 $t$ 位错误的编码,最多需要 $t$ 个不同的除法电路。

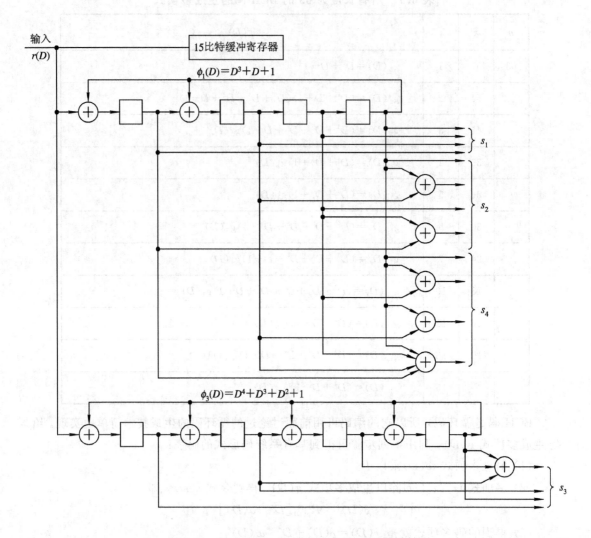

图 6.19 纠双错(15,7)BCH 码的校正子计算电路

(2) 确定接收多项式中错误的位置。

① 从第(1)步得到的校正子项中确定错误位置多项式(error location polynomial)。利用布莱克曼(Berlekamp)迭代算法可以得到错误位置多项式。这一算法的复杂度正比于 $2t^2$。

② 解出多项式的根。这些根可以直接确定接收多项式中错误的位置。图 6.20 给出了对于(15,7)BCH 码寻找根和纠正错误的电路。图中移位寄存器的初始值就是多项式的系数。图 6.20 中寻找根的过程被称做钱(Chien)搜索算法。

(3) 纠正接收多项式中的错误,然后得到传送码字和传送的信息。

对 BCH 码译码算法的简单描述仅仅想要传达这样一个理念:尽管译码是基于超出本文内容的一些概念,译码算法仍可很好地定义。BCH 码的译码器已经商用化且已得到了广泛应用。

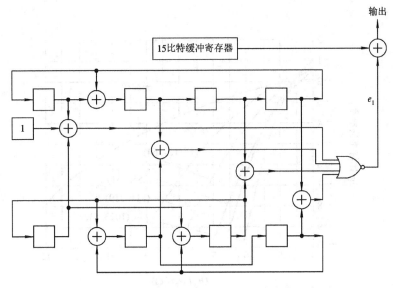

图 6.20　纠双错(15,7)BCH 码的钱搜索电路

### 3. BCH 码的性能

利用 BCH 码所获得的编码增益随着编码参数 $n$ 和 $k$ 的变化而变化。BCH 码的比特错误概率是由式(6.52)计算所得，式(6.52)是在采用限定距离译码器的前提下得到的比特错误概率的上界。值得注意的是，好多已知的 BCH 码的译码算法实际上就是限定距离译码器。图 6.21～图 6.23 给出了在二进制移相键控调制下的比特错误概率曲线，它们是接收信噪比 $E_b/N_0$ 的函数。三幅图中的编码速率分别近似为 1/4、1/2 和 3/4。可以看出，编码速率为 1/2 时的性能最好(对于给定的 $P_b$，信噪比 $E_b/N_0$ 最低)，同时具有高编码率($R>3/4$)或低编码率($R<1/3$)的编码增益要小于编码率为 $1/3≤R<3/4$ 的编码增益。图 6.22 中编码率为 1/2 的编码，对 $n=1023$ 的 BCH 码在 $P_b=10^{-5}$ 时的编码增益大于 4 dB。还可以看出，在所有的情形下，性能随着分组长度 $n$ 的增大而提高，编码增益是 $P_b$ 和所选调制方式的函数。

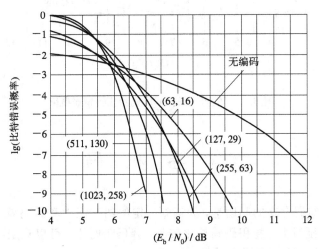

图 6.21　$R≈1/4$ 的 BCH 码的比特错误概率

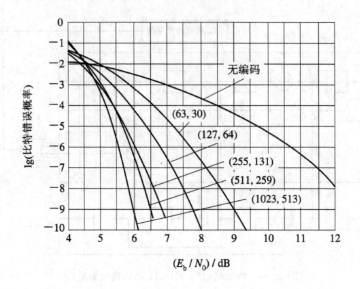

图 6.22  $R \approx 1/2$ 的 BCH 码的比特错误概率

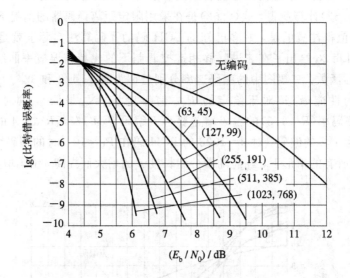

图 6.23  $R \approx 3/4$ 的 BCH 码的比特错误概率

# 6.3  卷  积  码

$(n, k)$ 线性分组码存在的问题是,为达到一定的纠错能力和编码效率,码长 $n$ 应比较大,但 $n$ 大时译码延时大。卷积码码长比较小,译码延时小,可以克服线性分组码的这一缺点,但其代数结构不如线性分组码严格。

一般将卷积码表示为$(n,k,N)$。$n$为卷积码的一组码元个数；$k$为卷积码内的一组信息码元个数；$N$为约束长度（或称$(N-1)n$为约束长度），表示本码元内的$n-k$监督码元不但与本码组内的$k$个信息码元有关，而且与前面$N-1$个码组内的$(N-1)k$个信息码元有关。卷积码的编码效率$R_c=k/n$。

## 6.3.1 卷积码的编码及描述

**1. 编码方法**

如图 6.24 所示，卷积码编码器由$N$段输入移位寄存器、$n$个模 2 加法器和$n$级输出移位寄存器三部分组成。其中，$N$段输入移位寄存器每段均为$k$位，故共有$Nk$位输入移位寄存器。

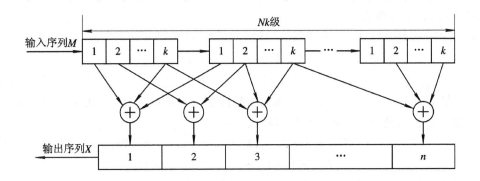

图 6.24 $(n,k,N)$卷积码编码器

编码器每输入$k$位信息，输出移位寄存器输出$n$位卷积码。下面以图 6.25 所示的$(2,1,3)$卷积码为例，说明描述卷积码的方法。图中用转换开关取代输出移位寄存器。

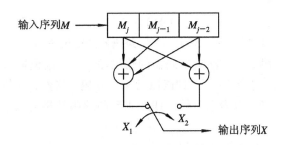

图 6.25 $(2,1,3)$卷积码

图中，$M_j$为当前输入码元；$M_{j-1}$、$M_{j-2}$分别为第 1、2 个移位寄存器的状态，即$M_{j-2}$为$M_j$前面第 2 个码元，$M_{j-1}$为$M_j$前面第 1 个码元。

**2. 卷积码的描述**

卷积码的表示方法分为解析表示和图解表示两大类。

1）解析表示

解析表示可分为生成矩阵和生成多项式两种。

因为输入的长度是半无穷的，所以卷积码的生成矩阵也是半无穷的。生成矩阵不是卷积码表示的一种方便方法，这里不作详细介绍。

编码器中输入移位寄存器与模 2 加法器的连接关系以及输入、输出序列都可以表示为延时算子 $D$ 的多项式。例如，序列 $m_1, m_2, m_3, m_4, \cdots$ 的延时多项式为

$$M(D) = m_1 + m_2 D + m_3 D^2 + m_4 D^3 + \cdots \tag{6.62}$$

式中，$D$ 的幂次等于时间起点的单位延时数，通常选择第一个比特作为时间起点；而 $m_1$，$m_2, m_3, m_4, \cdots$ 为序列比特的二进制表示（1 或 0）。例如，序列 1101101… 的延时算子多项式为

$$M(D) = 1 + D + D^3 + D^4 + D^6 + \cdots \tag{6.63}$$

用延时算子多项式表示各级输入移位寄存器与各个模 2 加法器之间的连接关系时，该多项式称为生成多项式。若某级寄存器与某个模 2 加法器相连接，则生成多项式 $G(D)$ 相应项的系数取 1，否则为 0。

图 6.25 所示的 $(2, 1, 3)$ 卷积码的编码器结构可以用以下两个生成多项式描述：

$$G_1(D) = 1 + D + D^2 \tag{6.64}$$

$$G_2(D) = 1 + D^2 \tag{6.65}$$

其中，变量 $D$ 的幂次等于该级寄存器相对于时间起点的单位延时数。为了方便，有时还可以用二进制数或八进制数来表示生成多项式，如：

$$G_1(D) = 1 + D + D^2 \Rightarrow g_1 = (111)_2 = (7)_8 \tag{6.66}$$

$$G_2(D) = 1 + D^2 \Rightarrow g_2 = (101)_2 = (5)_8 \tag{6.67}$$

将编码器输入序列延时多项式乘以生成多项式，即可求得输出序列。例如，设图 6.25 所示编码器的输入序列为 1011，则其延时算子多项式为 $M(D) = 1 + D^2 + D^3$，$X_1$ 的延时算子多项式为

$$X_1(D) = (1 + D + D^3)(1 + D + D^2) = 1 + D + D^5$$

$X_2$ 的延时算子多项式为

$$X_2(D) = (1 + D^2 + D^3)(1 + D^2) = 1 + D^3 + D^4 + D^5$$

即序列 $X_1 = (110001\cdots)$，序列 $X_2 = (100111\cdots)$，编码器的输出序列 $X = (111000010111\cdots)$。

应特别说明的是，用上述方法求编码器的输出序列时，假设输入移位寄存器的起始状态全为 0，输入及输出序列最后一个"1"码以后全为 0 码。当然，一般应将上例中的输出序列表示为 $X = (11100001)$，以表示对输入四个码元的编码结果为八个码元。

2）图解表示

可以用树状图、网格图及状态图来描述卷积码，现以图 6.25 所示的 $(2, 1, 3)$ 码为例说明卷积码的图解表示法。

（1）树状图（码树）。设 $M_j = 0$ 时状态向上变化，$M_j = 1$ 时状态向下变化，可得到如图 6.26(a) 所示的树状图。在树状图中，当输入第 $j$ 个信息码元时，树状图上有 $2^j$ 条支路；当 $j \geqslant N$（此处 $N = 3$）时，树状图自上而下重复，编码器达到稳态。

（2）网格图。将树状图中相同状态的节点合并在一起，用实线表示输入信息为"0"码，用虚线表示输入信息为"1"码，可得到如图 6.26(b) 所示的网格图。

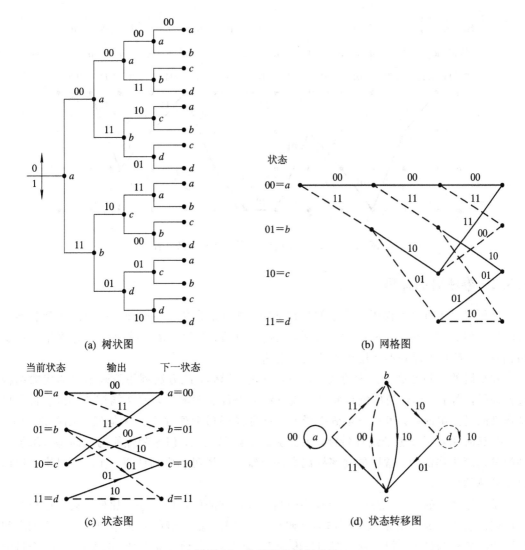

(a) 树状图

(b) 网格图

(c) 状态图

(d) 状态转移图

图 6.26　卷积码的图解表示

（3）状态图。取出已达到稳定状态的一节网格，便得到如图 6.26(c)所示的状态图。如果再把相同的当前状态和下一状态重叠起来，就得到如图 6.26(d)所示的状态转移图。图中的两个闭合圆圈分别表示"$a{\rightarrow}a$"和"$d{\rightarrow}d$"的状态转移。

图 6.26 中的 $a$，$b$，$c$，$d$ 状态分别表示移位寄存器的状态 $M_{j-2}M_{j-1}$ 为 00，01，10，11，相邻状态之间的两个码元表示编码器的输出 $X_1$ 和 $X_2$。

当给定输入序列和起始状态时，可以用上述三种图解表示方法中的任何一种，找到输出序列和状态变化路径。例如，当输入序列为 110111001000 时，可由网格图得到图 6.25 所示(2, 1, 3)卷积码编码器的输出序列和状态变化路径，如图 6.27 所示。

卷积码的图解与解析表示方法各有特点：用多项式表示卷积编码器的生成多项式最为方便；网格图对于分析卷积码的译码算法十分有用；状态图表明卷积编码器是一种有限状态的马尔可夫过程，可以用信号流图理论来分析卷积码的结构及其性能。

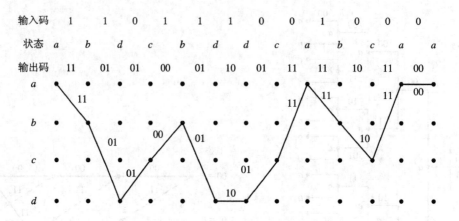

图 6.27 (2,1,3)卷积码的编码过程及路径

## 6.3.2 卷积码的译码

译码器采用可以使误码率最小的某种准则，估计信道传输的信息。在信息序列和卷积码的码序列之间存在一对一的对应关系，任何一对信息序列与卷积序列都通过网格与一支路相对应，卷积码译码器就用于估计这一支路。

卷积码的译码方法可分为两大类。一类是代数译码，此方法利用编码本身的代数结构进行译码，而不考虑信道的统计特性。该方法的硬件实现简单，但性能较差，其中具有典型意义的是门限译码。另一类是概率译码，这种译码通常建立在最大似然准则的基础上。由于计算时用到了信道的统计特性，因而提高了译码性能，但这种性能的提高是以增加硬件的复杂度为代价的。常用的概率译码方法有维特比译码和序列译码，在此只对维特比译码作简单的介绍。

维特比译码的基本思想是对接收序列与所有可能的发送序列进行比较，从中选择与接收序列汉明距离最小的发送序列作为译码输出。通常，把可能的发送序列与接收序列之间的汉明距离称为量度。如果发送序列长度为 $L$，就会有 $2^L$ 种可能序列，需要计算 $2^L$ 个量度并对其进行比较，从中选取量度最小的一个序列作为输出。因此，译码过程的计算量将随着 $L$ 的增加而成指数增长，这在实际中难以实现，需要采取一些措施来简化处理。

对于 $(n,k,N)$ 卷积码，网格图中共有 $2^{k(N-1)}$ 种状态，每个节点(状态)有 $2^k$ 条支路引入，也有 $2^k$ 条支路引出。现以全 0 状态为起点，由前 $N-1$ 条支路构成的 $2^{k(N-1)}$ 条路径互不相交。从第 $N$ 条支路开始，每条路径都将有 $2^k$ 条支路延伸到下一级节点，而每个节点也汇聚来自上一级不同节点的 $2^k$ 条支路。

维特比译码算法的基本步骤为：对于网格图第 $i$ 级的每个节点，计算该节点的所有路径的量度，即在前面 $i-1$ 级路径量度的基础上累加第 $i$ 条支路的量度，并从中选择量度最小的路径作为幸存路径，其他路径则被丢弃。如果出现两条路径量度相等的情况，可以任意选择其中一条作为幸存路径，这并不影响最后结果的正确性。因此，在第 $N$ 条支路以后，每一级的幸存路径数目都保持为常数 $2^{k(N-1)}$。上述译码过程的基本操作步骤可概括为"累加-比较-选择"。

为了在序列接收完毕之后，能从 $2^{k(N-1)}$ 条幸存路径中选择一条作为译码结果，需要在发送信息序列中添加 $N-1$ 个已知信息码元，以使译码路径最终回到一个特定状态，如全 0 状态。因此，只有最终到达指定已知状态的幸存路径才是维特比译码所需要的输出。

但是，从实用的角度来分析，以上译码方法仍然存在一个问题：要等全部信息接收完毕之后才能得出译码结果。在发送序列较长时，需要的存储量很大，同时这也使得译码延时过长，不能满足实时通信系统的要求。所以，在维特比译码算法的具体实现上，通常都会采取截短译码的方式，即当译码器中存储的路径长度达到某个指定译码深度 $l$ 时，就选取量度最小的一条路径作为幸存路径，并根据编码规则输出对应的信息码元。然后再计算下一级的幸存路径，依此类推，以保持译码器中路径的长度不超过译码深度 $l$。

需要指出的是，上述作为发送序列结束信息的一段特定码元，实际上就是不发生错误的一段信息。因此，只要差错模式不超出卷积码的纠错能力，从一个节点分叉产生的各条幸存路径过一段时间之后总能又合并成一条路径。但需经过多长时间，在何处合并，都是不确定的，这与差错模式有关。显然，如果译码器的译码深度大于出错路径合并所需的时间，截短译码将不会对纠错性能产生影响。不过，实际实现时不可能建立这种随机的译码深度。实践和分析证明，当译码深度 $l>5N-1$ 时，所有长度为 $l$ 的幸存路径几乎都具有相同的第一级支路，这时已经可以忽略截短译码所带来的性能损失了。

维特比译码器可以采用硬判决译码或软判决译码。当采用硬判决译码时，通常用汉明距离作量度；而当采用软判决译码时，则用欧几里德自由距离（简称欧氏距离）作量度。与硬判决译码对应的信道为硬判决（硬量化）信道，与软判决译码对应的信道为软判决信道。

假设编码信道输入 $X$ 是一个二进制序列，而输出 $Y$ 则是具有 $J$ 种符号的序列。$X$ 序列的一个符号 $x_i (i=1,2)$ 对应于 $Y$ 序列的一个符号 $y_j (j=1,2,3,\cdots,J)$。如果 $J=2$，各种概率满足 $P(x_1/x_1)=P(0/0)=P(x_2/x_2)=P(1/1)$，$P(x_2/x_1)=P(1/0)=P(x_1/x_2)=P(0/1)$，则称该信道为二进制对称信道或硬判决信道；如果 $J>2$，则称其为软判决信道。已经证明，对于加性高斯白噪声信道来说，3 比特软判决（即 $J=8$）与硬判决相比可获得 3 dB 的性能改善。当软判决比特大于 3 时，性能改善的增加已不明显。

现以图 6.25 所示的 $(2,1,3)$ 卷积码为例说明硬判决维特比译码过程。设发送端编码器输出序列为全 0 码，接收序列 $Y=00101000000\cdots$。图 6.28 表示随着接收序列的依次输入，维特比译码器中各条路径的取舍情况。图中节点处圆圈内的数字代表从起点到某节点的路径与接收序列之间的量度。图 6.28(a) 表示从起始点出发可能出现的两条支路。上支路相当于编码器输入信息为"0"，输出信息为"00"；下支路相当于编码器输入信息为"1"，输出信息为"11"。两条支路量度分别为 0 和 2。图 6.28(b) 中第二级网格出现四条互不汇聚的支路，它们的支路量度分别为 1、1、0、2，这四条支路连同与它们相连的前面的两条支路，共构成四条路径，它们的路径量度分别为 1、1、2、4。图 6.28(c) 中第三级网格共出现八条支路，这时对进入每个节点的两条路径的量度进行比较，将量度小的一条路径保留下来，而丢弃量度大的路径，因而幸存路径只有四条，它们的路径量度分别为 2、2、3、1。进入第四级网格的这四条幸存路径又延伸为八条，经计算路径量度并比较后，又丢弃其中的四条。遇到量度相同的情况，可任意丢弃一条路径。如此继续下去，由 6.28(j) 可以看到，所有幸存路径已全部合并成一条全 0 路径，即纠正了接收序列中的误码。

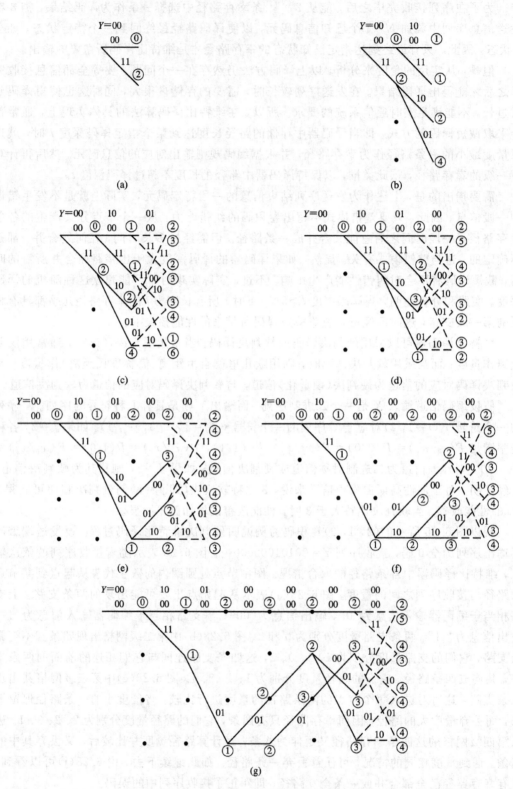

图 6.28 维特比译码过程的网格示意图(a)

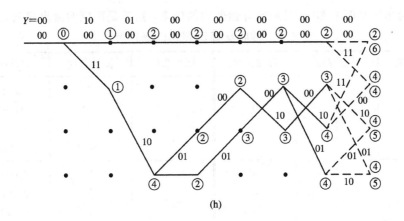

(h)

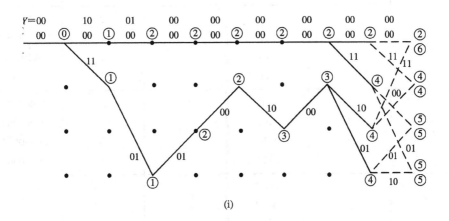

(i)

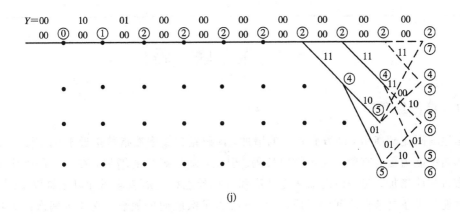

(j)

图 6.28  维特比译码过程的网格示意图(b)

表 6.8 给出了与图 6.28 相对应的存储器内的信息，这就是可能的输出序列。

**表 6.8  维特比译码器存储器内容**

| 译码步骤 | 路径量度 | 存储内容 | 译码步骤 | 路径量度 | 存储内容 |
|---|---|---|---|---|---|
| (a) | 0 | 0 | (f) | 2 | 000000 |
|  | 2 | 1 |  | 3 | 011000 |
|  |  |  |  | 3 | 011010 |
|  |  |  |  | 3 | 011101 |
| (b) | 1 | 00 | (g) | 2 | 0000000 |
|  | 1 | 01 |  | 3 | 0110101 |
|  | 2 | 10 |  | 4 | 0111010 |
|  | 4 | 11 |  | 4 | 0111011 |
| (c) | 2 | 000 | (h) | 2 | 00000000 |
|  | 2 | 001 |  | 4 | 00000001 |
|  | 3 | 010 |  | 4 | 01101010 |
|  | 1 | 011 |  | 4 | 01101011 |
| (d) | 2 | 0000 | (i) | 2 | 000000000 |
|  | 3 | 0101 |  | 4 | 000000001 |
|  | 2 | 0110 |  | 5 | 000000010 |
|  | 2 | 0111 |  | 5 | 000000011 |
| (e) | 2 | 00000 |  |  |  |
|  | 2 | 01101 |  |  |  |
|  | 3 | 01110 |  |  |  |
|  | 3 | 01111 |  |  |  |

# 6.4  级 联 码

## 6.4.1  串行级联码

信道编码定理指出，随着码长 $n$ 的增加，译码错误概率按指数接近于 0。因此，为了使编码的纠错能力更为有效，就必须用长码。但是，随着码长的增加，在一个码组中要求纠错的数目相应增加，使得译码器的复杂度和计算量也相应地急剧增加以至难以实现。为了解决性能与设备复杂性之间的矛盾，Foney 提出了级联码的概念，它通过两次或者更多次编码方法组合的形式来获得长码。其中最常见的就是两级级联码。在两级级联码中，外码一般是 $GF(2k)$ 上的 $(N，K)$ RS 码，内码可以采用短的二进制线性分组码，如 BCH 码，或者是卷积码并采用维特比译码。在性能上，级联码具有极强的纠正突发和随机错误的能力，特别是在内外码之间加入交织器，更可以抗击较长的突发错误。现行的卫星通信中，就是采用外码为 $(204，188)$ RS 码、内码为 $(2，1，6)$ 卷积码的级联码。实践证明，这种纠错编码方案可以有效地提高编码增益，且编译码器复杂度不高，对于随机错误和突发错误都有良好的纠错能力。

串行级联码的结构如图 6.29 所示。该码在发送端是两级编码，在接收端是两级译码，属于两级纠错。连接信息源的叫做外编码器，连接信道的叫做内编码器。若外码为码率 $R_0$ 的 $(N, K)$ 分组码，内码为码率为 $R_i$ 的 $(n, k)$ 分组码，则两者结合起来相当于码长为 $N_n$、信息位为 $K_k$、码率 $R_c = R_0 R_i$ 的分组长码。

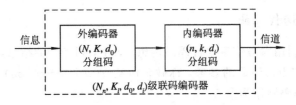

图 6.29　串行级联码

由于软判决维特比最大似然译码算法适合于约束度较小的卷积码，因此级联码的电码常用卷积码，外码则采用分组码，如 RS 码、BCH 码、法尔码等。维特比译码是根据序列相似度来确定发送码的，以卷积码为内码时，要么不出错，一旦出错就是一个序列的差错，相当于一个突发差错。因此，具有良好纠突发差错能力的 RS 码成为首选的外码。如果卷积内码是 $(n, k, L)$（$L$ 为约束长度），RS 外码是 $GF(q)$（$q = 2^J$）域上的 $(N, K, d)$ 码，则根据 RS 码的特点，必有 $N = 2^J - 1$，$K = 2^J - 1 - 2t$，$d = 2t + 1$。由于卷积码最可能的差错序列长度是 $L + 1$，RS 二进制衍生纠突发差错能力是 $(t-1)J + 1$，因此原则上应用 $(t-1)J + 1 \geqslant L + 1$，使卷积码译码差错在大多数情况下能被 RS 码纠正。符合这种关系的卷积码内码与 RS 码外码成为级联的黄金搭配。比如，当外码采用 $(255, 233)$ RS 码，内码采用 $(2, 1, 7)$ 卷积码且用维特比软判决译码时，与不编码相比可产生约 7 dB 的编码增益。

以卷积码为内码的级联码适用于高斯白噪声信道，原因是卷积码本质上属于纠随机差错码而不是纠突发差错码。当卷积码加 RS 码的级联码用于突发差错信道，如移动通信的衰落信道时，必须采取一些附加的措施，其中最简单有效的是在信道编码器与信道调制器之间加上交织器，如图 6.30 所示。

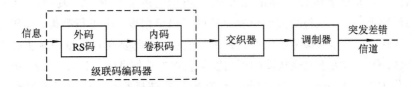

图 6.30　级联码用于突发差错信道

针对维特比译码产生突发差错的特点，如果在卷积码内码和分组外码之间插入一个交织器，则维特比译码产生的突发差错将通过交织作用而随机化。外码面对的将是随机差错，可以不用针对随机差错的 RS 码、法尔码等，而改用一般分组码或 BCH 码，如图 6.31 所示。插在中间的交织器不仅使差错随机化，也使数据随机化，可起到增加码长的作用。对于这一点，以内、外编码器都是分组码的串行级联分组码（Serially Concatenated Block Code，SCBC）为例更能看清楚。

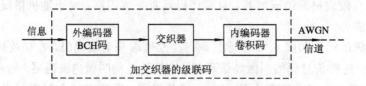

图 6.31 级联码与交织码的结合

### 6.4.2 级联码的迭代译码

图 6.32 是一种利用参考信息的行译码构想。图中,列译码的结果经去交织还原成行信息后送入行译码器作为行译码的参考,称做软信息(soft information)。然而,图中行译码的结果并未送到列译码器作为参考。

图 6.32 利用参考信息的行译码

为此,人们又设想了迭代译码的方案,如图 6.33 所示。这里,行、列译码器的输出可以反复被对方使用,对应于图 6.33 所示的译码模块被反复多次(典型为 8 次或 8 次以上),这就是迭代译码的构想。

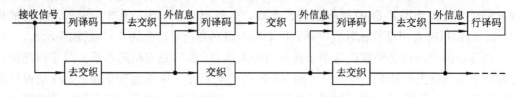

图 6.33 迭代译码

迭代结构中,来自上级译码器的信息是本级译码的先验信息。其中既包含承载信息(payload)的译码可信度,也包含冗余校验比特的译码可信度。由于行列编、译码时都使用了同样的承载信息,需要作为参考的仅是冗余校验信息,因此要在总信息中减去关于承载信息可信度的信息,剩下的关于冗余校验的可信度信息称为外信息(extrinsic information)。

以上迭代方案中的交织是行列交织,后来推广到随机交织,成为后面要介绍的 Turbo 码译码的重要环节。

## 6.5 Turbo 码

### 6.5.1 基本概念

信息论诞生以来,人们一直努力寻找更加接近香农(Shannon)极限、误差概率小的编码方法。在 1993 年 ICC 国际会议上,C. Berrou、A. Glavieux 和 P. Thitimajshiwa 提出了一种称为 Turbo 码的编、译码方案。采用这种编码方案，在 AWGN 信道和 BPSK 调制下，编码效率为 $1/2$，$E_b/n_0 = 0.7$ dB 时，可以获得小于 $10^{-5}$ 的误比特率。通过对同一信息序列采用不同的交织方案，产生两个或多个分量码，以此构成码本。与此相反，对于普通的编码方案，译码器最后一步得到的是硬判决译码比特（更通用一些是译码码元）；而对于连接编码机制，例如 Turbo 码，为了更好地工作，译码算法不能只局限于译码器的硬判决。为了最好地利用由各个译码器得到的信息，译码算法必须含有软判决而不仅仅是硬判决。对于一个具有两个分量码的编码系统，Turbo 码译码的深层含义是将一个译码器的软判决输出到另一个译码器的输入端，并且重复几次该过程以获得更可靠的判决。

　　Turbo 码的提出对信道编码领域的研究产生了意义深远的影响。首先，Turbo 码提供了一种在低信噪比条件下性能优异的级联编码方案和次最优的迭代译码方法；其次，它改变了研究者设计好码的思路，即从最大化码字最小距离转化为最小化低重码字个数，同时也改变了判断好码的准则，即从与截止速率比较转向了与 Shannon 理论极限进行比较；最后，Turbo 码迭代的思想为实现迭代信道估计、迭代均衡以及信号检测提供了新的思路。

## 6.5.2 Turbo 码编解码原理

### 1. Turbo 码的编码

　　从 Turbo 码编码器原理图 6.34 可以看出，Turbo 码编码器由三部分组成：两个递归系统卷积码 RSC 子编码器 $RSC_1$ 和 $RSC_2$、一个 $N$ 比特交织（interleaving）器以及一个删余（puncturing）单元。

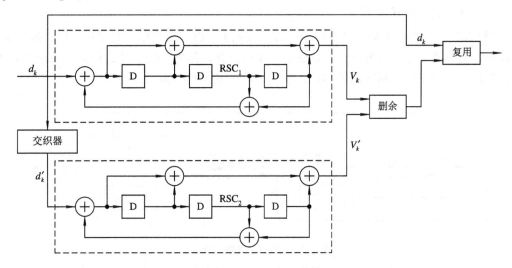

图 6.34　Turbo 码编码器

　　假设输入信息编码器的信息单元为 $d_k$，它一方面直接输入 RSC，经过编码后生成校验序列 $V_k$，另一方面经过交织后，产生一个经交织的系统序列 $d'_k$ 和另一个校验序列 $V'_k$。当图 6.34 中两个子编码器的码率均为 $1/2$ 时，若直接将 $d_k$、$V_k$ 和 $V'_k$ 进行复用，则编码器的码率为 $1/3$。删余单元将 $V_k$ 和 $V'_k$ 按一定的格式删除一些校验位，从而得到更高的码率。

　　Turbo 码中采用了并行级联方式，不但可以得到更好的距离特性和重量谱特性，而且有利于全局译码；同时，并联的形式在编译码时只需要一个时钟。子编码器采用系统码形式，则只需发送一个编码器的系统序列 XS，从而提高了码率。已经证明，RSC 在低信噪比和删余的情况下使用，具有比非系统码更优越的特性。而 Turbo 码的应用领域也大多是无线信道等质量较差的信道。所以，RSC 对 Turbo 码是很合适的。

交织器通常是对输入的原始信息序列进行随机置换后从前向后读出。交织器的作用是：可以产生长码，使两个 RSC 编码器的输入不相关，编码过程趋于独立。交织使编码产生随机度，使码随机化、均匀化，对码重量分布起着整形的作用，直接影响 Turbo 码的性能。在译码端，对于某一个子译码器来说不可纠正的错误事件，交织后在另一个译码器被打散，成为可纠正差错。

交织方式主要有规则交织、不规则交织和随机交织三种。通常，规则交织即行写入、列读出，效果不好；随机交织指交织格式是随机分配的，它是理论上性能最好的交织方式，但是由于要将整个交织信息位置信息传送给译码器，降低了编码效率。实际应用中一般采用不规则交织，这是一种伪随机交织方式，对每一编码块采用固定的交织方式，但块与块之间的交织器结构不一样。往往为了获得高的编码增益，需要对交织器的长度提出要求。例如，无线移动通信系统对时延要求较高，因此采用交织长度为 400 左右的伪随机短交织器。

如果先设计一个低码率码，在传输时删去某些校验比特（即删余）而让它成为一个高码率码，通过这种途径可以避免高码率卷积码译码运算时所固有的计算复杂度。删余处理可以形容为从编码器输出中周期地删除被选择的比特。这样，就产生了一个周期性时变的网格码。

### 2. Turbo 码的迭代译码

图 6.35 给出了一种反馈结构的 Turbo 码译码器。由于交织环节的存在必然引起时延，使得不可能有真正意义上的反馈，而是流水线式的迭代结构。也正是这种流水线结构，使得译码器可由若干完全相同的软（输）入软（输）出的基本单元构成。

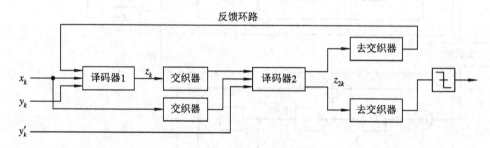

图 6.35 Turbo 码迭代译码

译码器的工作原理为：将接收到的串行数据进行串并转换，同时将删余的比特位填上虚拟比特（即不影响译码判决的值，如 0）。将信息序列 $x_k$ 以及 $RSC_1$ 生成的校验序列 $y_k$ 送入软输出译码器 1，软输出译码器 1 生成的外信息序列 $z_k$ 经过交织后作为下一软输出译码器 2 的输入。信息序列 $x_k$ 经过交织器输入至译码器 2，同时输入的还有 $RSC_2$ 生成的校验序列 $y_k'$。译码器 2 的输出外信息 $z_{2k}$ 经过去交织器后作为反馈输入至译码器 1。再次重复以上过程进行软判决，直至最后译码输出性能不再有提高，将最后结果由译码器 2 输出解交织后作为判决输出。这种译码器结构的优点是：每个译码器不仅可以利用本译码器的信息比特和校验比特，还能利用前一译码器提供的信息进行译码，从而提高译码的准确性。它的缺点是：迭代要花费更多时间，造成的延时使 Turbo 码在某些针对时延要求高的通信系统(如数字电话等)中应用受限。

Turbo 码译码算法基于最大后验概率(MAP)算法或软输出维特比(SOVA)算法。MAP 算法是最小化符号或比特差错概率，SOVA 算法是最小化序列差错概率。在低 SNR 环境下，MAP 算法比 SOVA 算法的性能有了一定的改善，但是 MAP 算法在每一时刻都要考虑所有路径，并且其运算是乘法和指数运算，比较复杂。SOVA 算法中的运算是简单的加法运算、比较和选择。

由于维特比译码算法具有可以使误序列概率减至最小及译码速度快等优点，因此在卷积码的译码中得到了广泛应用。但是，对于每一个被译出的比特来说，标准维特比译码算法无法给出该比特的后验概率(APP)等软输出信息，因此在 Turbo 码译码中无法使用。但是，只要对标准维特比译码算法进行一些修正，即在每一次删除似然路径时保留一些必要的信息，把这一信息作为维特比译码的软输出，从而形成软输出维特比译码算法(SOVA)。Bahl、Cocke 和 Jeinek 提出了 Bahl 算法，使用该算法对卷积码进行译码时，可以使误比特概率减至最小，并且能给出每一个被译码比特的 APP，只是在 Turho 码译码中要考虑 RSC 的特性而必须对 Bahl 算法进行一定的修正，并把似然比的对数(LLR)作为软输出信息。LLR 表示如下：

$$L(\hat{u}_k) = \lg \frac{P(x_k \mid u_k = 0)}{P(x_k \mid u_k = 1)} \tag{6.68}$$

式中，$P(x_k \mid u_k = 0)$ 为被译码比特 $u_k$ 的后验概率。

SOVA 和 Bahl 算法都来源于 MAP 算法。尽管 Bahl 算法已对 MAP 算法做了许多简化，但 Bahl 算法仍存在大量诸如概率、非线性函数的表示以及它们之间的加法和乘法等问题，而很难在实际中应用。另外，SOVA 在低 SNR 情况下不是最佳的，为此 Robertson、Villebrun 和 Hoeher 提出了一种 Log‑MAP 算法，该算法在性能方面与 MAP 算法等价，但比 MAP 算法更具可实现性。由于各种译码算法都存在算法复杂度与它们可获得的性能及可实现性之间的矛盾，因此，目前国内外在 Turbo 码译码算法实现上还没有形成定论。

### 6.5.3　Turbo 码的性能

使用 Monte Carlo 仿真所得到的 Turbo 码的性能曲线如图 6.36 所示，其编码效率为 $1/2$，$K = 5$ 的编码器由生成子 $G_1 = \{11111\}$ 和 $G_2 = \{10001\}$ 实现。采用并行连接和 $256 \times 256$ 矩阵交织器。修正的 Bahl 算法用于长度为 65 536 比特的数据分组中。18 次译码器迭代后，$E_b/n_0 = 0.7$ dB 处的误比特率为 $10^{-5}$。由图 6.36 可以看出，差错性能的改善是译码器迭代次数的函数。

注意，由于接近 $-1.6$ dB 的香农极限，所需的系统带宽趋于无穷，容量(编码效率)接近于 0，所以香农极限是一个很有意义的理论界限，但并不是一个可行的目标。对于二进制调制，许多人将 $P_b = 10^{-5}$ 和 $E_b/n_0 = 0.2$ dB 作为 $1/2$ 编码效率下的实用香农极限。在 RSC 卷积码并行连接和反馈译码下，$P_b = 10^{-5}$ 时 Turbo 码的差错性能与(实用)香农极限的差别小于 0.5 dB。有人提出一种使用串行连接而非并行连接交织技术的编码方案，该方案认为串行连接比并行连接能够提供更好的性能。

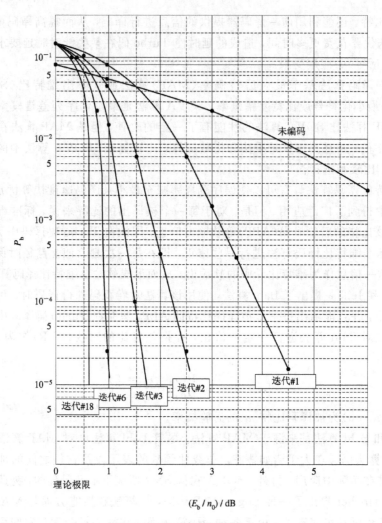

图 6.36　Turbo 码的性能曲线

　　Turbo 码的工作机理到目前为止还远没有被彻底弄清，但粗略的物理解释还是很清楚的。我们知道，一种编码的误码性能取决于其码距，A、B 两个码字距离越远，把 B 错译成 A 的概率越小。Turbo 码采用并行结构的级联系统码，两个码分别对交织前后的信息序列进行编码，得到相应的校验序列。显然，影响误码性能的主要是低重量的信息序列编码后的校验重量，对于不同的低重量信息序列经过一次分量编码（卷积码）后的校验重量是不同的。而我们知道，单靠卷积码的码重是不足以提供接近极限的译码性能的，但若大部分的具有低校验重量的信息序列经交织后再次编码可获得较高的校验重量，则从总体来看，大部分的码字都有较大的码重，从而提高了误码性能。也就是说，尽管从某个分量码来看，信息序列 A 和 B 的编码距离较近，但只要它们在另一个分量码中有较大的距离，我们还是能很容易地区分它们。而软输出迭代译码算法正好符合这种情况，即当处理距离较近的分量码时，软输出算法对 A 和 B 求同存异，对 A 和 B 中不同的位给出一个模糊输出，留待另一个分量码译码算法处理。

　　从上述物理解释可直接得到一个重要结论：用递归码做分量码要优于非递归码。在非递归码的低重信息序列编码中，单错事件（即错误路径从离开到返回正确路径只有一个信息位错)的概率较大，且第一层码中的单错事件经交织后也会在第二层码中以很大的概率产生单错事件。而递归码不会发生单错事件，其双错事件的两个错码经交织后会离得很远，从而产生很大的校验位错误，因而从总的码重分布来看更集中于平均码重附近。

## 6.6 网格编码调制(TCM)

在传统的数字通信系统中，纠错编码和调制是独立进行设计的，纠错编码增加了冗余度。编码增益是通过降低信息传输速率获得的，因此传统的纠错编码方法很难进一步提高通信系统的性能。解决可靠性和有效性更有效的方法是将编码器和调制器当作一个整体进行综合设计，将冗余度映射至与频谱展宽不直接联系的调制信号的参数扩展中，如信号空间矢量点或信号星座数的扩展中。这就是网格编码调制(Trellis Coded Modulation，TCM)思想的基本出发点。

网格编码调制(TCM)是一种不牺牲带宽有效性，而提供功率有效性，并与信道编码相结合的调制技术。编码器和调制器级联后产生的编码序列，具有最大的欧氏距离，使编码对系统性能的改善达到最佳，而且能充分利用接收到的信道信息。在解调时。对接收信号进行软判决最大似然译码，从而得到系统的总体最佳性能。采用 TCM 技术的并行或串行调制解调器，明显优于纠错编码与调制各自独立的并行/串行解调器。

1982 年，Ungerboeck 在对多进制编码调制系统进行深入研究之后，提出了用"子集划分"方法进行信息元与发射信号之间的变换，从而解决了获得最大欧氏距离的网格编码调制方法。通过扩展信号星座的大小，在不扩展带宽、不降低信息传输速率的条件下，可以获得 36 dB 的增益。这类码也因此称为 UB 码。

UB 码应用 $(n+l, n, m)$ 卷积码，编码后的 $n+l$ 比特的码字与星座信号中的一个信号点对应。将这总共 $2^{n+l}$ 个点划分为若干子集，子集中的信号点之间的最小欧氏距离随着划分次数的增加而增大。

一个 BPSK 星座按最小欧氏距离逐级增大的原则划分的子集如图 6.37 所示，信号点位于单位圆上，$d_i$ 是第 $i$ 级子集的欧氏距离。初始时的最小距离 $d_0 = 0.765$；第一次分集后，同一子集的信号点间的最小距离 $d_1 = 1.414$；第二次分集后 $d_2 = 2$。分集过程进行到每个子集仅包含一个信号点为止。一般也可以只进行两级分集，产生 4 个子集，每子集 2 个点。

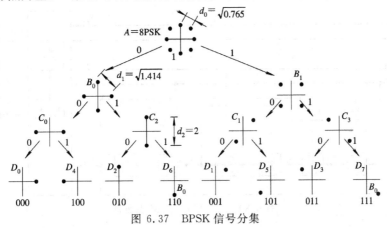

图 6.37 BPSK 信号分集

### 6.6.1 TCM 的基本原理

网格编码调制技术将纠错编码和调制技术有机结合，将编码的冗余度用于调制信号集中于那些最易出错，即距离最近的符号代码，其基本原理如图 6.38 所示。每一个编码调制间隔有 $k$ 比特待传输信息，其中 $k_1$ 比特$(k_1 < k)$通过一速率为 $k_1/(k_1+1)$ 的二进制卷积码编码器扩展为 $k_1+1$ 个编码比特，这 $k_1+1$ 个编码比特用来选择 $2^{k_1+1}$ 进制调制信号集的 $2^{k_1+1}$ 个子集中的一个，剩下的 $k_2 = k - k_1$ 个未编码比特用来选择 $2^{k_2}$ 个信号中的某一个。图 6.37 中，$k=3$，$k_1=2$，$k_2=1$。在接收端，信号经反映射后变换为卷积码的码序列。再送入 Viterbi 译码器译码以得到原始信号。

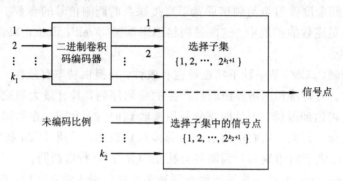

图 6.38　TCM 原理示意图

TCM 有以下两个基本特点：

(1) 在信号空间中的信号点数目比无编码的调制情况下对应的信号点数目要多，这些增加的信号点使编码有了冗余，而又不牺牲带宽。

(2) 采用卷积码编码规则，在信号点之间引入相互依赖关系。仅有某些信号点图样或序列是允许用的信号序列，并可模型化为网格状结构。

### 6.6.2 TCM 编码器

下面以 V.32 标准数据调制解调器为例来讨论 TCM 编码器。图 6.39 所示即为 V.32 标准下 32QAM-TCM 编码部分的硬件结构图。

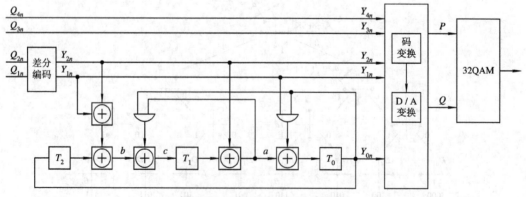

图 6.39　32QAM-TCM 编码器

如图 6.39 所示，发送端将待发送的数据分成连续的 4 位一组的数据组 $Q_1Q_2Q_3Q_4$，每个数据组的比特 $Q_3Q_4$ 不需要进行编码。对 $Q_1Q_2$ 进行差分编码后的 $Y_{1n}$ 和 $Y_{2n}$ 两位用作卷积码编码器的输入，并生成冗余位 $Y_{0n}$。$Y_{0n}$ 的值可以根据 $P$、$Q$ 分盘的幅度及前四位比特的值确定，实际上是 5 位编码比特 $Y_{0n}Y_{1n}Y_{2n}Y_{3n}Y_{4n}$ 共同确定了信号映射的星座点。

因为差分编码的位置在卷积编码之前，所以这种 TCM 编码器对 QAM 的 4 重相位模糊透明。根据星座图，码变换将代码 $Y_{0n}Y_{1n}Y_{2n}Y_{3n}Y_{4n}$ 变换为适合 D/A 变换器使用的电平码，再经 D/A 变换取得 QAM 调制器所需要的两路 PAM 信号，即 $P$、$Q$ 信号。

正交幅度调制是由两路正交的抑制载频的双边带调幅组成的。两路调制载波相差 $90°$，所以称为正交调幅。当输入的基带信号为多电平时，就构成了多电平正交幅度调制（MQAM）。对 32QAM 来说，在两个正交方向上信号的电平数为 5。图 6.40 所示为适合 V.32TCM 标准的 32QAM 信号星座图。

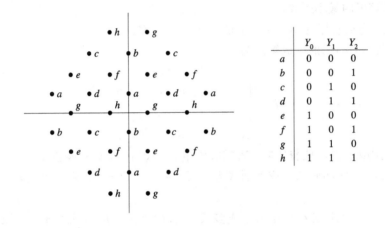

图 6.40　TCM 标准的 32QAM 信号星座图

通过对 32QAM 星座图的分析可知，5 位编码器输出 $Y_{0n}Y_{1n}Y_{2n}Y_{3n}Y_{4n}$ 与星座点间的对应关系如表 6.9 所示。其中，$a$、$b$、$c$、$d$、$e$、$f$、$g$、$h$ 表示对星座图进行子集划分后的各个子集，每个子集中含有 4 个星座点，用 1、2、3、4 表示。

表 6.9　星座点映射

| 子集<br>星座点 | $a$ | $b$ | $c$ | $d$ | $e$ | $f$ | $g$ | $h$ |
| --- | --- | --- | --- | --- | --- | --- | --- | --- |
| 1 | 00000 | 00110 | 01011 | 01101 | 10000 | 10111 | 11010 | 11101 |
| 2 | 00010 | 00100 | 01001 | 01111 | 10011 | 10100 | 11001 | 11110 |
| 3 | 00011 | 00101 | 01000 | 01110 | 10001 | 10110 | 11011 | 11100 |
| 4 | 00001 | 00111 | 01010 | 01100 | 10010 | 10101 | 11000 | 11111 |

6.1　某线性二进码的生成矩阵为

$$G = \begin{bmatrix} 0 & 0 & 1 & 1 & 1 & 0 & 1 \\ 0 & 1 & 0 & 0 & 1 & 1 & 1 \\ 1 & 0 & 0 & 1 & 1 & 1 & 0 \end{bmatrix}$$

(1) 用系统码$[I\,|\,P]$的形式表示$G$；

(2) 计算该码的校验矩阵$H$；

(3) 列出该码的伴随式表；

(4) 计算该码的最小距离；

(5) 证明：与信息序列 101 相对应的码字正交于$H$。

6.2　已知$(7,4)$码的生成矩阵为

$$G = \begin{bmatrix} 1 & 1 & 1 & 1 & 0 & 0 & 0 \\ 1 & 0 & 1 & 0 & 1 & 0 & 0 \\ 0 & 1 & 1 & 0 & 0 & 1 & 0 \\ 1 & 1 & 0 & 0 & 0 & 0 & 1 \end{bmatrix}$$

写出所有许用码组，并求监督矩阵。若接收码组为 1101101，计算校正子。

6.3　$(15,11)$汉明码的生成多项式为$g(D)=D^4+D^3+1$，求生成矩阵，并导出监督矩阵。

6.4　某$(8,4)$线性分组码是由生成多项式$g(p)=p^4+p+1$的$(15,11)$汉明码缩短而成的。

(1) 构造$(8,4)$码的码字并将其列出；

(2) 该$(8,4)$码的最小距离是多少？

6.5　已知交织码的行码采用能纠正突发长度$\leqslant 3$的$(15,9)$码，它的生成多项式为$D^6+D^5+D^4+D^3+1$，交织度$i=10$。该交织码纠正突发错误的能力如何？并写出生成多项式，画出编码器。

6.6　已知$(2,1)$卷积码的生成多项式为$G_1(D)=1$，$G_2(D)=1+D$，若输入序列为 10011，

(1) 画出编码器的方框图，其约束长度为多少？

(2) 画出它的树状图；

(3) 画出它的网格图；

(4) 画出它的状态图；

(5) 写出它的生成矩阵；

(6) 求编码输出序列，在树状图中标出编码路径；

(7) 求生成函数$T(D, B, L)$，找出自由距$d_{\text{free}}$。

6.7　已知$(2,1)$卷积码的生成多项式为$G_1(D)=1+D+D^2+D^3$，$G_2(D)=1+D+D^3$，

（1）画出树状图；

（2）若输入序列为 10011，求输出序列；

（3）画出编码器的方框图。

6.8 已知(2，1)卷积码 $G_1(D) = 1 + D + D^2$，$D_2(D) = 1 + D^2$，采用维特比译码，若接收序列为 000110000001001，

（1）在网格图中标出译码路径，并标出幸存路径的汉明距量度；

（2）求发送序列和信息序列（编码前序列）。

6.9 已知(3，1)卷积码的生成多项式为$(1，3，7)_8$，

（1）画出编码器的方框图；

（2）写出码的生成矩阵；

（3）画出树状图和网格图。

6.10 某 QPSK 系统中，传输速率为 64 kb/s，接收端输入 $E_b/n_0$ 为 10 dB，假设设备不理想引起的 $E_b/n_0$ 劣化值为 2 dB，

（1）求未经差错控制编码时的误比特率；

（2）若采用码率为 2/3、约束长度为 3 的卷积码，则信息传输速率降为多少？误比特率提高到多少？

（3）若采用码率为 1/2、约束长度为 7 的卷积码，重复做（2）。

6.11 已知(7，3)循环码的监督关系式为

$$a_6 + a_3 + a_2 + a_1 = 0$$
$$a_5 + a_2 + a_1 + a_0 = 0$$
$$a_6 + a_5 + a_1 = 0$$
$$a_5 + a_4 + a_0 = 0$$

（1）求该循环码的典型监督矩阵和典型生成矩阵；

（2）输入信息码元为 101001，求编码后的系统码。

6.12 已知(7，4)循环码的生成多项式为 $x^3 + x^2 + 1$，

（1）求典型生成矩阵和典型监督矩阵；

（2）输入信息码为 11001011，求编码后的系统码；

（3）求此循环码的全部码组；

（4）分析此循环码的纠错、检错能力；

（5）画出编码器的电路图。

6.13 已知码率为 1/2 的卷积码的生成多项式为 $g_1(x) = 1$，$g_2(x) = 1 + x$，

（1）画出编码器的电路图；

（2）画出卷积码的树状图、状态图及网格图；

（3）当输入信息码为 110010 时，求卷积码。

6.14 已知(7，3)码的生成矩阵为

$$\boldsymbol{G} = \begin{bmatrix} 1 & 0 & 0 & 1 & 1 & 1 & 0 \\ 0 & 1 & 0 & 0 & 1 & 1 & 1 \\ 0 & 0 & 1 & 1 & 1 & 0 & 1 \end{bmatrix}$$

列出所有许用码组，并求监督矩阵。

6.15　已知(7,3)分组码的监督关系式为

$$\begin{cases} x_6 & + x_3 + x_2 + x_1 + x_0 = 0 \\ x_6 & + x_2 + x_1 + x_0 = 0 \\ x_6 + x_5 & + x_1 = 0 \\ x_6 & + x_4 & + x_0 = 0 \end{cases}$$

求其监督矩阵、生成矩阵、全部码字及纠错能力。

6.16　已知(7,4)循环码的全部码组为

| | | | |
|---|---|---|---|
| 0000000 | 0001011 | 0010110 | 0011101 |
| 0100111 | 0101100 | 0110001 | 0111010 |
| 1000101 | 1001110 | 1010011 | 1011000 |
| 1100010 | 1101001 | 1110100 | 1111111 |

试写出该循环码的生成多项式 $g(x)$ 和生成矩阵 $\boldsymbol{G}(x)$，并将 $\boldsymbol{G}(x)$ 化成典型矩阵。

6.17　某卷积码如下：

$$g_1 = [1\ 0\ 1], \qquad g_2 = [1\ 1\ 1], \qquad g_3 = [1\ 1\ 1]$$

(1) 画出该码的编码器；

(2) 画出该码的状态转移图；

(3) 画出该码的网格图；

(4) 求该码的转移函数和自由距离；

(5) 检查该码是否是恶性的。

6.18　对于一个码长为 15 的线性码，若允许纠正 2 个随机错误，需要多少个不同的校正子？至少需要多少位监督码元？

6.19　某通信系统采用 FSK 调制及(7,4)汉明码，若 $E_b/n_0$ 为 13 dB，求译码后的误比特率。

6.20　构造一个码长为 63，能纠正 3 个错误的 BCH 码，写出其生成多项式。

# 第7章 扩频通信系统

## 7.1 概 述

扩频通信的理论基础是香农定理，即

$$C = B \, \text{lb}\left(1 + \frac{S}{N}\right) \qquad (7.1)$$

式中，$C$ 为信道容量，$B$ 为信道带宽，$S/N$ 为信道输出信噪比（即接收机输入信噪比）。根据此定理，扩频通信系统虽然占有较大的信道带宽，但它可以用较低的信噪比来传输信息。扩频通信系统具有保密性好、抗干扰能力强等许多优点，它在移动通信、卫星通信、宇宙通信以及雷达、导航、测距等领域得到了广泛应用。

扩频通信有以下几类工作方式：

### 1）直接序列扩频方式

直接序列扩频（direct sequence spread spectrum）方式简称直扩（DS）方式。DS 系统用高速伪随机码将待传输的数字信息进行扩频调制，图 7.1 即为 DS－CDMA。

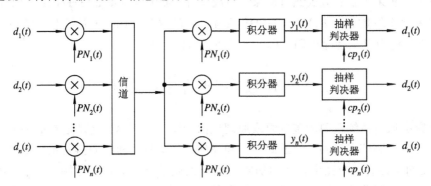

图 7.1 DS－CDMA 原理框图

图 7.1 中的地址码 $PN(t)$ 是一个伪随机序列，其码片速率远大于信码 $d(t)$ 的速率，因而 $PN(t)$ 与 $d(t)$ 相乘后扩展了信码的带宽。

### 2）跳变频率方式

跳变频率（frequency hopping）方式简称跳频（FH）方式。FH 系统用伪随机码控制发射机的载频，使之随伪随机码的变化而跳变，从而扩展发射信号的频率变化范围，即扩展传输带宽。跳频通信中载波频率改变的规律，叫跳频图案。图 7.2 是 FH 系统的跳频图案示意图，图中假设跳频个数为 8。

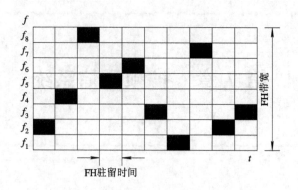

图 7.2　FH 系统的跳频图案示意图

**3）跳变时间方式**

跳变时间(time hopping)方式简称跳时(TH)方式。TH 系统把一段时间(一帧)分成许多时间片，在哪个时间片内发射信号由扩频码序列控制。由于采用了比信息码元宽度窄得多的时间片发送信号，所以扩展了信号的频谱。图 7.3 是 TH 系统的跳时图案示意图，图中将一帧分为 8 个时间片。

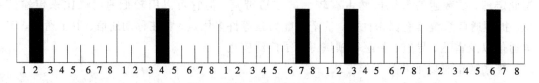

图 7.3　TH 系统的跳时图案示意图

**4）混合方式**

将以上三种基本扩频方式结合起来，构成混合式扩频系统，如 FH/DS、TH/DS 等。

目前最常用的是 DS、FH 及 FH/DS 系统。本章主要介绍 DS 系统和 FH 系统的基本原理、抗噪声能力以及伪随机码生成、同步捕获与跟踪等。

# 7.2　扩频数字通信系统的模型

扩频数字通信系统模型的基本组成原理框图如图 7.4 所示，其发送端的输入和接收端的输出均为二进制信息序列。信道编码器和译码器、调制器和解调器是系统的基本组成部分。除此之外，还有两个完全相同的伪随机图样发生器，一个在发送端与调制器相接，另一个在接收端与解调器相接。该发生器产生的伪随机或伪噪声(PN)二进制序列在调制器中施加到发送信号上，在解调器中从接收信号中去掉。

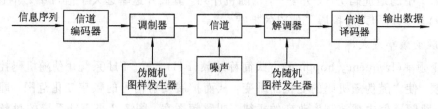

图 7.4　扩频数字通信系统模型

为了解调接收信号，要求接收机产生的 PN 序列与接收信号中所含的 PN 序列同步。初始阶段，在传输信息之前，可通过发送一个固定的伪随机比特图样来获得同步，该图样即使在出现干扰时也能被接收机以很高的概率识别出来。当两端的发生器建立时间同步后，信息传输便可开始。

携带信息的信号通过信道传输时将引入干扰。干扰特征在很大程度上取决于干扰的来源。按其相对于携带信息的信号带宽，干扰可分为宽带干扰和窄带干扰；亦可按时间分为连续干扰和脉冲(时间不连续)干扰。例如，人为干扰信号可由传输信息带宽内一个或多个正弦波组成，该正弦波的频率是固定不变的或按某种规则随时间变化的。再如，在 CDMA 中，由信道中其他用户产生的干扰可能是宽带干扰，也可能是窄带干扰，这取决于为获得多址所采用的扩频信号类型。若为宽带干扰，则可表征为等效的加性高斯白噪声。

对扩频信号的论述将主要集中在有窄带和宽带干扰时的数字通信系统性能上，而且只研究两种调制方式：PSK 和 FSK。PSK 适用于收发信号间相位相干能保持较长一段时间的场合，该段时间比发送信号带宽的倒数长。另一方面，FSK 适用于因信道时变对通信链路影响而不能保持这种相位相干的场合。

调制器中产生的 PN 序列和 PSK 调制结合在一起，使 PSK 信号的相位伪随机地偏移，所产生的调制信号称为直接序列(DS)或伪噪声(PN)扩频信号。当它与二进制或 $M(M>2)$ 元 FSK 结合使用时，伪随机序列按伪随机方式选择发送信号的频率，由此产生的信号叫做跳频(FH)扩频信号。我们将简要描述其他形式的扩频信号，重点是 PN 和 FH 扩频信号。

# 7.3  直接序列扩频通信系统

## 7.3.1  直扩系统原理

这里以采用 2PSK 调制方式的直扩系统为例，说明直扩通信系统的工作原理。其原理方框图如图 7.5 所示，图中设接收机先进行射频解调然后再解扩。扩频调制器的输入信码 $d(t)$ 可以来自信源，也可以来自信源编码器或信道编码器等。解扩器由相乘器完成，解扩器所用的扩频码(本地 PN 序列)与扩频器所用的扩频码同步，都表示为 $PN(t)$。

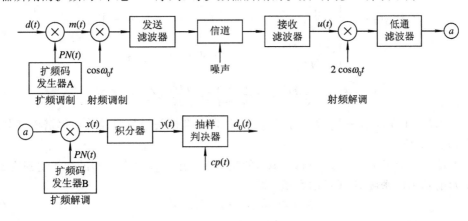

图 7.5  直扩系统原理框图

在扩频通信系统中，需要研究的噪声包括随机噪声、人为干扰、多径干扰、多址干扰等。这里将随机噪声表示为 $n(t)$，将各种干扰表示为 $J(t)$。

下面分析直扩系统的扩频与解扩原理以及抗噪声能力。

**1. 扩频与解扩**

m 序列是常用的扩频序列之一，它由 $n$ 级移位寄存器构成，序列长度为 $N=2^n-1$。设 $PN(t)$ 为 m 序列，$N=7$，则扩频与解扩过程的波形变化过程可用图 7.6 表示。

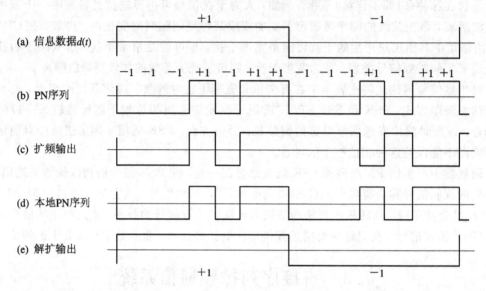

图 7.6　扩频与解扩

由图 7.6 可见，扩频调制的特点是，当信息数据为 +1 时 PN 序列极性不变；当信息数据为 -1 时 PN 序列倒相。在实际工程中，常用模 2 加法器作为扩频调制器，它与用相乘器构成的扩频调制器是等效的。

m 序列的自相关函数及功率谱密度分别为

$$R_{PN}(\tau) = \begin{cases} 1 - \dfrac{\tau(1+N)}{NT_c}, & 0 \leqslant |\tau| < T_c \\[2mm] -\dfrac{1}{N}, & T_c \leqslant |\tau| < (N-1)T_c \\[2mm] \dfrac{\tau(1+N)}{NT_c} - N, & (N-1)T \leqslant |\tau| \leqslant NT_c \end{cases} \tag{7.2}$$

$$S_{PN}(f) = \frac{1}{N^2}\delta(f) + \frac{1}{N}\sum_{i \neq 0} \mathrm{Sa}^2\left(\frac{i\pi}{N}\right)\delta(f - if_d) \tag{7.3}$$

式中，$f_d = R_d = 1/T_d$，$N = T_d/T_c = f_c/f_d$。m 序列的自相关函数曲线及功率谱密度分别如图 7.7(a)、(b) 所示。

由于 $d(t)$ 与 $PN(t)$ 不相关，所以 $m(t)$ 的功率谱密度 $S_m(f)$ 为 $d(t)$ 的功率谱密度 $S_d(f)$ 与 $PN(t)$ 的功率谱密度 $S_{PN}(f)$ 的卷积，即

$$S_m(f) = S_d(f) * S_{PN}(f) \tag{7.4}$$

因为 $d(t)$ 是码元宽度为 $T_d$ 的双极性非归零码，故其功率谱密度为函数 $\mathrm{Sa}^2(\cdot)$ 形式，带宽为 $B_1 = f_d$。图 7.8 表示了扩频调制频谱的变化过程。

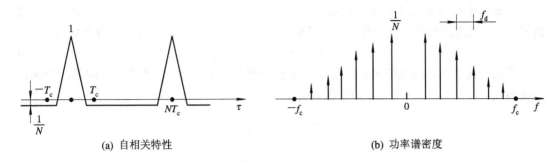

(a) 自相关特性              (b) 功率谱密度

图 7.7　m 序列的自相关函数及功率谱密度

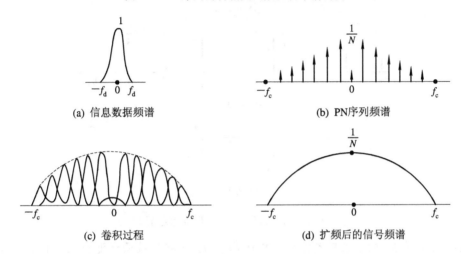

(a) 信息数据频谱          (b) PN序列频谱

(c) 卷积过程          (d) 扩频后的信号频谱

图 7.8　扩频调制频谱变化示意图

由图 7.8 可见，扩频调制器输出信号的功率谱密度的最大值为信息数据功率谱密度最大值的 $1/N$，带宽为 $B_2 = Nf_d$。解扩器的输出信号为

$$x(t) = m(t) \cdot PN(t) = [d(t)PN(t)] \cdot PN(t) = d(t) \tag{7.5}$$

即解扩器将扩频信号的频谱还原为原信息数据的频谱。

**2. 抗随机噪声的能力**

实际通信系统中，由信道进入接收机的随机噪声一般是高斯白噪声。设接收滤波器带宽等于已调信号带宽 $2f_c$，且 $f_0 \gg 2f_c$，则接收滤波器的输出信号为

$$u(t) = s(t) + n(t) = d(t)PN(t)\cos\omega_0 t + n_c(t)\cos\omega_0 t - n_s(t)\sin\omega_0 t \tag{7.6}$$

式中，$s(t) = d(t)PN(t)\cos\omega_0 t$，是基带信号为 $d(t)PN(t)$ 的 2PSK 信号；$n(t) = n_c(t)\cos\omega_0 t - n_s(t)\sin\omega_0 t$，为窄带白噪声。

这里先分析直扩系统对带宽为 $2f_d$ 的随机噪声的抑制能力，再分析它对带宽为 $2f_c$ 的窄带白噪声的抑制能力(即抗加性白噪声的能力)。

1) 抗带宽为 $2f_d$ 的随机噪声的能力

由图 7.5 可得解扩器的输出信号为

$$x(t) = d(t)PN^2(t) + n_c(t)PN(t) = d(t) + n_c(t)PN(t) \tag{7.7}$$

可见解扩器输出噪声 $nx(t)$ 的功率谱密度为

$$S_{nx}(f) = S_{nc}(f) * S_{PN}(f) \tag{7.8}$$

在分析直扩系统抗随机噪声的能力时，可以假设积分器是一个带宽为 $f_d$ 的理想低通滤波器，此低通滤波器输出的噪声即为扩频接收机输出噪声 $n_0(t)$，其功率谱密度为

$$S_{no}(f) = S_{nc}(f) * S_{PN}(f), \quad 0 \leqslant |f| \leqslant f_d \tag{7.9}$$

下面用图 7.9 来说明输出噪声功率谱密度的形成过程。图中，假设 $n(t)$ 的单边功率谱密度为 $n_0$，并忽略了式(7.3)中的零频成分。

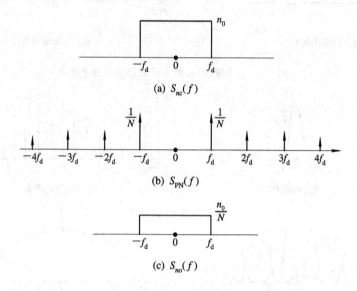

(a) $S_{nc}(f)$

(b) $S_{PN}(f)$

(c) $S_{no}(f)$

图 7.9　接收机输出噪声形成示意图 1

由图 7.9 可见，由于解扩器输出噪声中高于 $f_d$ 的部分被低通滤波器滤掉，所以只有 $\frac{1}{N}\delta(f-f_d)$ 及 $\frac{1}{N}\delta(f+f_d)$ 与 $S_{nc}(f)$ 卷积得到的频谱才对接收机输出噪声有贡献。因此，接收机输出噪声的功率谱密度为 $n_0/N$，其功率为

$$N_o = \frac{2n_0 f_d}{N} \tag{7.10}$$

接收机的输入噪声功率为

$$N_i = \overline{n^2(t)} = 2n_0 f_d \tag{7.11}$$

可见，解扩器将噪声功率减小为输入时的 $1/N$。

若去掉扩频调制和扩频解调，将 $a$ 点信号直接送给抽样判决器，则图 7.5 为一般数字调制系统，称为常规通信系统。此系统抽样判决器输入的噪声为 $n_c(t)$，其功率为

$$N_{nc} = 2n_0 f_d \tag{7.12}$$

由上述分析可以得到以下结论：

(1) 直扩系统接收机的输出噪声功率为输入噪声功率的 $1/N$。定义 $N$ 为扩频增益(处理增益)$G$，即

$$G = \frac{\text{扩频后信号带宽}}{\text{扩频前信号带宽}} = \frac{B_2}{B_1} = N \tag{7.13}$$

扩频增益越大，解扩器对噪声的抑制能力越强。

(2) 当扩频接收机的输入噪声与常规通信系统相同时，扩频接收机的输出噪声功率是常规系统接收机的 $1/N$。由上述分析过程可见，只要扩频接收机的输入噪声带宽不大于常

规系统的信号带宽,此结论都是成立的。

(3) 解扩前后信号及噪声的功率谱密度如图 7.10(a)、(b)所示。由图可见,解扩器将信号的带宽和功率谱密度分别压缩 $N$ 倍和增大 $N$ 倍,而将噪声的带宽及功率谱密度分别增大 $N$ 倍和减小为 $1/N$。产生这种现象的根本原因是,扩频码与扩频信号相关而与噪声不相关;解扩器对扩频信号解扩,但对噪声进行扩频。

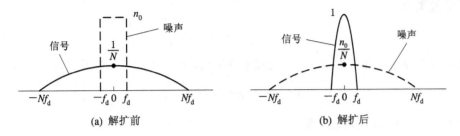

图 7.10 解扩前后信号与噪声的功率谱密度

(4) 解扩器后面必须接一个截止频率等于信码带宽的低通滤波器,以滤除带外噪声,降低接收机的输出噪声功率。

2) 抗高斯白噪声的能力

可以用图 7.11 来说明接收机输出噪声功率谱密度的形成过程。

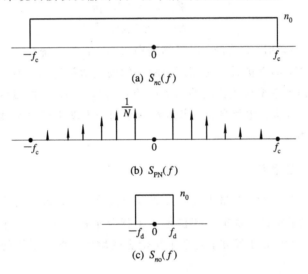

图 7.11 接收机输出噪声形成示意图 2

由图 7.11 可见,只要 $S_{\mathrm{PN}}(f)$ 向左、右移动的距离不超过 $f_{\mathrm{d}}$,则它的每一个谱线与 $S_{nc}(f)$ 的卷积结果都可以通过低通滤波器,即接收机输出噪声的功率谱密度为

$$S_{no}(f) = \frac{n_0}{N} * \left[ \frac{1}{N^2}\delta(f) + \sum_{\substack{i\neq 0 \\ i=-N}}^{N} \mathrm{Sa}^2\left(\frac{i\pi}{N}\right)\delta(f-if_{\mathrm{d}}) \right]$$

$$\approx \frac{n_0}{N}\sum_{i=-N}^{N}\mathrm{Sa}^2\left(\frac{i\pi}{N}\right), \quad |f| \leqslant f_{\mathrm{d}} \tag{7.14}$$

当 $N\to\infty$ 时,可用积分取代式(7.14)中的求和运算,即

$$S_{n0}(f) \approx \frac{n_0}{N} \int_{-N}^{N} \mathrm{Sa}^2\left(\frac{i\pi}{N}\right)\mathrm{d}i, \qquad |f| \leqslant f_{\mathrm{d}} \tag{7.15}$$

式(7.15)中的积分值约为 $N$，证明如下：

宽度为 $T$、高度为 1 的单脉冲 $g(t)$ 的傅里叶变换为

$$G(f) = T\,\mathrm{Sa}(\pi fT) \tag{7.16}$$

此信号的能量为

$$T = \int_{-\infty}^{\infty} G^2(f)\mathrm{d}f \tag{7.17}$$

由于 $g(t)$ 的能量主要集中在 $0 \sim 1/T$ 的频率范围内，所以由式(7.16)及式(7.17)可得

$$\int_{-1/T}^{1/T} \mathrm{Sa}^2(\pi fT)\mathrm{d}f \approx \frac{1}{T} \tag{7.18}$$

令 $N = 1/T$，$i = f$，命题得证，即

$$\int_{-N}^{N} \mathrm{Sa}^2\left(\frac{i\pi}{N}\right)\mathrm{d}i \approx N \tag{7.19}$$

将式(7.19)代入式(7.15)，可得扩频接收机的输出噪声功率谱为

$$S_{no}(f) \approx n_0, \qquad |f| \leqslant f_{\mathrm{d}} \tag{7.20}$$

扩频接收机的输入噪声及输出噪声功率分别为

$$N_{\mathrm{i}} = 2f_{\mathrm{c}}n_0 = 2Nf_{\mathrm{d}}n_0 \tag{7.21}$$

$$N_{\mathrm{o}} \approx 2f_{\mathrm{d}}n_0 \tag{7.22}$$

由上述分析可以得到以下结论：对于高斯白噪声，直扩系统接收机的输出噪声功率为输入噪声功率的 $1/N$，即直扩系统对高斯白噪声的处理增益为 $N$。但直扩系统接收机的输出噪声功率与常规通信系统接收机的输出噪声功率基本相等，即扩频系统的抗高斯白噪声能力与窄带系统基本相同。也就是说，当信号功率和噪声功率谱密度相同时，扩频系统的误码率与常规系统相同。

### 7.3.2　抗人为干扰能力

人为干扰分为单频干扰、窄带干扰以及宽带干扰等几种。采用与 7.3.1 节中相同的分析方法，可以得到以下结论：直扩系统抗单频干扰及窄带干扰（带宽不大于信号速率的 2 倍）的能力是常规通信系统的 $N$ 倍；随着干扰带宽的增大，直扩系统的抗干扰能力逐渐接近于常规系统。

通过以上分析可以看出，人们通常所说的"扩频通信系统抗干扰能力强"这一结论成立的前提条件是：干扰带宽不大于常规通信系统信号带宽。对于加性白噪声，采用扩频技术是不能得到任何好处的。

当信道存在高斯白噪声和窄带随机干扰（带宽不大于常规通信的信号带宽）时，采用 2PSK 调制方式的直扩系统的误码率为

$$P_{\mathrm{e}} = \sqrt{\frac{2E_{\mathrm{b}}}{n_0 + \dfrac{P_n}{2Nf_{\mathrm{b}}}}} \tag{7.23}$$

式中，$P_n$ 为干扰信号功率。

### 7.3.3 抗多径干扰能力

在移动通信系统中，发射机发射的信号可以经过多条路径传输到接收机。设直达信号的时延 $\tau = 0$，其他 $k$ 条路径的时延为 $\tau_i (i = 1, 2, \cdots, k)$，且 $\tau_i > 0$。直达信号是接收机的有用信号，由其他路径到达接收机的信号对直达信号造成干扰，称为多径干扰。

当只考虑多径干扰时，图 7.5 所示接收机的输入信号可表示为

$$u(t) = \sum_{i=0}^{k} A_i d(t - \tau_i) PN(t - \tau_i) \cos\omega_0 (t - \tau_i) \qquad (7.24)$$

解扩器的输出信号为

$$x(t) = A_0 d(t) + \sum_{i=1}^{k} A_i d(t - \tau_i) PN(t - \tau_i) PN(t) \cos\omega_0 \tau_i \qquad (7.25)$$

式中，第一项为有用信号，第二项为多径干扰。

积分器的积分区间为信码宽度 $T$，其输出信号为

$$y(T) = A_0 T d_0 + \sum_{i=1}^{k} A_i \int_0^T d_i PN(t) PN(t - \tau_i) \cos\omega_0 \tau_i \, dt \qquad (7.26)$$

式中，$T d_0 = \int_0^T d(t) dt$，$d_0 = \pm 1$，$d_i = d(t - \tau_i) = \pm 1$。

假设 $A_i = A_0$，且在一个信码码元内 $d(t - \tau_i)$ 的符号不变，即 $d_i = d_0$，则

$$\begin{aligned} y(T) &= A_0 T d_0 + \sum_{i=1}^{k} A_i \left[ A_0 d_0 \cos\omega_0 \tau_i \int_0^T PN(t) PN(t - \tau_i) dt \right] \\ &= A_0 T d_0 \left[ 1 + \sum_{i=1}^{k} R_{PN}(\tau_i) \cos\omega_0 \tau_i \right] \end{aligned} \qquad (7.27)$$

式中，$R_{PN}(\tau_i) = \dfrac{1}{T} \int_0^T PN(t) PN(t - \tau_i) dt$ 为 $PN(t)$ 的自相关函数。

下面，将 $PN(t)$ 的自相关函数特性分为三个区域进行讨论。

(1) $T_c \leqslant \tau_i \leqslant (N-1) T_c$。在此区域内，$R_{PN}(\tau_i) = -1/N$，积分器的输出信号为

$$y(T) = A_0 T d_0 \left( 1 - \frac{1}{N} \sum_{i=1}^{k} \cos\omega_0 \tau_i \right) \qquad (7.28)$$

可见积分器输出的最小值为

$$y(T) \mid_{\min} = A_0 T d_0 \left( 1 - \frac{k}{N} \right) \qquad (7.29)$$

当 $N \gg k$ 时，多径信号对直达信号的影响最小。

(2) $\tau_i \leqslant T_c$。在此区域内，

$$R_{PN}(\tau_i) = 1 - \frac{\tau_i(1 + N)}{N T_c} \approx 1 - \frac{\tau_i}{T_c}$$

积分器的输出信号为

$$y(T) = A_0 T d_0 \left[ 1 + \frac{1}{N} \sum_{i=1}^{k} \left( 1 - \frac{\tau_i}{T_c} \right) \cos\omega_0 \tau_i \right] \qquad (7.30)$$

可见，当 $\cos\omega_0 \tau_i > 0$ 时，多径干扰将加强直达信号；$\cos\omega_0 \tau_i < 0$ 时，多径干扰将削弱直达信号。当这两种情况出现的概率基本相同时，多径干扰对直达信号的影响不大。

(3) $(N-1) T_c \leqslant \tau_i \leqslant N T_c$。在此区域内，

$$R_{\text{PN}}(\tau_i) = \frac{\tau_i(1+N)}{NT_c} - N = \frac{\tau_i}{T_c} - N$$

积分器的输出信号为

$$y(T) = A_0 T d_0 \left[ 1 + \frac{1}{N} \sum_{i=1}^{k} \left( \frac{\tau_i}{T_c} - N \right) \cos\omega_0 \tau_i \right] \tag{7.31}$$

与第二种情况类似，多径干扰信号可能加强直达信号，也可能削弱直达信号；当这两种情况出现的概率基本相同时，多径干扰对直达信号的影响不大。

第一种多径干扰出现的概率比较大，但它们对直达信号的影响很小。所以直扩通信系统有很强的抗多径干扰能力。

在实际系统中，多径干扰信号的幅度小于直达信号，且时延 $\tau_i$ 越大，多径干扰信号的传输距离越远，幅度越小。另外，式(7.26)中的 $d_i$ 在积分区间 $T$ 内有极性变化，必须用扩频码的局部自相关函数才能更准确地分析多径干扰对直达信号的影响。关于这方面的内容，本书不再介绍，读者可参考有关文献。

### 7.3.4  多址能力

设直扩 CDMA 系统中有 $k$ 个用户发射的信号可以到达某一个接收机，当不考虑其他噪声及干扰信号时，接收信号可表示为

$$u(t) = \sum_{i=1}^{k} A_i d_i(t - \tau_i) PN_i(t - \tau_i) \cos(\omega_0 t + \varphi_i) \tag{7.32}$$

式中，$d_i(t - \tau_i)$ 和 $PN_i(t - \tau_i)$ 分别为接收到的第 $i$ 个用户发送的信码及使用的扩频码，$A_i$ 为第 $i$ 个信号的振幅，$\tau_i$ 为第 $i$ 个信号的传输时延，$\varphi_i$ 是第 $i$ 个信号的载波初相。

若第一个信号是接收机所需要的信号，则其他信号为多址干扰。设 $\varphi_1 = \tau_1 = 0$，则图 7.5 所示积分器的输出信号为

$$y(T) = \sum_{i=1}^{k} \int_0^T A_i d_i(t - \tau_i) PN_i(t - \tau_i) PN_1(t) \cos\varphi_i \, \mathrm{d}t$$

$$= A_1 T d_1 + \sum_{i=2}^{k} \int_0^T A_i d_i(t - \tau_i) PN_i(t - \tau_i) PN_1(t) \cos\varphi_i \, \mathrm{d}t \tag{7.33}$$

式中，$T d_1 = \int_0^T d_1(t) \mathrm{d}t$；第一项为接收机的信号，第二项为多址干扰。

由式(7.33)可见，若 $\tau_i = 0$(即每个信号的时延都相等)，且 $i \neq 1$ 时，

$$\int_0^T PN_i(t) \times PN_1(t) \mathrm{d}t = 0$$

则多径干扰为 0。但在实际系统中，各用户所使用的扩频码不可能完全正交，各路信号的时延也不可能完全相同，因此多径干扰总会存在，且有时是比较严重的。

$$y(T) = A T d_1 + A T \sum_{i=2}^{k} I_i(d_i, \tau_i, \varphi_i) \tag{7.34}$$

式中

$$I_i(d_i, \tau_i, \varphi_i) = \frac{\cos\varphi_i}{T} \int_0^T d_i(t - \tau_i) PN_i(t - \tau_i) PN_1(t) \mathrm{d}t \tag{7.35}$$

由于在一个信号周期内 $d_i(t - \tau_i)$ 有符号变化，所以必须用 $PN_i(t)$ 与 $P_1(t)$ 的局部互相关函

数来计算多址干扰。围绕这一问题，许多学者做了大量的工作，各自的研究结论也不尽相同。但对采用 m 序列或 Gold 序列作为扩频码的直扩系统，已经有了较为统一的结果，其中一个就是考虑了高斯白噪声和多址干扰的平均误码率。

当采用 2PSK 调制时，平均误码率为

$$P_e = Q\left[\sqrt{\frac{2E_b}{n_0}} \frac{1}{\sqrt{1 + \frac{k-1}{3N} \cdot \frac{2E_b}{n_0}}}\right] \tag{7.36}$$

式中，$E_b$ 为每比特信号能量，$n_0$ 为单边功率谱密度。

通常称式(7.36)中的 $\frac{k-1}{3N}$ 为恶化因子。为了保证多址干扰对误码率的影响足够小，这个恶化因子不能太小，通常选为 $k \leqslant 0.1N$。

实际通信系统中，多址干扰信号的振幅可能大于有用信号的振幅，也可能小于有用信号的振幅。显然，若各发射机的发射功率相等，则某一个发射机所产生的多径干扰与它和接收机的距离有关，距离越远干扰越小，距离越近干扰越大，此即"远近效应"。

为了减小多址干扰，现代通信系统中采用了许多先进技术，如功率控制、智能天线、多用户检测与多址干扰对消等。

# 7.4 跳频通信系统

跳频通信系统的原理框图如图 7.12 所示。图中，扩频调制器是一个上变频器，扩频解调器是一个下变频器。频率合成器 A 及频率合成器 B 分别为上变频器及下变频器提供本振信号，它们的输出信号频率在跳频指令(跳频码)的控制下按照同一规律跳变。

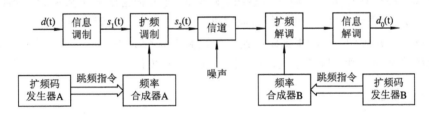

图 7.12　跳频通信系统原理框图

由于跳频通信系统的扩频调制器是一个上变频器，因而其输入信号可以是数字已调信号，也可以是模拟已调信号，即 $d(t)$ 可以是数字信号，也可以是模拟信号。

下面具体介绍跳频通信系统的扩频与解扩原理以及抗噪声能力。

## 7.4.1　扩频与解扩

设 $d(t)$ 为数字信号，码元宽度为 $T_d$，码速率 $R_d = 1/T_d$。当信息调制器采用线性调制方式时，其输出信号 $s_1(t)$ 的频谱如图 7.13(a)所示，带宽 $B_1 = 2f_d = 2R_d$。

设跳频数(频率合成器输出信号的频率数)为 $N$，最小跳频间隔 $\Delta f = 2f_d$，则扩频调制器输出信号 $s_2(t)$ 的频谱由 $N$ 个跳变频带组成，如图 7.13($b$)所示，其带宽 $B_2 = 2Nf_d$，图中每个跳变频带存在的概率为 $1/N_0$。

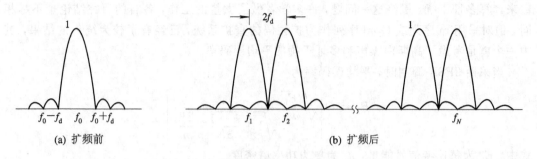

(a) 扩频前　　　　　　　　　　　(b) 扩频后

图 7.13　扩频调制频谱变化示意图

图 7.13 中，$f_0$ 为信息调制器的载频，$f_i(i=1, 2, \cdots, N)$ 为频率合成器输出信号频率 $f_j(j=1, 2, \cdots, N)$ 与 $f_0$ 之和。

频率合成器 B 的频率变化规律及瞬时频率与频率合成器 A 完全相同，故解扩器对 $s_2(t)$ 进行下变频处理即可得到 $s_1(t)$，从而完成解扩任务。

根据式(7.13)给出的扩频增益的定义，当最小跳频间隔 $\Delta f = 2f_d$ 时，跳频通信系统的扩频增益亦为 $N$。若最小跳频间隔 $\Delta f > 2f_d$，则 $B_2 = 2Nf_d$，似乎增大了扩频增益，但系统的抗干扰能力并不一定随之增加，反而增大了占用的信道带宽，这显然是不可取的。若 $\Delta f < 2f_d$，则由图 7.13 可见，两个相邻载频之间的频谱将重叠在一起，从而形成多址干扰（因为在跳频 CDMA 中，不同用户在同一时刻使用的载频频差可以为 $\Delta f$），所以在跳频通信系统中，一般选最小跳频间隔为 $2f_d$。

在跳频通信系统中，跳频时间间隔 $T_c$ 是另一个重要参数，其倒数为跳频速率，即每秒的跳频次数，表示为 H/s。跳频速度越快，越有利于躲避敌方的干扰，但要求频率合成器的换频时间越短。目前锁相频率合成器的换频时间可以做到毫秒级，直接数字合成(DDS)式频率合成器的换频时间可以做到微秒级。跳频时间间隔应远大于频率合成器的换频时间。一般选 $T_c$ 为码元宽度 $T_d$ 或比特时间宽度（即二进制信号码元宽度）$T_b$。

在跳频通信系统中，一般根据跳频速率将跳频系统分为慢跳、中跳及快跳三类，它们的跳频速率分别为每秒跳频几十次、几百次及 1000 次以上。

## 7.4.2　抗噪性能

跳频通信系统的抗噪机理与直扩通信系统不同。直扩系统中，由于扩频码与噪声不相关，故解扩器将扩频码的功率谱密度与噪声的功率谱密度进行卷积处理，从而得到了 7.3.1 节中的抗噪性能。在跳频通信系统中，解扩器是一个本振频率跳变的下变频器，其数学模型如图 7.14 所示。

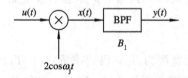

图 7.14　跳频系统下变频器的数学模型

设信息调制器的输出信号为

$$s_1(t) = d(t)\cos\omega_0 t \tag{7.37}$$

则图 7.14 中的 $u(t)$ 为

$$u(t) = d(t)\cos(\omega_j + \omega_0)t + n(t) \tag{7.38}$$

相乘器的输出为

$$x(t) = s_1(t) + n_x(t) \tag{7.39}$$

式中，$n_x(t) = 2n(t)\cos\omega_j t$。

由于下变频器带通滤波器的中心频带为 $f_0$，$s_1(t)$ 的带宽为 $B_1$，所以 $x(t)$ 中的信号可以通过此带通滤波器；而噪声 $x(t)$ 能否通过带通滤波器则取决于频率合成器输出信号频率及接收机输入噪声的频谱。

根据下变频器的数学模型，不难得到跳频系统的抗噪性能如下：

(1) 若输入噪声的频带处于图 7.13(b)所示扩频后信号频谱中某个跳变频带之内，则对扩频信号造成干扰的概率为 $1/N$。下变频器输出噪声的平均功率为输入噪声功率的 $1/N$。

(2) 若输入噪声频谱均匀地分布在通信系统的整个频带上，则跳频系统的每个跳变频带的信号都会受到干扰，但分配到每个跳变频带的噪声功率为输入噪声功率的 $1/N$，故下变频器输出噪声功率为输入噪声功率的 $1/N$。

(3) 在高斯白噪声条件下，因为常规通信系统输出噪声功率与跳频系统相同，所以跳频系统的误码率与常规通信系统相同。

(4) 抗转发干扰能力。转发干扰原理图如图 7.15 所示。设发射机将信号传播到接收机及干扰机的时间分别为 $T_D$ 及 $T_e$，干扰机的处理时间为 $T_p$，干扰机到接收机的传播时间为 $T_j$，则当跳频时间间隔满足

$$T_e < (T_e + T_p + T_j) - T_D \tag{7.40}$$

时，转发干扰对接收机准确接收信号无影响。因为转发干扰的载频与其接收信号相同。当转发干扰到达接收机时，接收机的输入信号载频已和转发干扰的载频不同，因而转发干扰与本地频率合成器的差频不能通过下变频器的带通滤波器。

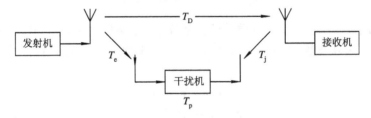

图 7.15 转发干扰示意图

在直扩系统中，转发干扰信号相当于多径干扰信号，对接收机正常工作有一定影响。

(5) 多址能力。在跳频 CDMA 系统中，只要各用户的跳频图案不重合(即在同一时刻各用户使用的载频不相同)，就无多址干扰，当然也不存在直扩通信中的远近效应。

综上所述，跳频 CDMA 扩频通信系统具有以下特点：

(1) 设备简单，仅在常规窄带通信系统中增加载频跳变能力即可构成跳频系统。

(2) 信息调制灵活，可为数字调制，也可为模拟调制。

(3) 多址能力强，且不存在远近效应。

(4) 抗高斯噪声及抗人为干扰(转发式干扰例外)能力同直扩 CDMA 系统。

(5) 采用"躲避"式抗干扰机理，特别适用于军事通信。

(6) 其扩频码的码速率低于直扩系统扩频码的码速率。

# 7.5 PN 序列的生成

## 7.5.1 扩频码的生成及特性

如上所述，CDMA 通信系统的各种性能及同步捕捉与跟踪都与扩频序列的特性有密切关系。直扩系统扩频序列的理想特性如下：

(1) 有尖锐的自相关特性；

(2) 有处处为 0 的互相关值；

(3) 不同码元数平衡相等；

(4) 有足够多的正交码组；

(5) 有尽可能多的复杂度。

最简单的扩频码是 m 序列。m 序列有尖锐的自相关特性，有较小的互相关值，码元平衡，但正交码组数不多，序列复杂度不大。Gold 序列保持了 m 序列的优点，而且正交码组数大大增加，复杂度也有所改善。m 序列及 Gold 序列都属于线性序列，比较容易破译。20世纪 80 年代提出的非线性扩频序列较好地满足了 CDMA 通信系统的要求。

下面简要介绍直扩系统使用的 m 序列、Gold 序列以及跳频序列的基本概念。

## 7.5.2 m 序列

### 1. m 序列的序列数

分析表明，$n$ 级移位寄存器能够生成的 m 序列个数（即对应的本原特征多项式数）为

$$N_{\mathrm{m}} = \frac{\varphi(N)}{n} = \frac{\varphi(2^n - 1)}{n} \tag{7.41}$$

式中，$\varphi(N)$ 为小于 $N$ 且与 $N$ 为互质数的正整数个数。例如，当 $n=3$ 时，$N=7$，1、2、3、4、5、6，皆与 7 为互质数，所以 $\varphi(N)=6$，$N_{\mathrm{m}}=2$。这两个周期为 7 的 m 序列的特征多项式分别为

$$\begin{cases} f_1(x) = x^3 + x + 1 \\ f_2(x) = x^3 + x^2 + 1 \end{cases} \tag{7.42}$$

$f_1(x)$ 与 $f_2(x)$ 为互反多项式。式(7.43)对应的 3 级线性反馈移位寄存器见图 7.16（图中 $D_1$、$D_2$、$D_3$ 为 D 触发器），图中示出了 $n=3$，$N=7$ 的两个 m 序列生成器，所生成的 m 序列分别为 1110100 和 1110010。

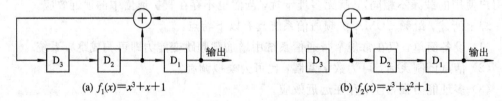

图 7.16 $n=3$ 与 $N=7$ 的两个 m 序列生成器

表 7.1 给出了一部分不同周期的 m 序列的序列数目。

### 表 7.1　m 序列的序列数 ($N_m$)

| $n$ | $N=2^n-1$ | $N_m$ | $n$ | $N=2^n-1$ | $N_m$ |
|---|---|---|---|---|---|
| 1 | 1 | 1 | 11 | 2047 | 176 |
| 2 | 3 | 1 | 12 | 4095 | 144 |
| 3 | 7 | 2 | 13 | 8191 | 630 |
| 4 | 15 | 2 | 14 | 16 383 | 756 |
| 5 | 31 | 6 | 15 | 32 767 | 1800 |
| 6 | 63 | 6 | 16 | 65 535 | 2048 |
| 7 | 127 | 18 | 17 | 13 1071 | 7710 |
| 8 | 255 | 16 | 18 | 262 143 | 8064 |
| 9 | 511 | 48 | 19 | 524 287 | 27 594 |
| 10 | 1023 | 60 | 20 | 1 048 575 | 24 000 |

**2. m 序列的互相关特性**

序列 $a=(a_0,a_1,\cdots,a_{N-1})$ 和序列 $b=(b_0,b_1,\cdots,b_{N-1})$ 的互相关特性定义为

$$R_{ab}(i)=\sum_{k=0}^{N-1}a_kb_{k+i} \tag{7.43}$$

式中，$a_i$、$b_i\in(-1,1)$。此为汉明互相关特性，当 $R_{ab}(i)=0$ 时，$a$、$b$ 不相关。

根据式(7.43)可求得图 7.16 中的两个 m 序列的互相关值为：

$$R_{ab}(0)=3,\ R_{ab}(1)=-1,\ R_{ab}(2)=3,\ R_{ab}(3)=-1,$$
$$R_{ab}(4)=-1,\ R_{ab}(5)=-5,\ R_{ab}(6)=3$$

研究发现，某些 $m$ 序列的互相关特性为

$$R_{ab}(i)=\begin{cases}t(n)-2\\-1\\-t(n)\end{cases} \tag{7.44}$$

式中，$t(n)=1+2^{[(n+2)/2]}$，$[x]$ 表示取 $x$ 的整数部分。

称满足式(7.44)的两个 m 序列为 m 序列优选对。m 序列优选对可以作为 CDMA 的扩频码(尽管它们的互相关特性不理想。)

表 7.2 给出了 m 序列优选对的序列数 $M_n$。由表 7.2 可见，m 序列优选对的序列数太少，无法满足多址通信的要求。

当然，若各个用户的地址码对应的 m 序列具有相同的特征多项式，当它们之间的互相关值很小时，也可以满足多址通信的要求。

### 表 7.2　m 序列优选对的序列数

| $n$ | 3 | 4 | 5 | 6 | 7 | 8 | 9 | 10 | 11 | 12 | 13 | 14 | 15 | 16 |
|---|---|---|---|---|---|---|---|---|---|---|---|---|---|---|
| $M_n$ | 2 | 0 | 3 | 2 | 6 | 0 | 2 | 3 | 4 | 0 | 4 | 3 | 2 | 0 |

### 7.5.3 Gold 序列

Gold 序列是 R. Gold 于 1967 年提出来的，它由两个 m 个序列按下述方法演变而来。

如果 $a$、$b$ 是周期为 $N = 2^n - 1$ 的 m 序列优选对，则 $G(a,b) = (b+a,\ b+Ta,\ b+T^2a,\ \cdots,\ b+T^{N-1}a,\ b,\ a)$ 为 Gold 序列，$T^ia$ 表示将 $a$ 向右循环移位 $i$ 次。

若 $a$、$b$ 的特征多项式分别为 $f_1(x)$、$f_2(x)$，则 $G(a,b)$ 的特征多项式为 $g(x) = f_1(x)f_2(x)$，周期 $N = 2^n - 1$，序列数为 $N+2$，自相关函数 $R_u(i \neq 0) = \{-1,\ -t(n),\ t(n)-2\}$，互相关函数 $R_{uv}(i) = \{-1,\ -t(n),\ t(n)-2\}$。

此处自相关函数的定义为

$$R_u(i) = \sum_{k=0}^{N-1} u_k u_{k+i} \tag{7.45}$$

例如，式(7.42)对应的两个 m 序列为 m 序列优选对，由它们形成的 Gold 序列的特征多项式为

$$g(x) = (1+x+x^3)(1+x^2+x^3) = 1+x+x^2+x^3+x^4+x^5+x^6 \tag{7.46}$$

式(7.46)对应的 Gold 序列可用图 7.17(a)或(b)生成。

将图 7.17 的移位寄存器设置为不同的初始状态，即可得到 9 个 Gold 序列，它们分别是：1110010，1110100，0000110，1001000，1101111，0111100，1010101，0100001，0011011。

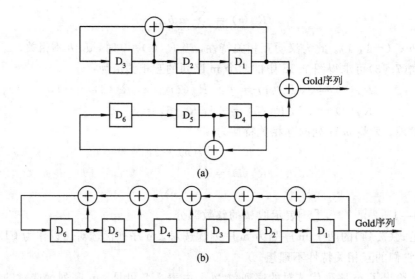

图 7.17  Gold 序列生成器

当然，Gold 序列中，并不是每一个序列都可以满足多址通信的要求。如上例中，仅有 5 个 Gold 序列是平衡码序列（"1"码个数比"0"码个数多 1 个）。但总体来说，Gold 序列比 m 序列更加适合于多址通信。

### 7.5.4  跳频序列

跳频序列又称跳频图案或跳频指令。它除了应当具有直扩序列的特性外，还应该有大的跳频距离并且在频带内各个跳变频带存在的概率相等，即在频带内均匀分布。

利用 m 序列生成跳频序列是最简单、最方便的方法。可以采取如图 7.18 所示的方法由 m 序列得到跳频序列。图中的 m 序列特征多项式为

$$f(x) = x^3 + x^2 + 1$$

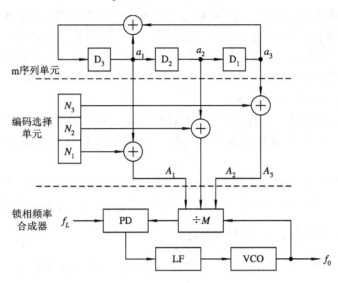

图 7.18　跳频序列发生器

由图 7.18 可见，跳频码发生器由 m 序列单元及编码选择单元组成。m 序列发生器产生的 m 序列为 1110100 $\cdots$，$a_1$、$a_2$ 及 $a_3$ 都为相同的 m 序列，但 $a_1$ 比 $a_2$ 延后一个码元，$a_2$ 比 $a_3$ 延后一个码元。锁相频率合成器的分频比为

$$M = 4A_3 + 2A_2 + A_1 \tag{7.47}$$

锁相环锁定后，鉴相器（PD）的两个输入频率相等，故 VCO 的输出频率为

$$f_0 = Mf_r \tag{7.48}$$

根据式(7.47)及式(7.48)，可由图 7.18 得到频率合成器输出频率与编码选择单元存储的数据 $N_1N_2N_3$ 的关系，如表 7.3 所示。$N_1N_2N_3$ 的不同代码代表不同的用户，表 7.3 表示了 8 个用户不同的跳频规律。当各用户的 m 序列发生器完全同步时，它们在同一时刻所使用的频率各不相同。

显然，若 m 序列生成器含有 $n$ 个移位寄存器，则可为 $2^n$ 个用户提供跳频序列。

表 7.3　各用户跳频规律

| $N_1N_2N_3$ | $f_0$ | | | | | | |
|---|---|---|---|---|---|---|---|
| 0　0　0 | 7 | 6 | 5 | 2 | 4 | 1 | 3 |
| 1　0　0 | 6 | 7 | 4 | 3 | 5 | 0 | 2 |
| 0　1　0 | 5 | 4 | 7 | 0 | 6 | 3 | 1 |
| 1　1　0 | 4 | 5 | 6 | 1 | 7 | 2 | 0 |
| 0　0　1 | 3 | 2 | 1 | 6 | 0 | 5 | 7 |
| 1　0　1 | 2 | 3 | 0 | 7 | 1 | 4 | 6 |
| 0　1　1 | 1 | 0 | 3 | 4 | 2 | 7 | 5 |
| 1　1　1 | 0 | 1 | 2 | 5 | 3 | 6 | 4 |

# 7.6 扩频系统的同步

在扩频通信系统中，接收机的扩频码必须与发射机的扩频码同步，才可能进行扩频解调。因此，扩频码同步是扩频通信的关键技术之一。同步过程分为两步，首先对接收到的扩频码进行捕捉，使接收、发送扩频码的相位误差小于某一值，再用锁相环对收到的扩频码进行跟踪，使两者相位相同，并将这一状态保持下去。当然，由于噪声等因素的影响，接收、发送扩频码存在一定的相位误差。

在前面介绍直扩系统的工作原理时，假设接收端先解调后解扩，但在实际工程中，一般是先解扩后解调。这样可以使解调器的输入信噪比比较高，对载波提取等单元比较有利。

在先解扩后解调的扩频接收机中，可以用滑动相关法捕捉扩频码，并在此基础上构成同步跟踪锁相环。下面分别介绍直扩及跳频接收机中扩频码的滑动相关捕捉与跟踪原理。

## 7.6.1 直扩系统扩频码的捕捉与跟踪

图 7.19 为含有扩频码滑动相关捕捉系统及跟踪系统的直扩接收机原理框图。捕捉系统包括相乘器 A、C，中频带通滤波器 A，平方律包络检波器 A，比较器，相位搜索控制器，扩频码发生器以及振荡器等单元。同步跟踪系统包括相乘器 A、B、C、D，中频带通滤波器 A、B，平方律包络检波器 A、B，相加器，环路滤波器，压控振荡器，扩频码发生器以及振荡器等单元。设采用 2PSK 调制方式，则射频带通滤波器的带宽约为扩频码速率的 2 倍，即 $2f_c$；3 个中频滤波器的带宽约为信码速率的 2 倍，即 $2f_d$。接收机输入信号为 $d(t)PN(t)\cos\omega_0 t$。扩频码同步时，接收机扩频码发生器输出的两路信号分别比接收机输入的扩频码超前和滞后半个扩频码码元宽度。

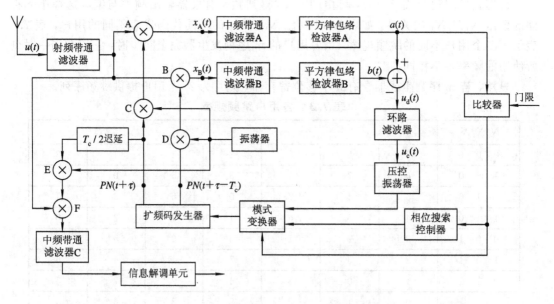

图 7.19　直扩系统扩频码捕捉与跟踪原理框图

同步捕捉及同步跟踪原理如下：

相乘器 A 的输出信号（差额）为

$$x_A(t) = d(t)PN(t)PN(t+\tau)\cos(\omega_1 t + \varphi) \qquad (7.49)$$

式中：$\omega_1 = \omega_0 - \omega_0'$ 为中频，$\omega_0'$ 为振荡器输出信号角频率；$\varphi$ 是 $(0, 2\pi)$ 间的随机相位。

中频带通滤波器 A、B 的作用是让数据通过，并对两个伪随机序列的乘积做平均处理。由于 $|d(t)| = 1$，所以平方律包络检波器可以除去数据 $d(t)$。包络检波器 A 的输出可近似为

$$a(t) = |E[PN(t)PN(t+\tau)]| = |R_{PN}(\tau)| \qquad (7.50)$$

式中：$E[\cdot]$ 表示数学期望；$R_{PN}(\tau)$ 为 $PN(t)$ 的自相关函数，如式 $(7.2)$ 所示。$R_{PN}(\tau)$ 的波形如图 7.7(a) 所示。当 $\tau$ 比较大时，$a(t)$ 小于比较器的门限值，比较器输出为低电平，模式变换器将相位搜索控制器输出的相位搜索信号送给扩频码发生器，从而使本地扩频码的相位滑动一个增量。当 $\tau$ 小于某一值时，$a(t)$ 大于比较器的门限，比较器输出高电平，模式变换器断开相位搜索控制器的信号，而将压控振荡器（VCO）的信号送给扩频码发生器，转入同步跟踪状态。

在捕捉态下，相位搜索控制器输出信号波形如图 7.20 所示。此控制器将周期时钟信号每隔若干个周期扣除一个脉冲，从而使扩频码发生器输出的扩频码的相位滑动一个增量。显然，相位滑动的增量越大，捕捉速度越快，但精度越低。

图 7.20　相位搜索控制器输出信号波形

VCO 输出信号的相位可以连续变化，因而在跟踪态下，本地码的相位也可以连续变化。根据图 7.7(a) 所示的 m 序列自相关函数特性，可以得到平方律包络检波器 A、B 的输出信号 $a(t)$、$b(t)$ 以及相减器的输出信号 $u_d(t)$ 的波形，分别如图 7.21(a)、(b)、(c) 所示。图 7.21 中，$t<0$ 表示本地扩频码滞后于接收到的扩频码；$t>0$ 表示本地扩频码超前于接收到的扩频码。

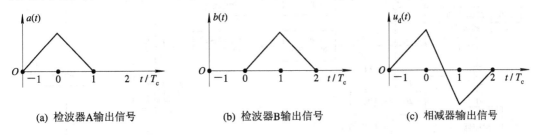

(a) 检波器 A 输出信号　　　　(b) 检波器 B 输出信号　　　　(c) 相减器输出信号

图 7.21　同步跟踪波形图

设扩频码的码速率等于 VCO 的振荡频率，则在扩频码的一个码元时间内，VCO 的相位变化 $2\pi$，由此得同步跟踪环的鉴相特性，如图 7.22(a) 所示；环路数学模型如图 7.22(b) 所示。图中，$\theta_i(t)$ 为接收机输入扩频码的相位，$\theta_0(t)$ 为本地码的相位即 VCO 的相位，$F(p)$ 为环路滤波器的传输算子，$K_0$ 为压控灵敏度。根据锁相环的基本原理可以证明，环路锁定时相位误差为 $\pi$，即本地扩频码超前于接收机输入扩频码半个扩频码码元宽度。另

外，噪声等因素会使相位误差偏离 $\pi$，但环路具有自我调节能力，所以相位误差不会偏离期望值太远，仍能满足系统的要求。

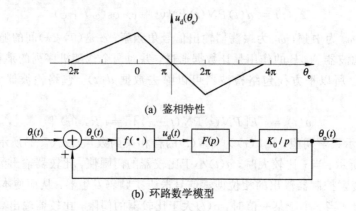

(a) 鉴相特性

(b) 环路数学模型

图 7.22　同步跟踪环的鉴相特性和环路数学模型

同步跟踪环锁定后 $PN(t+\tau)=PN(t+T_c/2)$，所以迟延单元输出的扩频码与接收机输入的扩频码同相，相乘器 $F'$ 可以完成解扩任务，中频带通滤波器 C 的输出信号为常规调制信号。

由上述分析可见，环路的鉴相特性由 $a(t)$ 及 $b(t)$ 相减形成，而 $b(t)$ 滞后于 $a(t)$ 一个扩频码码元宽度，故称这种同步跟踪环为延迟锁定跟踪环。

### 7.6.2　跳频系统扩频码的捕捉与跟踪

可以将直扩系统扩频码的捕捉与跟踪方法用于跳频系统。采用滑动相关捕捉系统及延迟锁定跟踪环的跳频接收机的原理框图如图 7.23 所示。到达同步状态时，频率合成器输出的三个信号中，$u_1(t)$ 与 $u(t)$ 同步，即 $u_1(t)$ 不但与 $u(t)$ 具有相同的频率跳变规律，而且跳变的时刻也相同；$u_2(t)$ 和 $u_3(t)$ 与 $u(t)$ 的频率跳变规律相同，但跳变时刻分别比 $u(t)$ 超前和滞后半个扩频码码元宽度。图 7.23 中的其他单元与图 7.19 相同，不再赘述。

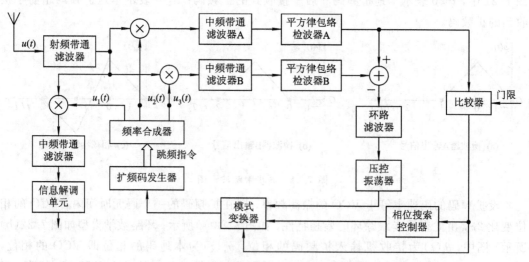

图 7.23　跳频系统扩频码捕捉与跟踪原理框图

应特别说明的是，采用图 7.19 和图 7.23 所示的滑动相关捕捉方法进行同步捕捉时，捕捉时间比较长，若要求缩短捕捉时间，必须采用其他捕捉方法。

# 习 题

7.1 设直扩系统的信码速率为 1000 b/s，扩频序列为 m 序列，m 序列由 4 级移位寄存器构成。

（1）求扩频序列的码片速率及扩频增益；

（2）画出信码、扩频码及扩频后信号的功率谱密度示意图。

7.2 试用特征多项式为 $x^4 + x + 1$ 的 m 序列发生器及编码选择器构造一个跳频序列发生器，并求所有的跳频图案。

7.3 设直扩系统的解扩单元如题
7.3 图所示，$d(t)$ 的速率为 $R_d$(b/s)，干扰信号 $J(t) = \cos_J t$，$f_J < f_d = R_d$，扩频码为 m 序列，码片速率为 1023 chip/s，LPF 的截止频率为 $f_d$。

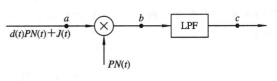

题 7.3 图

（1）试画出 $a$、$b$、$c$ 三点干扰信号的功率谱密度示意图；

（2）求 $c$ 点的干扰信号功率，并与 $a$ 点的干扰信号功率进行比较。

7.4 某一 DS 扩频系统在单频干扰下以速率 1000 b/s 发送信息。干扰功率比期望信号大 20 dB，且获得满意性能需要的 $\xi_b/J_0$ 为 10 dB。

（1）试求满足技术需要的扩展带宽；

（2）若干扰源为脉冲干扰源，试求导致最坏情况干扰的脉冲占空率和相应的错误概率。

7.5 某 CDMA 系统由 15 个等功率用户组成，它们以速率 10 000 b/s 发送信息，每个用户采用一个码片速率为 1 MHz 的 DS 扩频信号。调制为二进制 PSK。

（1）试求 $\xi_b/J_0$，其中 $J_0$ 是组合干扰的谱密度；

（2）试求处理增益；

（3）处理增益应该增加多少才能允许双倍用户而不影响输出 SNR？

7.6 在 DS 扩频系统中，使用一个 $m = 10$ 的 ML 移位寄存器产生的伪随机序列。码片持续时间 $T_c = 1\ \mu s$，比特持续时间 $T_b = NT_c$，其中 $N$ 是 m 序列的长度（周期）。

（1）试求系统的处理增益(dB)。

（2）当需要的 $(S/N)_o = 10$ dB 且干扰源是平均功率为 $J_{av}$ 的单频干扰源时，试求干扰容限。

7.7 已知某线性反馈移位寄存器的特征多项式系数的八进制表示为 107，若移位寄存器的起始状态为全 1。

（1）求末级输出序列；

（2）输出序列是否为 m 序列？为什么？

# 第 8 章　现代通信系统仿真实验

MATLAB 是一种集成度很高的语言，具有功能强、使用方便、适用范围广等特点，加之近年来计算机硬件条件大为改善，MATLAB 软件也较为普及，因而可以将基于计算机的学习工具融于教学，更好地理解理论知识。

本章从理论基础、实例分析、MATLAB 程序、结果分析、思考等五个方面，对现代通信理论中的几个典型理论进行了仿真实验，以扩展学习空间，熟悉课程应用，提高创新意识。

## 8.1　概　　述

### 1. 计算机仿真

计算机仿真的基本思想是通过某种编程语言构建一定的数学模型来模拟现实的过程，从而观察其现象以探求其规律。按照仿真的这一定义，可以总结出仿真的一般步骤，即建模—实验—分析，也就是说，仿真不单纯是对模型的实验，还包括从建模到实验再到分析的全过程。

### 2. MATLAB 仿真

MATLAB 是一种面向科学与工程计算的高级语言，它集科学计算、自动控制、信号处理、神经网络和图像处理等学科的处理功能于一体。与其他高级语言（如 BASIC、FORTRAN、C）相比，MATLAB 语法规则简单，具有极高的编程效率。它还可以将仿真结果用图形化表示，因而也更加直观，因此成为流行的仿真软件。

MATLAB 的仿真可以通过以下三种方式实现。

1）脚本文件

脚本文件有时也简称 M 文件，它允许用户把命令放在一个简单的文本文件中，然后告诉 MATLAB 打开文件并执行命令，就如同在 MATLAB 命令行输入命令一样，而且可以进行复杂的程序设计。

M 文件中可以调用库函数也可以调用用户编制的函数文件，但这些函数文件需要单独编辑并设置为当前路径。

2）工具箱库函数

MATLAB 提供了解决多门学科的专用工具箱，其中包括很多解决具体问题的函数。通过使用工具箱中的某些函数可以使仿真过程大为简化。

3）Simulink 动态仿真

Simulink 是 MATLAB 提供的实现动态系统建模和仿真的一个软件包，它是为了处理更复杂的和时间有关的动态系统，可以让用户把精力从编程转向模型的构造。它包括一些基本模块和工具箱模块，用户还可自定义某个模块以实现特殊功能。

本章所进行的仿真实验采用第一种方式。需要说明的是，在程序的编制中只使用了 MATLAB 基本函数，而没有使用工具箱函数。这一做法的目的是使读者用心思考现代通信系统中的某些理论，从而学习用数学语言建立模型的能力，加深对理论的理解。

另外还有两点需要注意：第一，本章所关注的是对现代通信理论中具体问题的仿真，对 MATLAB 中的基本函数的使用未作过多的解释，有关 MATLAB 的基础知识可以参考相关书籍；第二，本章中所编的程序没有考虑算法的最优化，所以并非最高效的，因为那样的代码有时不易理解。这里侧重于问题的解决，因而所列举的代码大多是清晰易懂的。

# 8.2 随机过程

**1. 理论基础**

对于平稳随机过程而言，自相关函数特别重要。因为平稳随机过程的统计特性如数字特征等可通过自相关函数来描述；另外，自相关函数还揭示了随机过程的频谱特性。

结合 1.4 节中关于随机过程相关理论的论述可以得到以下两点：

1）自相关函数的性质

设 $\xi(t)$ 为平稳随机过程，则它的自相关函数具有如下主要性质：

(1) $R(0) = E[\xi^2(t)] = S$  　　　（$\xi(t)$ 的平均功率）

(2) $R(\tau) = R(-\tau)$  　　　（$R(\tau)$ 是偶函数）

(3) $|R(\tau)| \leqslant R(0)$  　　　（$R(\tau)$ 的上界）

(4) $R(\infty) = E^2[\xi(t)]$  　　　（$\xi(t)$ 的直流功率）

(5) $\sigma^2 = R(0) - R(\infty)$  　　　（方差，$\xi(t)$ 的交流功率）

综上，自相关函数表述了随机过程的几乎所有数字特征，因而以上性质有明显的实用意义。

2）频谱特性

对任意的确定功率信号 $f(t)$，它的功率谱密度 $P_S(\omega)$ 可表示为

$$P_S(\omega) = \lim_{T \to \infty} \frac{|F_T(\omega)|^2}{T}$$

设 $\xi(t)$ 的功率谱密度为 $P_S(\omega)$，$\xi(t)$ 的某一实现截短函数为 $\xi_T(t)$，且 $\xi_T(t) \Leftrightarrow F_T(\omega)$，于是有

$$P_\xi(\omega) = E[P_S(\omega)] = \lim_{T \to \infty} \frac{E|F_T(\omega)|^2}{T}$$

又

$$\frac{E[|F_T(\omega)|^2]}{T} = \int_{-T}^{T} \left(1 - \frac{|\tau|}{T}\right) R(\tau) e^{-j\omega\tau} \, d\tau$$

于是

$$P_\xi(\omega) = E[P_S(\omega)] = \lim_{T \to \infty} \frac{E \mid F_T(\omega) \mid^2}{T}$$

$$= \lim_{T \to \infty} \frac{E[\mid F_T(\omega) \mid^2]}{T} = \lim_{T \to \infty} \int_{-T}^{T} \left(1 - \frac{\mid \tau \mid}{T}\right) R(\tau) e^{-j\omega\tau} \, d\tau$$

$$= \int_{-\infty}^{\infty} R(\tau) e^{-j\omega\tau} \, d\tau$$

可见

$$P_\xi(\omega) \Leftrightarrow R(\tau)$$

即 $\xi(t)$ 的自相关函数与其功率谱密度之间互为傅里叶变换关系。

离散随机过程的分析方法同连续随机过程。

**2. 实例分析**

在 $\left(-\frac{1}{2}, \frac{1}{2}\right)$ 内产生一个 $N=1000$ 的独立同分布随机数的离散时间序列，计算该序列 $\{X_n\}$ 的自相关估值，它定义为

$$\hat{R}_x(m) = \begin{cases} \dfrac{1}{N-m} \displaystyle\sum_{n=1}^{N-m} X_n X_{n+m} & m = 0, 1, \cdots, M \\ \dfrac{1}{N-\mid m \mid} \displaystyle\sum_{n=\mid m \mid}^{N} X_n X_{n+m} & m = -1, -2, \cdots, -M \end{cases} \tag{8.1}$$

同时，用计算 $\hat{R}_x(m)$ 的离散傅里叶变换（DFT）求序列 $\{X_n\}$ 的功率谱密度。DFT 定义为

$$\mathscr{P}_x(f) = \sum_{m=-M}^{M} \hat{R}_x(m) e^{-j2\pi fm/[2(M+1)]} \tag{8.2}$$

可以用快速傅里叶变换（FFT）算法高效地计算得到。

该题目的目的是通过观察分析自相关函数与功率谱密度的曲线来验证随机过程的自相关函数与其功率谱密度之间的关系。

首先生成一个随机过程，这里按题目要求用一组独立同分布的随机序列代替。然后，按式(8.1)计算其自相关函数 $\hat{R}_x(m)$。最后，用 FFT 指令计算功率谱 $\mathscr{P}_x(f)$ 并绘图。其中有一点要注意，因为程序中用到的是随机序列，所以为了增加准确性，应取 10 次计算的平均值。

**3. 程序脚本**

1）主程序

```
N=1000;
M=50;
Rx_av=zeros(1, M+1);          %定义自相关初值为 0
Sx_av=zeros(1, M+1);          %定义功率谱初值为 0
for j=1: 10,                  %为了计算 10 次平均所做的循环
    X=rand(1, N)-1/2;         %在(-1/2, 1/2)内产生一个 N=1000
                             %的独立同分布随机数的离散时间序列
```

```
        Rx=Rx_est(X，M)；                    %由函数 Rx_est 计算 X 的自相关
        Sx=fftshift(abs(fft(Rx)))；           %对自相关做离散傅里叶变换以计算功率谱
        Rx_av=Rx_av+Rx；
        Sx_av=Sx_av+Sx；
    end；
    Rx_av=Rx_av/10；                          %取自相关的 10 次平均
    Sx_av=Sx_av/10；                          %取功率谱的 10 次平均
    plot(Rx_av)；                             %绘图指令，画出自相关的曲线
    axis([0，50，-0.01，0.09])；
    pause；
    plot(Sx_av)；                             %画出功率谱的曲线
    axis([0，50，0，0.14])；
```

2）函数脚本

```
function [Rx]=Rx_est(X，M)
%对给出的随机序列 X 计算 M 点自相关
N=length(X)；
Rx=zeros(1，M+1)；
for m=1：M+1,                            %根据式(8.1)计算 Rx(m)
    for n=1：N-m+1,
        Rx(m)=Rx(m)+X(n)*X(n+m-1)；
    end；
    Rx(m)=Rx(m)/(N-m+1)；
end；
```

## 4. 结果分析

1）随机序列的自相关函数

随机序列的自相关函数曲线如图 8.1 所示。

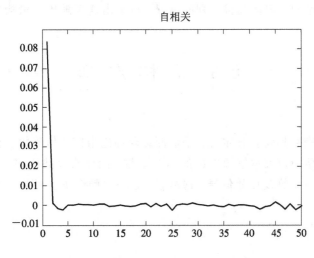

图 8.1　随机序列的自相关函数曲线

从图 8.1 中可以看出该序列在 0 附近有一定的相关性,随着 m 取值的增大,自相关函数近似为 0。这正反映了题目中"独立同分布"的序列性质。

2) 随机序列的功率谱密度

随机序列的功率谱密度曲线如图 8.2 所示。

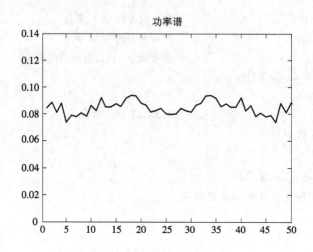

图 8.2  随机序列的功率谱密度曲线

图 8.2 中的功率谱密度曲线波动较小,此外考虑到只取了 50 点 FFT,近似认为该序列的功率谱为恒定值,所以该序列构成的随机过程可以认为是平稳的。结合前一个自相关曲线,这一结论符合先前理论知识中关于平稳随机过程的论述。

**5. 思考**

(1) 计算 X 的自相关的函数脚本 Rx_est 中,为什么 m 取到 M+1,n 取到 N−m+1?在"Rx(m)=Rx(m)+X(n)*X(n+m−1)"中为什么 X(n+m−1) 的括号内是 n+m−1?"Rx(m)=Rx(m)/(N−m+1)"中为什么除数是 N−m+1?

(2) 本例中讨论的是离散随机序列的情况,对于由连续随机变量构成的随机过程的仿真应该怎样进行?

# 8.3  采 样 定 理

**1. 理论基础**

采样定理又名奈奎斯特抽样定理,是信源编码理论中模拟信号数字化方面的一个重要环节。它表述为:若 $x(t)$ 表示信源发出的样本函数,抽样器以抽样率 $f_s \geqslant 2f_m$ 采得样值,则可由此样值无失真地恢复原始信号。这里 $f_m$ 是 $x(t)$ 频谱中的最高频率,$f_s$ 称为奈奎斯特抽样频率。

**2. 实例分析**

信号 $x(t)$ 为

$$x(t) = \begin{cases} t+2, & -2 \leqslant t \leqslant -1 \\ 1, & -1 < t \leqslant 1 \\ -t+2, & 1 < t \leqslant 2 \\ 0, & \text{其余 } t \end{cases} \quad (8.3)$$

其波形如图 8.3 所示。

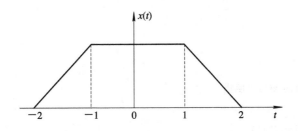

图 8.3　信号 $x(t)$ 的波形

要注意的是，该波形图只是为了表示信号的时间和幅度关系，所以未标明单位。

首先用解析法编制 MATLAB 程序，求出信号 $x(t)$ 的幅度谱，然后用数值法编制 MATLAB 程序，根据采样定理求出该信号的幅度谱，并比较两者的差别。

经过分析，信号 $x(t)$ 可以变换为如下形式：

$$x(t) = 2\Lambda\left(\frac{t}{2}\right) - \Lambda(t) \quad (8.4)$$

根据傅里叶基本变换对及变换性质，可得其傅里叶变换为

$$X(f) = 4\sin c^2(2f) - \sin c^2(f) \quad (8.5)$$

下面就根据式(8.5)编写解析法的程序。

至于数值法的程序，先要根据采样定理确定一些参数。根据图 8.3 中波形比较平滑的特点，可以大致估计该信号的带宽正比于信号持续时间的倒数，信号持续时间为 4，所以其带宽为 0.25，为了安全起见，将带宽值扩大 10 倍，即取为 2.5。由采样定理，奈奎斯特频率为 5，即采样间隔为 0.2。

有了这些基本参数后就可以进行程序的编制，首先在一个更宽的范围[−4，4]内按上面的分析进行采样，之后用 FFT 做傅里叶变换。其中计算傅里叶变换时需要确定一个频率分辨率，这里根据 0.25 这个值，取为 0.01。

### 3. MATLAB 程序脚本

1) 主程序

```
%参数设置
ts=0.2;
fs=1/ts;
df=0.01;
f=[0：df1：df1*(length(x)−1)]−fs/2;
f1=[−2.5:0.001:2.5];
%根据采样定理进行抽样
x=[zeros(1, 10), [0:0.2:1], ones(1, 9), [1:−0.2:0], zeros(1, 10)];
```

```
%对采样信号进行 FFT
[X, x, df1]=fftseq(x, ts, df);
X1=X/fs;
%解析法计算信号幅度谱
y=4*(sinc(2*f1)).^2−(sinc(f1)).^2;
%绘图指令
subplot(2, 1, 1)
plot(f1, abs(y));
xlabel('f')
title('解析法求得的 x(t)幅度谱')
subplot(2, 1, 2)
plot(f, fftshift(abs(X1)));
xlabel('f')
title('根据采样定理(数值法)求得的 x(t)幅度谱')
```

2) FFT 算法程序

```
function [M, m, df]=fftseq(m, ts, df)
fs=1/ts;
%确定输入变量的情况
if nargin == 2
    n1=0;
else
    n1=fs/df;
end
n2=length(m);
%确定 FFT 的计算次数
n=2^(max(nextpow2(n1), nextpow2(n2)));
%序列的 FFT
M=fft(m, n);
Vm=[m, zeros(1, n−n2)];
```

**4. 结果分析**

仿真结果如图 8.4 所示。从仿真结果可以看出，根据采样定理求出的幅度谱与解析法求出的精确解基本一致，其主瓣和主要旁瓣与精确解非常吻合，只是一些幅度很小的拖尾与精确解有细微差别，但这些很小的误差可以忽略不计。这个仿真证明了采样定理的正确性。

**5. 思考**

在前面的分析中曾提到，为了安全起见，近似估计信号 $x(t)$ 的带宽为信号持续时间倒数的 10 倍，这样的做法是否欠妥？采样定理的仿真结果与精确解的高度吻合是否基于这样的取值？

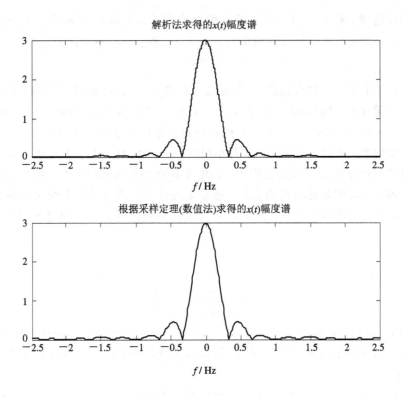

图 8.4 信号幅度谱仿真图

# 8.4 脉冲编码调制

## 1. 理论基础

回顾第 2 章信源编码理论中脉冲编码调制的内容,首先来看 PCM 系统原理框图,如图 8.5 所示。

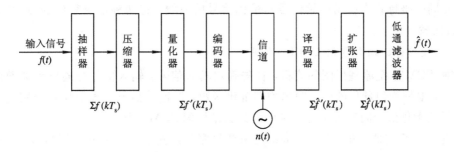

图 8.5 PCM 系统原理框图

根据以上框图及所学的知识,PCM 系统主要由抽样、量化和编码三部分组成。

1) 抽样

根据抽样定理，若 $x(t)$ 表示信源发出的样本函数，抽样器以抽样率 $f_s \geqslant 2f_m$ 采得样值，则可以由样值无失真地恢复原始信号，这里 $f_m$ 是 $x(t)$ 频谱中的最高频率。

2) 量化

接下来，每个信号样值量化成 $2^L$ 个幅度电平之一，$L$ 是样值量化后的二进制位数。

对于均匀量化器，输出电平标定为 $\tilde{x}_k = (2k-1)\Delta/2$，对应的输入信号幅度范围是 $(k-1)\Delta \leqslant x \leqslant k\Delta$，这里的 $\Delta$ 是步长，它的值是量化范围与量化级数的商。

许多信源信号，比如语音波形，具有小幅度信号发生概率大于大幅度信号的特点。然而在均匀量化器的整个信号动态范围内，各电平具有相等的间隔大小，更好的方法是采用非均匀量化器。非均匀量化特性的获得，通常是先让信号通过一个非线性设备对幅度进行压缩，再送入后面的均匀量化器。例如，一个 A 律对数压缩器具有如下形式的输入-输出幅度特性：

$$f(x) = \begin{cases} \dfrac{Ax}{1+\ln A}, & 0 \leqslant x \leqslant \dfrac{1}{A} \\ \dfrac{1+\ln Ax}{1+\ln A}, & \dfrac{1}{A} < x \leqslant 1 \end{cases} \tag{8.6}$$

其中：$x$ 为归一化值；常数 $A$ 为压缩系数，国际标准取 $A=87.6$。根据这一对数压缩特性，信号样值被非均匀地量化成相应的幅值。这部分由在框图中的压缩器与量化器完成。

3) 编码

编码器根据 PCM 编码规则将量化值数字化。编码方法也是多种多样的，现有的编码方法中，若按编码的速度来分大致可分为两大类：低速编码和高速编码。通信中一般都采用第二类。编码器的种类大体上可以归结为三种：逐次比较型、折叠级联型和混合型。

经过信道传输的二进制码按照与上面三步相反的逆过程进行解码、扩张和滤波得到输出信号。

**2. 实例分析**

1) 连续信号的均匀量化

产生一个幅度为 1、频率 $\omega=1$ 的正弦波。采用均匀 PCM 方案，将其进行 8 级和 16 级量化。在同一坐标系内绘出原始信号和量化信号的曲线。将两种情况得到的 SQNR（信噪比）进行比较。

2) 离散信号的均匀量化及均匀 PCM

按照 PCM 系统原理框图的流程，首先确定输入信号，输入信号分连续和离散两种情况；接着，根据均匀量化的公式写出均匀量化函数，对连续信号和离散序列分别进行均匀量化；得到量化值的同时采用比较排序的方法做均匀 PCM 编码。

产生一个零均值、方差为 1 的高斯随机变量序列，序列长度为 500。用均匀量化找出当量化级的数量为 64 时的 SQNR。求出该序列的前五个值、相应的量化值和相应的码字。

3) 离散信号的非均匀量化及非均匀 PCM

对于非均匀 PCM，总体的步骤与均匀量化及均匀 PCM 相同。但有一点不同，即在量化前要先进行 A 律压缩。A 律压缩函数根据 A 律对数特性函数编写即可，这里程序用到了选择结构。

产生一个零均值、方差为 1 的高斯随机变量序列，序列长度为 500。对其进行 64 电平的 A 律非线性量化，画出量化误差和输入-输出关系曲线，并求 SQNR。

### 3. MATLAB 程序脚本

1) 连续信号的均匀量化的主程序

```
t=[0:0.01:10];
a=sin(t);
[sqnr8, aquan8, code8]=u_pcm(a, 8);
[sqnr16, aquan16, code16]=u_pcm(a, 16);
sqnr8                          %N=8 时的信号量化噪声比
sqnr16                         %N=16 时的信号量化噪声比
%信号波形及其量化后的曲线
plot(t, a, '—', t, aquan8, '—.', t, aquan16, '—', t, zeros(1, length(t)));
legend('信号波形', '8 电平量化', '16 电平量化', 'Location', 'SouthEast')
```

2) 离散信号的均匀量化的主程序

```
a=randn(1, 500);
n=64;
b=-2.5:.01:2.5;
[sqnr, a_quan, code]=u_pcm(a, 64);
[sqnr, a_quan1, code1]=u_pcm(b, 64);
sqnr                           %信号的量化信噪比
a(1:5)                         %输入值
a_quan(1:5)                    %量化值
code(1:5,:)                    %码字
subplot(2, 1, 1);
plot(b, a_quan1);              %量化器输入-输出波形图
title('量化器输入-输出波形图')
subplot(2, 1, 2);
plot(a—a_quan);                %量化误差波形图
title('量化误差')
```

3) 离散信号的非均匀量化的主程序

```
a=randn(1, 500);
b=-3:.01:3;
[sqnr, a_quan, code]=Alaw_pcm(a, 64, 87.6);
[sqnr, a_quan1, code1]=Alaw_pcm(b, 64, 87.6);
sqnr                           %信号的量化信噪比
a(1:5)                         %输入值
a_quan(1:5)                    %量化值
code(1:5,:)                    %码字
subplot(2, 1, 1);
```

```
plot(b, a_quan1);
title('量化器输入-输出关系');
subplot(2, 1, 2);
plot(a−a_quan);
title('量化误差');
```

4) A 律 PCM 编码程序

```
function [sqnr, a_quan, code]=Alaw_pcm(a, n, A)
y=Alaw(a, A);
[sqnr, y_q, code, amax]=u_pcm(y, n);
a_quan=invAlaw(y_q, A);
a_quan=amax * a_quan;
sqnr=20 * lg10(norm(a)/norm(a−a_quan));
```

5) 量化及 PCM 编码程序

```
function [sqnr, a_quan, code, amax]=u_pcm(a, n)
amax=max(abs(a));
a_quan=a/amax;
b_quan=a_quan;
d=2/n;
q=d. * [0:n−1];
q=q−((n−1)/2) * d;
%量化值的计算
for i=1:n
    a_quan(find((q(i)−d/2 <= a_quan) & (a_quan <= q(i)+d/2)))=···
    q(i). * ones(1, length(find((q(i)−d/2 <= a_quan) & (a_quan <= q(i)+d/2))));
    b_quan(find( a_quan==q(i) ))=(i−1). * ones(1, length(find( a_quan==q(i) )));
end
a_quan=a_quan * amax;
%PCM 编码
nu=ceil(lb(n));
code=zeros(length(a), nu);
for i=1:length(a)
    for j=nu:−1:0
        if ( fix(b_quan(i)/(2^j)) == 1)
        code(i, (nu−j)) = 1;
        b_quan(i) = b_quan(i) − 2^j;
        end
    end
end
%SQNR 的计算
sqnr=20 * lg10(norm(a)/norm(a−a_quan));
```

6）A 律对数压缩特性函数

```
function y＝Alaw(x, A)
a＝max(abs(x));
x＝x/a;
indx＝find(abs(x)<＝1/A);
    if ～isempty(indx)
        y(indx)＝A/(lg(A)＋1)*abs(x(indx)).*sign(x(indx));
    end
indx＝find(abs(x)>1/A);
    if ～isempty(indx)
        y(indx)＝1/(lg(A)＋1)*(1＋lg(abs(x(indx))*A)).*sign(x(indx));
    end
```

7）A 律对数压缩特性的逆

```
function x＝invAlaw(y, A)
indx ＝ find(abs(y) <＝ 1/(lg(A)＋1));
    if ～isempty(indx)
        x(indx) ＝ (lg(A)＋1)/A*abs(y(indx)).*sign(y(indx));
    end
indx ＝ find(abs(y) > 1/(lg(A)＋1));
    if ～isempty(indx)
        x(indx) ＝1/A*exp(abs(y(indx))/(1/(lg(A)＋1))－1).*sign(y(indx));
    end
```

### 4. 结果分析

1）连续信号的均匀量化

图 8.6 所示为正弦信号均匀量化的情况。图中，虚线代表 8 电平量化的情况，实折线（细实线）代表 16 电平量化的情况。很明显，16 电平量化折线更加逼近原信号波形，这说明随着量化电平数的增加量化结果更好。但随之而来的是计算复杂度的增加。

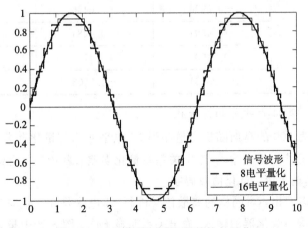

图 8.6　连续信号不同电平的均匀量化

2）离散信号 64 电平均匀量化

以下是对长度为 500 的高斯随机变量序列 64 电平均匀量化和均匀 PCM 的结果。图 8.7 中绘制了量化器的输入-输出关系及量化误差，表 8.1 中给出了 SQNR（信噪比）以及 5 组具体的输入值、量化值及码字。

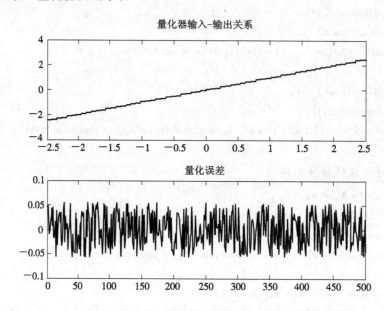

图 8.7　离散信号 64 电平均匀量化及量化误差

从图 8.7 中可以看出量化器的输入-输出关系近似为一条直线，这正体现了均匀量化的特点。表 8.1 中选了 5 个具体的输入值及与其对应的量化值和码字，从中也可以看出量化误差的情况。

表 8.1　离散信号均匀量化及均匀 PCM 结果

| SQNR | 输入值 | 量化值 | 码　字 |
|---|---|---|---|
| | 0.8304 | 0.8091 | 101000 |
| | −0.0938 | −0.0476 | 011111 |
| 31.3602 | −0.4591 | −0.4284 | 011011 |
| | 0.0490 | 0.0476 | 100000 |
| | −1.3631 | −1.3803 | 010001 |

3）离散信号 A 律 64 电平非均匀量化

以下是对长度为 500 的高斯随机变量序列 64 电平非均匀量化和非均匀 PCM 的结果。图 8.8 中同样绘制了量化器的输入-输出关系及量化误差，表 8.2 中也给出了 SQNR（信噪比）以及 5 组具体的输入值、量化值及码字。

从图 8.8 中可以看出，对同样的离散信号进行 64 电平量化，非均匀量化器的输入-输出关系与图 8.7 中均匀量化器的输入-输出关系明显不同。图 8.8 中量化器输入-输出关系曲线的折线形正是其非均匀的体现，在 0 附近比均匀量化更趋近于直线，表明其对小信号

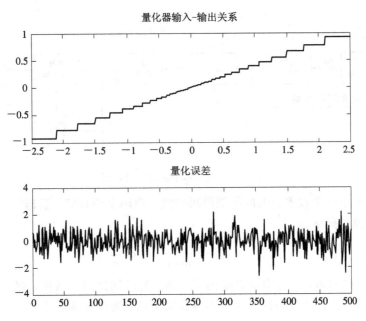

图 8.8　离散信号 64 电平非均匀量化及量化误差

信噪比有改善；但从第二个图中可以看出，某些值的量化误差较大，这是由于对于大信号采用非均匀量化的结果。具体的结果如表 8.2 所示。

表 8.2　离散信号非均匀量化及均匀 PCM 结果

| SQNR | 输入值 | 量化值 | 码　字 |
|---|---|---|---|
| | 0.8816 | 0.2337 | 110111 |
| | 0.7392 | 0.1970 | 110110 |
| 4.3960 | −0.5402 | −0.1399 | 001011 |
| | 0.1540 | 0.0423 | 101101 |
| | −0.4867 | −0.1399 | 001011 |

从表 8.2 中可以看出量化误差较大，信噪比明显达不到要求。造成这一结果的原因是表中所列的几个输入值在这个题目中都属于较大的幅值信号。从图 8.8 中可以看出，误差小、信噪比理想的量化值在 0 附近，即输入幅值很小。

**5. 思考**

（1）A 律量化中用到了一个 A 律对数压缩特性的逆函数，原因何在？

（2）根据以上过程，试对 $\mu$ 律进行非均匀量化和 PCM 编码。

# 8.5　数字基带传输

**1. 理论基础**

首先来回顾一下 3.1 节中提到的基带传输系统的概念。数字基带系统是指无调制解调器的数字传输系统，数字基带传输系统框图如图 8.9 所示。

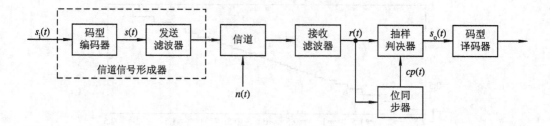

图 8.9　数字基带传输系统框图

在基带传输中一个很重要的问题是码间串扰及误码率的计算，根据第 3 章的内容，基带传输系统的总误码率为

$$P_e = \frac{1}{2}\mathrm{erfc}\left(\frac{A}{\sqrt{2}\sigma_n}\right) = Q\left(\frac{A}{\sigma_n}\right) \tag{8.7}$$

其中，$A$ 为信号的幅值，$\sigma_n$ 为噪声方差的平方根。若已知这两个条件，就可以直接计算出该系统的误码率。但通常噪声的方差是不容易知道的。要计算误码率，就需要根据系统的框图按照误码率的原始定义(式(8.8))进行：

$$P_e = \frac{\text{传输的错误码元数}}{\text{总码元数}} \tag{8.8}$$

为此，需要计算错误的码元个数，在接收端采用匹配滤波或相关接收时可以对错误码元进行计数。回顾一下最佳接收理论中的极大似然比法则：

$$\begin{cases} \dfrac{f_{S1}(x)}{f_{S2}(x)} > 1, & \text{判为 } r_1 \\[3mm] \dfrac{f_{S1}(x)}{f_{S2}(x)} < 1, & \text{判为 } r_2 \end{cases} \tag{8.9}$$

在判决时加入一个计数器使得问题有望解决。

本节根据以上理论分析采用一个理想化的模型对基带系统的误码率进行仿真。

**2. 实例分析**

将数字基带传输系统中码型变换部分抽去，则基带系统的仿真模型如图 8.10 所示。其中，信道信号采用均匀随机数，两个高斯随机数发生器给信道引入了加性噪声，将接收滤波器与抽样判决合成检测器，通过对比输入信源记录差错的个数，最后计算误码率。用 Monte Carlo 仿真估计 $P_e$，并且画出 $P_e$ 与 SNR 的对比图。

先仿真产生随机变量 $r_0$ 和 $r_1$，它们构成了检测器的输入。首先产生一个等概出现并且互为统计独立的二进制 0 和 1 的序列。为了实现这一点，使用一个产生范围在(0, 1)内的均匀随机数发生器，如果产生的随机数在(0, 0.5)以内，二进制源的输出就是 0，否则就是 1。若产生一个 0，那么 $r_0 = E + n_0$，$r_1 = n_1$；如果产生一个 1，那么 $r_0 = n_0$，$r_1 = E + n_1$。

利用两个高斯噪声发生器产生加性噪声分量 $n_0$ 和 $n_1$，它们的均值是 0，方差是 $\sigma^2 = EN_0/2$($E$ 为信号能量)。为了方便，可以将信号能量 $E$ 归一化到 1 而改变 $\sigma^2$。应该注意，这样 SNR 就等于 $1/(2\sigma^2)$。将检测器输出与二进制发送序列进行比较，差错计数器用来计算比特差错率。

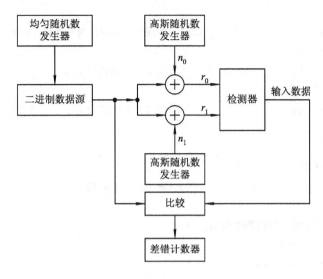

图 8.10 二进制基带通信系统仿真模型

## 3. MATLAB 程序脚本

1）主程序

```
SNRindB1=0:1:12;
SNRindB2=0:0.1:12;
for i=1:length(SNRindB1),
%根据仿真模型计算误码率
    smld_err_prb(i)=smldPe(SNRindB1(i));
end;
%根据理论公式计算误码率
for i=1:length(SNRindB2),
    SNR=exp(SNRindB2(i) * lg(10)/10);
    theo_err_prb(i)=Qfunct(sqrt(SNR));
end;
semilgy(SNRindB1,smld_err_prb,'*');      %绘制仿真模型的误码率
hold
semilgy(SNRindB2,theo_err_prb);          %绘制根据理论计算的误码率
legend('仿真值','理论值');
xlabel('SNR');
ylabel('Pe');
```

2）仿真模型的误码率计算函数

```
function [p]=smldPe(snr_in_dB)
E=1;                           %能量归一化
SNR=exp(snr_in_dB * lg(10)/10);   %将 dB 值转换为实际比值
sgma=E/sqrt(2 * SNR);          %噪声方差
N=10000;
%产生二进制信源
```

```
for i=1:N,
    temp=rand;                                  %生成(0,1)间均匀分布的 10 000 个值
    if (temp<0.5),
        dsource(i)=0;                           %小于 0.5 的值取为 0
    else
        dsource(i)=1;                           %大于 0.5 的值取为 1
    end
end;
%检测器及误码率计算
numoferr=0;                                     %将错误计数器置 0
for i=1:N,
%匹配滤波输出的值,即监测器的输入值
    if (dsource(i)==0),
        r0=E+gngauss(sgma);
        r1=gngauss(sgma);                       %信源为 0 的情况
    else
        r0=gngauss(sgma);
        r1=E+gngauss(sgma);                     %信源为 1 的情况
    end;
%检测器判决
    if (r0>r1),
        decis=0;                                %上支路输出大于下支路输出,判决为 0
    else
        decis=1;                                %下支路输出大于上支路输出,判决为 1
    end;
    if (decis~=dsource(i)),
        numoferr=numoferr+1;                    %如果判决结果不等于输入信源,则错误计数器加 1
    end;
end;
p=numoferr/N;                                   %误码率计算
```

3) 高斯随机噪声函数

```
function [gsrv1, gsrv2]=gngauss(m, sgma)
if nargin == 0,
    m=0; sgma=1;                                %如果输入变量缺失,则均值为 0,方差为 1
elseif nargin == 1,
    sgma=m; m=0;                                %如果输入变量只有一个,则均值为 0,方差为输入值
end;
u=rand;
z=sgma * (sqrt(2 * lg(1/(1−u))));               %Rayleigh 分布的计算
u=rand;
gsrv1=m+z * cos(2 * pi * u);
gsrv2=m+z * sin(2 * pi * u);
```

4）Q 函数

```
function [y]=Qfunct(x)
y=(1/2)* erfc(x/sqrt(2));
```

**4. 结果分析**

图 8.11 为仿真得到的曲线。

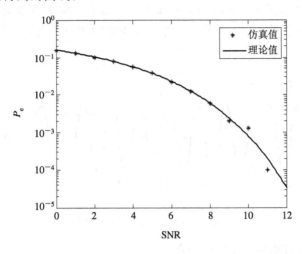

图 8.11　基带传输系统 Monte Carlo 仿真的差错概率与理论差错概率的比较

图 8.11 给出了在不同的信噪比 SNR 下，传输 $N=10\ 000$ 个比特时的仿真结果。可以看到仿真结果与理论值 $P_e(P_e=Q(\sqrt{E}/N_0))$ 之间的一致性。注意到图中 $N=10\ 000$ 个数据比特的仿真能够可靠地估计出差错概率在 $P_e=10^{-3}$ 以下。换句话说，用 $N=10\ 000$ 个数据比特，在对 $P_e$ 的可靠估计下应该至少有 10 个差错。

此外，注意到仿真值和理论值在低信噪比下完全一致，而在高信噪比下一致性稍差，这是由于引入的高斯噪声在高信噪比下远大于 $E$，对于本题程序给出的"择大判决"法干扰增强，从而使判决错误增多。

**5. 思考**

（1）针对结果分析中提到的不足，应如何改进？

（2）本题中信道干扰是用高斯随机噪声代替的，这种方法是否合理？若不合理，应如何改进？本题的模型是否还可以改进？

# 8.6　数字频带传输

**1. 理论基础**

二进制相移键控（2PSK 或 BPSK）中，载波的相位随调制信号 1 或 0 而改变，通常用相位 0°和 180°来分别表示 1 和 0。二进制相移键控已调信号的时域表达式为

$$S_{\text{BPSK}}(t)=\left[\sum_n a_n g(t-nT_s)\right]\cos\omega_c t \tag{8.10}$$

这里，$a_n$ 与 2ASK 及 2FSK 时的不同，有

$$a_n = \begin{cases} +1, & \text{概率为 } p \\ -1, & \text{概率为 } 1-p \end{cases}$$

因此在某个信号间隔内观察 BPSK 已调信号时，若 $g(t)$ 是幅度为 1、宽度为 $T_s$ 的矩形脉冲，则有

$$S_{BPSK}(t) = \pm \cos\omega_c t = \cos(\omega_c t + \phi_i), \quad \phi_i = 0 \text{ 或 } \pi \tag{8.11}$$

当数字信号传输速率($1/T_s$)与载波频率间有确定的倍数关系时，典型的波形如图8.12所示。

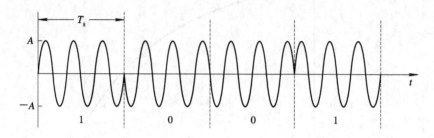

图 8.12　BPSK 信号的典型波形

下面按式(8.11)对相移键控进行仿真。

**2. 实例分析**

对 $M=8$，产生由式

$$u_m(t) = \sqrt{\frac{2\xi_s}{T}} \cos\left(2\pi f_c t + \frac{2\pi m}{M}\right), \quad m = 0, 1, \cdots, M-1 \tag{8.12}$$

给出的恒定包络的 PSK 信号波形。为方便计，信号幅度归一化到 1。

该题目要求仿真一个 8PSK 波形信号，实质上与 2PSK 的方法是一致的，区别在于 $\phi_i$ 的取值为 8 个，按照式(8.12)写出程序即可。

**3. MATLAB 程序脚本**

```
T=1;
M=8;
Es=T/2;
fc=6/T;                    %载波频率
N=100                      %抽样数
delta_T=T/(N-1);
t=0:delta_T:T;
u0=sqrt(2 * Es/T) * cos(2 * pi * fc * t);
u1=sqrt(2 * Es/T) * cos(2 * pi * fc * t+2 * pi/M);
u2=sqrt(2 * Es/T) * cos(2 * pi * fc * t+4 * pi/M);
u3=sqrt(2 * Es/T) * cos(2 * pi * fc * t+6 * pi/M);
u4=sqrt(2 * Es/T) * cos(2 * pi * fc * t+8 * pi/M);
u5=sqrt(2 * Es/T) * cos(2 * pi * fc * t+10 * pi/M);
u6=sqrt(2 * Es/T) * cos(2 * pi * fc * t+12 * pi/M);
```

u7＝sqrt(2 * Es/T) * cos(2 * pi * fc * t＋14 * pi/M);

```
%随后为绘图命令
figure(1)
subplot(8，1，1);
plot(t，u0);
subplot(8，1，2);
plot(t，u1);
subplot(8，1，3);
plot(t，u2);
subplot(8，1，4);
plot(t，u3);
subplot(8，1，5);
plot(t，u4);
subplot(8，1，6);
plot(t，u5);
subplot(8，1，7);
plot(t，u6);
subplot(8，1，8);
plot(t，u7);
```

#### 4. 结果分析

仿真结果如图8.13所示。从仿真图中，可以明显地看出调制后相位的差别。此外需要注意的一点是，该例中调制载波频率 $f_c$ 是符号频率的6倍。

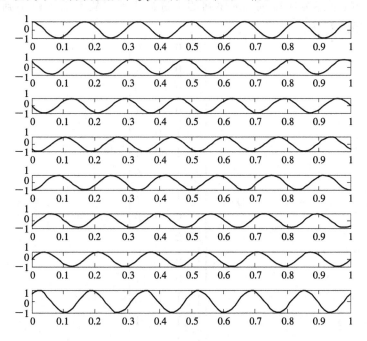

图8.13　恒定幅度的8PSK波形

**5. 思考**

根据上述仿真方法，是否可以对 ASK 和 FSK 的波形进行仿真？

# 8.7 信 道 编 码

## 8.7.1 线性分组码

### 1. 理论基础

在线性分组码中，一个重要的参数是码的最小汉明距离，它决定了该码的误差校正能力。

### 2. 实例分析

一个 $(10,4)$ 线性分组码的生成矩阵为

$$G = \begin{bmatrix} 1 & 0 & 0 & 1 & 1 & 1 & 0 & 1 & 1 & 1 \\ 1 & 1 & 1 & 0 & 0 & 0 & 1 & 1 & 1 & 0 \\ 0 & 1 & 1 & 0 & 1 & 1 & 0 & 1 & 0 & 1 \\ 1 & 1 & 0 & 1 & 1 & 1 & 1 & 0 & 0 & 1 \end{bmatrix}$$

求全部码字和该码的最小重量。

为了求得全部码字，必须要用到长度为 4 的全部信息序列，并且找出对应的编码序列。因为总共有 16 个长度为 4 的二进制序列，所以将有 16 个码字。令 $U$ 为 $2^k * k$ 的矩阵，该矩阵的行是长度为 $k$ 的所有可能的二进制序列，由全部为 0 的序列开始，并以全部为 1 的序列结束。各行按下述方法排列：按序列的十进制大小，从上至下由小到大排列。对于 $k=4$ 的情况，矩阵 $U$ 为

$$U = \begin{bmatrix} 0 & 0 & 0 & 0 \\ 0 & 0 & 0 & 1 \\ 0 & 0 & 1 & 0 \\ 0 & 0 & 1 & 1 \\ 0 & 1 & 0 & 0 \\ 0 & 1 & 0 & 1 \\ 0 & 1 & 1 & 0 \\ 0 & 1 & 1 & 1 \\ 1 & 0 & 0 & 0 \\ 1 & 0 & 0 & 1 \\ 1 & 0 & 1 & 0 \\ 1 & 0 & 1 & 1 \\ 1 & 1 & 0 & 0 \\ 1 & 1 & 0 & 1 \\ 1 & 1 & 1 & 0 \\ 1 & 1 & 1 & 1 \end{bmatrix}$$

于是有

$$C = UG$$

其中，$C$ 是码字矩阵。在这个例子中是 $16 * 10$ 的矩阵，它的行是码字。这个码字矩阵为

$$C = \begin{bmatrix} 0 & 0 & 0 & 0 & 0 & 0 & 0 & 0 & 0 & 0 \\ 1 & 1 & 0 & 1 & 1 & 1 & 1 & 0 & 0 & 1 \\ 0 & 1 & 1 & 0 & 1 & 1 & 0 & 1 & 0 & 1 \\ 1 & 0 & 1 & 1 & 0 & 0 & 1 & 1 & 0 & 0 \\ 1 & 1 & 1 & 0 & 0 & 0 & 1 & 1 & 1 & 0 \\ 0 & 0 & 1 & 1 & 1 & 1 & 0 & 1 & 1 & 1 \\ 1 & 0 & 0 & 0 & 1 & 1 & 1 & 0 & 1 & 1 \\ 0 & 1 & 0 & 1 & 0 & 0 & 0 & 0 & 1 & 0 \\ 1 & 0 & 0 & 1 & 1 & 1 & 0 & 1 & 1 & 1 \\ 0 & 1 & 0 & 0 & 0 & 0 & 1 & 1 & 1 & 0 \\ 1 & 1 & 1 & 1 & 0 & 0 & 0 & 0 & 1 & 0 \\ 0 & 0 & 1 & 0 & 1 & 1 & 1 & 0 & 1 & 1 \\ 0 & 1 & 1 & 1 & 1 & 1 & 1 & 0 & 0 & 1 \\ 1 & 0 & 1 & 0 & 0 & 0 & 0 & 0 & 0 & 0 \\ 0 & 0 & 0 & 1 & 0 & 0 & 1 & 1 & 0 & 0 \\ 1 & 1 & 0 & 0 & 1 & 1 & 0 & 1 & 0 & 1 \end{bmatrix}$$

仔细检查这些码字后可知，这个码字的最小距离 $d_{\min} = 2$。

### 3. MATLAB 程序脚本

```
k=4；
for i=1:2^k
    for j=k:-1:1
        if rem(i-1, 2^(-j+k+1))>=2^(-j+k)
            u(i, j)=1；
        else
            u(i, j)=0；
        end
        echo off ；
    end
end
echo on ；
%定义 G 为生成矩阵
g=[1 0 0 1 1 1 0 1 1 1；
    1 1 1 0 0 0 1 1 1 0；
    0 1 1 0 1 1 0 1 0 1；
    1 1 0 1 1 1 1 0 0 1]；
%生成码字
```

```
c＝rem(u * g, 2);
```
%求出最小距离
```
w_min＝min(sum((c(2：2^k, ：))'));
```

**4. 结果分析**

汉明码是$(2^m-1, 2^m-m-1)$的线性分组码，其最小距离为3，且有一个很简单的奇偶校验矩阵。奇偶校验矩阵是$m*(2^m-1)$的矩阵，除去全0序列外，用长为$m$的全部序列作为它的列。例如，对于$m＝3$，有一个$(7, 4)$的码，它的奇偶校验矩阵用规则形式表示为

$$H = \begin{bmatrix} 1 & 0 & 1 & 1 & 1 & 0 & 0 \\ 1 & 1 & 0 & 1 & 0 & 1 & 0 \\ 0 & 1 & 1 & 1 & 0 & 0 & 1 \end{bmatrix}$$

据此有

$$G = \begin{bmatrix} 1 & 0 & 0 & 0 & 1 & 1 & 0 \\ 0 & 1 & 0 & 0 & 0 & 1 & 1 \\ 0 & 0 & 0 & 1 & 1 & 1 & 1 \end{bmatrix}$$

**5. 思考**

求$(15, 11)$的汉明码的全部码字，并且验证它的最小距离等于3。

## 8.7.2 卷积码

**1. 理论基础**

在分组码中，每$k$个信息比特的序列以某种固定的方式映射为一个$n$信道输入的序列，但是与前面的信息比特无关。在卷积码中，每$k_0$个信息比特序列映射为一个长为$n_0$的信道输入序列，但是这个信道输入序列不仅取决于最当前的$k_0$个信息比特，而且还与该编码器的前$(L-1)k_0$个输入序列有关。因此，这种编码器有一种有限状态机的结构，在其中的每一时刻，输出序列不但与输入序列有关，而且与编码器的状态有关，这个状态是由编码器的前$(L-1)k_0$个输入序列决定的。图8.14给出了$k_0＝2$、$n_0＝3$和$L＝4$的一种卷积码的方框图。

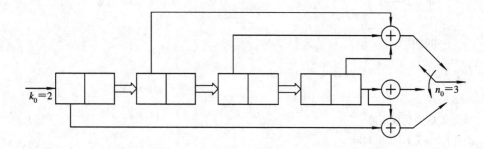

图8.14　$k_0＝2$、$n_0＝3$和$L＝4$的一种卷积码

通常，用卷积码的生成序列来定义卷积码，记为$g_1, g_2, \cdots, g_n$。一旦给定了生成序列，卷积码就被惟一确定了。

## 2. 实例分析

当信息序列为 $1\,0\,0\,1\,1\,1\,0\,0\,1\,1\,0\,0\,0\,0\,1\,1\,1$ 时，求图 8.14 所示的卷积编码器的输出序列。

该信息序列的长度是 17，它不是 $k_0 = 2$ 的倍数。因此，现在补一个额外的 0 就足够了，这样长度即为 18。于是就有了下面的信息序列：

$$1\,0\,0\,1\,1\,1\,0\,0\,1\,1\,0\,0\,0\,0\,1\,1\,1\,0$$

现在，因为有

$$\boldsymbol{G} = \begin{bmatrix} 0 & 0 & 1 & 0 & 1 & 0 & 0 & 1 \\ 0 & 0 & 0 & 0 & 0 & 0 & 0 & 1 \\ 1 & 0 & 0 & 0 & 0 & 0 & 0 & 1 \end{bmatrix}$$

可得 $n_0 = 3$ 和 $L = 4$，因此输出序列的长度为

$$\left(\frac{18}{2} + 4 - 1\right) \times 3 = 36$$

为了确保编码器从全 0 状态开始，并且回到全 0 状态，要求在输入序列的起始和末尾都添加 $(L-1)k_0$ 个 0。因此，上述序列就变为

$$0\,0\,0\,0\,0\,0\,1\,0\,0\,1\,1\,1\,0\,0\,1\,1\,0\,0\,0\,0\,1\,1\,1\,0\,0\,0\,0\,0\,0\,0$$

利用函数 cnv_encd.m，求得输出序列为

$$0\,0\,0\,0\,0\,1\,1\,0\,1\,1\,1\,1\,0\,1\,0\,1\,1\,0\,0\,1\,1\,0\,1\,0\,0\,1\,0\,0\,1\,1\,1\,1\,1\,1$$

## 3. MATLAB 程序脚本

1) 主程序

```
k0=2;
g=[0 0 1 0 1 0 0 1;0 0 0 0 0 0 0 1;1 0 0 0 0 0 0 1];
input=[1 0 0 1 1 1 0 0 1 1 0 0 0 0 1 1 1];
output=cnv_encd.m(g,k0,input);
```

2) 函数 cnv_encd.m

```
function output=cnv_encd(g,k0,input)
%   Check to see if extra zero-padding is necessary.
if rem(length(input),k0)>0
    input=[input,zeros(size(1:k0-rem(length(input),k0)))];
end
n=length(input)/k0;
%判断g的大小
if rem(size(g,2),k0)>0
    error('Error, g is not of the right size.')
end
%确定l和n0
l=size(g,2)/k0;
n0=size(g,1);
%   add extra zeros
u=[zeros(size(1:(l-1)*k0)),input,zeros(size(1:(l-1)*k0))];
```

```
%   Generate uu, a matrix whose columns are the contents of
%   conv. encoder at various clock cycles.
u1=u(l*k0:-1:1);
for i=1:n+l-2
    u1=[u1, u((i+1)*k0:-1:i*k0+1)];
end
uu=reshape(u1, l*k0, n+l-1);
%确定输出
output=reshape(rem(g*uu, 2), 1, n0*(l+n-1));
```

**4. 输出结果**

程序输出结果如下：

0 0 0 0 0 1 1 0 1 1 1 1 0 1 0 1 1 1 0 0 1 1 0 1 0 0 1 0 0 1 1 1 1 1 1

# 8.8  扩频通信系统

**1. 理论基础**

关于扩频通信的原理在第 7 章中已做了详细的介绍，这里只做一个简单的回顾。

扩频通信的理论基础是香农定理，即式(7.1)。

扩频通信有四类工作方式：直扩(DS)方式、跳频(PH)方式、跳时(TH)方式和混合方式。

本节所做的仿真是关于 DS 系统在干扰条件下的误码率性能，即 DS 系统的抗干扰性能。DS 系统的原理框图见图 7.5。

**2. 实例分析**

通过 Monte Carlo 仿真说明 DS 扩频信号在抑制正弦干扰方面的有效性。根据图 7.5 中 DS 系统的原理框图，可以得到 DS 系统仿真模型图如图 8.15 所示。

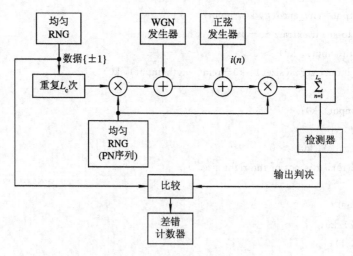

图 8.15  DS 系统仿真模型图

与基带传输系统的仿真类似，这个题目的仿真也是从实际的系统框图中抽象出一个仿真模型，然后进行 Monte Carlo 仿真。将图 8.15 的仿真模型与图 7.5 中的 DS 系统原理框图对比，可以发现仿真模型中抽去了调制解调部分，但这并不影响所期望的对 DS 系统的抗干扰性能的仿真，反而使得仿真模型更加简化，仿真更加容易实现。

图 8.15 中用一个均匀随机数发生器(RNG)产生某个二进制信息符号($\pm1$)的序列。每个信息比特重复 $L_c$ 次，$L_c$ 相应于每个信息比特的 PN 码片数。所得的序列乘以由另一个均匀 RNG 产生的 PN 序列 $c(n)$，这样信源序列就成为了扩频序列。然后，将方差为 $\sigma^2 = N_0/2$ 的高斯白噪声和形式为 $i(n) = A\sin(\omega_0 n)$ 的正弦干扰加到这个扩频序列上，其中 $0 < \omega_0 < \pi$，正弦幅度选为 $A < L_c$。解扩器完成与 PN 序列的互相关，并在构成每信息比特的 $L_c$ 个信号样本上求和。相加器的输出再送到检测器判决是否出错，差错计数器对检测器的输出错误进行计数，最后完成误码率的计算。

选取三组不同幅度的正弦干扰进行仿真并对比无正弦干扰的情况，选取 $L_c = 20$。还有一点需要注意的是，每次仿真中需对信号幅值进行加权以满足仿真所需的 SNR。

### 3. MATLAB 程序脚本

1) 主程序

```
%参数设置，包括码片数、正弦干扰的幅度和正弦干扰的角频率
Lc=20;
A1=3;
A2=6;
A3=12;
A4=0;
w=1;
%设置存在正弦干扰情况下仿真的信噪比范围
SNRindB=0:2:30;
for i=1:length(SNRindB),
%对三组不同幅值的正弦干扰计算误码率
    smld_err_prb1(i)=ds_smld(SNRindB(i), Lc, A1, w);
    smld_err_prb2(i)=ds_smld(SNRindB(i), Lc, A2, w);
    smld_err_prb3(i)=ds_smld(SNRindB(i), Lc, A3, w);
end;
%设置无正弦干扰情况下仿真的信噪比范围
SNRindB4=0:1:8;
for i=1:length(SNRindB4),
%计算无正弦干扰的误码率
    smld_err_prb4(i)=ds_smld(SNRindB4(i), Lc, A4, w1);
end;
%绘图指令
semilgy(SNRindB, smld_err_prb1, '-*');
hold on
semilgy(SNRindB, smld_err_prb2, '-*');
semilgy(SNRindB, smld_err_prb3, '-*');
```

```
semilgy(SNRindB4, smld_err_prb4, '-o');
hold off
xlabel('SNR(dB)');
ylabel('Pe');
title('DS 系统误码率仿真');
```

2）DS_smld 程序

```
function [p]=ds_smld(snr_in_dB, Lc, A, w)
%计算信号的幅度加权值
snr=10^(snr_in_dB/10);
sgma=1;
Eb=2 * sgma^2 * snr;
E_chip=Eb/Lc;
%Monte Carlo 仿真次数
N=10000;
%错误计数器置 0
num_of_err=0;
%生成信源
for i=1:N,
    % Generate the next data bit.
    temp=rand;
    if (temp<0.5),
      data=-1;
    else
      data=1;
    end;
     %生成码片
    for j=1:Lc,
        repeated_data(j)=data;
    end;
%生成 PN 序列
    for j=1:Lc,
      temp=rand;
      if (temp<0.5),
        pn_seq(j)=-1;
      else
        pn_seq(j)=1;
      end;
    end;
%对信源进行扩频
    trans_sig=sqrt(E_chip) * repeated_data. * pn_seq;
    %高斯白噪声
    noise=sgma * randn(1, Lc);
    %正弦干扰
```

```
n=(i-1) * Lc+1 : i * Lc;
interference=A * sin(w * n);
%信号加噪得到接收端信号
rec_sig=trans_sig+noise+interference;
%解扩
temp=rec_sig. * pn_seq;
decision_variable=sum(temp);
%检测误码
if (decision_variable<0),
   decision=-1;
else
   decision=1;
end;
%计数器在检测器检到错误时加 1
if (decision~=data),
   num_of_err=num_of_err+1;
end;
end;
%误码率计算
p=num_of_err/N;
```

#### 4. 结果分析

图 8.16 为 DS 系统误码率的仿真曲线。

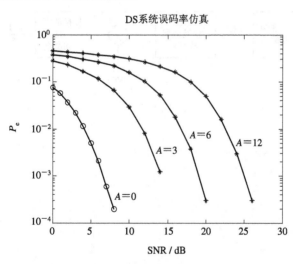

图 8.16 DS 系统误码率的仿真曲线

从图 8.16 中可以看到，在存在正弦干扰的情况下，达到所能接受的误码率不需要太高的信噪比，与没有正弦干扰的情况相比，差别不大。换句话说，DS 系统对加性正弦干扰有一定的抑制作用。

在没有正弦干扰的情况下，较小的信噪比即可达到理想的误码率，但仍然存在一定的干扰，这部分干扰就是高斯白噪声造成的。

**5. 思考**

(1) 正弦干扰的幅度为什么要满足 $A < L_c$?

(2) 图 8.16 中的仿真模型有没有不足之处，应如何改进？

# 习　题

8.1　编写一个 MATLAB Monte Carlo 仿真程序，仿真某一 FH 数字通信系统，该系统采用二进制 FSK 并用非相干（平方律）检测。该系统遭受功率谱密度为 $J_0/\alpha(\alpha=0.1)$ 的部分频带干扰的侵扰，在该干扰频带 $0 < \alpha \leqslant 0.1$ 内，功率谱是平坦的。画出该系统测出的误码率与 SNR($E_b/J_0$) 的对比图。

8.2　编写一个 MATLAB 程序，对 $M=4$ 的 DPSK 系统实现一个差分编码器和一个差分解码器。传送一个 2 比特符号序列通过这个编码器和解码器的级联，以验证编码器和解码器的工作情况，并证明输出序列与输入序列是一样的。

8.3　编写一个 MATLAB Monte Carlo 仿真程序，仿真题 8.3 图中建模的数字通信系统。信道按符号间隔值的 FIR 滤波器建模，MSE 均衡器也是一个符号间隔抽头系数 FIR 滤波器。用发送训练符号对该均衡器进行初始训练。在数据方式中，该均衡器采用检测器的输出形成误差信号。利用 1000 个训练（二进制）符号和 10 000 个二进制数据符号对给出的信道模型进行系统的 MATLAB Monte Carlo 仿真，分别采用 $N_0=0.01$、$N_0=0.1$ 和 $N_0=1$。将测出的误码率与无 ISI 的理想信道误码率进行比较。

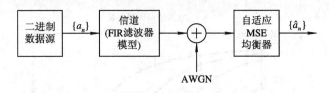

题 8.3 图

# 参 考 文 献

[1] 樊昌信，等. 通信原理. 4 版. 北京：国防工业出版社，1995

[2] 曹志刚. 现代通信原理. 北京：清华大学出版社，1992

[3] Ziemer R E.，Peterson R L. 数字通信基础. 2 版. 尹长川，等译. 北京：机械工业出版社，2005

[4] Proakis J G. Digital Communication. 4th ed. 北京：电子工业出版社，2001

[5] Sklar B. Digital Communication Fundamentals and Applications. 2nd ed. 北京：电子工业出版社，2002

[6] 王福昌，等. 通信原理. 北京：清华大学出版社，2000

[7] Proakis J G. 数字通信. 4 版. 张力辉，等译. 北京：电子工业出版社，2003

[8] 李白萍，等. 通信原理与技术. 北京：人民邮电出版社，2003

[9] 吴成柯，等. 图像通信. 西安：西安电子科技大学出版社，1994

[10] Proakis，J G，等. 现代通信系统(MATLAB 版). 2 版. 刘树棠，译. 北京：电子工业出版社，2005

[11] 李思伟，等. 数据通信技术. 北京：人民邮电出版社，2004

[12] 徐靖忠，等. 数字通信原理. 北京：人民邮电出版社，1990

[13] Held G. 数据通信. 6 版. 戴志涛，等译. 北京：人民邮电出版社，2000

[14] Shay，W A. 数字通信与网络教程. 高传善，等译. 北京：机械工业出版社，2000

[15] 查光明，等. 扩频通信. 西安：西安电子科技大学出版社，1990